液液萃取化工基础

YEYE CUIQU HUAGONG JICHU

戴猷元　编著

化学工业出版社
·北京·

液液萃取是重要的化工分离单元操作。它具有分离效率高、能耗低、生产能力大、设备投资少、便于快速连续和安全操作等优点。本书包括物质的溶解特性及常用萃取剂、金属萃取的基本原理、有机物萃取的基本原理、液液萃取相平衡、扩散及相间传质过程、逐级接触液液萃取过程的计算、微分接触连续逆流萃取过程的计算、液液萃取设备的分类及特点、混合澄清器、柱式萃取设备、离心萃取设备、萃取过程的强化、新型萃取分离技术等内容，系统阐述了液液萃取的基本原理、平衡关系、过程速率、应用设备及设计计算、萃取过程强化途径，并介绍了新型萃取分离技术。

本书可作为高等院校化工、生物化工、环境、制药等专业研究生教材或教学参考书，也可供上述专业从事分离过程研究开发、设计和运行的工程技术人员参考。

图书在版编目（CIP）数据

液液萃取化工基础/戴猷元编著. —北京：化学工业出版社，2015.6（2022.2重印）

ISBN 978-7-122-23906-8

Ⅰ.①液… Ⅱ.①戴… Ⅲ.①液液萃取-化工过程 Ⅳ.①TF804.2

中国版本图书馆 CIP 数据核字（2015）第 094983 号

责任编辑：张 艳 陈 丽　　装帧设计：王晓宇

责任校对：吴 静

出版发行：化学工业出版社（北京市东城区青年湖南街 13 号 邮政编码 100011）

印 装：北京天宇星印刷厂

710mm×1000mm 1/16 印张 21 字数 390 千字 2022 年 2 月北京第 1 版第 2 次印刷

购书咨询：010-64518888　　售后服务：010-64518899

网 址：http://www.cip.com.cn

凡购买本书，如有缺损质量问题，本社销售中心负责调换。

定 价：98.00 元

前言 FOREWORD

液液萃取是重要的化工分离单元操作。它具有分离效率高、能耗低、生产能力大、设备投资少、便于快速连续和安全操作等优点，一直受到工业界和研究者的重视。多样化产品的分离、高纯物质的提取、环境污染的严格治理，又极大地促进了萃取分离技术的发展。从化学工程的角度出发，对萃取分离单元操作进行深入地演绎和探究，为萃取分离过程的强化以及新型萃取分离技术的完善和发展提供必要的知识基础，是十分重要的工作。

本书包括物质的溶解特性及常用萃取剂、金属萃取的基本原理、有机物萃取的基本原理、液液萃取相平衡、扩散及相间传质过程、逐级接触液液萃取过程的计算、微分接触连续逆流萃取过程的计算、液液萃取设备的分类及特点、混合澄清器、柱式萃取设备、离心萃取设备、萃取过程的强化、新型萃取分离技术等内容，系统阐述了液液萃取的基本原理、平衡关系、过程速率、应用设备及设计计算、萃取过程强化途径，并介绍了新型萃取分离技术。本书可作为高等院校化工、生物化工、环境、制药等专业研究生教材或教学参考书，也可供上述专业从事分离过程研究开发、设计和运行的工程技术人员参考。

本书引用了大量文献资料。对于他们的工作成果，作者在此一并表示感谢。此外，书中的许多内容是作者和作者指导的博士研究生及硕士研究生多年从事的研究工作及公开发表的研究成果。这些研究工作一直受到国家自然科学基金重点项目和一般项目的支持。另外，感谢杨基础教授、王涛教授、王运东教授在第14章编写中所做的工作。

随着现代过程工业的发展，面对新的分离工艺要求，萃取分离也面临着新的挑战和机遇，出现了一批新型萃取分离技术。随着萃取分离技术的发展和研究工作的不断深入，各种新观点、新技术仍在不断出现和完善。本书力求对液液萃取过程涉及的化工基础问题做较为系统的分析，旨在表述萃取分离单元操作的规律性的知识。由于作者自身的学术水平和研究实践的限制，书中难免有不全面乃至错误之处，希望得到专家、同行和广大读者的赐教和斧正。

戴猷元

2015 年 5 月

目录 CONTENTS

第1章 概述 001 /

1.1 液液萃取过程 …… 001
1.2 液液萃取技术的发展和应用 …… 002
1.3 液液萃取中的基本概念 …… 004
1.3.1 分配定律和分配常数 …… 004
1.3.2 分配系数 …… 006
1.3.3 萃取率 …… 006
1.3.4 相比和萃取因子 …… 007
1.3.5 萃取分离因数 …… 007
1.3.6 物理萃取与化学萃取 …… 008
1.4 液液萃取技术的研究内容及方法 …… 009
参考文献 …… 010

第2章 物质的溶解特性及常用萃取剂 011 /

2.1 物质溶解过程的一般描述 …… 011
2.2 物质在溶剂中的溶解特性 …… 012
2.2.1 物质在水中的溶解特性 …… 012
2.2.2 物质在有机溶剂中的溶解特性 …… 014
2.3 物质萃取的各种影响因素 …… 015
2.3.1 空腔作用能和空腔效应 …… 015
2.3.2 被萃溶质亲水基团的影响 …… 017
2.3.3 溶质与有机溶剂相互作用的影响 …… 021
2.4 常用的萃取剂 …… 022
2.4.1 萃取剂选择的一般原则 …… 022
2.4.2 中性络合萃取剂 …… 023
2.4.3 酸性络合萃取剂 …… 026
2.4.4 胺类萃取剂 …… 028
2.4.5 螯合萃取剂 …… 030
参考文献 …… 033

第3章 金属萃取的基本原理 034 /

3.1 金属离子配合物 …… 034
3.1.1 金属离子的水合 …… 034
3.1.2 金属离子配合物的形成及稳定性 …… 035
3.2 中性络合萃取过程 …… 036

目录 CONTENTS

3.2.1 中性金属配合物的萃取 …… 036
3.2.2 金属配阴离子加合阳离子的萃取过程 …… 037
3.3 酸性络合萃取过程及螯合萃取过程 …… 038
3.3.1 酸性络合萃取过程 …… 038
3.3.2 螯合萃取过程 …… 039
3.4 离子缔合萃取过程 …… 040
3.4.1 阴离子萃取过程 …… 041
3.4.2 阴离子交换过程 …… 041
3.4.3 阳离子萃取过程 …… 041
3.5 金属萃取过程的影响因素 …… 042
3.5.1 萃取剂特性的影响 …… 042
3.5.2 金属离子成键特性的影响 …… 045
3.5.3 萃合物特性及其形成条件和存在环境的影响 …… 046
3.6 协同萃取过程 …… 049
3.6.1 酸性萃取剂和中性萃取剂的协同萃取 …… 050
3.6.2 肟与酸性萃取剂的协同萃取 …… 051
3.6.3 螯合萃取剂和中性萃取剂的协同萃取 …… 051
3.6.4 其他协同萃取体系 …… 051
参考文献 …… 051

第4章 有机物萃取的基本原理 052

4.1 简单分子萃取 …… 052
4.2 有机物络合萃取过程 …… 052
4.2.1 有机物络合萃取的过程描述 …… 052
4.2.2 有机物络合萃取体系的基本特征 …… 053
4.2.2.1 分离对象的特性 …… 053
4.2.2.2 络合剂的特性 …… 053
4.2.2.3 稀释剂的选择 …… 055
4.2.3 有机物络合萃取的高效性和高选择性 …… 055
4.3 有机物络合萃取过程的机理分析 …… 056
4.3.1 络合萃取的作用机制 …… 056
4.3.2 络合萃取的萃合物结构 …… 057
4.3.3 络合萃取的历程 …… 058
4.3.3.1 中性磷氧类络合剂络合萃取有机羧酸的历程 …… 058
4.3.3.2 胺类络合剂络合萃取有机羧酸的两种历程 …… 058
4.3.3.3 胺类络合剂络合萃取苯酚的两种历程 …… 060

4.3.3.4 酸性磷氧类萃取剂络合萃取有机胺类的两种历程 …… 060
4.4 有机物络合萃取的特征性参数 …… 061
4.4.1 分离溶质的疏水性参数 $\lg P$ …… 061
4.4.2 分离溶质的电性参数 pK_a …… 062
4.4.3 络合剂的表观碱(酸)度 …… 063
4.4.3.1 络合萃取剂表观碱(酸)度的定义 …… 064
4.4.3.2 络合萃取剂表观碱(酸)度的测定方法 …… 065
4.4.3.3 络合萃取剂表观碱(酸)度的影响因素 …… 066
4.4.4 络合剂相对碱(酸)度 …… 067
4.4.4.1 以被萃溶质为对象的络合萃取剂相对碱(酸)度的定义 …… 068
4.4.4.2 络合萃取剂相对碱(酸)度的测定方法 …… 069
参考文献 …… 069

第5章 液液萃取相平衡 071 /

5.1 物理萃取相平衡 …… 071
5.1.1 物理萃取相平衡的一般性描述 …… 071
5.1.2 弱酸或弱碱的萃取相平衡 …… 072
5.1.3 萃取相溶质自缔合的萃取相平衡 …… 074
5.1.4 混合溶剂物理萃取的相平衡 …… 076
5.2 化学萃取的相平衡 …… 076
5.2.1 化学萃取相平衡的一般性描述 …… 076
5.2.2 萃合物化学组成的确定 …… 078
5.2.3 络合萃取相平衡的质量作用定律分析方法 …… 080
5.3 萃取相平衡的图示方法 …… 081
5.3.1 完全不互溶体系直角坐标图 …… 082
5.3.2 三角形相图 …… 082
5.3.2.1 三角形相图中的组成表示法 …… 083
5.3.2.2 杠杆法则 …… 083
5.3.2.3 液液平衡关系在三角形相图上的表示法 …… 084
5.3.2.4 液液相平衡在直角坐标上的表示法 …… 087
5.4 萃取相平衡的模型预测方法 …… 088
参考文献 …… 090

第6章 扩散及相间传质过程 092 /

6.1 分子扩散及涡流扩散 …… 092
6.1.1 分子扩散 …… 092

目录 CONTENTS

6.1.2 扩散系数 …… 094
6.1.3 单相中的稳态分子扩散 …… 096
6.1.3.1 等摩尔反向扩散 …… 097
6.1.3.2 单向扩散 …… 098
6.1.4 涡流扩散 …… 099
6.2 相间传质 …… 099
6.2.1 对流传质 …… 100
6.2.2 相间传质模型 …… 101
6.2.3 分传质系数 …… 103
6.2.4 总传质系数 …… 103
6.3 界面现象及其影响 …… 104
6.3.1 Marangoni 效应 …… 105
6.3.2 Taylor 不稳定性 …… 106
6.3.3 表面活性剂的影响 …… 106
6.4 液滴传质特性 …… 107
6.4.1 液滴和液滴群的运动 …… 107
6.4.2 液滴和液滴群的传质 …… 109
6.4.2.1 液滴生成阶段的传质 …… 109
6.4.2.2 液滴自由运动阶段的传质 …… 110
6.4.2.3 液滴凝并阶段的传质 …… 112
6.4.2.4 考虑液滴内外传质的总传质系数 …… 112
参考文献 …… 114

第7章 逐级接触液液萃取过程的计算 116

7.1 单级萃取过程及其计算 …… 117
7.1.1 溶剂部分互溶体系 …… 117
7.1.2 溶剂不互溶体系 …… 119
7.2 多级错流萃取过程及其计算 …… 120
7.2.1 溶剂部分互溶体系 …… 120
7.2.2 溶剂不互溶体系 …… 123
7.3 多级逆流萃取过程及计算 …… 124
7.3.1 溶剂部分互溶体系 …… 125
7.3.1.1 三角形坐标图求理论级数 …… 125
7.3.1.2 直角坐标图求理论级数 …… 127
7.3.2 溶剂不互溶体系 …… 128
7.3.3 多级逆流萃取过程的最小萃取剂用量 …… 129

7.3.3.1 溶剂部分互溶体系 …… 129
7.3.3.2 溶剂不互溶体系 …… 131
7.3.4 两相完全不互溶体系的多级逆流萃取过程计算 …… 132
7.4 复合萃取 …… 133
7.4.1 完全不互溶体系的萃取率和去污系数 …… 134
7.4.2 完全不互溶体系的物料衡算和操作线 …… 134
7.4.3 双溶质组分分离的操作条件选择原则 …… 135
7.4.4 多级逆流复合萃取过程的图解法 …… 136
7.4.5 多级逆流复合萃取过程的公式解法 …… 136
参考文献 …… 138

第8章 微分接触连续逆流萃取过程的计算 139

8.1 柱塞流模型 …… 139
8.2 萃取柱内流动的非理想性 …… 142
8.2.1 非理想流动和停留时间分布 …… 142
8.2.2 萃取柱内的轴向混合及其影响 …… 145
8.3 考虑萃取柱内轴向混合的计算模型 …… 146
8.3.1 级模型 …… 146
8.3.2 返流模型及其求解方法 …… 147
8.3.2.1 返流模型的建立 …… 147
8.3.2.2 线性平衡关系时返流模型的求解方法 …… 148
8.3.2.3 非线性平衡关系时返流模型的求解方法 …… 151
8.3.3 扩散模型及其求解方法 …… 151
8.3.3.1 扩散模型的建立 …… 152
8.3.3.2 线性平衡关系时扩散模型方程的解析解及其简化 …… 153
8.3.3.3 分散单元高度及其近似计算 …… 156
8.3.4 前混现象 …… 158
8.4 萃取柱轴向混合参数的实验测定 …… 159
8.4.1 扰动响应技术及其数据处理方法 …… 159
8.4.1.1 扰动响应法及模型方程 …… 159
8.4.1.2 扩散模型方程 …… 160
8.4.1.3 几种主要的模型参数求取方法 …… 161
8.4.1.4 几种数据处理方法的比较 …… 165
8.4.2 稳态浓度剖面法 …… 166
8.4.2.1 基于扩散模型的单变量估值法 …… 167
8.4.2.2 基于返流模型的多变量估值法 …… 168

目录 CONTENTS

8.4.3 动态响应曲线法 …… 169
参考文献 …… 171

第 9 章 液液萃取设备的分类及特点 173

9.1 液液萃取设备的基本条件和主要类型 …… 173
9.2 液液萃取设备的性能特点 …… 174
9.2.1 液液萃取设备的特点 …… 174
9.2.2 液液萃取设备的液泛流速和比负荷 …… 175
9.2.3 萃取设备的传质速率和总传质系数 …… 177
9.3 液液萃取设备的选择 …… 179
参考文献 …… 180

第 10 章 混合澄清器 181

10.1 混合澄清器及其类型 …… 181
10.2 箱式混合澄清器的特点 …… 185
10.3 混合澄清器的设计 …… 186
10.3.1 混合室的设计 …… 187
10.3.2 澄清室的设计 …… 188
10.4 混合澄清器的操作 …… 189
参考文献 …… 190

第 11 章 柱式萃取设备 192

11.1 柱式萃取设备的类型和特点 …… 192
11.1.1 喷淋萃取柱 …… 192
11.1.2 填料萃取柱 …… 192
11.1.3 筛板萃取柱 …… 193
11.1.4 脉冲筛板萃取柱和脉冲填料萃取柱 …… 194
11.1.5 振动筛板萃取柱 …… 195
11.1.6 转盘萃取柱（RDC） …… 196
11.1.7 混合澄清型萃取柱 …… 197
11.2 填料萃取柱的设计计算 …… 198
11.2.1 液滴平均直径 d_p 的计算 …… 199
11.2.2 特性速度和液泛流速计算 …… 200
11.2.3 总传质系数的计算 …… 201
11.2.4 柱高的计算 …… 201

11.3 筛板萃取柱的设计计算……201
11.3.1 液滴平均直径的计算……201
11.3.2 特性速度和液泛流速计算……202
11.3.3 筛板萃取柱传质性能计算……204
11.4 脉冲筛板萃取柱的设计计算……205
11.4.1 液滴平均直径的计算……205
11.4.2 特性速度和液泛流速计算……206
11.4.3 脉冲筛板萃取柱的操作特性……207
11.4.4 脉冲筛板萃取柱的传质特性计算……209
11.4.5 脉冲筛板萃取柱的设计计算举例……210
11.5 转盘萃取柱的设计计算……211
11.5.1 液滴平均直径的计算……211
11.5.2 特性速度和液泛流速计算……212
11.5.3 转盘萃取柱的操作特性……214
11.5.4 转盘萃取柱的传质特性计算……215
11.5.5 转盘萃取柱的设计计算步骤……215
11.6 柱式萃取设备的性能比较……216
参考文献……220

第12章 离心萃取设备 223

12.1 离心萃取器及其类型……223
12.1.1 离心萃取器的分类……223
12.1.2 连续接触离心萃取器……224
12.1.3 逐级接触离心萃取器……225
12.2 离心萃取器的关键参数……228
12.2.1 离心分离因数α……228
12.2.2 离心萃取器的压力平衡和界面控制……229
12.2.2.1 离心力场条件下的流体静力学方程……229
12.2.2.2 转筒式离心萃取器的界面控制……229
12.2.3 离心萃取器的分离容量……231
12.2.4 离心萃取器的级效率……232
参考文献……233

第13章 萃取过程的强化 234

13.1 单元操作和单元过程……234
13.2 “场”、“流”分析的一般性概念……235

目录 CONTENTS

目录 CONTENTS

13.2.1 “场”、“流”的定义及特征 …… 235
13.2.2 “场”、“流”分析的基本内容 …… 236
13.2.2.1 “流”和“场”的存在是构成分离过程或反应过程的必要条件 …… 236
13.2.2.2 “流”和“场”按不同方式组合可以构成不同的过程 …… 237
13.2.2.3 调控“流”和“场”的作用可以实现过程强化 …… 238
13.2.2.4 多种“流”和多种“场”的组合可以产生新的过程 …… 239
13.2.3 常用分离过程的“场”、“流”分析 …… 241
13.3 从基本原理出发强化萃取过程 …… 242
13.3.1 提高过程的传质推动力 …… 242
13.3.2 增大相际总传质系数 …… 251
13.3.3 增加相间传质面积 …… 254
13.4 耦合技术及过程强化 …… 255
13.4.1 过程耦合技术 …… 255
13.4.1.1 同级萃取反萃取耦合过程 …… 255
13.4.1.2 萃取发酵耦合过程 …… 260
13.4.1.3 膜技术与过程耦合 …… 263
13.4.2 化学作用对萃取分离过程的强化 …… 264
13.4.3 附加外场对萃取分离过程的强化 …… 266
参考文献 …… 268

第14章 新型萃取分离技术 271／

14.1 概述 …… 271
14.2 液膜技术 …… 272
14.2.1 概述 …… 272
14.2.2 液膜技术的构型和操作方式 …… 274
14.2.2.1 乳状液膜过程 …… 274
14.2.2.2 支撑液膜过程 …… 275
14.2.2.3 封闭液膜过程 …… 276
14.2.3 液膜分离过程的传质机理及促进传递 …… 277
14.2.3.1 液膜分离过程的传质机理 …… 277
14.2.3.2 液膜分离过程的促进迁移 …… 278
14.2.4 乳状液膜 …… 280
14.2.4.1 乳状液膜体系的组成 …… 280
14.2.4.2 乳状液膜分离工艺 …… 282
14.2.4.3 乳状液膜体系的渗漏及溶胀 …… 283

14.2.5 支撑液膜体系 …… 284
14.2.6 封闭液膜体系 …… 285
14.3 超临界流体萃取技术 …… 287
14.3.1 概述 …… 287
14.3.2 超临界流体及其性质 …… 287
14.3.3 超临界流体萃取工艺 …… 291
14.3.3.1 超临界流体-固体萃取工艺 …… 291
14.3.3.2 液体的超临界流体逆流萃取工艺 …… 292
14.3.3.3 溶剂循环 …… 293
14.3.3.4 溶质和溶剂的分离 …… 294
14.3.4 超临界流体萃取设备 …… 294
14.4 双水相萃取技术 …… 295
14.4.1 概述 …… 295
14.4.2 双水相体系的形成 …… 295
14.4.3 双水相体系的主要参数 …… 297
14.4.4 双水相萃取的特点及两相分配 …… 298
14.4.4.1 双水相萃取的特点 …… 298
14.4.4.2 影响双水相萃取分配的因素 …… 298
14.4.5 亲和双水相萃取技术 …… 300
14.5 膜萃取技术 …… 300
14.5.1 概述 …… 300
14.5.2 膜萃取的研究方法及数学模型 …… 301
14.5.2.1 膜萃取的研究方法 …… 301
14.5.2.2 膜萃取过程的传质模型 …… 301
14.5.3 膜萃取的影响因素 …… 304
14.5.3.1 两相压差 Δp 的影响 …… 304
14.5.3.2 两相流量的影响 …… 304
14.5.3.3 相平衡分配系数与膜材料的浸润性能的影响 …… 304
14.5.3.4 体系界面张力和穿透压 …… 305
14.5.4 中空纤维膜萃取的过程设计 …… 306
14.5.4.1 分传质系数关联式 …… 306
14.5.4.2 中空纤维膜器中流动的非理想性 …… 306
14.5.4.3 中空纤维膜萃取过程强化的途径 …… 307
14.5.4.4 中空纤维膜萃取器的串联和并联 …… 308
14.6 胶团萃取技术和反胶团萃取技术 …… 308
14.6.1 概述 …… 308
14.6.2 胶团的结构及性质 …… 309

目 录 CONTENTS

14.6.3 胶团萃取 …… 310
14.6.4 聚合物胶团萃取 …… 311
14.6.5 浊点萃取 …… 311
14.6.6 反胶团的结构及性质 …… 313
14.6.7 反胶团体系的增溶及溶质传递 …… 315
14.6.8 蛋白质的反胶团萃取研究 …… 316
参考文献 …… 317

第1章 概述

1.1 液液萃取过程

液液萃取，又称溶剂萃取，它是分离液体混合物的重要单元操作之一。在待分离的液体混合物中加入一种与其不溶或部分互溶的液体萃取剂，形成料液相-萃取相的两相系统，利用混合液中各组分在两相中的分配差异，使某些组分较多地从料液相进入萃取相，从而实现混合液分离的操作称为液液萃取。

在萃取过程中，加入的溶剂称为萃取剂。混合液中待分离的组分称为溶质。萃取剂应对溶质具有较大的溶解能力，或可与溶质生成“萃合物”，实现相转移。液体混合物中的其他组分应与萃取剂不互溶或部分互溶。

图 1-1 是一种简单萃取过程示意图。将萃取剂加到混合液中，搅拌使其互相混合，因溶质在料液相-萃取相的两相间并不呈现平衡状态，溶质从料液相向萃取相中扩散，使溶质与料液相中的其他组分分离。萃取过程实质上是液液两相间的传质过程。

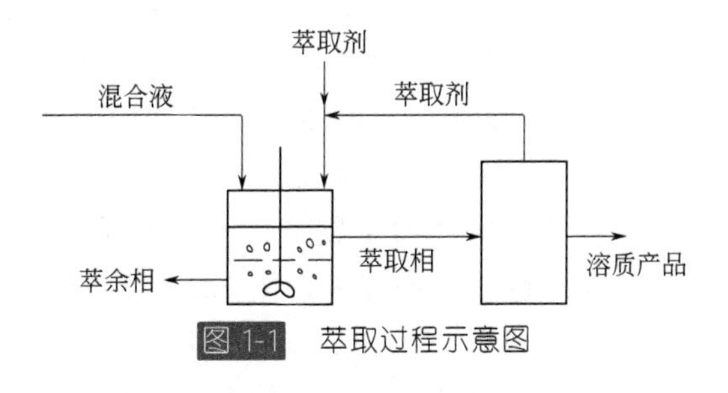

图 1-1 萃取过程示意图

通常，萃取过程在常温下进行，萃取的结果是萃取剂提取了溶质成为萃取相，分离出溶质的混合液料液相成为萃余相。萃取相是混合物，需要用精馏或反萃取等方法进行分离，得到含溶质的产品和萃取剂，萃取剂供循环使用。萃余相通常含有少量萃取剂，也需应用适当的分离方法回收其中的萃取剂。

用萃取法分离液体混合物时，混合液中的溶质既可以是挥发性物质，如各类有机物，也可以是非挥发性物质，如无机盐类。萃取过程本身具有常温操作、无相变以及选择适当溶剂可以获得较高分离因数等优点，在很多情况下还显示出技术经济上的优势。

1.2 液液萃取技术的发展和应用

液液萃取技术的出现和发展可以追溯到 19 世纪中期，一个最为典型的例子是 Peligot 等利用二乙醚作萃取剂分离提取硝酸铀酰（1842 年）[1]。随着社会经济的发展，特别是化学工业的发展，人们不断发现液液萃取技术可以用于无机物质和有机物质的分离提取。在总结液液萃取平衡实验数据的基础上，Nernst 在 1891 年根据热力学原理提出了分配定律，阐明了液液分配平衡关系。Nernst 分配定律的提出，为萃取化学的发展，为萃取技术与工程的发展奠定了最初的理论基础。1908 年，Edeleanu 首先把溶剂萃取技术应用于石油工业，用液态二氧化硫作为溶剂从煤油中除去芳香烃[2]。20 世纪 40 年代以后，随着原子能工业的发展，核燃料的生产需求极大地促进了液液萃取技术的研究和应用，大量的工作集中于铀、钍、钚及其他金属的萃取工艺及设备的研究中。萃取技术的后续工作体现在萃取工艺与工程的基础理论研究、液液萃取技术的拓展应用及新型萃取技术的发展等方面。液液萃取技术在湿法冶金、核燃料的加工和后处理、化学工业、石油炼制、矿物资源的综合利用、医药工业、食品工业、生物化工、环境工程以及海洋资源利用等领域得到了广泛的应用。

20 世纪 40 年代以来，由于原子能工业的发展，液液萃取技术在核燃料的加工和后处理方面获得应用。铀的分离提取是工业上第一个采用的金属萃取工艺。最先应用的萃取剂是磷酸三丁酯（TBP）-煤油，其后又使用了二（2-乙基己基）磷酸（D2EHPA）-磷酸三丁酯-煤油为萃取剂，或使用胺类萃取剂。在辐照核燃料后处理过程中，建立了以磷酸三丁酯（TBP）-煤油为萃取剂、包含 2～3 个萃取循环的 Purex 流程。目前，在核燃料的加工和后处理领域，溶剂萃取法几乎完全代替了传统的化学沉淀法。

四十多年来，由于有色金属使用量剧增，开采的矿石中的品位又逐年降低，促使萃取法在这一领域迅速发展起来。用 LIX63、LIX64、LIX65 等螯合萃取剂从铜的浸取液中提取铜是 20 世纪 70 年代以来湿法冶金的重要成就之一。一般认为，只要价格与铜相当或超过铜的有色金属如钴、镍、锆、铪等，都应该优先考虑用溶剂萃取法进行提取，有色金属冶炼已逐渐成为溶剂萃取应用的重要领域。例如，用甲基异丁基酮（MIBK）从含有硫氰酸盐的盐酸溶液中萃取铪，是在锆、铪分离中首先研究成功并获得工业应用的萃取工艺技术；其后，又出现了使用 TBP 为萃取剂的硝酸及硝酸盐溶液中的锆、铪分离新工艺。萃取工艺还在稀土金属分离中得到系统研究和应用，并成功用于回收铟、锗、镉、镓、铊、钪、铌、钽等稀有金属。

溶剂萃取在无机酸的提取工艺中也得到应用。例如，从磷矿石浸出液中用 C_4、C_5 醇类或磷酸三丁酯为溶剂萃取磷酸，从硼矿石浸出液中用 2-乙基己基醇或二元醇、多元醇萃取硼酸等。

随着石油炼制和化学工业的发展，液液萃取已广泛应用于石油化工的各类有机物质分离和提纯工艺之中。其中，轻油裂解和铂重整产生的芳烃和非芳烃混合物的分离是重要的例子。芳烃和非芳烃混合物中，各组分的沸点非常接近，用一般的精馏方法进行分离很不经济。液液萃取法分离芳烃和非芳烃混合物最早采用的溶剂是液体 SO_2。此后开发了以二甘醇（二乙二醇醚）为萃取剂的 Udex 流程、以环丁砜为萃取剂的 Shell 流程、以 *N*-甲基吡咯烷酮为萃取剂的 Arosolvan 流程、以二甲亚砜为萃取剂的 DMSO 流程、以四甘醇（四乙二醇醚）为萃取剂的 Tetra 流程、以 *N*-甲酰基吗啉为萃取剂的 Formex 流程等萃取工艺。以环丁砜为溶剂的 Sulfolane 萃取法采用的溶剂性能优异，工艺流程合理，得到了广泛的工业应用。另外，对难分离的乙苯、二甲苯体系，组分之间的相对挥发度接近于 1，用精馏方法分离不仅回流比大，而且塔板高达 300 多块，操作和设备费用极大。采用萃取操作以 $HF-BF_3$ 作萃取剂，从 C_8 馏分中分离二甲苯及其同分异构体的工作已见报道。

液液萃取技术在制药化工和精细化工中也得到了广泛应用。可以说，萃取分离在制药工业、精细化工产业中占据着十分重要的地位。

在生化药物制备过程中，生成很复杂的有机液体混合物。这些物质大多为热敏性物质，选择适当的溶剂进行萃取分离，可以避免受热分解或降解，提高有效物质的收率。青霉素生产中，用间歇发酵得到的发酵液，经过过滤后，以醋酸丁酯为溶剂进行浓缩和精制，经过两次萃取循环，可以得到青霉素的浓溶液，然后进一步加工制得产品。此外，在红霉素、林可霉素、植物生长促进剂赤霉素等的生产中采用萃取操作，也取得了良好的效果。

有机酸是一类重要的有机化合物，发酵法生产的有机酸料液的浓度很低，并伴有其他杂酸生成。液液萃取方法是一种可行的提取分离和浓缩有机酸的手段。用磷酸三丁酯（TBP）从发酵液中萃取分离柠檬酸的工艺方法就是典型的例子。

天然植物中有效成分的提取也经常采用溶剂萃取方法，如麻黄素的萃取分离、咖啡因的萃取分离、银杏黄酮的提取和浓缩等。用正丙醇从亚硫酸纸浆废水中提取香兰素是香料工业中应用萃取方法的例证。在食品工业中，液液萃取方法也是一种常用的分离提纯手段。在油脂加工过程中可以利用萃取手段脱除游离脂肪酸和脱蜡，油脂生产的副产品中的有价物质，如维生素 E、磷脂等常用萃取法提取分离。食品中的功能性成分或风味物质、香料的提取一般采用浸取或水蒸气蒸馏得到粗产物，然后利用萃取方法从提取液中分离纯化某种特定成分。

溶剂萃取方法在环境工程领域，特别是水处理工程方面，得到了广泛的应用。废水成分复杂多变，包括各种有机物或汞、镉、铬等重金属化合物。溶剂萃取可以根据分离对象的不同和处理要求，选择适当的萃取剂和萃取工艺流程，具有很强的适应性和有效的分离效果。另外，溶剂萃取通常在常温或较低温度下进行，能耗比较低，易于实现连续化操作，是一种常用的废水处理方法。工业水处理中，废液萃取脱除酚类是溶剂萃取应用于环境工程的典型范例。

随着现代工业的发展，人们对分离技术提出了越来越高的要求。高纯物质的制备、各类产品的深加工、资源的综合利用、环境治理严格标准的执行，极大地促进了分离科学和技术的发展。面对新的分离要求，作为“成熟”的单元操作，萃取分离也面临着新的挑战。在传统的萃取单元操作的基础上，萃取分离与其他单元操作过程的耦合、萃取分离与反应过程的耦合、利用化学作用或附加外场强化萃取分离过程，发展耦合技术，实现萃取过程强化，已经成为萃取分离领域研究开发的重要方向，并已经展现了广阔的应用前景。值得提及的是，国民经济的持续发展和高新技术的创新驱动，也为萃取分离科学与技术的发展提供了良好的机遇，加速了新型萃取分离技术的萌生和发展。络合萃取分离技术、液膜分离技术、超临界流体萃取技术、双水相萃取技术、膜萃取技术、胶团和反胶团萃取技术及其他萃取新技术等就是这些新型萃取分离技术的代表。

在萃取技术的发展和应用方面已经有许多专著和手册公开发表[3~12]。

1.3 液液萃取中的基本概念[6]

液液萃取又称溶剂萃取。它是依据待分离溶质在两个基本上互不相溶的液相（料液相和萃取相）间分配的差异来实现传质分离的。换句话说，实现液液萃取过程，进行接触的两种液体必须是互不相溶的，或者存在足够范围的两相区域。待分离溶质从一个液相（料液相）转入另一液相（萃取相），实现传质。

液液萃取中的基本概念包括分配常数、分配系数、萃取率、相比、萃取因子、萃取分离因数、物理萃取与化学萃取等。

1.3.1 分配定律和分配常数

实际的溶剂萃取体系有各种不同的类型，但是，物质在两个基本上互不相溶的液相（料液相和萃取相）间的分配可以理解为：

① 一种物质分子 A 及包含该物质的缔合物在两相之间的分配；

② 同时考虑物质分子 A 在一相或两相中解离为较小的组分或 A 分子自身

发生缔合的影响。

1891 年 Nernst 提出了分配定律，用以阐明液液分配平衡关系。Nernst 分配定律的基本内容可以表述为，某一溶质 A 溶解在两个互不相溶的液相中时，若溶质 A 在两相中的分子形态相同，在给定的温度下，两相接触达到平衡后，溶质 A 在两相中的平衡浓度的比值为一常数，且不随溶质浓度的变化而改变。这一平衡关系可以表示为

$$\Lambda = \frac{[A]_{(o)}}{[A]_{(w)}} \tag{1-1}$$

式中，Λ 为 Nernst 分配常数；$[A]_{(w)}$，$[A]_{(o)}$ 分别为被萃取溶质 A 在一相（如料液相）和另一相（如萃取相）中达到平衡时的浓度。

在萃取过程中，若被萃取溶质 A 在两相中的分子形态相同，分配常数保持为常数值是有条件的，即被萃取溶质 A 在料液相的活度系数与其在萃取相的活度系数之比为常数时，分配常数 Λ 才保持恒定。实验研究结果表明，满足 Nernst 分配定律、保持 Λ 为常数的条件一般是被萃取溶质 A 在两相内的存在状态相同，而且均处于稀溶液状态。例如，溴在水和四氯化碳中分配时，只有当溴的浓度很低时，才满足 Nernst 定律，Λ 为 27。表 1-1 的平衡数据具有典型性，即一般的简单分子萃取平衡中的分配常数 Λ 随两相平衡浓度的增大而增大。

表 1-1 溴在四氯化碳-水体系中的分配

水相溴浓度/（g/L）	有机相溴浓度/（g/L）	Λ
14.420	545.2	37.82
7.901	252.8	32.01
5.651	172.6	30.54
2.054	58.36	28.41
0.7711	21.53	27.92
0.5761	15.72	27.26
0.4476	12.09	27.02
0.3803	10.27	27.00
0.24789	6.691	27.00

实际上，被萃取组分在两相内的存在状态相同及均处于低浓度状态的前提条件，对于大多数萃取体系和萃取过程来说，往往是不成立的。一方面，在复杂的萃取体系内被萃取组分因解离、缔合、水解、络合等多种原因，很难在两相中以相同的状态存在；另一方面，由于工艺研究和生产中处理物料的总量比较大，被萃取组分在两相内不可能总是处于浓度很低的状态。在实际的萃取过程中，被萃取组分在两相平衡时的浓度比值不可能保持常数，而往往是随被萃

取组分浓度的变化而改变的。为此，引入分配系数（又称分配比）来表征被萃取组分在两相的平衡分配关系。

1.3.2 分配系数

被萃取物质A在两相中的分配行为可以理解为被萃取物质A在两相中存在的多种形态A_1，A_2，…，A_n的分配的总效应。在通常情况下，实验测定值代表每相中被萃取物质多种存在形态的总浓度。体系的分配系数或分配比(distribution ratio) 可以定义为：在一定条件下，当萃取体系达到平衡时，被萃取物质在萃取相（o）中的总浓度与在料液相（w）中的总浓度之比，用D表示

$$D=\frac{(\sum[A]_o)}{(\sum[A]_w)}=\frac{[A_1]_o+[A_2]_o+\cdots+[A_n]_o}{[A_1]_w+[A_2]_w+\cdots+[A_n]_w} \tag{1-2}$$

分配系数表示萃取体系达到平衡后，被萃取物质在两相中的实际分配比例。分配系数一般由实验测定。显然，只有在比较简单的体系中（如上边举出的溴在两相中分配的例子)，才会可能出现$D=\Lambda$的关系。在一般情况下，$D\neq\Lambda$，分配系数并不是常数。分配系数随被萃取物质的浓度、料液相的酸度、料液相中其他物质的存在、萃取剂的浓度、稀释剂性质和萃取温度等条件的改变而变化。在实际应用中，分配系数比分配常数更具有实用价值。

从分配系数的定义可见，D值越大，即被萃取物质在萃取相中的浓度越大，被萃取物质越容易进入萃取相中，表示在一定条件下萃取剂的萃取能力越强。极端情况下，$D=0$表示物质完全不被萃取，$D=\infty$表示物质完全被萃取。这两种情况在实际萃取过程中是不可能存在的。

分配系数D值的大小既与被萃取物质与萃取剂相结合而进入萃取相的能力强弱有关，又与建立分配平衡时的外界条件有关。萃取平衡关系随萃取剂组成或外界条件的改变而发生变化的规律称为萃取的“摆动效应”。利用萃取的“摆动效应”就可以控制一定的条件使被萃取物质尽可能多地从料液相转入萃取相，实现萃取过程。反之，也可以通过改变条件使被萃取物质从萃取相进入到反萃相，完成反萃取过程，实现有价物质的分离、富集和萃取剂的再生。

1.3.3 萃取率

萃取率表示萃取过程中被萃取物质由料液相转入萃取相的量占被萃取物质在原始料液相中的总量的百分比，它代表萃取分离的程度。萃取率ρ（%）的计算公式为

$$\rho=\frac{\text{萃取相中被萃取物质的量}}{\text{原始料液相中被萃取物质的总量}}\times100\% \tag{1-3}$$

对于两个互不相溶的液相，经过一次接触萃取平衡，若料液相体积为

L（m^3），萃取相体积为 V（m^3），则分配系数和萃取率之间的关系可表示为

$$\rho=\frac{D\dfrac{V}{L}}{1+D\dfrac{V}{L}}\times 100\% \tag{1-4}$$

1.3.4 相比和萃取因子

对于间歇萃取过程，萃取相体积 V（m^3）和料液相体积 L（m^3）之比称为相比（phase ratio）；对于连续萃取过程，萃取相体积流量 V（m^3/s）和料液相体积流量 L（m^3/s）之比也称为相比或两相流比。相比用 R 表示

$$R=\frac{V}{L} \tag{1-5}$$

对于两个互不相溶的液相，经过一次接触萃取平衡的萃取率为

$$\rho=\frac{DR}{DR+1}\times 100\% \tag{1-6}$$

从式（1-4）～式（1-6）分析，分配系数 D 越大，萃取率就越高。D 值的大小是由被萃取物质本身的性质及萃取剂等多种因素决定的。相比越大，即萃取剂的相对用量越多，萃取率也就越高，这是由萃取过程的操作条件决定的。因此，为了提高萃取率 ρ，寻求合适的萃取剂、确定最佳的工艺操作条件是十分重要的。

为了分析和计算的方便，通常将分配系数 D 值和相比 R 的乘积定义为萃取因子 ε

$$\varepsilon=DR=D\frac{V}{L} \tag{1-7}$$

萃取因子表示被萃取物质在两相间达到分配平衡时在萃取相中的量与在料液相中的量之比，也称为“质量分配系数”。萃取因子在萃取过程计算中经常使用。

1.3.5 萃取分离因数

通常情况下，萃取分离过程不只是把某一组分从料液相中提取出来，而是要将料液相中的多个组分分离开来。以两种待分离物质的萃取分离为例，在一定条件下进行萃取分离时，两种待分离物质在两相间的萃取分配系数的比值，称为萃取分离因数（separation factor），常用 β 表示。若 A 和 B 分别表示两种待分离物质，则有

$$\beta=\frac{D_A}{D_B}=\frac{[\sum A]_{(o)}[\sum B]_{(w)}}{[\sum A]_{(w)}[\sum B]_{(o)}} \tag{1-8}$$

萃取分离因数定量表示了某个萃取体系分离料液相中两种物质的难易程度。β 值越大，分离效果越好，即萃取剂对某一物质分离的选择性越高。若

$D_A = D_B$，即$\beta = 1$，表明利用该萃取体系完全不能把 A、B 两种物质分离开。通常情况下，把易萃取物质的分配系数 D_A放在萃取分离因数表达式的分子位置，而把难萃取物质的分配系数 D_B放在分母位置，所以$\beta \geqslant 1$。

1.3.6 物理萃取与化学萃取[10]

从萃取机理分析，液液萃取过程可以分为简单分子萃取、中性络合萃取、酸性络合萃取、离子缔合萃取和协同萃取 5 个类型。如果按照萃取过程中萃取剂和待分离物质之间是否发生化学反应来分类，萃取分离也可以分为物理萃取和化学萃取两大类。简单分子萃取属于物理萃取，中性溶剂化络合萃取、酸性络合萃取、离子对缔合萃取和协同萃取等则属于化学萃取。

物理萃取是基本上不涉及化学反应的物质传递过程。它利用溶质在两种互不相溶的液相中不同的分配关系将其分离开来。依据“相似相溶”规则，在不形成化合物的条件下，两种物质的分子大小与组成结构越相似，它们之间的相互溶解度就越大。选择物理萃取的萃取剂往往首先要依靠这一原则。物理萃取过程比较适合于回收和处理疏水性较强的溶质体系，如含氮、含磷类有机农药、除草剂以及硝基苯等。物理萃取对于极性有机物稀溶液的分离常常是不理想的。选择分配系数大的溶剂作萃取剂时，该溶剂在水中的溶解度也大。这无疑会在工艺过程中带来较大量的溶剂流失、二次污染或加重残液脱溶剂的负荷。

许多液液萃取体系，其过程伴有化学反应，即存在溶质与萃取剂之间的化学作用。这类伴有化学反应的传质过程，一般称作化学萃取。无机酸、金属离子（或金属络离子）等的化学萃取曾经是十分活跃的领域，有关该类过程的化学萃取机理已形成了比较成熟的系列成果，并汇集于多本溶剂萃取化学的专著和数以万计的各类科学论文之中。

基于可逆络合反应的萃取分离方法（简称络合萃取法）对于极性有机物稀溶液的分离具有高效性和高选择性。在这类工艺过程中，稀溶液中待分离溶质与含有络合剂的萃取溶剂相接触，络合剂与待分离溶质反应形成络合物，并使其转移至萃取相内。第二步则是进行逆向反应使溶质得以回收，萃取溶剂循环使用。待分离溶质为极性有机物的络合萃取的过程机理有其特定的复杂性。例如，由于络合剂之间、络合剂与稀释剂之间、络合剂与待分离溶质之间、络合剂与水分子之间都有出现氢键缔合的可能，这就使有机相内萃合物组成的确定十分复杂。又如，络合萃取法分离过程中的络合剂、稀释剂及待分离溶质都是有机化合物，这些有机化合物分子所拥有的特殊官能团带来的诱导效应、共轭效应以及空间位阻效应等都将影响萃合物的成键机理等。近年来，络合萃取工艺及过程机理的研究工作，已经成为化工分离技术研究开发的一个重要方面。

1.4 液液萃取技术的研究内容及方法

液液萃取，作为化学工业过程中的一个重要的单元操作，尽管其过程可能依据不同的萃取原理，适应于不同的体系，最终会达到不同的生产目的，但在所发生的萃取过程中，单元操作的特性同样从本质上服从动量传递、热量传递和质量传递这三种传递的基本规律。可以看出，传递过程原理也是研究萃取单元操作的主线。

具体地说，液液萃取技术的研究内容主要包括萃取剂种类和组成的筛选、萃取平衡特性研究、萃取动力学特性研究、萃取方式及萃取工艺流程和条件的建立、萃取设备的选型及设计、新型萃取分离技术的研究开发等。

工业生产中的萃取分离过程，由多种物理过程和化学过程交织在一起，情况十分复杂，必须综合运用热力学、动力学、传递过程原理的理论和成果进行研究分析。同时，随着化工工艺的发展，特别是石油化工的发展和生产的大型化，对过程开发与设备放大设计提出了更高的要求。综合处理工程性问题，研究系统的模拟、分析和优化，使萃取过程的研究内容具有多元化、复杂性等工程科学的特点。

液液萃取单元操作的研究发展过程中，形成了两种基本的研究方法，即实验研究方法和数学模型方法。

实际的液液萃取过程往往十分复杂，涉及的影响因素很多，各种因素的影响还不能完全用迄今已掌握的物理、化学和数学等基本原理定量地预测，必须通过实验方法来分析。实验研究方法在液液萃取过程的研究开发中仍旧占据着重要的位置。通过小型实验确定各种因素的影响规律和适宜的工艺条件，然后应用研究结果指导生产实际，进行实际生产过程与设备的设计与改进。

数学模型方法是液液萃取研究的另一种方法。用数学模型方法研究萃取过程时，首先要分析过程的机理，在充分认识的基础上，对过程机理进行不失真的合理简化，得出反映过程机理的物理模型；然后，用数学方法描述这一物理模型，得到数学模型，并用适当的数学方法求解数学模型，所得的结果一般包括反映过程特性的模型参数；最后通过实验，求出模型参数。数学模型方法可用于过程和设备的设计计算。这种方法是在理论指导下得出的数学模型，同时又通过实验求出模型参数并检验模型的可靠性，属于半理论半经验方法。由于计算技术的发展，特别是计算机技术的发展，使复杂数学模型的求解成为可能，目前，数学模型方法已逐步发展成为主要的研究方法。

符 号 说 明

［A］——被萃取组分 A 的浓度，mol/L

D——分配系数

L——料液相体积（m^3）或料液

相体积流量（m^3/s）

R——相比

V——萃取相体积（m^3）或萃取相体积流量（m^3/s）

希腊字母

ρ——萃取率，%

β——萃取分离因数

ε——萃取因子，质量分配系数

Λ——Nernst 分配常数

下标

o——萃取相

w——料液相

参考文献

[1] 关根达也，长谷川佑子. 溶剂萃取化学. 滕藤等译. 北京：原子能出版社，1981.

[2] Edeleanu L. Trans Am Inst Mining Metallurg Engrs，1914，50：809-829.

[3] Treybal R E. Liquid Extraction. 2nd ed.. New York：McGraw Hill Book Company Inc，1963.

[4] Ladhda G S，Degaleeson T E. Transport Phenomena in Liquid Extraction. New Delhi：Tata McGraw Hill Publishing Co Ltd，1978.

[5] Lo The C，Baird M H I，Hanson C. Handbook of Solvent Extraction. New York：Wiley Interscience Publication，1983.

[6] 汪家鼎，陈家镛. 溶剂萃取手册. 北京：化学工业出版社，2001.

[7] 徐光宪，王文清，吴瑾光，等. 萃取化学原理. 上海：上海科学技术出版社，1984.

[8] 李洲，李以圭，费维扬，等. 液液萃取过程和设备. 北京：原子能出版社，1993.

[9] 戴猷元. 新型萃取分离技术的发展及应用. 北京：化学工业出版社，2007.

[10] 戴猷元，秦炜，张瑾，等. 有机物络合萃取化学. 北京：化学工业出版社，2008.

[11] 朱屯，李洲. 溶剂萃取. 北京：化学工业出版社，2008.

[12] 李洲，秦炜. 液-液萃取. 北京：化学工业出版社，2013.

第2章 物质的溶解特性及常用萃取剂

液液萃取的整个过程是在溶液中进行的。例如，对于水-溶质-有机溶剂体系，当水溶液中的溶质分子穿过两相界面而进入与水互不相溶的有机溶剂中时，溶质分子与其邻近的溶剂分子间的相互作用将发生剧烈的变化。溶质在两相中的分配是与两相中溶质分子及溶剂分子之间的相互作用密切相关的。全面考虑溶剂-溶剂之间、溶质-溶质之间、溶质-溶剂之间的相互作用，讨论物质的溶解度规律，是研究物质在液液两相中的分配及其影响因素的重要内容。

2.1 物质溶解过程的一般描述

溶解就是两种纯物质，即溶剂和溶质，生成它们的分子混合物——溶液。这一溶解过程能够进行，其自由能的变化必须是负的。由于溶解过程包含了两种纯物质的混合，所以溶解过程总是伴随着正的熵变。从公式$\Delta G=\Delta H-T\Delta S$可以看出，如果溶解过程的吸热不是太大时，即 ΔH 正值不太大时，正的熵变过程可以产生负的自由能变化。

为了便于分析溶解过程，可以将该过程分为两个吸热过程和一个放热过程加以讨论[1]。

① 溶质是固体或液体时，某一溶质分子与其相邻的溶质分子之间存在相互作用。溶解时，这些分子分割成单个分子或离子的过程，是个吸热过程。这一吸热过程所需的能量按溶质分子间力的增大而增大，其能量大小呈现出溶质为非极性物质＜溶质为极性物质＜溶质为可相互形成氢键的物质＜溶质为离子型物质的顺序。

② 溶质质点被相互分开后进入溶剂中。由于溶剂分子之间也存在相互作用，溶剂为了接纳溶质分子的进入同样需要吸收能量，破坏分子间的结合。这个过程所需的能量依溶剂分子间相互作用的增强而增大，其能量大小呈现出溶剂为非极性物质＜溶剂为极性物质＜溶剂为可相互形成氢键的物质的顺序。同时，当溶质分子的体积增大时，容纳溶质的空间亦增大，需要破坏更多的溶剂

分子间的结合，所需的能量也增大。

③ 溶质分子分散进入溶剂，溶质分子与邻近的溶剂分子相互作用，这一相互作用的形成过程是放热的。释放的能量依据溶质分子与溶剂分子相互作用的增强而增大，其能量大小呈现出的顺序为：溶剂分子和溶质分子都是非极性物质＜溶剂分子和溶质分子中一个是非极性物质，而另一种是极性物质＜溶剂分子和溶质分子都是极性物质＜溶质分子可以被溶剂分子溶剂化的。

如果第一个过程和第二个过程的所需能量较小，第三个过程释放的能量较大，那么总的焓变就可能是负值（放热）或焓变的正值不太大（吸热不是太大），此时物质的溶解过程就容易实现。反之，当溶质分子彼此的结合力很强时（第一步所需的能量较大），溶质就仅仅可能溶于与溶质相互作用较大的溶剂中；当溶剂分子之间自缔合作用很强时（例如，水为溶剂），溶剂仅仅可能溶解与其形成很强的溶质-溶剂相互作用的溶质分子。

2.2 物质在溶剂中的溶解特性

物质在溶剂中的溶解度是衡量溶液中溶质分子和溶剂分子之间的相互作用的最简单、最方便的量。从溶解度数据估计溶质-溶剂的相互作用时，破坏溶质-溶质间相互作用所造成的能量损失及破坏溶剂-溶剂间相互作用所造成的能量损失都必须考虑在内。虽然，对溶解度数据的分析只能是定性的，但从溶质和溶剂的相互作用的观点出发研究物质的溶解度数据是十分有意义的。

一般而言，溶质-溶质之间、溶剂-溶剂之间和溶质-溶剂之间都存在范德华力，可能存在氢键作用。范德华力存在于任何分子之间，其大小随分子的极化率和偶极距的增大而增大。氢键作用比范德华力强得多。氢键可以是一个氢原子和两个氧原子形成的桥式结构，O—H…O，如水溶液中水分子的氢键缔合；氢键也可以是 A—H…B 桥式结构，其中，A 和 B 是电负性大而半径小的原子，如 O、N、F 等。氢键 A—H…B 的形成有赖于液体分子具有给电子原子 B 和受电子的 A—H 键。物质的溶解特性分析需要全面考虑溶剂-溶剂之间、溶质-溶质之间、溶质-溶剂之间的相互作用。

2.2.1 物质在水中的溶解特性

溶质分子进入作为溶剂的水中，其需要消耗的能量主要是破坏水分子间的缔合氢键而引起的。因此，大多数在水中具有较大溶解能力的物质，总有一个或几个基团能与水形成氢键，补偿破坏水分子间的氢键所需的能量。这里，溶质分子和水分子间的氢键作用是很重要的。如果溶质分子和水分子间的相互作用仅仅是范德华力，那么，获得的能量将不能补偿已经消耗的能量，溶解过程就可能难以进行了。

非极性有机物分子，如直链烷烃，在水中的溶解度很小（见表 2-1），这是因为直链烷烃的极化率较小，溶质分子和水分子的相互作用很弱，相互作用所获得的能量不足以补偿拆散水分子氢键所造成的大量的能量损失。从表 2-1 中的数据还可以看出，随着直链烷烃碳链的增长，直链烷烃在水中的溶解度出现明显变化。直链烷烃的碳链越长，分子越大，溶解时需要的"空腔"越大，破坏水中氢键所需的能量越大，其在水中的溶解度越小。

在直链烷烃分子中引入羟基取代基，形成的直链醇在水中的溶解度比直链烷烃在水中溶解度明显增大（见表 2-1）。直链醇的分子间形成了氢键，这些氢键增强了溶质-溶质间的相互作用，因而导致破坏这一结合时能量损失的增大。直链醇分子进入水相后，生成氢键所获得的能量足以抵消破坏溶质-溶质、溶剂-溶剂结合的能量损失，从总的效果看，溶解度增大了。此外，如果醇类中的烃基部分增大，溶解度将减小，这是因为分子体积增加会使破坏溶剂-溶剂结合的能量损失增加。

表 2-1　直链烷烃和直链醇在水中的溶解度 *S*（mol/L，0℃，101. 3kPa）[2]

直链烷烃	lg*S*	直链醇	lg*S*
正丁烷	−2.61	正丁醇	0.006
正戊烷	−3.27	正戊醇	−1.35
正己烷	−3.96	正己醇	−2.79
正庚烷	−4.53	正庚醇	−4.17
正辛烷	−5.24	正辛醇	−5.40
		正壬醇	−6.91
		正癸醇	−8.52

表 2-2 列出了一系列单取代基苯在水中的溶解度。通常情况下，苯中引入一个亲水基团，如—OH、—NH_2、—NO_2等，单取代基苯的亲水性会提高。然而，这种溶质亲水性的提高并不一定都可以从溶解度数据中体现出来。取代基的引入增大了溶质与水之间的相互作用，但是，溶质分子极性的增大同样也会导致溶质-溶质分子间相互作用的增大。例如，苯中引入取代硝基成为硝基苯，其极性增强。然而，硝基的引入不仅增大了溶质与水的相互作用，而且也增大了溶质间的相互作用，后者的效应大于前者的效应，而且溶质体积的增大也不利于其在水中的溶解。总的效果是，硝基苯在水中的溶解度反而小于苯在水中的溶解度。

表 2-2　单取代基苯在水中的溶解度 *S*（mol/L，30℃，101. 3kPa）[1]

溶质	取代基团	lg*S*
苯	—H	−1.62
氟苯	—F	−1.80
氯苯	—Cl	−2.37

续表

溶质	取代基团	lg$S$
溴苯	—Br	−2.55
碘苯	—I	−2.77
甲苯	$—CH_3$	−2.21
硝基苯	$—NO_2$	−1.77
苯甲酸	—COOH	−1.47
苯胺	$—NH_2$	−0.39
苯酚	—OH	−0.009

金属离子和其他离子在水中的一个重要过程就是离子的水合，或称离子的水化。换句话说，水分子依据其极性与金属离子或其他离子相互作用，称作水合。以金属离子（M^{n+}）为例，水分子中的氧的孤对电子提供出来，与 M^{n+} 形成配位键。这里，提供电子的氧原子称为给体原子，含有给体原子的化合物-水分子称为配位体。水溶液中的金属离子的表达方式为 $[M\cdot mH_2O]^{n+}$，代表离子周围有 m 个水分子，这些水分子是以配位键直接与中心离子结合的，常称作内层水分子，反映着水合（水化）作用的强弱。水分子还可以以氢键作用与内层水结合，这部分水分子称作外层水。

离子的水合（水化）作用是随离子势 Z^2/R 的增加而增强的。离子电荷 Z 越大，离子的水合（水化）作用越强；对于电荷数相同的离子，其离子半径 R 越小，离子的水合（水化）作用越大。在水中以中性分子存在的物质，其水合（水化）作用很弱。

大量的物质溶解度的数据表明，物质溶解度的分析需要全面考虑溶剂-溶剂之间、溶质-溶质之间、溶质-溶剂之间的相互作用，同时也要分析分子体积大小产生的影响。

2.2.2 物质在有机溶剂中的溶解特性

在有机溶剂中的物质溶解过程和在水溶液中物质的溶解过程是相同的。处于液态或固态的溶质分子分散为单个分子。为了使这些单个分子进入有机溶剂，必须克服溶剂-溶剂间的相互作用。与水相比，有机溶剂中的分子间力通常要小得多，破坏溶剂-溶剂间的相互作用的过程焓变要小一些。当溶剂分子的极性增大时，过程焓变也会增大。当溶剂间有氢键作用（如醇类）时，过程焓变就会更大。溶质与溶剂相互作用的大小和它们的性质密切相关。若溶质和溶剂都是非极性物质，则其相互作用最小，分子的极性增大，其相互作用增大，若能形成氢键或实现化学缔合，其相互作用更强。

徐光宪等[3]指出，有机物或有机溶剂可以按照是否存在受电子的 A—H 键或给电子原子 B 而分为四种类型。

① N 型溶剂，或称惰性溶剂，既不存在受电子的 A—H 键，也不存在给电子原子 B，不能形成氢键，如烷烃类、苯、四氯化碳、二硫化碳、煤油等。

② A 型溶剂，即受电子型溶剂，含有 A—H 键，如氯仿、二氯甲烷、五氯乙烷等，能与 B 型溶剂生成氢键。值得提及的是，一般的 C—H 键，如 CH_4 中的 C—H 键，不能形成氢键。但 CH_4 中的 H 被 Cl 取代后，由于 Cl 原子的诱导作用，使碳原子的电负性增强，能够形成氢键。

③ B 型溶剂，即给电子型溶剂，如醚、酮、醛、酯、叔胺等，含有给电子原子 B，能与 A 型溶剂生成氢键。

④ AB 型溶剂，即给、受电子型溶剂，分子中同时具有受电子的 A—H 键和给电子原子 B。AB 型溶剂又可细分为三种，其中，AB（1）型溶剂为交链氢键缔合溶剂，如水、多元醇、氨基取代醇、羟基羧酸、多元羧酸、多元酚等；AB（2）型溶剂为直链氢键缔合溶剂，如醇、胺、羧酸等；AB（3）型溶剂为可生成内氢键的分子，如邻硝基苯酚等，这类溶剂中的 A－H 键因已形成内氢键而不再起作用，因此，AB（3）型溶剂的性质与 N 型溶剂或 B 型溶剂的性质比较相似。

物质在有机溶剂中的溶解或各类溶剂的互溶性规律可以简要表述为：两种液体混合后形成的氢键数目或强度大于混合前氢键的数目或强度，则有利于物质在有机溶剂中的溶解或两种液体的互溶；反之，则不利于物质在有机溶剂中的溶解或两种液体的互溶。具体地说，①AB 型与 N 型，如水与苯、四氯化碳、煤油等几乎完全不互溶；②AB 型与 A 型、AB 型与 B 型、AB 型与 AB 型，在混合前后都存在氢键，溶解或互溶的程度以混合前后氢键的强弱而定；③A 型与 B 型，在混合后形成氢键，有利于溶解或互溶，如氯仿与丙酮可完全互溶；④A 型与 A 型、B 型与 B 型、N 型与 A 型、N 型与 B 型，在混合前后都没有氢键形成，液体溶解或互溶的程度取决于混合前后范德华力的强弱，与分子的偶极距和极化率有关，一般可利用“相似相溶”原理来判断溶解度的大小；⑤AB（3）型可生成内氢键，其行为特征与一般 AB 型不同，与 N 型或 B 型的行为特征相似。

值得提及的是，离子在其他极性溶剂（如乙醇）中也可能发生类似水合的过程，溶剂分子给体原子的电子对与离子形成配位键，这一过程称为离子的溶剂化。

分析物质在有机溶剂中的溶解特性，同样需要考虑溶剂-溶剂、溶质-溶质、溶质-溶剂之间的相互作用，需要考虑溶质分子体积大小的影响。

2.3 物质萃取的各种影响因素

2.3.1 空腔作用能和空腔效应

萃取过程一般是溶质在水相和有机相之间的传递过程。简单分子萃取过程，或称物理萃取过程可以看作被萃溶质F在水相和有机相中的两个溶解过程的竞争。在水相中，水分子之间存在范德华力和氢键作用，可以用Aq—Aq表示这种作用。F溶于水相，首先需要破坏水相中某些Aq—Aq的结合，形成空腔来容纳溶质F，同时形成F—Aq的结合。同样，在有机相中溶剂分子之间也存在范德华力，一些溶剂分子间还有氢键作用，溶剂分子间的相互作用以S—S表示。被萃溶质F要溶于有机相，首先必须破坏某些S—S结合，形成空腔来容纳F，同时形成F—S的结合。

萃取过程可以表示为[3]

$$S—S+2(F—Aq) \longrightarrow Aq—Aq+2(F—S) \tag{2-1}$$

如果令E_{S-S}、E_{F-Aq}、E_{Aq-Aq}、E_{F-S}分别代表破坏S—S结合、F—Aq结合、Aq—Aq结合及F—S结合所需要的能量，其中，E_{S-S}、E_{Aq-Aq}分别为有机相空腔作用能和水相空腔作用能。萃取能ΔE^0可以表示为

$$\Delta E^0 = E_{S-S} + 2E_{F-Aq} - E_{Aq-Aq} - 2E_{F-S} \tag{2-2}$$

空腔作用能的大小是与空腔表面积A成正比的。如果被萃溶质F在水相中和有机相中均以同一分子形式存在，并近似将溶质分子看作球形分子，其半径为R，则

$$E_{Aq-Aq} = K_{Aq}A = K_{Aq} \cdot 4\pi R^2 \tag{2-3}$$

$$E_{S-S} = K_S A = K_S \cdot 4\pi R^2 \tag{2-4}$$

$$E_{Aq-Aq} - E_{S-S} = K_{Aq}A - K_S A = 4\pi(K_{Aq} - K_S)R^2 \tag{2-5}$$

式中，K_{Aq}、K_S为比例常数。K_S的大小随溶剂类型的不同而不同。在N型溶剂、A型溶剂和B型溶剂中，溶剂分子之间只存在范德华力，所以，K_S值较小，其中非极性、不含容易极化的π键、且分子量又不大的溶剂的K_S值最小。在AB型溶剂中，由于存在氢键缔合作用，K_S值较大，其中AB (1) 型溶剂的K_S值最大。水是AB (1) 型溶剂中氢键缔合能力最强的。因此，$K_{Aq} > K_S$。

设$K_S / K_{Aq} = \gamma$，则

$$E_{Aq-Aq} - E_{S-S} = 4\pi K_{Aq}(1-\gamma)R^2 \tag{2-6}$$

$E_{Aq-Aq} - E_{S-S}$的值越大，表示空腔效应越大，越有利于萃取。

十分明显，在简单分子萃取中，如果其他条件相同，则被萃溶质分子F越大，越有利于萃取，例如，丙酸的分配系数比乙酸的分配系数大；空腔效应随K_S/K_{Aq}，即γ值的减小而增强。例如，丁醇（AB型溶剂）、乙醚（B型溶剂）、四氯化碳（N型溶剂）的K_S值依次减小，所以空腔效应在丁醇-水体系中最小，在乙醚-水体系中次之，在四氯化碳-水体系中最大。

许多实验数据表明，被萃溶质分子F越大，越有利于萃取。例如，有机同系物在异丁醇-水体系或乙醚-水体系的分配系数数据随分子量的增大而增大，大约每增加一个—CH_2—基，分配系数增大2～4倍。若$\alpha = D_1/D_0 = D_2/D_1 = \cdots = D_n/D_{n-1}$或$\alpha = (D_n/D_0)^{1/n}$，即$\alpha$为每增加一个—$CH_2$—基后分

配系数平均增大的倍数，几种同系物分配系数增大的α值在表 2-3 中列出。又如，卤素取代有机物中，随卤素的分子量的增大，分配系数增大的倍数α也增大，表 2-4 列出了卤素取代有机物在异丁醇-水体系或乙醚-水体系的分配系数数据的比较。再如，一些胺类有机物随分子量的增大，分配系数也增大，表 2-5 列出了胺类有机物在苯-水体系中的分配系数。

上述数据均说明，被萃溶质越大，空腔效应越明显，越有利于简单分子萃取。

表 2-3　几种同系物分配系数的比较[3]

被萃溶质（同系物）		CH_2基增加数	α	
Ⅰ	Ⅱ		异丁醇-水体系	乙醚-水体系
一氯乙酸	2-氯代丙酸	1	3.2	3.6
乙醛	正丁醛	2	3.0	—
乙酸	正己酸	4	2.8	3.7
乙酸甲酯	乙酸乙酯	1	2.8	3.1
甲胺	异丁胺	3	2.2	3.5

表 2-4　几种卤素取代有机物分配系数的比较[3]

被萃溶质（卤素取代物）		卤素取代基数	α	
Ⅰ	Ⅱ		异丁醇-水体系	乙醚-水体系
乙酸	一氯乙酸	1	2.2	5.6
乙酸	一溴乙酸	1	3.1	8.5
乙酸	一碘乙酸	1	4.9	14.0
丙酸	2-氯代丙酸	1	2.7	6.1
丙酸	2-溴代丙酸	1	3.5	8.8

表 2-5　几种胺类有机物分配系数的比较[3]

被萃溶质（胺类）	分配系数 D
苯胺	10
对甲基苯胺	19
对氯苯胺	83
对溴苯胺	132
萘胺	279

2.3.2　被萃溶质亲水基团的影响

亲水基团是指能与水分子形成氢键的基团，如—OH、$—NH_2$、═NH、

—COOH、—SO_3H等。被萃溶质F如含有亲水基团，其分配系数要比不含亲水基团的溶质小得多。这是由于溶质的亲水基团可以与水分子形成氢键，使E_{F-Aq}增大，从而使萃取能ΔE_0也增大，不利于萃取。以有机物溶质F在异丁醇-水体系或乙醚-水体系的分配系数数据为例，可以分析亲水基团的影响。

从表2-6中的数据可以看出增加—OH基团的影响。苯乙酸在异丁醇-水体系中的分配系数为28，而羟基苯乙酸在同一体系中的分配系数则仅为5.1，两者的比值为$\alpha=28/5.1=5.5$，即溶质分子中增加了一个OH取代基，分配系数降低到原来的1/5.5。在乙醚-水体系中，同样是这两种溶质，其α值比异丁醇-水体系的α值要大。这是因为异丁醇是AB型溶剂，有很强的氢键作用，可以和溶质形成—O—H…B—A和H—O…A—B两种氢键；乙醚是B型溶剂，仅可能和溶质形成—O—H…B类型的氢键。正丁醇与溶质的氢键作用要比乙醚与溶质的氢键作用大，由于溶质-溶剂的作用能E_{F-S}可以部分抵消水相中溶质-溶剂的作用能E_{F-Aq}，所以，同样是在苯乙酸中引入—OH，异丁醇-羟基苯乙酸的作用能大于乙醚-羟基苯乙酸的作用能，异丁醇-水体系中的分配系数减小的倍数α要比乙醚-水体系的α小。

表2-6　增加—OH基团的影响[3]

被萃溶质		OH基增加数	α	
Ⅰ	Ⅱ		异丁醇-水体系	乙醚-水体系
苯乙酸	羟基苯乙酸	1	$28/5.1=5.5$	12
乙酸	羟基乙酸	1	$1.2/0.33=3.6$	17
二乙胺	二乙醇胺	2	$(4.4/0.19)^{1/2}=4.5$	31
三乙胺	三乙醇胺	3	$(18/0.26)^{1/3}=4.1$	17
异丁醇	丁四醇	3	$(8.5/0.037)^{1/3}=6.1$	40
草酸	羟基草酸	1	$0.96/0.37=2.6$	10

从表2-7中的数据可以看出，由于—NH_2基团的碱性强度比—OH的要大，增加—NH_2基团的影响会更大。例如，在羧酸中引入—NH_2基团，可以形成分子内电离，大大增强了F—Aq的结合力，分配系数降低的倍数α特别大；有的分子中引入—NH_2基团后，由于自身能形成内氢键（如邻氨基苯甲酸），所以F—Aq作用的变化不显著；在吡啶中，F—Aq的作用已经很大，再引入一个—NH_2基团，对F—Aq作用的影响不大。

表 2-7　增加—NH_2基团的影响[3]

被萃溶质		NH_2基增加数	α	
Ⅰ	Ⅱ		异丁醇-水体系	乙醚-水体系
正己酸	2-氨基己酸	1	75/0.062 = 1210	7.8×10^6
正丁酸	2-氨基丁酸	1	8.1/0.016 = 506	2.5×10^6
丙酸	2-氨基丙酸	1	3.1/0.0069 = 449	1.3×10^6
苯甲酸	3-氨基苯甲酸	1	54/2.9 = 19	52
苯甲酸	4-氨基苯甲酸	1	54/7.7 = 7.0	10
苯甲酸	2-氨基苯甲酸	1	54/15 = 3.6	2.9
乙胺	乙二胺	1	1.2/0.23 = 5.2	182
乙醇	氨基乙醇	1	1.0/0.24 = 4.2	200
吡啶	氨基吡啶	1	7.3/4.5 = 1.6	1.6

从表 2-8 中的数据可以看出，当甲基或次甲基被—COOH 取代后，对于异丁醇-水体系α为 1.6～21，对于乙醚-水体系α值为 4.4～172，引入—COOH 能够形成氨基酸的，由于强烈的分子内电离，其分配系数减小的倍数α特别大。

表 2-8　增加—COOH 基团的影响[3]

被萃溶质		COOH 基增加数	α	
Ⅰ	Ⅱ		异丁醇-水体系	乙醚-水体系
正丁胺	2-氨基丁酸	1	9.2/0.016 = 576	4×10^5
正丙胺	2-氨基丙酸	1	3.7/0.0069 = 536	2×10^5
正己酸	己二酸	1	75/3.5 = 21	172
碘乙烷	碘乙酸	1	74/5.9 = 13	47
正丁酸	丁二酸	1	8.1/0.96 = 8.4	45
正丙酸	丙二酸	1	3.1/0.73 = 4.2	18
乙醇	羟基乙酸	1		9.3
乙酸	乙二酸	1	1.2/0.75 = 1.6	4.4

从表 2-9 中的数据可以看出，当—COOH 基团被—$CONH_2$取代时，分子的亲水性增大，分配系数下降。

表 2-9　—COOH 基团被—$CONH_2$取代的影响[3]

被萃溶质		OH 基增加数	α	
Ⅰ	Ⅱ		异丁醇-水体系	乙醚-水体系
正丁酸	丁酰胺	1	8.1/1.5 = 5.4	110

续表

被萃溶质		OH基增加数	α	
Ⅰ	Ⅱ		异丁醇-水体系	乙醚-水体系
正丙酸	丙酰胺	1	3.1/0.69 = 4.5	140
甲酸	甲酰胺	1	0.84/0.22 = 3.8	300
乙酸	乙酰胺	1	1.2/0.33 = 3.6	210
丙二酸	丙二酰胺	2	$(0.73/0.086)^{1/2}$ = 2.9	18

总之，亲水基团的引入，增强了 F－Aq 的结合力，使 E_{F-Aq}增大，从而使萃取能ΔE_0也增大，不利于萃取。

另外，通过分析物质在有机溶剂中的溶解度数据或在水中的溶解度数据，有时不能直接得出物质疏水性的大小顺序，因为溶质-溶质间、溶剂-溶剂间的相互作用以及体积效应也是溶解度的影响因素。表 2-10 列出了乙酰丙酮及其苯基取代物（苯甲酰丙酮、二苯甲酰甲烷）在苯中及在 0.1mol/L $NaClO_4$ 溶液中的溶解度。可以肯定地说，苯基取代甲基会增加分子的疏水性。然而，从表 2-10 中看出，溶质在苯中及在 0.1mol/L $NaClO_4$溶液中的溶解度都降低了。苯基取代使溶质在苯中的溶解度降低的原因主要是体积效应，溶质分子与苯分子之间的相互作用可能没有多少差别。而且，溶质在水中溶解度的下降也不能用亲水性的下降来解释。乙酰丙酮及其苯基取代物苯甲酰丙酮的亲水基团主要是分子中的两个羰基氧，或由于互变异构作用而生成的羟基。从表 2-10 中 pK_a 值的变化可以看出，一个苯基取代一个甲基后，并未明显地改变两个羰基氧的基本性质。苯基取代甲基，溶质在水中的溶解度降低的主要原因是体积效应，即一个较大的分子进入水中，破坏水分子间的相互作用需要更大的能量。而且，体积效应对溶质在水中溶解度的影响要比对溶质在苯中溶解度的影响明显得多，因为溶质进入水中时，需要克服大的多的分子间力。

表 2-10　乙酰丙酮及其苯基取代物的溶解度及分配数据（25℃）[1]

溶质	溶解度/(mol/L)		分配数据（平衡两相浓度比）	pK_a
	在苯中	在 0.1mol/L $NaClO_4$溶液中		
乙酰丙酮	混溶	1.72	5.8	8.76
苯甲酰丙酮	2.5	2×10^{-3}	1.4×10^{3}	8.74
二苯甲酰甲烷	1.8	6×10^{-6}	2.2×10^{5}	9.35

十分明显的是，苯基取代甲基大大增加了平衡两相的分配系数，一个苯基取代一个甲基后，分配系数增大了 200 余倍。因此，可以得到的结论应该是：疏水性的增强意味着平衡两相分配系数的提高，但并不一定说明溶质和有机溶

剂间有较强的相互作用；一般地说，具有较低平衡两相分配系数的亲水性溶质，应与水分子有较强的相互作用，溶质与水的相互作用大致相同时，较大溶质分子的体积效应是使平衡两相分配系数增大的主要原因。

前已述及，金属离子和其他离子在水中的一个重要过程是离子的水合或称离子的水化。水合（水化）作用越强，式（2-2）中的 E_{F-Aq} 就越大，越不利于萃取[4]。

离子电荷 Z 越大，离子的水合（水化）作用越强，E_{F-Aq} 就越大，越不利于萃取。例如，利用四苯基胂氯 $(C_6H_5)_4AsCl$/氯仿作萃取剂可以萃取 MnO_4^-、ReO_4^-、TcO_4^-，但不能萃取 MoO_4^{2-}、MnO_4^{2-} 等二价离子。

对于电荷数相同的离子，其离子半径 R 越小，离子的水合（水化）作用越大，E_{F-Aq} 就越大，越不利于萃取。例如，四苯基胂氯 $(C_6H_5)_4AsCl$ 萃取 ReO_4^- 时实际上是小半径的 Cl^- 进入水相，而水化作用弱的大半径的 ReO_4^- 进入有机相。

中性分子在水中存在，其水合（水化）作用很弱，容易被萃取。例如，I_2 在水中以可溶性分子存在，容易被惰性溶剂 CCl_4、苯等萃取。

2.3.3 溶质与有机溶剂相互作用的影响

十分明显，如果萃取过程的式（2-2）中的 E_{F-S} 值越大，就越有利于萃取。E_{F-S} 的大小取决于溶质与溶剂的结合作用的强弱。

例如，被萃溶质与溶剂存在氢键作用时，有利于溶质的萃取。从表 2-11 的相关数据可以看出，乙酸与 N 型溶剂不存在氢键缔合作用，其在 N 型溶剂-水体系中的分配系数很小；乙酸与 AB 型溶剂或 B 型溶剂的同系物存在氢键缔合作用，其在 AB 型溶剂-水体系或 B 型溶剂-水体系中的分配系数较大。在 AB 型溶剂或 B 型溶剂的同系物中，随着分子中碳原子数的增大，其性质进一步向 N 型溶剂的性质靠拢，氢键缔合作用减小，分配系数也随之减小。

表 2-11　乙酸在不同的溶剂-水体系中的分配系数[3]

溶剂类型	溶剂	分配系数 D	温度/℃
AB 型	苯酚	1.4	15
	正丁醇	1.1	25
	环己醇	0.9	15
B 型	乙酸乙酯	0.9	15
	乙酸丁酯	0.36	15
	乙醚	0.44	25
	异丙醚	0.26	25
	正丁醚	0.10	15

续表

溶剂类型	溶剂	分配系数 D	温度/℃
N型	苯	0.04	25
	甲苯	0.04	25
	四氯化碳	0.02	15

金属离子及其他离子由于很强的水合作用影响，利用一般的萃取过程是较难完成分离任务的。选择一些萃取剂，利用它们与待分离物质的特殊作用，破坏待分离物质的水合作用影响，可以达到萃取分离的目的。

例如，萃取剂与待分离的金属离子形成中性螯合物，使金属离子的配位数达到饱和，消除"水合"的可能性；而且生成螯合物的分子体积大，根据空腔作用规律，有利于萃取；形成的螯合物稳定性大，其外缘基团为疏水基团，能够使萃取进行得比较完全。

中性含磷类萃取剂、酸性含磷类萃取剂和胺类萃取剂等作为化学萃取中的最典型的萃取剂，它们可以分别通过氢键缔合、离子交换和离子对缔合等反应机制与待萃溶质形成一定组成的萃合物，或称络合物，使 E_{F-S} 值明显提高，有利于萃取过程的实现。十分清楚，形成的萃合物分子较大，按照空腔效应，有利于萃取；萃合物的外缘基团大多是 C—H 化合物，根据相似相溶原理，更易溶于有机相中而不易溶于水中；萃合物的外缘基团把亲水基团包藏在内部，阻止了亲水基团的"水化"作用，有利于萃取的进行。

2.4 常用的萃取剂

2.4.1 萃取剂选择的一般原则

根据不同体系的分离要求，已经出现了许多种类的工业用萃取剂，一些新型的萃取剂也在不断开发过程中。萃取剂通常是有机溶剂。一般来说，对于一种工业用萃取剂应该满足如下的要求。

① 萃取能力强、萃取容量大。对于待分离物质，萃取剂可以提供相对较高的萃取平衡分配系数。单位体积或单位质量的萃取剂萃取待分离物质的饱和容量大。

② 选择性高。对待分离的几种物质的分离因数 β 应比较大。若待分离物质为单一溶质，则萃取剂对该溶质与水的分离因数应比较大，从而降低萃取剂的萃水量，减轻萃取剂再生操作的负荷。

③ 化学稳定性强。萃取剂不易水解，加热时不易分解，能耐酸、碱、盐和氧化剂及还原剂的化学作用，具有足够的化学稳定性和辐照稳定性。另外，萃取剂对设备的腐蚀性小。

④ 溶剂损失小。在各种操作条件下，萃取剂在料液水相的溶解损失小，萃取相与料液相易于分层，萃取过程中不产生第三相，不发生乳化现象。

⑤ 萃取剂基本物性适当。萃取剂的密度、黏度及体系界面张力等基本物性适当，保证在萃取和反萃取过程中，传质速率较大，分相特性和流动性能良好。

⑥ 易于反萃取和溶质回收。对于待分离物质，萃取剂既可提供相对较高的萃取平衡分配系数，又应控制萃取剂与待萃取物质的结合能力，在改变操作条件的情况下容易实现待分离物质的反萃取操作，实现溶质回收和萃取剂的循环使用。

⑦ 安全操作。萃取剂的闪点、燃点、沸点高，挥发性低，无毒或毒性小，无刺激性，便于安全操作。

⑧ 经济性强。萃取剂的来源丰富，合成制备方法较为简单，价格便宜。

应该指出，选择萃取剂的条件很难同时满足，一般需要根据实际工业应用的条件，综合考虑这些因素，发挥某一萃取体系的特殊优势，设法克服其不足之处。对于工业上的大规模应用，萃取剂的高效性和经济性则是选择萃取剂的两个关键条件。

对于有机废水萃取处理过程及生物化工产品分离中使用的萃取剂，除了满足一般工业萃取过程的萃取剂要求外，还需要重点考虑萃取溶剂的溶解损失，避免二次污染，选择毒性低的、可生物降解的萃取溶剂，以保证萃取过程的成功实施。

对于金属萃取或有机物络合萃取的溶剂体系，反应萃取溶剂通常是有机试剂，其品种繁多，而且不断出现新的品种。常用的萃取剂按其组成和结构特征，必须具备以下两个条件。

① 络合剂分子中至少有一个萃取功能基，通过它与被萃取溶质结合形成萃合物，常见的萃取功能基含有 O、N、P、S 等原子，它们一般都有孤对电子，是电子给予体，为配位原子。

② 络合剂分子中必须有相当长的烃链或芳环，一方面是使萃取剂难溶于水相而减少萃取剂的溶解损失；另一方面，萃取剂的碳链增长，油溶性增加，可与被萃物形成难溶于水而易溶于有机相的萃合物，实现相转移。如果碳链过长、碳原子数目过多、分子量太大，则会使用不便，同时萃取容量降低。因此，一般萃取剂的分子量介于 350～500 之间为宜。

常用的萃取剂按其组成和结构特征，可以分为中性络合萃取剂、取代酸性络合萃取剂、胺类萃取剂和螯合萃取剂。

2.4.2 中性络合萃取剂

中性络合萃取剂是重要的一类萃取剂。中性络合萃取剂主要包括中性含氧类萃取剂、中性含硫类萃取剂、取代酰胺类萃取剂和中性含磷类萃取剂等。

(1) 中性含氧类萃取剂　此类萃取剂包括与水不互溶的醇(ROH)、醚(ROR′)、醛(RCHO)、酮(RCOR′)、酯(RCOOR′)等，其中以醇、醚、酮最为多见。严格地说，中性含氧类萃取剂与待分离溶质之间存在一定的化学缔合作用，主要表现为C—O—H—O类型的氢键。与中性含磷类萃取剂和待分离物之间的化学作用相比较，C—O—H—O类型氢键的键能比P—O—H—O类型氢键的键能要弱得多。因此，在有机物稀溶液萃取分离领域，许多研究者都将中性含氧类萃取剂对待分离有机物的萃取归并在物理萃取中讨论。特别是中性含氧类萃取剂作为络合萃取剂的助溶剂或稀释剂使用时，可忽略中性含氧类萃取剂与待分离有机物之间存在的化学缔合作用。

(2) 中性含硫类萃取剂　硫醚(R_2S)和亚砜(R_2SO)是两种可以用作萃取剂的含硫化合物，如二辛基硫醚、二辛基亚砜等。由于石油硫醚和石油亚砜都是石油工业的副产物，便宜易得，是用途很广的工业萃取剂。亚砜同时具有氧原子和硫原子，在萃取贵金属时以硫为给体原子。

(3) 取代酰胺类萃取剂　此类萃取剂在国内作为工业萃取剂的应用已经出现多年。例如，取代乙酰胺的通式为$R_1CONR_2R_3$，它是以羰基作为官能团的弱碱性萃取剂，这类萃取剂的羰基上的氧的给电子能力比酮类强，抗氧化能力比酮类及醇类强。取代酰胺类萃取剂具有稳定性高、水溶性小、挥发性低、选择性好等优点。*N*,*N*-二甲庚基乙酰胺(N503)已用于含酚废水的萃取处理过程。

(4) 中性含磷类萃取剂　与中性含氧类萃取剂、中性含硫类萃取剂和取代酰胺类萃取剂相比较，以磷酸三丁酯(TBP)为代表的中性含磷类萃取剂是研究及应用最为广泛的中性络合萃取剂。中性含磷类萃取剂的化学性能稳定，能耐强酸、强碱、强氧化剂，抗水解和抗辐照能力较强。中性含磷类萃取剂的闪点高、操作安全。中性含磷类萃取剂的萃取动力学性能良好，其萃取容量比酸性含磷类络合萃取剂和胺类萃取剂的萃取容量要大。从萃取剂的用量比较，目前磷酸三丁酯(TBP)生产吨位是最大的。

中性含磷类萃取剂的通式可以表示为G_3PO，其中，基团G代表烷基R、烷氧基RO或芳香基。由于磷酰基极性的增加，它们的黏度和在非极性溶剂中的溶解度按$(RO)_3PO < R(RO)_2PO < R_2(RO)PO < R_3PO$的次序增加。中性含磷类萃取剂均具有P═O官能团，通过氧原子上的孤对电子与待萃溶质形成氢键缔合物，实现萃取。中性含磷类萃取剂呈中等强度的碱性。如果基团G代表的是烷氧基RO，由于电负性大的氧原子的存在，使烷氧基RO的拉电子的能力强，P═O官能团上氧原子的孤对电子有被拉过去的倾向，与待萃溶质形成氢键的能力相应减弱，随分子中C—P键数目的增加，烷基R拉电子的能力明显减弱，P═O官能团上氧原子的孤对电子与待萃溶质形成氢键的能力相

应增强，即其碱性增大，因而，萃取剂的萃取能力也增强。中性含磷萃取剂的萃取能力按下述顺序递增：

$$(RO)_3PO<R(RO)_2PO<R_2(RO)PO<R_3PO$$

如果将$(RO)_3PO$中的R由烷基改变为吸电子能力较强的芳香基，如磷酸二丁基苯基酯$(C_4H_9O)_2(C_6H_6O)PO$或磷酸三苯基酯$(C_6H_6O)_3PO$，其萃取能力会进一步降低。

中性含磷类萃取剂按其结构可分为如下四类。

（1）磷酸三烷酯　其结构通式为：

$$(RO)(R'O)(R''O)P{=}O$$（其中，R、R′、R″为烷基、芳香基或环烷基）

在此类萃取剂中，应用最广泛的是磷酸三丁酯（TBP）。TBP结构中的P═O键上氧原子的孤对电子具有很强的给电子能力。

（2）烷基膦酸二烷酯　其结构通式为：

$$R(R'O)(R''O)P{=}O$$

其中，以甲基膦酸二甲庚酯（P350）为代表，是一个比TBP萃取能力更强的萃取剂。

（3）二烷基膦酸烷基酯　其结构通式为：

$$R R'(R''O)P{=}O$$

这类萃取剂因为较难合成，工业上尚无应用。

（4）三烷基氧膦　其结构通式为：

$$R R' R''P{=}O$$

这类萃取剂以三丁基氧膦（TBPO）、三辛基氧膦（TOPO）为代表。特别是TOPO，由于它在水中的溶解度很小，是很好的萃取剂。三烷基氧膦（TRPO，烷基碳数为C7～C9），常温下为液体，经常和稀释剂煤油混合使用。三烷基氧膦比磷酸三烷酯具有更强的碱性。

为了比较，表2-12列出了磷酸三丁酯（TBP）、丁基膦酸二丁酯（DBBP）和甲基膦酸二甲庚酯（P350）的物理化学性质。

2.4.3 酸性络合萃取剂

常用的酸性络合萃取剂主要包括羧酸类萃取剂、磺酸类萃取剂、酸性含磷类萃取剂。在酸性络合萃取剂中以二（2-乙基己基）磷酸（P204 或 D2EHPA）为代表的酸性含磷萃取剂的应用最为广泛，而且酸性含磷类萃取剂的研究也比较深入。

（1）羧酸类萃取剂　主要包括有机合成的 Versatic 酸和石油分馏副产物环烷酸和脂肪酸。

Versatic 酸，又称叔碳酸。叔碳酸的结构特征在于羧基的α碳位上与 3 个烃基相连（其中至少有一个甲基）。α碳上叔碳化的高度支化结构，使叔碳酸有良好的耐水解性和防腐性，是性能良好的金属萃取剂。例如，Versatic-9 是 2,2,4,4,-四甲基戊酸（质量分数 0.56）和 2-异丙基-2,3-二甲基丁酸（质量分数 0.27）及其他 9 个碳的叔碳酸异构体的混合物。又如，Versatic-911 是叔碳酸（C_9～C_{11}）的异构体的混合物。Versatic 酸作为萃取剂在稀土分离、氨溶液中的镍钴分离中有较多研究和应用。

表 2-12　TBP、DBBP、P350 的物理化学性质[1]

项　　目	TBP	DBBP	P350
分子量	266.3	250.3	320.3
沸点/℃	121（1mmHg）	116～118（1mmHg）	120～122（0.2mmHg）
密度(25℃)/(kg/m^3)	976.0(水饱和)	949.2	914.8
折射率(25℃)	1.4223	1.4303	1.4360
黏度(25℃)/(mPa·s)	3.32	3.39	7.568
表面张力(25℃)/(mN/m)	27.4	25.5	28.9
介电常数(20℃)	8.05	6.89	4.55
溶解度(25℃)/(g/L)	0.39	0.68	0.61
凝固点/℃	−71	−70	−73
闪点/℃	145	134	165
燃点/℃	212	203	219
红外吸收光谱 $\upsilon_{P=O}$/cm^{-1}	1265，1280	1250	1250

注：1mmHg=133.32Pa

石油分馏副产的脂肪酸，碳链多在 7～9 个碳，水溶性较大，已很少作为萃取剂使用。专门合成的脂肪酸萃取剂用于稀土金属分离，碳链为 16～17 个碳。

α-卤代脂肪酸由于α碳位上取代卤素的介入，其酸性比相应的脂肪酸明显增强。最常见的α-溴代十二烷基酸，又称α-溴代月桂酸，在萃取研究工作中涉及较多。

环烷酸萃取剂主要为环戊烷的衍生物，结构为

$$\text{cyclo-}C_5H_5(R)(R')(R'')COOH$$

其中，各个 R 基可以是相同的烷基，也可以是不同类别的烷基，也可以是—H。环烷酸萃取剂在稀土分离中得到应用。

(2) 磺酸类萃取剂　磺酸的通式为 RSO_2OH，是一类强酸性萃取剂。磺酸由于分子结构中存在—SO_3H，使之具有较大的吸湿性和水溶性。作为萃取剂，需要引入长链烷基苯或萘作为取代基。具有代表性的萃取剂是双壬基萘磺酸（DNNSA）。磺酸的酸根离子常常是强表面活性剂，故与其他萃取剂混合使用，很少单独作萃取剂用。

(3) 酸性含磷类萃取剂　此类萃取剂为弱酸性有机化合物（可以用 HA 代表），它既溶于有机相，也溶于水相，通常在有机相的溶解度大。酸性含磷类萃取剂在两相之间存在一定的分配，且与水相的组成，特别是水相的 pH 值密切相关。

酸性含磷类萃取剂的种类很多，大体上可以分为三类：

第一类为一元酸，其中包括：

$$(RO)(R'O)P(=O)OH \quad (R)(R'O)P(=O)OH \quad 及 \quad (R)(R')P(=O)OH$$

第二类为二元酸，其中包括：

$$(RO)P(=O)(OH)_2 \quad 及 \quad (R)P(=O)(OH)_2$$

第三类为双磷酰化合物，其中包括：

$$(RO)(HO)P(=O)—O—P(=O)(OR)(OH) \quad 及 \quad (RO)(HO)P(=O)—(CH_2)_n—P(=O)(OR)(OH)$$

这三类中，最主要的是一元酸，P204 就属于这一类。另外，像 TBP 的水解产物膦酸二丁酯（DBP）以及 2-乙基己基膦酸单（2-乙基己基酯）（P507）等也属于这一类。

在酸性含磷类萃取剂中，二（2-乙基己基）磷酸（P204）是一个典型的代表。二（2-乙基己基）磷酸的英文缩写为 D2EHPA 或 HDEHP，其结构式为：

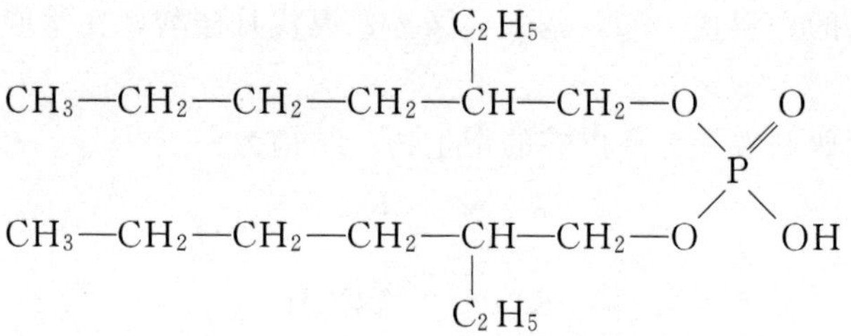

$$
\begin{array}{c}
\qquad\qquad\qquad\qquad C_2H_5 \\
CH_3-CH_2-CH_2-CH_2-CH-CH_2-O \qquad O \\
\qquad\qquad\qquad\qquad\qquad\qquad\qquad\qquad\qquad \searrow P \swarrow\!\!= \\
CH_3-CH_2-CH_2-CH_2-CH-CH_2-O \qquad OH \\
\qquad\qquad\qquad\qquad C_2H_5
\end{array}
$$

P204 是一种有机弱酸，在很多非极性溶剂（如煤油、苯等）中，通过氢键发生分子间自缔合，它们在这些溶剂中通常以二聚体形式存在，其表观分子量为 596。

为了比较，表 2-13 列出了二（2-乙基己基）磷酸（P204）、2-乙基己基膦酸单（2-乙基己基酯）（P507）和二（2,4,4-三甲基戊基）膦酸（Cyanex 272）的物理化学性质。

表 2-13　P204、P507 和 Cyanex 272 的物理化学性质[1,5]

项　目	P204	P507	Cyanex 272
分子量	248.3	232.3	290.43
沸点/℃	233(760mmHg)	235(760mmHg)	>300(760mmHg)
密度(25℃)/(kg/m³)	970.0	947.5	920
黏度(25℃)/(mPa·s)	34.77	36.00	14.20
溶解度(25℃)/(g/L)	0.012	0.010(pH=4)	0.038(pH=4)
闪点/℃	206(开口)	198(开口)	>108(闭口)
燃点/℃	233	235	
折射率	1.4417	1.4490	1.4596
毒性(小白鼠口服) LD_{50}/(g/kg)		2.526	4.9

2.4.4　胺类萃取剂

随着萃取化学及工艺的发展，20 世纪 40 年代开始，溶剂萃取过程中研究使用了胺类萃取剂。与磷类萃取剂相比较，胺类萃取剂的发展较晚，但胺类萃取剂的选择性好、稳定性强，能适用于多种分离体系。

胺类萃取剂可以看作是氨的烷基取代物。氨分子中的三个氢逐步被烷基所取代，生成三种不同的胺（伯胺、仲胺和叔胺）及四级铵盐（季铵盐）：

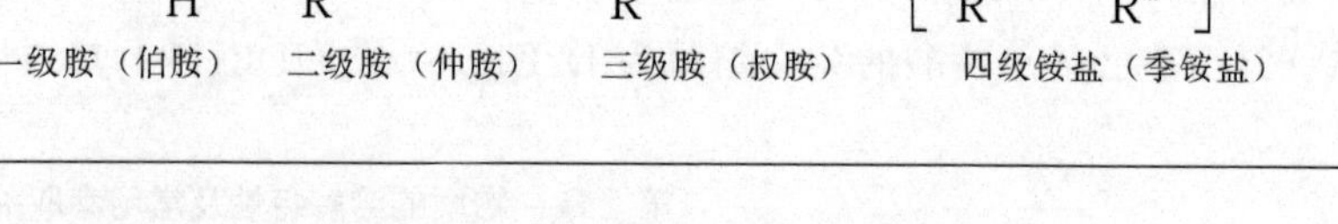

$$
R-NH_2 \qquad RR'N-H \qquad RR'N-R'' \qquad \left[\begin{array}{c} R \quad R'' \\ N \\ R' \quad R''' \end{array}\right]^+ X^-
$$

一级胺（伯胺）　二级胺（仲胺）　三级胺（叔胺）　四级铵盐（季铵盐）

用作萃取剂的有机胺分子量通常为250～600，分子量小于250的烷基胺在水中的溶解度较大，使用时会造成萃取剂在水相中的溶解损失。分子量大于600的烷基胺则大部分是固体，它在有机稀释剂中的溶解度小，而且往往会带来分相困难及萃取容量小的缺陷。

在伯胺、仲胺和叔胺中，最为常用的萃取剂是叔胺。伯胺和仲胺含有亲水性基团—NH_2或═NH，伯胺和仲胺在水中的溶解度比分子量相同的叔胺大。另外，伯胺在有机溶剂中，会使有机相溶解相当多的水，对萃取不利。所以，直链的伯胺一般不用作萃取剂，但带有很多支链的伯胺、仲胺可以作为萃取剂。

与含磷类萃取剂相比，胺类萃取剂具有选择性好、辐照稳定性强的特点，能适用于多种分离体系。胺类萃取剂的不足之处在于胺类萃取剂本身并不是其与待分离溶质形成的萃合物的良好溶剂，使用时必须增添极性稀释剂与之形成混合溶剂。例如，有机羧酸与三辛胺缔合形成的萃合物不宜溶于三辛胺-煤油中，萃取过程会有第三相出现，影响萃取效率，需要加入醇类来增大萃合物在有机相的溶解度，以提高萃取能力。

为了比较，表2-14列出了我国工业生产中使用的伯胺（N1923）、三辛胺（TOA）、三烷基胺（N235）与季铵盐（N263）这几种胺类萃取剂的物理化学性质。

表2-14 N1923、TOA、N235、N263的物理化学性质[1,5]

项目	N1923	TOA	N235	N263
分子量	280.7	353.6	349	459.2
沸点/℃	140～202 (5mmHg)	180～202 (3mmHg)	180～230 (3mmHg)	
密度(25℃)/(kg/m^3)	815.4	812.1	815.3	895.1
折射率/20℃	1.4530	1.4459	1.4525	1.4687
黏度(25℃)/(mPa·s)	7.77	8.41	10.4	12.04
表面张力(25℃)/(mN/m)		28.35	28.2	31.1
介电常数（20℃）		2.25	2.44	
溶解度(25℃)/(g/L)	0.0625 (0.5mol/L H_2SO_4)	<0.01	<0.01	0.04
凝固点/℃		−46	−64	−4
闪点/℃		188	189	150
燃点/℃		226	226	179
毒性（小白鼠口服）LD_{50}/（g/kg）	2.938		4.42	

胺类萃取剂的自身结构对其萃取能力有十分明显的影响。胺类萃取剂分子由亲水性部分和疏水性部分构成。当烷基碳链增长或烷基被芳基取代时，其疏

水性增大，有利于萃取，但这一因素往往是次要的。胺类萃取剂的萃取能力主要取决于萃取剂的碱性和它的空间效应。当氨分子中的氢逐步被烷基取代后，由于烷基的诱导效应，使 N 原子带有更强的电负性，更容易与质子结合，即萃取剂碱性增强，萃取能力增大。但是，随烷基数目的增多，体积亦增大，受空间效应的影响，对胺与质子的结合起到了阻碍作用，使萃取能力下降，而增加了萃取剂的选择性。总之，胺类萃取剂的萃取能力一般随伯、仲、叔胺的次序及烷基支链化程度的增加而增强；其诱导效应增大，萃取能力也增强；同时，随着这个次序的变化，空间效应也增大，萃取能力会减弱，萃取剂的选择性会加大。

组成萃取剂的稀释剂的影响也必须考虑。在惰性稀释剂中，胺类萃取剂容易发生自身的氢键缔合，降低萃取能力；在极性稀释剂中，特别是质子化稀释剂中，胺类萃取剂的自身氢键缔合受到抑制，萃取剂的萃取能力得以增强。另外，稀释剂的极性大或稀释剂的介电常数大，可以为胺类萃取剂与待萃取溶质形成的离子对缔合物提供稳定的存在环境，从而提高萃取剂的萃取能力。

2.4.5 螯合萃取剂

螯合萃取剂广泛应用于分析化学中，有极高的选择性。在工业中应用的螯合萃取剂，仅在铜及少量稀有金属的萃取工艺中出现。螯合萃取剂按其结构可以分为羟肟萃取剂、取代 8-羟基喹啉、β-二酮、吡啶羧酸酯。

羟肟萃取剂的基本结构如下：

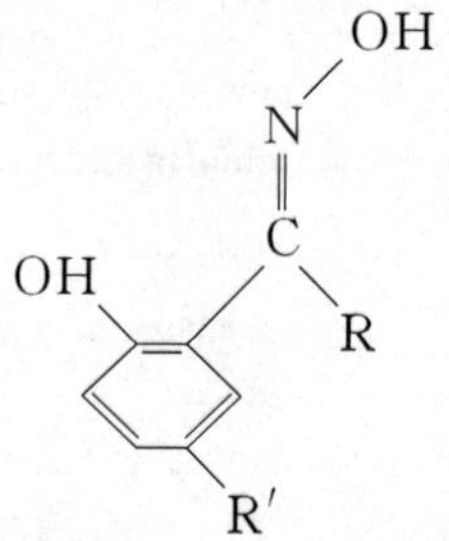

其中，R 在萃取剂的开发过程中不断变换，包括苯基、甲基和氢，分别构成了二苯甲酮肟、苯乙酮肟、苯甲醛肟；取代基 R′为壬基或十二烷基。羟肟萃取剂与铜形成稳定的螯合物，具有很高的选择性。羟肟萃取剂广泛应用于金属铜的萃取工艺中。

取代 8-羟基喹啉萃取剂的典型代表是代号为 Kelex100 的油溶性萃取剂，其结构式为

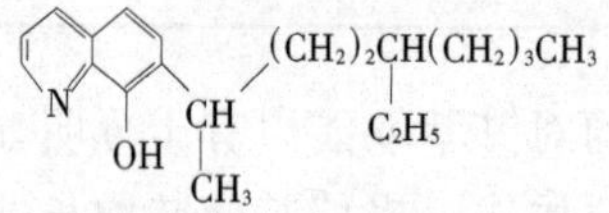

喹啉中的 N 和 O 为给体原子。两个萃取剂分子的 H^+ 与 Cu^{2+} 交换，生成中性萃合物。使用 Kelex100 萃取剂的铜提取分离工艺，铜的萃取速度和反萃取速度均快于二苯甲酮肟萃取剂。

工业用 β-二酮萃取剂的代表是汉高公司出品的 LIX54 萃取剂，其结构式为

$$C_{12}H_{25}-C_6H_4-\overset{\overset{\displaystyle O}{\|}}{C}-CH_2-\overset{\overset{\displaystyle O}{\|}}{C}-CH_3$$

这一萃取剂已用于从氨溶液中萃取铜。

表 2-15 列出了常用的萃取剂及其主要物性参数。

表 2-15 常用的萃取剂及其主要物性参数[4]

类型	名称	商品名或缩写	结构式	密度/(kg/m³)	沸点/℃	闪点/℃	黏度 μ/(mPa·s)	表面张力 σ/(N/m)	水中溶解度
醇类	正辛醇		$CH_3(CH_2)_6CH_2OH$	826.0(20℃)	195.28		10.640(15℃)	26.06×10^{-3}(20℃)	0.0538%(25℃)
	仲辛醇		$CH_3(CH_2)_5CH(CH_3)-OH$	819.3(20℃)	178.5				1.0g/L
	正己醇		$CH_3(CH_2)_4CH_2OH$	822.4(15℃)	157.47	58.2	4.592(25℃)	24.48×10^{-3}(20℃)	0.706%(20℃)
醚类	二异丙醚		$(CH_3)_2CHOCH(CH_3)_2$	728.1(20℃)	68.27	7.8	0.329(20℃)	17.34×10^{-3}(24.5℃)	0.87%(质量分数,20℃)
	二正丁醚		$CH_3(CH_2)_3O(CH_2)_3CH_3$	772.5(15℃)	141.97		0.741(15℃)	23.40×10^{-3}(15℃)	0.1g/L
酮类	甲基异丁基酮		$CH_3COCH_3CH(CH_3)_2$	800.6(20℃)	115.65	15.6	0.585(20℃)	23.64×10^{-3}(20℃)	1.7%(质量分数,25℃)
	二异丁酮		$(CH_3)_2CHCH_2OCHCH_2(CH_3)_2$	805.0(20℃)	168.16				0.06g/100g
酯类	醋酸乙酯		$CH_3COOC_2H_5$	901.0(20℃)	77.114	−2.2	0.426(25℃)	23.75×10^{-3}(20℃)	8.08g/100g(25℃)
	醋酸丁酯		$CH_3COOC_4H_9$	881.3(20℃)	126.114	28.9	0.688(25℃)	24.6×10^{-3}(25℃)	0.5%(25℃)
	醋酸戊酯		$CH_3COOC_5H_{11}$	857.3(20℃)	149.2	25	0.862(25℃)	25.25×10^{-3}(25℃)	0.2mL/100mL(20℃)

续表

类型	名称	商品名或缩写	结构式	密度/(kg/m^3)	沸点/℃	闪点/℃	黏度 μ/(mPa·s)	表面张力 σ/(N/m)	水中溶解度
芳香烃	苯		C_6H_6	873.7(25℃)	80.103	−10.7	0.6028(25℃)	28.78×10^{-3}(20℃)	0.180g/100g(25℃)
	甲苯		$C_6H_5CH_3$	862.3(25℃)	110.623	4.4	0.5516(25℃)	28.53×10^{-3}(20℃)	0.627g/L(25℃)
氯化碳氢化合物	四氯化碳		CCl_4	1.584(25℃)	76.75	不易燃	0.965(20℃)	26.15×10^{-3}(25℃)	0.8g/L(20℃)
	氯仿		$CHCl_3$	1.489(20℃)	61.152	不易燃	0.596(15℃)	26.53×10^{-3}(25℃)	10g/L(15℃)
中性含磷类萃取剂	磷酸三丁酯	TBP	$(C_4H_9O)_3P{=}O$	972.7(25℃) 976.0(25℃)(水饱和)	289(760) 分解150(10)	145	3.32(25℃) 3.39(25℃)(水饱和)	27.4×10^{-3}(25℃)	0.39g/L(25℃)
	磷酸三辛酯	TOP	$(C_8H_{17}O)_3P{=}O$	919.8(25℃)	130(0.05)	192	14.0(25℃)	18.0×10^{-3}(25℃)	
	三辛基氧膦	TOPO	$(C_8H_{17})_3P{=}O$		210～225(3)				0.008g/L
	三烷基氧膦	TRPO	$R_1R_2R_3P{=}O$	879.6	180～225(2～4)		44.6		<0.1g/L
酸性含磷类萃取剂	二(2-乙基己基)磷酸	D2EHPA或HDEHP(P204)①	$[CH_3(CH_2)_3CH(C_2H_5)CH_2O]_2P(=O)OH$	970.0(25℃)	233	206	34.77(25℃)		0.012g/L
	2-乙基己基膦酸单(2-乙基己基酯)	HEHEHP或MEHEHP(P507)①	$CH_3(CH_2)_3CH(C_2H_5)CH_2O-P(=O)(OH)-CH_2CH(C_2H_5)(CH_2)_3CH_3$	947.5	235	198	36(25℃)		0.010g/L(pH=4)

续表

类型	名称	商品名或缩写	结构式	密度/(kg/m^3)	沸点/℃	闪点/℃	黏度 μ/(mPa·s)	表面张力 σ/(N/m)	水中溶解度
胺类萃取剂	伯胺	N1923① 7101①	$R(R')CH-NH_2$ $(R+R'=C_{16}\sim C_{22})$ $(R+R'=C_{16}\sim C_{18})$	815.4 (25℃)	140～ 202 (5)		7.773		0.0625g/L (0.5mol/L H_2SO_4)
	仲胺	7201②	$(R_2CH)_2NH$ $(R=C_6\sim C_8)$		185～ 230 (1)				
	叔胺	N235① 7301②	$(C_nH_{2n+1})_3N$ (n=8、10 直链烷基混合物) ($n=8\sim 10$)	815.3 (25℃) 815.6 (25℃)	180～ 230 (3) 180～ 240 (3)	189 199	10.4 (25℃) 10.5 (25℃)	28.2×10^{-3} (25℃) 31×10^{-3}	<0.01g/L (25℃) <0.01g/L (25℃)
	季胺盐类(氯化三烷基甲胺)	N263	$R_3N^+CH_3Cl^-$ $(R=C_8H_{17}\sim C_{10}H_{21})$	895.1 (25℃)		160	12.04 (25℃)	31.1×10^{-3} (25℃)	0.04g/L

① 为中国科学院上海有机化学研究所研制产品代号。

② 为中国核工业总公司北京化工冶金研究所研制产品代号。

参考文献

[1] 关根达也，长谷川佑子. 溶剂萃取化学. 滕藤，等译. 北京：原子能出版社，1981.

[2] 戴猷元，秦炜，张瑾. 溶剂萃取体系定量结构-性质关系. 北京：化学工业出版社，2005.

[3] 徐光宪，王文清，吴瑾光，等. 萃取化学原理. 上海：上海科学技术出版社，1984.

[4] 汪家鼎，陈家镛. 溶剂萃取手册. 北京：化学工业出版社，2001.

[5] 朱屯，李洲. 溶剂萃取. 北京：化学工业出版社，2008.

第3章 金属萃取的基本原理

许多液液萃取过程伴有化学反应，即存在溶质与萃取剂之间的化学作用，称作化学萃取过程。无机酸、金属离子（或金属络离子）等的化学萃取是十分活跃的领域，有关该类过程的化学萃取机理已形成了成熟的系列成果，汇集于多本溶剂萃取手册、萃取化学专著和数以万计的科学论文之中[1~6]。

金属萃取通常选用中性萃取剂、酸性萃取剂或螯合萃取剂、胺类萃取剂等。根据金属萃取的萃取机理和萃取过程中生成的配合物（或称络合物）的特征划分，其萃取过程可以分为中性络合萃取过程、酸性络合萃取过程及螯合萃取过程、离子缔合萃取过程、协同萃取过程等。

3.1 金属离子配合物

3.1.1 金属离子的水合

水分子与金属离子或其他离子相互作用，称作水合，或称离子的水化。金属离子的水合是它在水溶液中的重要过程。以金属离子 M^{n+} 为例，水分子中氧的孤对电子与 M^{n+} 成键。这种化学键的电子对是由一方提供的，称为配位键。提供电子的氧原子称作给体原子，含有给体原子的化合物-水分子称作配位体。水溶液中的金属离子的表达方式为 $[M \cdot mH_2O]^{n+}$，代表金属离子周围配位 m 个水分子，这些水分子是以配位键直接与中心的金属离子结合的，称作内层水分子，反映着水合（水化）作用的强弱。水分子还可以以氢键作用与内层水结合，这部分水分子称作外层水。

金属离子的水合作用是随离子势（Z^2/R）的增加而增强的。离子电荷 Z 越大，离子的水合作用越强；对于电荷数相同的离子，其离子半径 R 越小，离子的水合作用越强。在水中以中性分子存在的物质，其水合作用很弱。

拓展而言，可以提供孤对电子的原子都可以称为给体原子，含有给体原子的化合物种均可称为配位体。配位体可以是分子，也可以是离子。除水以外的配位体与中心金属离子配位结合，就形成了金属配合物，也称金属络合物。

3.1.2 金属离子配合物的形成及稳定性

在金属离子水溶液中加入其他的配位体，如果这些配位体与金属离子形成配位键的能力大于水分子的水合能力，则这些配位体就能够取代水合离子的配位水分子，由它们与金属离子成键，形成新的配合物（或称络合物）。例如，在硫酸铜水溶液中加入 NH_3，当水溶液中的氨浓度达到一定值时，NH_3 分子就会逐步取代铜离子水合物中内层的配位水分子。随着水溶液中氨浓度的增加，NH_3 分子的逐步取代会形成一系列配合物 $CuNH_3(H_2O)_{n-1}^{2+}$、$Cu(NH_3)_2(H_2O)_{n-2}^{2+}$、…、$Cu(NH_3)_n^{2+}$。最终生成的产物称作铜氨配合物，中间生成的同时含有 H_2O 和 NH_3 的配合物称作混合配合物。这里，氨分子是配位体，氨分子中的 N 提供了孤对电子，与 Cu^{2+} 形成配位键，形成了铜的配位阳离子（或称络合阳离子）。

除了分子中的 O、N 具有未成键的电子对，可以成为给体外，卤素阴离子既是给体，本身又是配位体。卤离子自身是阴离子，在与金属阳离子形成配合物时，可以使配位化合物的电性发生变化。例如，对于 Co^{2+}，当 Cl^- 逐步取代钴离子水合物中内层的配位水分子，逐渐形成一系列的配合物 $CoCl(H_2O)_{n-1}^{+}$、$CoCl_2(H_2O)_{n-2}$、…、$CoCl_n^{(n-2)-}$。这些配合物由带正电荷的钴水合阳离子变为带负电荷的氯配阴离子（或称氯络阴离子）。

利用质量作用定律的方法可以表征金属配合物的稳定性，例如

$$Cu^{2+} + 6NH_3 \xrightleftharpoons{K} Cu(NH_3)_6^{2+} \tag{3-1}$$

$$K = \frac{[Cu(NH_3)_6^{2+}]}{[Cu^{2+}][NH_3]^6} \tag{3-2}$$

平衡常数 K 称为配合物的稳定常数或生成常数，稳定常数值通常用其常用对数 $\lg K$ 表示。

在冶金工业中，含有氨和氯化物的溶液是十分重要的体系，这些体系中形成的配合物的稳定性研究，对于湿法冶金中的萃取分离工艺有着重要的意义。

有些配位体具有两个或两个以上的给体原子，分属于不同的官能团，可以同时与一个中心金属原子形成配位键，这类配位体称作螯合配位体。由螯合配位体生成的金属配合物称作金属螯合物。螯合物具有环状结构，这样的结构往往使配合物具有很高的稳定性和对特定金属离子的高选择性。例如，分析化学中应用极广的乙二胺四乙酸（EDTA），有四个给体原子，可以和中心离子形成四个环的螯合物。

金属离子配合物的形成、结构及稳定性的研究是萃取化学的重要基础，不同金属离子形成配合物或螯合物的行为研究是金属离子分离化学的重要组成部分。从这些研究结果出发，依据不同的反应萃取机理，选择与金属离子成键能

力适当、性能优异的萃取剂，使金属离子形成新的金属离子配合物，实现相间转移和高效萃取分离，是金属萃取工艺的重要任务。

3.2 中性络合萃取过程

中性络合萃取剂自身是中性分子，它与待萃取物质结合生成中性络合物，使其进入萃取相。十分明显，中性萃取剂对金属阳离子的中性络合萃取过程，只能经由两个途径完成：一个是萃取金属离子的同时萃取相应的配位阴离子，形成电中性萃合物，称作中性金属配合物萃取；另一个则是金属离子的存在形式为阴离子配合物加合阳离子，与中性萃取剂生成中性萃合物。

中性络合萃取剂在金属分析化学及湿法冶金中起着不可替代的作用。中性萃取剂萃取金属通常发生在一元酸或一元酸盐的溶液中，即氢卤酸、硝酸、高氯酸或其盐类的溶液中。因此，中性萃取剂、酸根阴离子和水分子都会竞相与金属离子配位，而配位键的形成不但与各个配位体的成键能力有关，也与金属离子的种类有关。除了内层配位，次外层的配位作用也十分重要。

3.2.1 中性金属配合物的萃取

中性含磷萃取剂在硝酸盐溶液中萃取稀土金属离子，就是中性络合萃取剂萃取中性金属配合物的典型例子，其萃取过程的反应式为：

$$RE^{3+}+3NO_3^-+3\,\overline{R_3PO}=\overline{RE(NO_3)_3\cdot 3R_3PO} \qquad (3\text{-}3)$$

式中，上划线代表萃取有机相中的组分。从式（3-3）可以看出，这种中性金属配合物萃取过程的总反应可以看作是中性含磷萃取剂萃取稀土硝酸盐。稀土硝酸盐实质上是配位阴离子数与金属离子的电价数相同，生成了电中性的配合物。然而，生成电中性配合物时，往往其配位数是不饱和的，整体金属配合物中仍然含有配位水分子。中性含磷萃取剂由于其很强的成键能力，取代了配位水分子，形成了混合配合物 $RE(NO_3)_3\cdot 3R_3PO$，完成了相转移，实现了萃取分离。

与中性含磷萃取剂可以直接生成配位键的金属离子是半径大、配位数高的离子，例如，第二周期过渡金属离子、稀土金属离子、铀酰离子和锕系元素离子等，这些金属离子的配位层能够允许中性萃取剂分子和酸根阴离子同时配位。

根据广义酸碱理论和软硬酸碱法则，以 O 为给体及以与之相似的 N 为给体的配位体属于硬碱，以 S 为给体的配位体属于软碱。贵金属离子半径大，是典型的软酸。按照“硬亲硬，软亲软”的原则，中性含硫萃取剂易于与贵金属离子配位。在贵金属湿法冶金体系中，氯化物溶液是最重要的体系，铂族金属离子通常以氯配阴离子存在于溶液中，有时中性含硫萃取剂取代部分 Cl^-，生成混合配合物：

$$MCl_4^{2-}+2\overline{L}=\overline{ML_2Cl_2}+2Cl^- \qquad (3\text{-}4)$$

式中，M 为二价铂族金属离子；L 为中性含硫萃取剂分子。发生这一反应不仅取决于中性含硫萃取剂 L 对 M^{2+} 的配位能力，而且和 MCl_4^{2-} 的稳定性及离子外层电子结构等有关。例如，$PdCl_4^{2-}$ 比 $PtCl_4^{2-}$ 的稳定性低，交换配位体的动力学活性高，比较易于发生这一反应。另外，对于高价的 MCl_6^{2-} 型配阴离子，由于其稳定性高，且交换配位体的动力学活性低，故很难发生上述反应。

中性含氧萃取剂的 O 给体的给电子能力比水分子的 O 给体的给电子能力弱，且萃取剂的空间位阻大于水的空间位阻，因此，它们一般不能从金属离子的配位层取代配位水，而仅是与配位水以氢键相连，处于配位外层。比如，用醚从硝酸盐中萃取铀酰，生成的萃合物为 $UO_2(NO_3)_2 \cdot nH_2O \cdot mL$（L 代表醚类，$m$ 为 2 或 3）。红外光谱分析也证明硝酸根和水分子与铀酰离子直接配位，而醚并未与其有直接作用。中性含氧萃取剂与其他金属离子配位时，萃合物也都含水，说明溶剂是通过水分子与金属离子相互作用的。

3.2.2 金属配阴离子加合阳离子的萃取过程

当金属配阴离子（或称金属络阴离子）的稳定性不是很高时，水相中增加酸根阴离子的浓度，有利于萃取过程的进行。通常可以用加酸或加盐等途径来增加酸根阴离子的浓度。

如果利用增加无机酸的浓度来提高卤阴离子的浓度时，从酸溶液中萃取的是金属卤配酸，如 $HMCl_4$。例如，使用中性含氧萃取剂对 HMX_4 进行溶剂化萃取，就是通过萃取剂与酸的水合分子生成氢键，使未解离的酸分子溶剂化，实现萃取。水分子以氢键作为萃取剂和酸分子之间的纽带，是萃合物的组成部分。当然，萃取过程中存在萃取金属卤配酸和萃取无机酸的竞争，负载有机相中同时含有无机酸和金属卤配酸，还有许多水分子结合在萃合物之中。

在低酸度的卤化物溶液中萃取金属离子，并不能形成金属卤配酸，萃取的往往是金属卤配酸与金属离子形成的盐。例如，用磷酸三丁酯萃取 LiCl 溶液中的铁配阴离子，有机相中的萃合物为 $LiFeCl_4 \cdot 2TBP$。由于没有无机酸的共萃取，有机相中的含水量要少得多。

金属含氧酸（如 $HCrO_4$ 等）也可以用类似卤配酸的萃取方式，在不同的酸度下以酸的形态被中性萃取剂萃取，金属含氧酸的自由分子被萃入有机相。同样，共存的无机酸既可能帮助提高金属含氧酸自由分子的摩尔分数，又可能与之存在竞争萃取。

综上所述，中性萃取剂萃取金属阳离子时，同时萃取阴离子，但存在不同的反应机理，过程的共同特点是溶液中必须有足够的含有阴离子的盐，在共同推动作用下，与中性萃取剂生成中性萃合物。

3.3 酸性络合萃取过程及螯合萃取过程

3.3.1 酸性络合萃取过程

有机羧酸、有机磷酸等酸性萃取剂与金属离子的萃取过程属于酸性络合萃取过程或螯合萃取过程。反应过程机理为酸根阴离子与金属离子直接成键，生成中性配合物。以 HA 代表酸性萃取剂，萃取二价金属离子 M^{2+} 为例，反应过程可以表示为

$$M^{2+}+(n+2)\overline{HA}=\overline{MA_2\cdot nHA}+2H^+ \tag{3-5}$$

酸性萃取剂 HA 与金属离子 M^{2+} 之间的反应，是萃取剂酸根阴离子 A^- 进入了金属离子 M^{2+} 的内配位层，取代了内配位层的水合水，生成中性萃合物 $MA_2\cdot nHA$，转入萃取相。

$MA_2\cdot nHA$ 中的未离解 HA 可能通过 P=O（对于有机磷酸）或 C=O（对于有机羧酸）中的 O 与金属离子配位，也可能以氢键方式与配位金属离子的酸根阴离子 A^- 相连接。萃合物的组成因体系中 M^{2+} 与 HA 的摩尔比的不同而出现变化，酸性萃取剂 HA 的量越大，n 也会越大。

影响酸性络合萃取过程的最主要因素是体系水相的平衡 pH 值。从式（3-5）可以看出，在相同的条件下，水相平衡时的 H^+ 浓度越高，表示金属离子可以在越低的 pH 值条件下被萃入有机相。由于式（3-5）中 H^+ 与 M^{2+} 实现交换，故经常把酸性萃取剂对金属离子的萃取反应称作阳离子交换反应。根据这一结果，不同金属离子可以按平衡 pH 值的高低不同，确定萃取分离的先后顺序，通过工艺条件的控制，分离不同的金属离子。不同 pH 值条件下，酸性萃取剂二（2-乙基己基）磷酸（P204）、2-乙基己基膦酸单（2-乙基己基酯）（P507）、二（2,4,4-三甲基戊基）膦酸（Cyanex 272）萃取金属离子的顺序如图 3-1～图 3-3 所示。

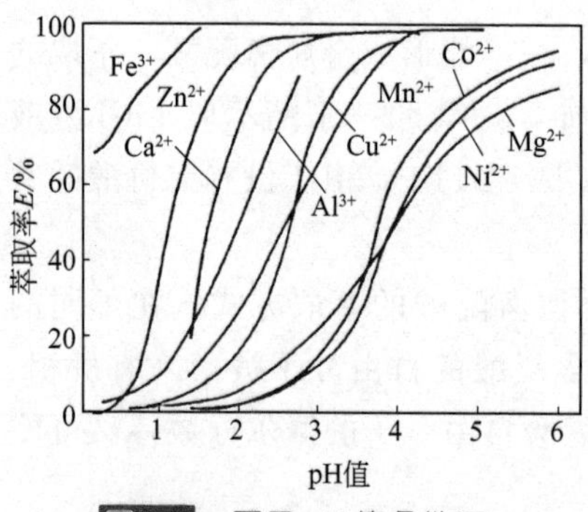

图 3-1 不同 pH 值条件下二（2-乙基己基）磷酸（P204）萃取金属离子的顺序

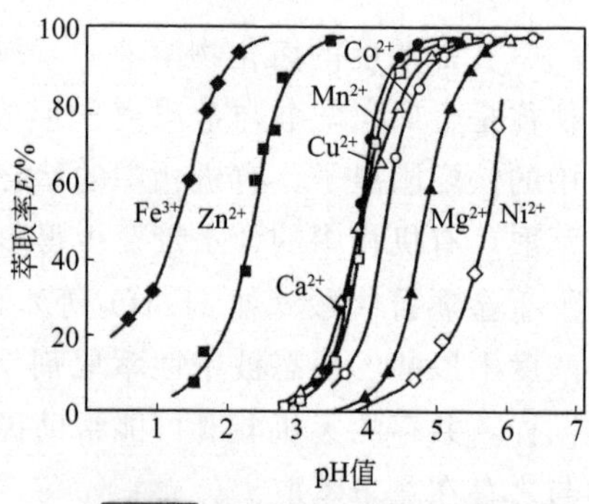

图 3-2 不同 pH 值条件下 2-乙基己基膦酸单（2-乙基己基酯）（P507）萃取金属离子的顺序

需要特别指出的是，酸性萃取剂的酸性是十分弱的，对于式（3-5），往往在水相略现酸性时，反应即达到平衡。提高过程的金属离子净萃取量，需要用碱中和生成的H^+，使反应向右侧进行。在实际的过程中，需要一边萃取一边用碱中和，才能使萃取过程不断进行。金属离子的萃取量和加入的碱量成正比。随着加入碱量的增加，萃取率呈上升趋势，同时，平衡 pH 值也增大。实际上，金属离子的萃取率或反应式（3-5）进行的程度由加碱量决定，并非取决于萃取剂的酸性的大小。

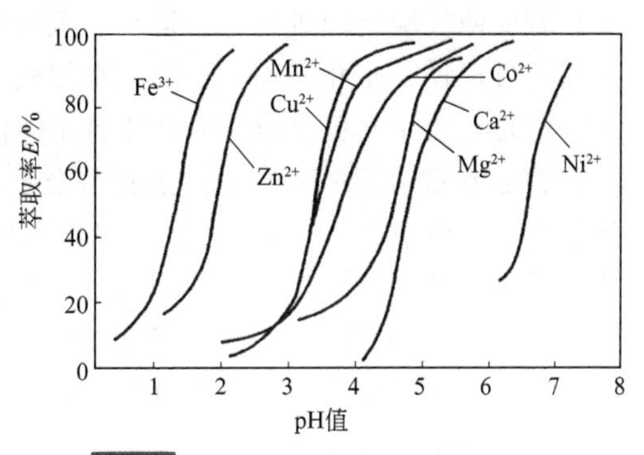

图 3-3 不同 pH 值条件下二（2,4,4-三甲基戊基）膦酸（Cyanex272）萃取金属离子的顺序

酸性络合萃取反应是可逆的。如果增加水相H^+浓度，反应式（3-5）就会向左侧移动，实现反萃，使萃入有机相的金属离子重新返回水相，萃取剂恢复酸的形态。同样，可以根据加酸量计算反萃的金属离子的量。

3.3.2 螯合萃取过程

螯合萃取剂一般是弱酸。螯合萃取剂与金属离子的萃取过程机理为酸根阴离子与金属离子直接成键，生成中性螯合物。螯合萃取剂具有更多的给体原子，最常见的给体原子有 N、O、S 等，螯合萃取剂与被萃金属离子形成配位键时，可以形成 5 元环或 6 元环结构。螯合萃取剂与被萃金属离子生成的中性螯合物一般不含亲水基团，难溶于水而易溶于有机溶剂，容易进入有机相。

螯合萃取剂，如 2-羟基苯甲醛肟、8-羟基喹啉衍生物，均具有酸性基团—OH，生成萃合物时释放出H^+。螯合萃取剂 β-二酮很容易互变异构为烯醇式结构，其—OH 基团同样在生成金属萃合物时，释放出H^+。因此，螯合萃取过程同样受到水溶液 pH 值大小的影响。然而，由于螯合萃取剂同时还有其他给体原子与中心金属离子配位，共同形成稳定性很高的中性螯合物，所以，螯合萃取过程受水相平衡H^+浓度的影响要比前述的有机羧酸类、有机磷酸类等的酸性络合萃取过程受水相平衡H^+浓度的影响小得多。有机羧酸、有机磷酸等酸性萃取剂只能在酸度极弱的条件下萃取金属离子；当萃取达到平衡时，只要略微降低水相的 pH 值，反应即逆向进行，反应平衡受 pH 值控制。在螯合萃取过程中，由于螯合萃取剂的酸性基团和其他中性基团均参与金属离子的配位，形成了稳定的环状螯合结构，水相平衡 pH 值的影响没有那么显著。例如，对于羟肟类螯合萃取剂，其酚羟基的酸性比有机磷酸、有机羧酸的—OH 的酸性弱，但这类螯合萃取剂反而能够在具有一定酸性的溶液中萃取金属离子。若要使反应逆向进行，拆散环状螯合结构，反萃液酸度需提高几十倍甚至更高。可以说，水相平衡 pH 值或水相酸度同样会影响螯合萃取过程的进行程度，但是反应平衡已不再由水相平衡 pH 值控制。

螯合萃取过程的另一大特点是螯合萃取剂具有很高的选择性。螯合萃取剂的给体原子 N、O、S 等，存在于螯合萃取剂分子的特定基团中。根据螯合萃取剂的特定基团及其与分子的“碳骨架”连接的构型特点、能与某种金属离子配位的优势空间取向、给体原子和受体金属离子的“软硬适配”关系、与金属离子生成的中性螯合物的稳定性等，可以判断出某一螯合萃取剂对某一类金属离子具有特殊的选择性。

以 Cu^{2+} 为例，它的 3d 轨道有 9 个电子，还有 1 个空轨道，加上外层没有电子的 4s、4p 轨道，通过 sp^2 杂化，可以生成平面四方形构型的配合物。羟肟类螯合萃取剂的给体原子为 N 和 O，而且它们的成键方向在同一平面上，当两个羟肟类螯合萃取剂配体与 Cu^{2+} 形成螯合物时，构成了一个四方平面的环境，与 Cu^{2+} 倾向生成的配合物构型完全一致，使生成的中性螯合物具有极高的稳定性。羟肟类螯合萃取剂的给体原子 N 和 O 属于硬碱，Cu^{2+} 属于过渡酸，因此，配位键的强度也比较大。同时，构成的萃取螯合物中，肟基的 OH 和解离羟基之间还可以形成内氢键，进一步增加了螯合物的稳定性（如图 3-4 所示）。因此，这类螯合萃取剂对于二价铜离子具有很高的选择性。

又如，β-二酮具有很弱的酸性，在碱性溶液中的溶解度很小，可用于从氨性介质中萃取铜。取代 β-二酮化合物是典型的含有两个氧配体的螯合萃取剂，它与 Cu^{2+} 形成的螯合物种类很多，但都具有一定的结构特征，如图 3-5 所示。

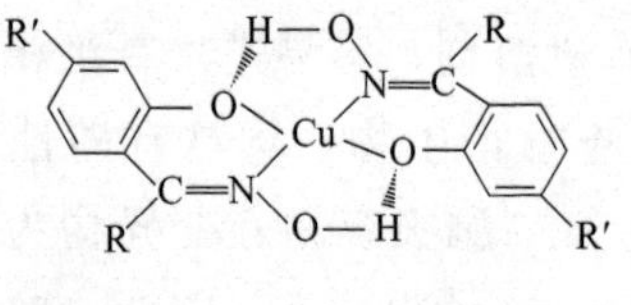

图 3-4　羟肟类螯合萃取剂与二价铜离子的螯合物结构

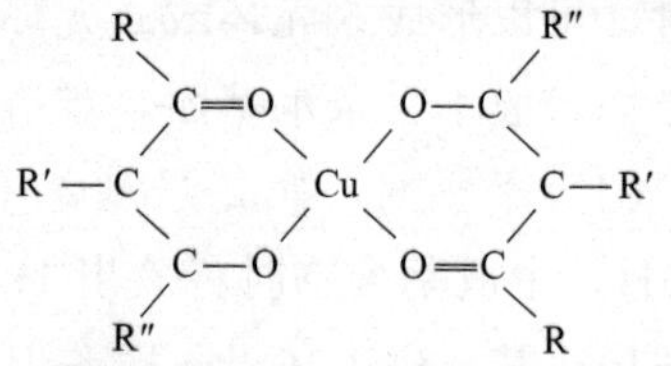

图 3-5　取代 β-二酮化合物与二价铜离子的螯合物结构

图中，—R、—R′、—R″ 可以是—CH_3、—CF_3、—C_6H_5、—OC_2H_5、—NC_2H_5 等基团，甚至是更大的基团。这种配合物构型同样是平面四方形的，形成的螯合物具有高稳定性，可以体现出对铜离子的良好的萃取性能。

螯合萃取剂成键能力的差异以及形成的螯合物构型的差异，导致了螯合萃取剂对于不同金属离子萃取性能的差异，这也是螯合萃取分离化学的基础所在。

3.4　离子缔合萃取过程

离子缔合萃取过程的特点是萃取剂阳离子和金属配阴离子在有机相中形成

离子缔合体。离子缔合萃取过程主要分为两种类别：一是金属配阴离子和萃取剂与 H^+ 形成的阳离子构成离子缔合体系进入有机相，即所谓阴离子萃取；二是金属阳离子与中性螯合剂结合成螯合阳离子，结合水相存在的较大阴离子，组成离子缔合体系进入有机相，即所谓阳离子萃取。

3.4.1 阴离子萃取过程

以胺类萃取剂为例，当萃取金属配阴离子时，胺类萃取剂必须先结合 H^+ 成为阳离子，再与金属配阴离子结合成为离子对。对于叔胺萃取剂：

$$MCl_4^{2-} + 2HCl + 2\,\overline{R_3N} = \overline{MCl_4^{2-} \cdot (R_3NH^+)_2} + 2Cl^- \tag{3-6}$$

叔胺加 H^+ 后称为铵离子，产物称作离子缔合体，也可以视作金属氯配酸的铵盐。

叔胺与酸的反应可以表示为

$$HCl + \overline{R_3N} = \overline{R_3NH^+\ Cl^-} \tag{3-7}$$

与中性萃取剂和酸的萃取反应机理不同，碱性萃取剂叔胺萃取强酸时，叔胺能够取代配位水，直接与质子结合。式（3-7）中是 R_3NH^+ 与 Cl^- 形成离子对。十分明显，萃取剂的碱性越强，越容易与质子结合。

3.4.2 阴离子交换过程

季铵盐（如 $R_4N^+Cl^-$）是由阴离子和阳离子组成的盐，可以与金属配阴离子进行离子交换，完成萃取过程，阴离子交换萃取可以表示为：

$$MCl_4^{2-} + 2\,\overline{R_4NCl} = \overline{MCl_4^{2-} \cdot (R_4N^+)_2} + 2Cl^- \tag{3-8}$$

生成的萃合物为中性的离子对。这一萃取反应不要求有酸的参与，可以在 pH 值较高的溶液中进行。

如果认为前述阴离子萃取反应过程是首先按式（3-7）生成铵盐 $R_3NH^+Cl^-$，萃取反应时，金属配阴离子交换了其中的 Cl^-，生成离子缔合物。这样，叔胺的萃取就与季铵盐的离子交换机理［式（3-8）］相类似。不同的是，叔胺以及其他胺类萃取剂与金属配阴离子的萃取反应必须有酸的介入，或者反应在酸性溶液中进行，或者先将叔胺萃取剂与质子酸反应生成铵盐，然后再进行萃取。总之，叔胺的萃取率与溶液的酸度密切相关。

金属配阴离子的生成可以加入特别的配位体，而后与季铵盐阳离子或铵离子生成离子对，完成萃取过程。为了获得稳定的金属配阴离子，有时甚至加入两种配位体，生成混合配合物。

3.4.3 阳离子萃取过程

溶液中如果有配位能力弱、体积又很大的阴离子时，中性含磷萃取剂或中性螯合剂取代金属离子的配位水，生成体积大、具有很强疏水性的阳离子，与体积很大的阴离子结合一起萃入萃取有机相，这就是金属配位阳离子的萃取。

例如，磷酸三丁酯（TBP）在高氯酸盐溶液中萃取金属离子就属于这种反应机理。TBP在高氯酸盐溶液中萃取轻稀土离子的能力大于萃取重稀土离子的能力，这可能是随着离子半径的变小，离子水合能增强，TBP不容易取代配位水、形成配合物的缘故。又如，Fe^{2+}与邻偶氮非（Phen）形成$Fe(Phen)_3^{2+}$配阳离子，当存在体积较大的ClO_4^-、CNS^-、I^-等阴离子时，组成离子缔合物进入氯仿或硝基苯之中。

3.5 金属萃取过程的影响因素

金属萃取过程的分离特性不仅与萃取剂本身直接相关，而且与被萃金属离子及其在水相中的化学形态、与水相中其他组分的状态等关系密切。对于不同的水相介质、不同的分离对象、不同的萃取剂，都可能出现不同的萃取分离效果，直接影响着金属离子萃取工艺的设计。

3.5.1 萃取剂特性的影响

金属萃取过程的分离性能与萃取剂本身的特性直接相关。萃取剂特性的影响主要包括萃取剂表观酸度或表观碱度的影响、萃取剂空间位阻的影响、稀释剂的影响等。

（1）萃取剂表观酸度或表观碱度的影响　萃取剂表观酸度或表观碱度的大小直接影响着萃取剂与金属离子配位成键的能力和萃取能力。酸性萃取剂的表观酸度越高，在酸性络合萃取过程中的萃取能力则越大；中性萃取剂和胺类萃取剂的表观碱度越高，在中性络合萃取过程或离子缔合萃取过程中的萃取能力就越大。

影响酸性萃取剂萃取能力的重要因素是自身的表观酸度。酸性萃取剂的表观酸度越高，萃取同一类金属离子的平衡pH值就越低。例如，有机磷酸二烷基酯（如P204）的酸性通常要比有机羧酸的酸性高1～2个数量级，萃取同一离子的平衡pH值则会下降1～2个单位，表明有机磷酸有更强的萃取能力。常见的酸性萃取剂的酸性强度顺序为磺酸＞有机硫代磷酸＞有机磷酸＞有机羧酸。对于同一类酸性萃取剂，由于结构和组成的变化，其酸性也随之变化。有机磷酸随其结构中的烷氧基被烷基所取代时，酸性减弱；其结构中烷基被芳基取代时，酸性增强，萃取同一金属离子的平衡pH值随之变化，尤其在萃取主族金属元素时，表现得十分明显。

中性含磷萃取剂通过P═O上的O为给体，与金属离子配位，实现中性络合萃取过程。中性含磷萃取剂的表观碱度随取代基由烷氧基变为烷基而逐渐增大，萃取能力逐渐增强；取代基若由烷基变换为苯基，则使O给体的成键能力大为削弱。图3-6是不同中性含磷萃取剂萃取硝酸铀酰的分配系数变化，可以看出，由于表观碱度的变化，分配系数的差别达10^8之多。中性含氧萃取剂的萃取能力比较弱，而且依照碱性下降的顺序（醇>醚>酰胺>酮>酯）而降低其萃取能力。对于同类化合物，随着分子中C/O比例的增大而萃取能力下降。

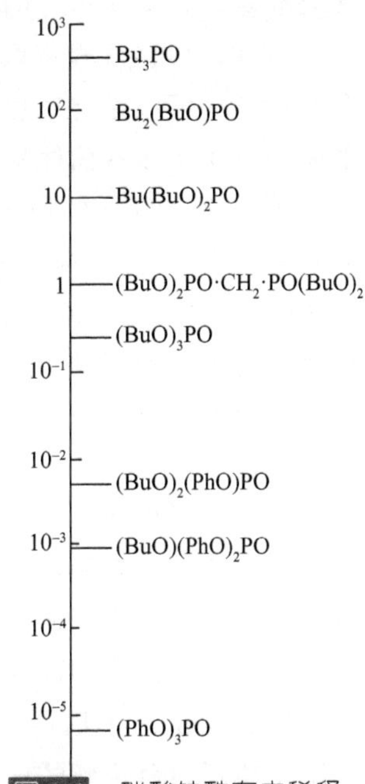

图3-6 硝酸铀酰在未稀释的磷氧类萃取剂和1mol/L硝酸间的分配系数（Bu和Ph分别代表丁基和苯基）

影响胺类萃取剂形成离子缔合体的关键因素是萃取剂自身表观碱度的大小。表观碱度越强，越容易与H^+结合，越容易和金属配阴离子形成离子对，实现离子缔合萃取过程。对于萃取过程而言，主要起作用的是有机相中胺类萃取剂表现出的碱性。胺类化合物在水溶液中的碱性要比在有机相中的碱性大得多，适当提高有机相的含水量，有利于提高胺的表观碱度。对于同一种胺，如叔胺，随着取代基的增长及支链化程度的提高，其碱性会逐渐增强，萃取能力也会逐步提高。胺类化合物中的取代基为苯基时，π电子与N的孤对电子产生共振，其碱性由于共振效应而削弱，并且随着苯基数目的增加，碱性逐渐下降，萃取能力远不及烷基胺。如果叔胺的三个烷基均被苯基取代，形成的三苯基胺几乎不呈碱性。在苯基和N之间插入一个烷基，可以削弱π电子对N的作用，碱性随烷基链长的增大而逐渐增强，萃取能力也随之增大。

（2）萃取剂空间位阻的影响　空间位阻是由化合物组成和结构产生的性质，可以用来衡量化合物参与反应的能力或自身的稳定性。不少有机化学家对空间位阻有过比较深入的研究，测定了许多基团参与有机反应的位阻常数，但并不能直接应用于金属萃取反应过程。在金属萃取反应过程中，由于生成金属离子配合物是有其特定的空间取向的，因此，基团的位阻效应与参与一般的有机化学反应时存在差别。

定性地说，以两个取代基的有机磷酸（如二烷基磷酸酯）为例，由于有两个取代基团的存在，其碳链越长，体积越大，越会妨碍其接近金属离子，因而空间位阻越大；若基团的碳数相同，则支链化程度越高的萃取剂，其空间位阻也越大。

伯胺、仲胺、叔胺类萃取剂，当生成的萃合物很大时，空间位阻的增大往往产生十分重要的影响，导致萃取能力的下降。例如，0.1mol/L的三（2-乙基己基）胺-煤油溶液在9mol/L的HCl溶液中萃取钴的分配系数约为相同条件下三正辛胺萃取钴的分配系数的一半。

具体地说，萃取剂的空间位阻需要结合生成萃合物的整体构型来讨论，即萃取剂对不同空间构型的萃合物会有不同的取向。

例如，酸性含磷萃取剂中的一元酸类，P原子呈四面体结构，其周围的两个取代基（可以是烷基也可以是烷氧基）和两个O原子处在两个互相垂直的平面中。在生成八面体构型的配位化合物时，两个有机磷酸同时与一个中心金属离子配位，四个O原子处于同一个平面之中，四个取代基也在通过P的同一平面之中。有机磷酸两个取代基与P原子成键夹角越大，不同磷酸的取代基之间的相互作用越强，从垂直于该平面方向的O原子与中心离子配位的空间位阻就越大，越不利于八面体构型的形成。对于四面体构型，来自两个有机磷酸的四个O原子处于互为垂直的两个平面之中，四个取代基也处于互为垂直的平面之中，有机磷酸两个取代基与P原子成键夹角的大小对四面体构型的形成的影响就很小[6]。酸性萃取剂与Co^{2+}生成八面体构型萃合物比生成四面体构型萃合物仅占有微弱的优势，当萃取剂空间位阻增大时，就会从形成八面体构型转而取向生成四面体构型。八面体萃合物中有两个水分子配位于中心金属离子，其亲水性比四面体萃合物强，因此，萃合物中四面体构型比例越高，可萃取性能越强。从P204、P507到Cyanex 272，虽然萃取剂酸性下降，但其结构变化体现为有机磷酸两个取代基与P原子成键夹角越来越大，空间位阻随之增高，促使钴萃合物从八面体转化为四面体，提高了萃合物的可萃取性，部分抵消了因为萃取剂酸性下降所导致的萃取能力的下降[7]。

显然，由于萃取剂的空间位阻，不同空间构型的萃合物产生着不同的取向，这一特性可以提高萃取剂对不同金属离子的选择性。从萃取剂的取代基类型出发进行评估，研究萃取剂的空间位阻，不仅对提高萃取剂的萃取效率有指导意义，而且对设计、选择或合成选择性高的萃取剂也是十分重要的。

(3) 稀释剂的影响　实际使用的萃取剂一般是萃取剂与稀释剂的混合液。稀释剂的主要作用是调节形成的混合萃取剂的黏度、密度及界面张力等物性参数，使液液萃取过程便于实施。另外，稀释剂应该是所形成萃合物的良好溶剂，促进萃合物实现相间转移。因此，适当的稀释剂种类及组成的选择是很重要的。

例如，酸性含磷萃取剂的稀释剂选择可能影响萃取剂的性能及形成的萃合物在两相中的分配；中性含磷萃取剂的稀释剂易选用芳烃或烷烃，若以极性强的醇类或三氯甲烷为稀释剂，稀释剂会与萃取剂的给体原子发生氢键缔合，削弱与金属离子的成键能力，使分配系数降低。

又如，稀释剂的溶剂化作用对胺类萃取剂的性质产生影响。稀释剂分子的极性越强，稀释剂的溶剂化作用越强，有利于提高胺类萃取剂的碱性。三烷基胺Alamine 336在煤油、二甲苯、硝基苯、TBP和正辛醇中的表观碱性逐步提高。具有生成氢键能力的稀释剂对自由胺分子具有稳定作用，降低了胺类的离子缔合成盐能力；但是，极性稀释剂的存在，可以使生成的萃合物稳定在有机相内，又有利于萃取过程的进行。两种相反的作用，哪一种是主要影响因素，需要视具体体系和条件分析确定。

3.5.2 金属离子成键特性的影响

从图3-1可以看出，从低pH值到高pH值，金属离子按某一顺序依次被酸性萃取剂P204所萃取。前已述及，对酸性萃取剂而言，越是在低pH值下可以被萃取的离子，其被萃取能力越强。应该说，一个金属离子的被萃取能力主要取决于它与萃取剂生成配合物的稳定性，取决于它的离子价态、离子半径、配位数等。

（1）离子价态和离子半径　一般地说，对于不同价态的金属离子，高价的离子形成的配合物稳定性高，优先被萃取。如图3-1所示，三价金属离子萃取范围的pH值最低，二价金属离子萃取范围的pH值居中，一价离子萃取范围的pH值则在更高的区域。

金属的离子半径不同，产生配合物的稳定性也有差异，配合物的稳定性随金属离子半径的减小而增大，其被萃取能力也随之增强。例如，镧系元素处于周期表的第三族，它们具有相同的外层电子（$5d^1 6s^2$）。随原子序数的增加，4f轨道上的电子数由1增至14。镧系元素容易失去外层电子生成三价离子，其离子半径却逐渐缩小，化学上称为镧系收缩。三价镧系金属离子的配合物稳定性依其离子半径减小而增加，同时被萃取能力依次增强。

应该指出，离子价态对配合物稳定性的影响比离子半径对配合物稳定性的影响要明显得多。应该尽量利用元素可以生成价态不同的离子来进行分离。例如，Ce^{3+}氧化生成Ce^{4+}，就可以使其优先于其他镧系元素的三价离子而被萃取分离；将Fe^{2+}氧化为Fe^{3+}，有利于Fe^{3+}与其他二价有色金属离子的分离。离子价态的变化是整数化的跃迁，而半径则仅是渐变，因此，离子价态的影响远远比离子半径的影响明显。

（2）配位数及水合能　金属离子形成配合物的配位数高，即形成较多的配位键，会增加配合物的稳定性。但是在萃取反应中，只有中性配合物才能被有机相萃取，故生成的萃合物一定要是电中性的（萃取化学中的电中性原则）。如果在满足生成中性配合物后尚不能满足金属离子的配位数，它们通常会由水分子占据，萃合物的亲水性会增大，对提高分配系数不利。如果另外还有配位能力强的中性配位体配位，形成混合配合物，就会明显提高萃合物的亲油性，提高金属离子的被萃取能力。

金属离子的萃取过程实质上是萃取剂与水合水竞争金属离子的过程，金属被萃取能力取决于生成萃合物的自由能和金属离子水合能之间的差异。金属离子的水合能越高，越不容易被萃取。例如，碱土金属元素离子外层轨道充满电子，生成配合物的稳定性取决于金属离子与萃取剂阴离子之间的静电作用。随

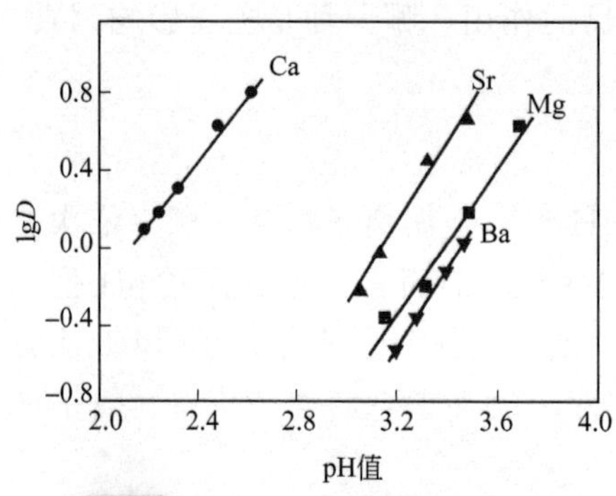

图 3-7 P204-煤油萃取碱土金属离子与 pH 值的关系

（P204 浓度：0.1 mol/L；碱土金属离子浓度：8×10^{-4}mol/L；油水相比为 1∶1）

离子势的增大，其被萃取能力增强。但从图 3-7 可以看出[8]，镁离子虽然有很强的离子势，但被萃取能力并不在优先位置，而是低于 Ca^{2+}，甚至 Sr^{2+}。Mg^{2+} 的水合能明显高于 Ca^{2+} 的水合能，这就解释了同等条件下 Mg^{2+} 的萃取率却低于 Ca^{2+} 的萃取率的原因。

（3）金属配阴离子　在离子缔合萃取过程中，胺类萃取剂必须先结合 H^+ 成为阳离子，再与金属配阴离子缔合成对，显然，金属配阴离子的稳定性对此类反应将产生影响。例如，当萃取金属氯配阴离子时，对于氧化态相同的金属，氯配阴离子越稳定，越容易被萃取。Au、Ga、Fe、In 的三价离子都生成 MCl_4^- 配位阴离子，其稳定性依次递减，优先萃取顺序为 $AuCl_4^- > GaCl_4^- > FeCl_4^- > InCl_4^-$，可以利用控制溶液中氯离子浓度来分离不同的金属离子。

氯配阴离子的水合作用同样影响它的萃取。金属离子半径小、负电荷数高的配阴离子（表面电荷高的配阴离子）的水合作用强，加之价态越高的阴离子需要结合的胺盐离子越多，空间位阻效应明显，因而，其萃取率比较低。如胺类萃取剂对 $CuCl_4^{2-}$ 的萃取能力不如对 $FeCl_4^-$ 的萃取能力高。

$PtCl_6^{2-}$ 矿和 $PtCl_4^{2-}$ 同样为负二价的配阴离子，但由于中心离子的价态不同，配位的阴离子数也不同。前者的体积大于后者，属表面电荷低的配阴离子，萃取率高。利用铂的不同价态，可以实现铂金属和其他贵金属的分离。然而，对于 MCl_6^{2-} 和 $MCl_4(H_2O)_2^{2-}$，虽然它们的表面电荷密度相近，但是 $MCl_4(H_2O)_2^{2-}$ 含有水合水，亲水性远大于 MCl_6^{2-}，其萃取率远小于对 MCl_6^{2-} 的萃取率。

3.5.3 萃合物特性及其形成条件和存在环境的影响

尽管金属萃取过程的机理有所不同，但反应产物-萃合物都必须完成从水相到有机相的相间迁移，萃合物的特性及其形成条件和存在环境，对于萃取过程及金属萃取的效率，有着十分明显的影响。

（1）萃合物特性的影响　萃合物的亲水亲油性是影响萃取效率的重要因素。前已述及，萃合物结构中含有水合水时，会提高萃合物的亲水性，导致萃取分配系数的降低。造成含水的原因有两个：一是萃合物的电中性条件和配位数的饱和不能同时满足，例如，酸性含磷萃取剂与 Ni^{2+} 形成电中性萃合物时，只能接收两个有机磷酸根，而 Ni^{2+} 的配位数是 6，由于位阻的原因，不可能再配位两个有机磷酸分子，而在萃合物分子中保留了两个水分子；另外一个原因则是，对于水合能高的离子，萃取剂可能不能完全取代水合水，使萃合物内层仍有配位水。

一般而言，形成萃合物的体积越大，越有利于萃取，这称作空腔效应。根据本书第 2 章有关空腔效应的叙述，互相形成氢键的水分子之间的相互作用能比非极性或弱极性的有机分子之间的相互作用能大。萃合物从水相转移到有机相，水分子恢复相互缔合的正常结构，而有机溶剂相互缔合的结构则被改变，被萃取物的体积越大，由此产生的能量差值就越大，这是产生空腔效应的原因。当然，空腔效应在不同的金属萃取过程中都会产生影响，但是，当金属离子与萃取剂之间的反应存在比较强的作用能时，空腔效应的影响就不显著。对于中性含氧萃取剂，多以氢键缔合方式与金属离子形成萃合物，反应自由能很低，空腔效应的作用就比较明显。

选择配合能力强的萃取剂取代水合水或添加其他萃取剂与金属离子形成混合配合物，都会使配合物的体积增大、稳定性增强、亲油性增大，有利于萃取过程的进行。然而，生成混合配合物的稳定性增强，会给反萃取过程带来困难，反萃液中需要含有配位能力更强的配位体，使混合萃合物转变成更稳定的亲水性金属配合物，重新进入水相。

（2）形成条件的影响　萃合物的形成条件首先是针对不同的分离对象正确选择萃取剂。对于金属萃取过程，利用广义酸碱理论正确选择萃取剂的表观酸度或表观碱度是十分重要的。选择萃取剂，并不仅是选择的萃取剂表观酸度（碱度）越强或萃取能力越强越好。萃取是一个循环过程，被萃取金属离子还需要通过逆反应过程（反萃过程）使其返回到水溶液中。萃取能力越强，反萃取就越困难。另外，萃取剂的萃取能力过强，往往会将可萃取性强的金属离子和可萃取性弱的金属离子一并萃取到有机相，达不到分离的目的。因此，萃取剂的选择必须同时兼顾萃取和反萃取的能力。

正确选择萃取剂时，另一个需要考虑的原则是“软硬酸碱法则”。广义酸碱理论把具有给电子能力的化合物定义为碱，把具有接收电子能力的化合物定义为酸。以 O 原子为给体的配位体易于和半径小、外层为惰性气结构的离子结合。而 O 原子自身也具有小半径、电负性高、不易变形的特点。N 为给体的配位体与 O 为给体的配位体的性质相似。“软硬酸碱法则”把以 O 及与其类似的 N 为给体的配位体以及 OH^-、F^- 等离子划为硬碱范围。以 S 原子为给体的配位体容易与半径大、外层为有 d 电子的离子生成配位键。S 原子本身是半径大、电负性低、易变形的原子。“软硬酸碱法则”把以 S 原子为给体的配位体及 I^-、CN^- 等离子划为软碱范围。“软硬酸碱法则”把外层电子为惰性气结构的主族金属元素离子以及半径小的高价金属离子划为硬酸范围；过渡元素离子，尤其是半径大、原子量大的金属离子划为软酸范围。还有许多“酸”

“碱”处于典型的软、硬酸碱之间的，称之为交界酸、碱。利用“软硬酸碱法则”中的“硬亲硬，软亲软，交界酸碱不论”的规则，分析被萃金属离子的属性，选择具有不同给体原子的萃取剂，生成不同稳定性的配合物，设计金属萃取过程，是一种简单有效的方法。

不同的金属萃取过程中，萃合物形成的水相组成条件也是十分重要的影响因素。在前文的讨论中提到，酸性络合萃取过程（或螯合萃取过程）可以通过加碱中和来控制反应程度及金属的萃取率，离子缔合萃取过程中水相 H^+ 浓度对反应过程有显著的影响。这些讨论反映了水相组成条件影响的一个方面。

中性络合萃取过程在萃取金属离子的同时，需要萃取相应的酸根阴离子，中性萃取剂的反应程度取决于萃取剂和被萃物之间的相互作用。因此，要达到较高的萃取率，除了提高萃取剂的浓度、两相相比以外，水相中必须有一定量的与萃入有机相的阴离子相同的酸或盐，才能满足形成电中性萃合物的需要。例如，在硝酸盐介质中，一般 NO_3^- 浓度需要达到 2～3mol/L。

金属氯化物是湿法冶金工艺的重要体系。对于离子缔合萃取过程中，胺类萃取剂与 H^+ 结合成阳离子，然后与金属配阴离子缔合。在含 Cl^- 的金属盐溶液中，Cl^- 可以由盐酸或者碱金属氯化物或碱土金属氯化物提供。Cl^- 浓度是影响萃取率的关键因素，提高 Cl^- 浓度，可以增加金属配阴离子的萃取；降低 Cl^- 浓度，则可以减少金属配阴离子的萃取；但是 Cl^- 浓度达到一定值以上，Cl^- 会与金属配阴离子争夺萃取剂，出现竞争萃取现象。因此，金属离子的萃取率会随 Cl^- 浓度的升高而出现最大值。

由于大部分贵金属离子的氯配阴离子十分稳定，在较低的氯离子浓度下即可以达到配位数的饱和。此时，增加氯离子浓度，并不能提高金属配阴离子的浓度，反而增加了与金属配阴离子争夺萃取剂的能力，因此，金属萃取率随氯离子浓度的提高而下降。在叔胺从盐酸介质中萃取贵金属离子时就会出现这种情况。

当氯离子浓度低于形成稳定的氯配阴离子的平衡浓度时，前述从氯化物溶液中离子缔合萃取金属配阴离子的反应逆向进行。含有金属氯配阴离子的萃合物有机相与不含 Cl^- 或 Cl^- 浓度很低的水溶液接触，有机相的金属萃合物可以被反萃，返回水相。

除了金属氯化物体系外，在金属硝酸盐体系、金属硫酸盐体系中也可以应用胺类萃取剂进行离子缔合萃取过程。例如，用叔胺或季铵盐在硝酸和硝酸盐介质中萃取分离稀土元素、叔胺在硫酸和硫酸盐介质中萃取铀酰等。这些过程中酸根离子浓度同样是重要的影响因素。

（3）存在环境的影响　金属离子与萃取剂发生反应，生成萃合物，需要一定的存在环境，萃合物与存在环境的关系基本上符合“相似相溶”原则。

胺类萃取剂萃取金属配阴离子后，离子缔合成盐萃合物具有很强的极性，在非极性稀释剂，特别是烷烃类稀释剂中的溶解度很小，铵盐萃合物浓度略高时就能够分离析出，导致有机相分为两层。密度较低的上层有机相主要是稀释剂，仅含少量萃合物；密度较高的下层有机相主要是萃合物，仅含少量稀释剂。这两层有机相和最下层的萃余水相共形成三个相。一般将以萃合物为主的一层称作第三相。第三相产生于有机相中萃合物浓度比较高的时候。加入醇类等极性有机物稀释剂（或称助溶剂、改性剂）可以减少和防止有机相中第三相的生成。由于醇类分子以其极性基与离子对萃合物实现氢键结合，使之溶剂化，具有较高的亲油性，阻止了萃合物从稀释剂中析出。第三相的生成与萃合物存在的环境（稀释剂的种类）直接相关，芳烃作稀释剂时，第三相比在烷烃作稀释剂时更难形成；酮类对萃合物的助溶能力比醇类对萃合物的助溶能力弱得多。中性含磷有机物，如 TBP 等对铵盐萃合物的助溶作用比较强。另外，随着温度的升高，萃合物在有机相的溶解能力增强，削弱了形成第三相的趋势。

许多金属离子的中性络合萃取过程中，当使用烷烃作稀释剂时，有机相达到一定的金属负荷程度时，由于萃合物在稀释剂中的溶解度的影响，同样会出现析出现象，有机相分为两层，产生第三相。

第三相的形成影响着萃取分离过程的连续操作，必须防止其形成。当然，利用萃合物富集的特点，在分析样品的预处理中可以利用第三相的生成，增大待测定成分的富集程度，提高测定方法的检测下限。

3.6 协同萃取过程

当两种萃取剂混合在一起萃取某种金属离子时，如果在相同条件下，萃取能力高于它们分别萃取这种金属离子时萃取能力的加和，称作存在协同萃取作用，简称协萃。如果它们的萃取能力小于分别使用时萃取能力的加和，则称作反协同萃取。

协同萃取作用在萃取化学研究和应用方面十分重要。当分离多个金属混合体系时，如果能找到对其中一种元素有协萃作用的混合萃取剂，显然会对实现选择性分离十分有利。因此，在分离复杂体系的料液处理中，往往尝试开发新的协同萃取体系。

根据不同萃取剂之间的组合，可以有多种类型的协同萃取体系，例如，酸性萃取剂和中性萃取剂的协同萃取体系，螯合萃取剂和中性萃取剂的协同萃取体系，螯合萃取剂和离子缔合萃取剂的协同萃取体系，中性萃取剂和离子缔合萃取剂的协同萃取体系，两种螯合萃取剂组合的协同萃取体系，两种中性萃取剂组合的协同萃取体系，两种离子缔合萃取剂组合的协同萃取体系等，相对而言，有关酸性萃取剂和中性萃取剂的协同萃取体系、螯合萃取剂和中性萃取剂的协同萃取体系的研究工作更多、更集中些。

3.6.1 酸性萃取剂和中性萃取剂的协同萃取

二（2-乙基己基）磷酸（P204）和磷酸三丁酯（TBP）萃取铀酰的协同效应是比较典型的，其萃取反应可以表达为：

$$UO_2^{2+} + 2\,\overline{HA} + 2\,\overline{TBP} = \overline{UO_2A_2 \cdot 2TBP} + 2H^+ \qquad (3\text{-}9)$$

式中，HA 代表 P204，它单独萃取铀酰时，萃合物分子中仍包含有配位水。一般认为，当中性萃取剂 TBP 参与萃取时，TBP 取代了配位水，生成了混合配合物，使萃合物的亲油性得到明显提高，增大了萃取平衡分配系数。当配位能力更强的三辛基氧膦（TOPO）参与萃取存在时，同样显示了协同萃取作用。

研究表明[9]，在固定 P204 的使用浓度条件下，随着中性有机磷化合物（TBP 或 TOPO）加入浓度的逐步提高，对锶离子的萃取平衡分配系数先随浓度的上升而上升，经过一个最高点后又随其浓度的上升而下降。TBP（或 TOPO）与 P204 之间、TBP（或 TOPO）与 P204 的金属萃合物之间都容易形成氢键。TBP（或 TOPO）与 P204 和金属离子的萃合物结合，形成新的加合物，增加了疏水性和摩尔体积，可以产生协同萃取效应。另一方面，随着中性有机磷化合物浓度的进一步增大，TBP（或 TOPO）通过氢键与 P204 生成缔合物的趋势占了优势，降低了用于萃取的 P204 的自由浓度。这两种效应的综合结果就出现了图 3-8 中的极值情况。

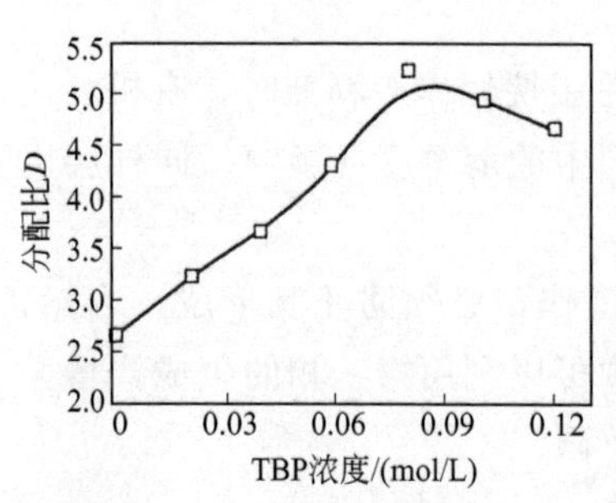

图 3-8 P204 萃取锶的分配系数与 TBP 浓度的关系

（P204 浓度：0.1 mol/L；Sr^{2+} 浓度：1×10^{-3} mol/L；油水相比为 1∶1）

实际上，酸性螯合萃取剂与中性萃取剂的加和是比较常用的协同萃取体系。例如，β-二酮类螯合萃取剂-噻吩甲酰三氟丙酮（TTA）与磷酸三丁酯（TBP）的组合体系对稀土元素的萃取具有明显的协同萃取效应[4]。

其他酸性萃取剂如有机羧酸、有机磺酸，以及其他的中性萃取剂如一些长链醇、酚类等也可能组合产生类似协萃的现象。

需要提及的是，空间位阻对协同萃取的影响是很大的。同类型化合物中，空间位阻小的化合物往往具有较强的协萃能力。另外一些研究结果表明，惰性的或非极性的稀释剂有利于协同萃取效应；极性稀释剂，特别是具有形成氢键能力的稀释剂会削弱协同萃取效应。

由酸性萃取剂形成中性配合物，由中性萃取剂取代内层配位水或者扩大配位数生成混合配合物，或者由中性萃取剂以氢键与萃合物结合，增加萃合物的亲油性和摩尔体积，从而提高萃取平衡分配系数，是协同萃取的重要机理之一。酸性萃取剂和中性萃取剂的协同萃取是萃取化学研究的重要组成部分。

3.6.2 肟与酸性萃取剂的协同萃取

为了从钴、铁及其他有色金属中优先萃取镍，近年来开发了许多协萃体系。烷基羟基肟 LIX63（美国 Cognis 集团商品萃取剂）和羧酸、磷酸、磺酸萃取剂混合后，对镍都具有很强的协萃作用，协萃能力随酸性萃取剂酸性的增强而增加。但是，负荷镍的反萃十分困难，而且肟又容易水解。结果说明，镍离子和肟基之间有非常强的相互作用，肟基的 N 对镍离子有特别的亲和力，直接与镍离子配位。

Chapter 3

3.6.3 螯合萃取剂和中性萃取剂的协同萃取

分析化学研究中对 β-二酮与其他中性萃取剂的协同萃取进行了研究。近年来发现，工业萃取剂 LIX54（Cognis 集团 β-二酮商品萃取剂）中加入三辛基氧膦 TOPO 和有机磷酸，也可以表现出协萃效应，可能形成的混合萃合物为 CuR_2（TOPO）及 CuLR（HL），其中 HR 代表 LIX54，HL 代表有机磷酸，如 P204 或二苯基膦酸[10]。

3.6.4 其他协同萃取体系

两种中性萃取剂也能产生协萃作用，如三丁基氧膦和三辛基氧膦的混合物对稀土金属离子有协同萃取作用。在 P204 和 TBP 体系中再加入叔胺可以产生对铀酰的协同萃取作用，构成了三种萃取剂的协萃体系。

参考文献

[1] 关根达也，长谷川佑子. 溶剂萃取化学. 滕藤，等译. 北京：原子能出版社，1981.

[2] 徐光宪，王文清，吴瑾光，等. 萃取化学原理. 上海：上海科学技术出版社，1984.

[3] Lo The C，Baird M H I，Hanson C. Handbook of Solvent Extraction. New York：Wiley Interscience Publication，1983.

[4] 徐光宪. 稀土的溶剂萃取. 北京：科学出版社，1987.

[5] 汪家鼎，陈家镛. 溶剂萃取手册. 北京：化学工业出版社，2001.

[6] 朱屯，李洲. 溶剂萃取. 北京：化学工业出版社，2008.

[7] 李进善，朱屯，陈家镛. 无机化学，1987，3（3）：7-15.

[8] Xu X，Zhu T. Chinese J Chem Eng，2002，10（1）：25-32.

[9] 许新. 碱土金属的萃取分离及生成碳酸锶的反应萃取耦合过程［博士学位论文］. 北京：中国科学院过程工程研究所，2001.

[10] Zapatero M J，Elizalde M P，Castresana J M. Solvent Extr Ion Exch，1992，10（2）：281-295.

第4章 有机物萃取的基本原理

4.1 简单分子萃取

简单分子萃取，又称物理萃取，在简单分子萃取过程中，被萃溶质在料液水相和萃取有机相中都是以中性分子的形式存在，萃取溶剂与被萃溶质之间没有发生化学缔合，萃取溶剂中也不含络合反应剂。有机物物理萃取包括有机羧酸的物理萃取、有机胺类的物理萃取、醇类的物理萃取和其他中性有机物的物理萃取。中性络合剂在水相和有机相中的分配也属于物理萃取。值得提及的是，在物理萃取过程中，并非完全没有化学反应的存在。例如，水相中存在弱酸、弱碱的解离，一些羧酸分子在有机相发生自缔合等。

4.2 有机物络合萃取过程

20 世纪 80 年代初，美国加州大学 King 教授提出了一种基于可逆络合反应的极性有机物萃取分离过程（以下简称络合萃取过程）[1,2]。可逆络合反应萃取分离是一种典型的化学萃取过程。络合萃取过程对于极性有机物的分离具有高效性和高选择性。

4.2.1 有机物络合萃取的过程描述

在有机物络合萃取过程中，溶液中的待分离溶质与含有络合剂的萃取溶剂相接触，络合剂与待分离溶质反应形成络合物，并使其转移至萃取相内。络合剂与待分离溶质发生的络合反应可以用简单的反应萃取平衡方程式加以描述：

$$\text{溶质}+n\,\text{络合剂}\overset{K}{\rightleftharpoons}\text{络合物} \tag{4-1}$$

络合萃取的表观萃取平衡常数 K 的表达式为：

$$K=\frac{[\text{络合物}]}{[\text{溶质}][\text{络合物}]^{n}} \tag{4-2}$$

如果式（4-1）或式（4-2）中的 n 值为 1，而且假设未参与络合反应的溶质在料液相与萃取相之间的分配符合线性分配关系，可以获得如图 4-1 所示的典型的萃取平衡线。十分明显，利用通常的萃取平衡分配系数为参数进行比较，络合萃取过程在低溶质平衡浓度条件下可以提供非常高的分配系数值。当待分离溶质浓度越高时，络合剂就越接近化学计量饱和。因此，络合萃取过程可以实现极性有机物在低浓度区的完全分离。此外，由于溶质的分离取决于络合反应，络合反应是络合剂的特殊官能团与具有相应官能团的溶质之间发生的，所以，络合萃取法的另一个突出特点是它的选择性。

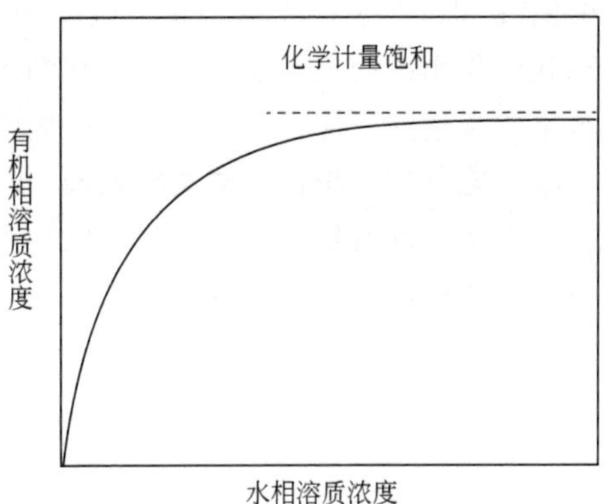

图 4-1　络合萃取的典型相平衡关系

4.2.2　有机物络合萃取体系的基本特征

4.2.2.1　分离对象的特性

络合萃取适于分离和回收的主要对象如下[1]。

① 待分离物质一般是带有 Lewis 酸或 Lewis 碱官能团的极性有机物，例如，有机羧酸、有机磺酸、酚类、有机胺类、醇类以及其他多官能团有机物，可以参与和络合剂的反应。

② 分离体系应是稀溶液，即一般待分离物质的浓度（质量分数）小于 5%，此时采用络合萃取具有更大优势，因为络合萃取平衡在低溶质浓度区可以提供相当高的平衡分配系数。

③ 待分离物质为亲水性强的物质，在水中有较小的活度系数，使用物理萃取分离提取难以奏效。络合剂与物质之间的络合作用能给溶质提供一个非常低的有机相活度系数，使两相平衡分配系数达到相当大的数值，使分离过程得以完成。

④ 分离物属于低挥发性的溶质，其溶液不能通过蒸汽提馏加以分离。这类分离对象包括醋酸、二元酸（丁二酸、丙二酸等）、二元醇、乙二醇醚、乳酸及多羟基苯（邻苯二酚、1,2,3-苯三酚）稀溶液等。

4.2.2.2　络合剂的特性

络合萃取溶剂一般是由络合剂、助溶剂以及稀释剂组成的。其中，络合剂应当具备如下的特征[1]。

（1）络合剂应具有特殊的官能团　络合萃取的分离对象一般是带有 Lewis 酸或 Lewis 碱官能团的极性有机物，络合剂则应具有相应的官能团，参与和待分离物质的反应，且与待分离物质的化学键能应具有一定大小，一般为 10～

60kJ/mol，便于形成萃合物，以实现相转移。但是，络合剂与待分离物质间的化学作用键能也不能过高，过高的化学键能虽能使萃合物容易生成，但在完成第二步逆向反应、再生络合萃取剂时往往会发生困难。图 4-2 列出了适宜的化学键能范围。中性含磷类萃取剂、叔胺类萃取剂经常选作分离带有 Lewis 酸性官能团极性有机物的络合剂。酸性含磷类萃取剂则经常选作分离带有 Lewis 碱性官能团极性有机物的络合剂。

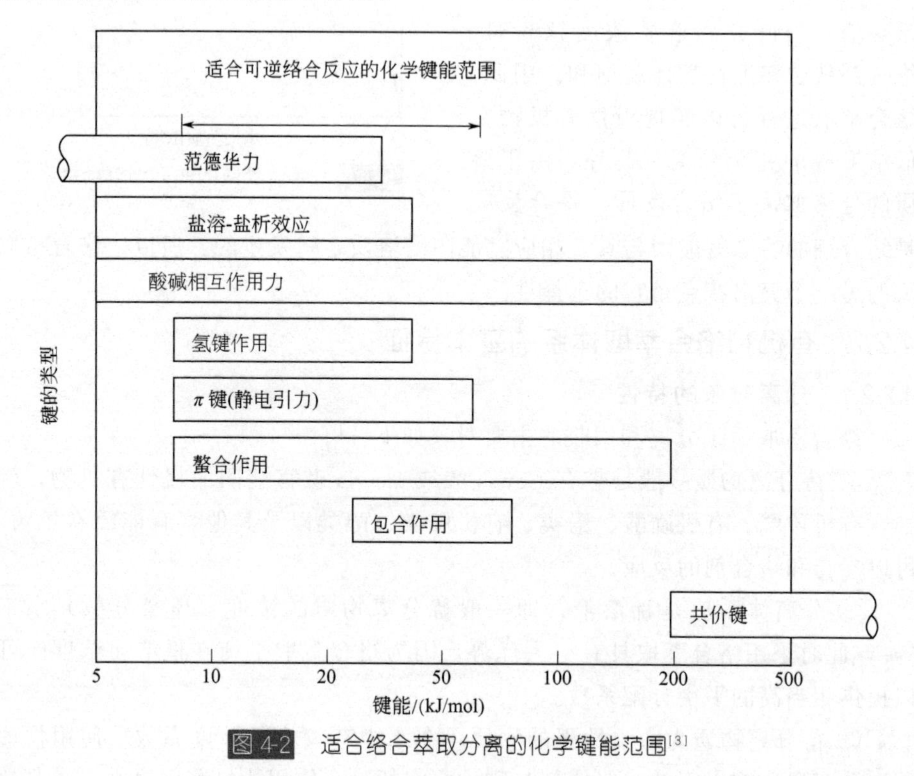

图 4-2　适合络合萃取分离的化学键能范围[3]

(2) 络合剂应具有良好的选择性　由于分离体系是稀溶液，一般待分离物质的浓度（质量分数）小于 5%，因此，络合萃取剂在发生络合反应、有针对性地分离溶质的同时，必须要求其萃水量尽量减少或容易实现溶剂中水的去除。

(3) 络合萃取过程中应无其他副反应　络合剂有针对性地分离物质是十分关键的，不应在络合萃取过程中发生其他副反应，同时络合剂应是热稳定的，不易分解和降解，以避免不可逆损失。

(4) 反应速率快　在不同条件下反应，在其正负反应方向上均应具有足够快的动力学机制，以便在生产实践过程中不需要求过长的停留时间和过大的设备体积。

4.2.2.3 助溶剂和稀释剂的选择

在络合萃取过程中，助溶剂和稀释剂的作用是十分重要的。常用的助溶剂有辛醇、甲基异丁基酮、醋酸丁酯、二异丙醚、氯仿等。常用的稀释剂有脂肪烃类（正己烷、煤油等）、芳烃类（苯、甲苯、二甲苯等）。

助溶剂的作用如下[2]。

① 一些络合剂本身很难形成液相直接使用，如三辛基氧膦（TOPO）本身就是固体，助溶剂可以作为络合剂的良好溶剂。

② 某些络合萃取过程中，络合剂本身可能不是反应形成的萃合物的良好溶解介质，此时，助溶剂应作为萃合物良好溶剂，促进络合物的形成和相间转移。例如，磷酸三丁酯本身就是反应形成的萃合物的良好溶解介质，并不需要在磷酸三丁酯萃取体系中再加入另外的助溶剂。但是，胺类萃取剂，如三辛胺，往往不能很好地溶解反应形成的萃合物，在萃取过程中出现乳化或第三相，因此，加入适当的助溶剂是必不可少的。

稀释剂的主要作用[2]是调节形成的混合萃取剂的黏度、密度及界面张力等参数，使液液萃取过程便于实施。一些络合萃取过程中，若络合剂或助溶剂的萃水问题成为络合萃取法使用的主要障碍时，加入的稀释剂可以起到降低萃取水量的作用。当然，稀释剂的加入是以降低萃取体系的分配系数为代价的。

总之，选择适当的络合剂、助溶剂和稀释剂，优化络合萃取剂的各组分的配比是有机物络合萃取过程得以实施的重要环节。

4.2.3 有机物络合萃取的高效性和高选择性

为了解决极性有机物稀溶液的分离问题，King 提出了基于可逆络合反应的萃取分离新方法。针对极性有机物稀溶液分离过程的自身特点，络合萃取与其他分离方法相比，具有明显的优点。

① 络合萃取具有高效性。由于分离过程的推动力是待分离物质和络合剂间的化学键能，因此，即使极性有机物的浓度很低，化学萃取的分配系数也很大，回收率很高。

② 络合萃取具有高选择性。络合萃取过程中的化学反应是在络合剂的特殊官能团和被萃取物质的相应的官能团之间发生的，因而络合萃取的选择性很高。

③ 络合萃取实现反萃取和溶剂再生过程相对比较简单。络合萃取中的萃合物是可逆反应的产物。正确选择反应中的化学键能大小，灵活使用萃取过程的“摆动效应”[4]，可以顺利地完成反萃取和溶剂再生过程，回收有价溶质，使萃取剂循环使用。

④ 络合萃取的二次污染小、操作成本低。通常物理萃取溶剂对极性有机物的高分配系数是以它在水中的大的溶解损失为代价的。物理萃取溶剂对极性

有机物的分配系数越高，其在水中的溶解度越大。与物理萃取的溶剂选择不同，络合萃取剂的溶剂选择并非依据“相似相溶”原则。因此，络合萃取溶剂在水中的溶解度一般比物理萃取剂小得多，萃取溶剂流失少，二次污染小。络合萃取过程多数情况下在常温下操作，且可连续作业，便于实现自动化操作和控制，这些对降低操作费用都是十分有益的。

络合萃取法也有它的不足之处。例如，络合萃取过程需要正确选择合适的络合剂、助溶剂和稀释剂，萃取溶剂体系相对比较复杂；络合萃取剂的萃取能力受溶剂中络合剂浓度的限制，对于稀溶液，平衡分配系数较高，对于高浓溶液，平衡分配系数会下降；络合萃取过程用于生物制品的分离时，需要考虑络合剂和稀释剂的生物相容性等。这些问题和缺失可以在实践中针对体系的具体情况，扬长避短，加以解决或弥补。

4.3 有机物络合萃取过程的机理分析

4.3.1 络合萃取的作用机制

一般认为，除了极端情况外，络合萃取过程并不是由单一的反应机制决定的。例如，胺类萃取剂对有机羧酸的萃取既包含离子缔合机制，又包含氢键缔合机制；酸性磷氧类萃取剂对有机胺类的萃取既包含离子缔合机制，又包含氢键缔合机制；中性磷氧类萃取剂对有机羧酸的萃取则仅包含氢键缔合机制。当然，反应机制也并不是总能清晰分类的，这使得对萃取过程模型的描述可能出现不同的形式。

相对而言，胺类萃取剂对有机羧酸的络合萃取的机理分析是比较复杂的。在大量工艺研究的基础上，许多研究者对于胺类络合剂萃取有机羧酸的机理进行分析[3,5~9]。其中，Eyal 等比较全面地提出了胺类络合剂萃取有机羧酸的四种作用机制[9]。

① 阴离子交换萃取。络合剂与待萃物质发生阴离子交换。

$$\overline{R_{4-n}NH_n^+X^-} + HA \rightleftharpoons \overline{R_{4-n}NH_n^+A^-} + HX \quad (n=1,2\text{或}3) \tag{4-3}$$

式中，HA 表示待萃物质；带上划线的代表有机相中的组分（下同）。阴离子交换萃取取决于 HA 及 HX 的 pK_a、水相 pH 值及有机相的组成。

② 离子缔合萃取。络合剂首先与 H^+ 形成$\overline{R_nNH_{4-n}^+}$，然后与待萃物阴离子形成一种离子缔合型萃合物$\overline{R_nNH_{4-n}^+A^-}$：

$$\overline{R_nNH_{3-n}} + H^+ \rightleftharpoons \overline{R_nNH_{4-n}^+} \tag{4-4}$$

$$\overline{R_nNH_{4-n}^+} + A^- \rightleftharpoons \overline{R_nNH_{4-n}^+A^-} \quad (n=1,2\text{或}3) \tag{4-5}$$

③ 氢键缔合萃取。若络合剂碱性强度不够，则络合剂与被萃物质之间可以形成氢键：

$$\overline{R_n NH_{3-n}} + HA \rightleftharpoons \overline{R_n NH_{3-n} \cdots HA} \quad (n=1,\ 2 \text{ 或 } 3) \qquad (4\text{-}6)$$

④ 溶剂化萃取。待萃物质在萃取溶剂中溶剂化而转移至有机相中：

$$HA \rightleftharpoons \overline{HA} \qquad (4\text{-}7)$$

络合萃取分离技术作为一种新的具有广泛应用前景的极性有机物稀溶液分离方法，萃取机理的研究工作应该得到更深入的发展，从而寻找出控制络合萃取过程的因素，为实际工艺操作提供理论上的指导，达到强化工艺过程的目的。

4.3.2 络合萃取的萃合物结构

早在 1954 年，Barrow 和 Yerger[10] 在研究三乙胺的四氯化碳溶液或氯仿溶液萃取醋酸时，采用红外光谱数据推证出（2∶1）和（1∶1）型的酸-胺络合物的存在。他们发现第一个醋酸分子与胺形成（1∶1）离子缔合型萃合物后，其 COO^- 基团中共轭的—C—O 基团可以与第二个醋酸分子上的—OH 基团以氢键缔合，从而形成（2∶1）萃合物，其结构如图 4-3 所示。

其他研究者[11~14] 对于另一些体系的研究结果也提出了类似的键合结构。Tamada 等[15] 的研究结果表明，对醋酸-三癸胺（四氯化碳）萃取体系的红外光谱研究表明，络合萃取中存在（3∶1）结构的萃合物，如图 4-4 所示。

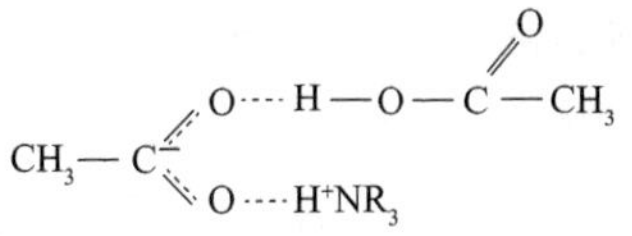

图 4-3　醋酸与叔胺生成的（2∶1）萃合物 $(HA)_2B$

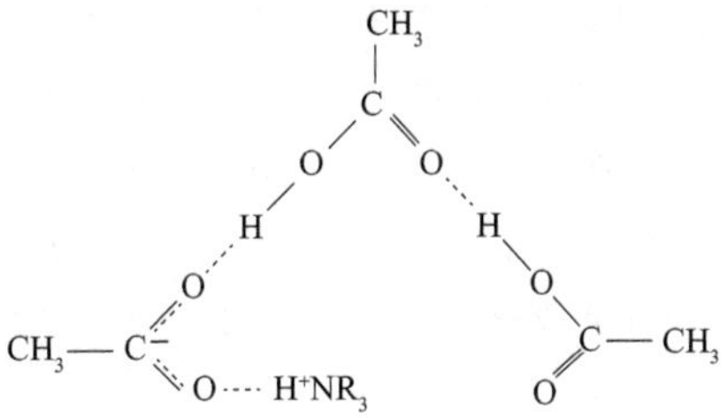

图 4-4　醋酸与叔胺生成的（3∶1）萃合物 $(HA)_3B$

此外，King 等[5] 提出二元酸与胺生成（1∶2）和（2∶2）萃合物的构型。图 4-5 和图 4-6 是富马酸与叔胺生成萃合物的构型。

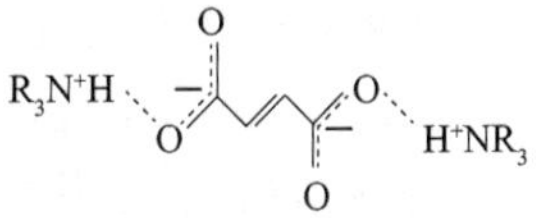

图 4-5　富马酸与叔胺生成的（1∶2）络合物 $(HA)B_2$

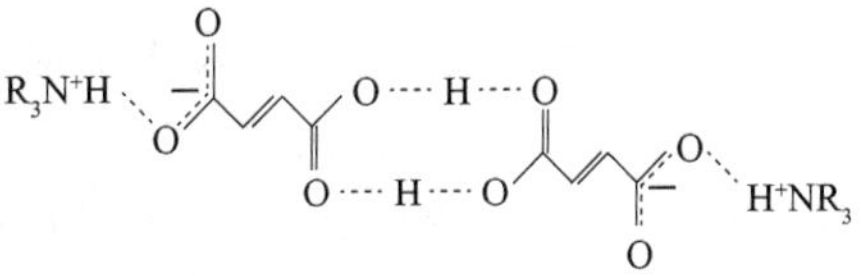

图 4-6　富马酸与叔胺生成的（2∶2）络合物 $(HA)_2B_2$

研究者们还发现，在极性稀释剂（用D表示）存在时，如果稀释剂同络合物之间有很强的相互作用时，可以出现如下的萃合物结构：

$$m\mathrm{HA}+n\overline{\mathrm{B}}+r\overline{\mathrm{D}}\rightleftharpoons\overline{\mathrm{HA}_m\mathrm{B}_n\mathrm{D}_r} \tag{4-8}$$

例如，对于醋酸-三乙胺（氯仿）体系，King等[16]的研究表明，当酸胺浓度配比达到一定程度时，可能生成如图4-7所示的萃合物：

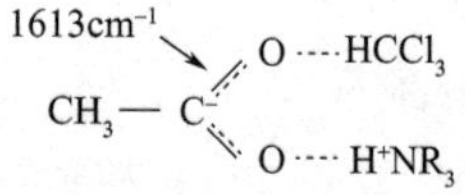

图4-7 氯仿同（1：1）醋酸-三乙胺络合物作用生成（1：1：1）型萃合物

从以上的研究结果可以看出，研究者们一般认为胺类络合剂与待萃取极性有机物之间是以离子缔合的形式键合的，而待萃取的极性有机物之间，以及待萃取极性有机物与稀释剂之间的键合则是通过氢键缔合作用实现的。

此后，Tamada等[15]对同一萃取体系进行红外光谱分析的结果表明，羧酸基团上的质子通常是传递给胺类络合剂的，从而形成一个由季铵阳离子与羧酸根阴离子组成的有机离子对，但是也会出现例外。戴猷元等[17~19]在研究胺类络合剂负载有机羧酸的红外光谱时发现，红外谱图中波数为1700～1780$\mathrm{cm^{-1}}$处出现的C═O特征峰与波数为1550～1620$\mathrm{cm^{-1}}$处出现的$\mathrm{COO^-}$特征峰，在大多数情况下几乎同时存在。为解释这一现象，戴猷元等提出了胺类络合剂萃取有机羧酸时形成（1∶1）型萃合物的两种结构，即如图4-8所示的离子缔合成盐结构和图4-9所示的氢键缔合结构。

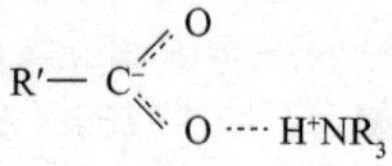

图4-8 离子缔合成盐结构的（1：1）萃合物

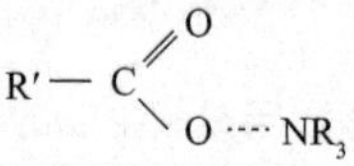

图4-9 氢键缔合结构的（1：1）萃合物

4.3.3 络合萃取的历程

4.3.3.1 中性磷氧类络合剂络合萃取有机羧酸的历程

从对萃合物的红外谱图分析可以看出，中性磷氧类络合剂和有机羧酸之间仅仅存在氢键缔合历程。负载有机羧酸的中性磷氧类络合萃取剂的红外谱图在1700～1780$\mathrm{cm^{-1}}$处存在C═O特征峰，在1550～1620$\mathrm{cm^{-1}}$处并不存在$\mathrm{COO^-}$特征峰。另外，负载羧酸的中性磷氧类络合萃取剂的红外谱图中在1250$\mathrm{cm^{-1}}$附近的代表P═O的特征峰向低波数发生明显移动。这些现象表明，中性磷氧类络合剂对有机羧酸的萃取机制为氢键缔合机制，即

$$\mathrm{HA}+\overline{(\mathrm{RO})_3\mathrm{PO}}\rightleftharpoons\overline{(\mathrm{RO})_3\mathrm{PO}\cdots\mathrm{H}\cdots\mathrm{A}} \tag{4-9}$$

4.3.3.2 胺类络合剂络合萃取有机羧酸的两种历程

从对萃合物的红外谱图分析可以看出，胺类络合剂和有机羧酸之间存在着

氢键缔合和离子缔合成盐两种结合的可能，不同的历程对萃取平衡常数及萃取平衡分配系数 D 有着直接的影响。

Tamada 等[15]将有机羧酸分为强酸（如三氯乙酸、三氟乙酸、二氯乙酸），中强酸（如一氯乙酸）及弱酸（如醋酸）。他们发现，在惰性稀释剂条件下（如四氯化碳），叔胺类络合剂与强酸或弱酸的结合行为差别很大。当强酸∶叔胺（摩尔比）为 2∶1 时，叔胺类络合剂同强酸的萃取行为与其同弱酸的相类似。负载羧酸的叔胺类络合萃取剂的红外谱图在 1745～1780cm^{-1}处存在 C═O 特征峰，并在 1610～1680cm^{-1}处存在 COO^- 特征峰。但是，当叔胺络合剂的浓度提高，强酸∶叔胺（摩尔比）为 1∶1 和 1∶2 时，负载羧酸的叔胺类络合萃取剂的红外谱图中不会在 1700～1780cm^{-1}处出现 C═O 特征峰，而 COO^- 特征峰的强度增大，且向高波数移动 20～40cm^{-1}，即出现在 1650～1690cm^{-1}处。Tamada 等[15]提出的强酸-叔胺萃合物结构如图 4-10 所示。

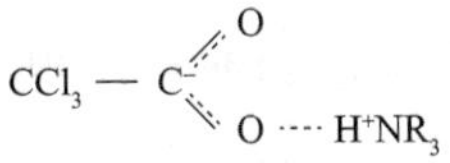

图 4-10　三氯乙酸与叔胺（1∶1）萃合物结构图

Duda 等[12]，Chibizov 等[14]提出如图 4-11 所示的平衡，力图统一强酸和弱酸的不同萃取历程，并对 Barrow[10]提出的弱酸与胺萃合时的键合结构进行了扩展。他们认为，对于强酸，平衡向左移动，即以离子缔合成盐结构形式存在；对于弱酸，在惰性稀释剂萃取体系中，平衡向右移动，即以氢键缔合结构形式存在；对于弱酸在质子化稀释剂（如氯仿）萃取体系中，平衡向左移动，即以离子缔合成盐结构形式存在。Tamada 等[15]认为，在酸胺比大于 1∶1 的条件下，平衡中的两种形式同时存在。Chibizov 等[14]还研究了温度对此平衡的影响，发现在高温下，平衡移向右侧一端。而且，Duda 等[12]发现，酸的 pK_a 值越低，即酸性越强，负载羧酸的叔胺类络合萃取剂的红外谱图中 COO^- 特征峰的强度越大，C═O 特征峰的强度越小。对于（1∶1）型络合物的 1720cm^{-1}处的 C═O 峰上的产生，Tamada 等[15]推断酸胺结合形成的萃合物应该是图 4-11 右侧的第一种结构。Detar 等[13]则认为胺与酸之间的作用是氢键缔合，应该形成图 4-11 右侧的第二种结构。

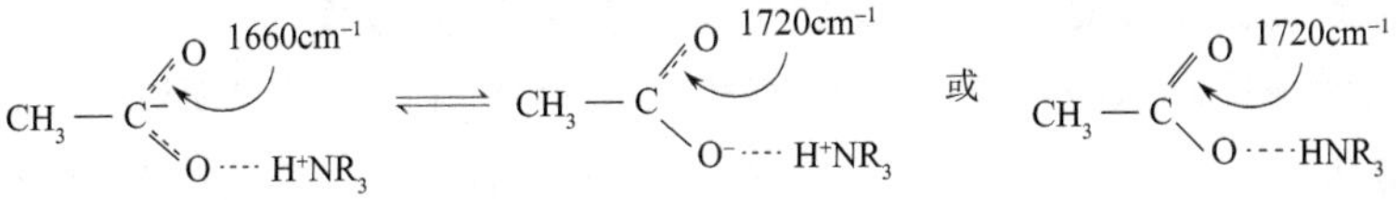

图 4-11　离子缔合成盐与氢键缔合形成的（1∶1）萃合物的平衡

戴猷元等[17~19]提出，胺与酸之间的络合萃取反应过程同时存在两种不同的历程，即下面式（4-10）及式（4-11）所示的离子缔合成盐历程和氢键缔合历程。

$$\mathrm{R'—\overset{\overset{\Large O}{\|}}{C}—OH + R_3N \longrightarrow R'—C\overset{\cdots O}{\underset{\cdots O\cdots H^+\ NR_3}{}}} \tag{4-10}$$

$$\mathrm{R'—\overset{\overset{\Large O}{\|}}{C}—OH + R_3N \longrightarrow R'—\overset{\overset{\Large O}{\|}}{C}—O—H\cdots NR_3} \tag{4-11}$$

戴猷元等认为，无论有机羧酸的酸性强弱，胺类络合剂对羧酸的络合萃取都会不同程度地遵循这两个历程，胺类络合剂负载有机羧酸的红外光谱中出现的 COO^- 特征峰以及 NH^+ 特征峰来自于离子缔合成盐历程产生的萃合物；红外光谱中出现的 C ═O 特征峰来自于酸与胺之间氢键缔合历程产生的萃合物。总之，胺类络合剂对羧酸的萃取机制既包含离子缔合成盐机制，又包含氢键缔合机制。

4.3.3.3 胺类络合剂络合萃取苯酚的两种历程

杨义燕[20]对叔胺类络合剂三辛胺（TOA）络合萃取苯酚的过程进行了系统的实验研究工作。同时，采用 PE-1600 型傅里叶红外光谱仪测定了负载苯酚的有机相的红外谱图并进行机理分析。红外光谱测定实验中稀释剂采用正十二烷。

叔胺类络合剂三辛胺负载苯酚的红外光谱图中，在波数为 2500～2700cm^{-1}范围内出现 NH^+ 特征吸收宽峰，相应的苯酚羟基特征峰由原来的 3352.0cm^{-1}处明显地向低波数位移 50～220cm^{-1}。如果三辛胺负载苯酚时，苯酚溶液呈酸性，负载有机相的红外光谱图中，NH^+ 特征吸收宽峰更为明显。研究结果表明，三辛胺络合萃取苯酚存在如下的平衡：

$$\mathrm{PhOH} + \overline{\mathrm{R_3N}} + \mathrm{H^+} \rightleftharpoons \overline{\mathrm{PhOH(R_3NH^+)}} \tag{4-12}$$

$$\mathrm{PhOH} + \overline{\mathrm{R_3N}} \rightleftharpoons \overline{\mathrm{PhO^-\ HNR_3^+}} \tag{4-13}$$

$$\mathrm{PhOH} + \overline{\mathrm{R_3N}} \rightleftharpoons \overline{\mathrm{PhO\cdots H\cdots NR_3}} \tag{4-14}$$

在酸性条件下，络合萃取的反应平衡以式（4-12）、式（4-13）为主；在中性或弱碱性条件下，络合萃取的反应平衡以式（4-14）为主，三辛胺与苯酚之间同时存在着离子缔合成盐机制和氢键缔合机制。

4.3.3.4 酸性磷氧类萃取剂络合萃取有机胺类的两种历程

为了探索酸性磷氧类络合剂萃取有机胺类稀溶液的过程机理和萃合物结构，苏海佳等[21]对二（2-乙基己基）磷酸（D2EHPA 或 P204）-煤油络合萃取芳香胺和脂肪胺的过程开展了萃取相平衡的实验研究工作。同时，采用 PE-1600 型傅里叶红外光谱仪分别测定负载芳香胺和脂肪胺的有机相的红外谱图并进行机理分析。红外光谱测定实验中稀释剂采用正十二烷代替煤油。

酸性磷氧类络合剂 P204 的红外光谱图中包含的官能团特征吸收峰为 1231.5cm^{-1}处的 P═O 伸缩振动峰和 1682.0cm^{-1}处的 P—OH 伸缩振动峰。

一般认为，含有—POOH 基团的化合物，在 2700～1560cm^{-1}波数区域内呈现出宽大的吸收峰，该化合物溶解于非极性溶剂中时，这一宽大的吸收峰也保持不变。但是，当含有—POOH 基团的化合物成盐后该吸收峰消失。研究结果表明，在负载的有机胺浓度很高时，负载有机相的红外光谱在 1682.0cm^{-1}处的 P—OH 伸缩振动峰几乎完全消失，证明 P204 与有机胺分子之间存在着较强的离子缔合成盐机制：

$$RNH_2 + \overline{HA} \rightleftharpoons \overline{RNH_3^+ A^-} \tag{4-15}$$

在红外光谱图中，P═O 键的伸缩振动峰为中强峰，一般出现在 1350～1160cm^{-1}处，常裂为双峰。研究结果表明，在负载的有机胺浓度并不是很高的条件下，P204 负载有机胺的红外谱图中可以发现 P204 的 P═O 吸收峰，随有机胺浓度的增大，其偏移也随之增大，证明 P204 与有机胺之间同样存在着氢键缔合作用，可表示为：

$$RNH_2 + \overline{HA} \rightleftharpoons \overline{RNH_2 \cdots HA} \tag{4-16}$$

总之，P204 负载有机胺红外谱图的特征吸收峰的研究表明，P204 与有机胺之间同时存在着离子缔合成盐机制和氢键缔合机制。

4.4 有机物络合萃取的特征性参数

络合萃取适于分离和回收的体系一般是带有 Lewis 酸或 Lewis 碱官能团的极性有机物的稀溶液体系。使用的络合剂则应具有相应的官能团，通过离子对缔合机制或氢键缔合机制，参与和待萃取物质的络合反应，形成疏水性更强的萃合物，实现由料液相向萃取相的转移。十分明显，溶液中分离溶质的疏水性参数、分离溶质的电性参数以及络合剂的碱（酸）度参数是有机物络合萃取的重要的特征性参数。

4.4.1 分离溶质的疏水性参数 lg*P*

疏水性是有机物质的基本物性。用来度量物质疏水性的参数称为疏水性常数。疏水性常数通常是用有机化合物在两种互不相溶的液相中的分配系数表示的。目前，描述疏水性参数的主要是 Hansch 推荐的有机化合物在正辛醇/水体系中的分配系数 P。它定义为物质在正辛醇/水两相体系中达到平衡时的浓度之比。

$$P = \frac{\text{平衡时有机物在正辛醇相中的浓度}}{\text{平衡时有机物在水相中的浓度}} = \frac{c_o}{c_w} \tag{4-17}$$

由于不同的有机物在正辛醇/水之间的分配系数 P 在数值上的跨度很大，相差十多个数量级，所以一般用它的常用对数形式来表示。

$$\lg P = \lg \frac{c_{\mathrm{O}}}{c_{\mathrm{W}}} \tag{4-18}$$

$\lg P$ 是有机溶质物性的重要参数。近年来，溶质疏水性在分子的跨膜转运特性、蛋白质键合、受体亲和性、药理活性以及药物代谢中有着重要应用，成为生物化学、药学、环境化学等许多领域的研究热点。人们测定了许多物质的正辛醇/水分配系数 $\lg P$，主要的实验方法是摇瓶法、薄层层析法和高效液相色谱法，积累了大量的实验数据。这些测量方法各有优势，也都存在一些局限，疏水性常数实验测定方法的比较见表 4-1。不同文献报道的 $\lg P$ 实验值有时也相差较大。文献［22］报道的 $\lg P$ 样本值比较全面。

表 4-1　疏水性常数实验测定方法的比较

方法	优点	缺点
摇瓶法	准确；可自由设计条件；可自由选择定量法；物理、化学意义明确	费时；需大量样品；要求溶剂纯度高；受共存物质影响
薄层层析法	只需微量样品；迅速；费用低；一次能测多个样品	再现性差；待测样品种类受限制；需考虑与载体的作用
高效液相色谱法	只需微量样品；迅速；对样品纯度要求不高；再现性好；不受温度影响	测量仪器贵；待测样品种类受到限制；需考虑与载体的相互作用；限于定量法

对于物质的疏水性常数，人们已经进行了许多研究工作。物质在油水两相的分配是一个复杂过程，尤其是对于含有极性基团的分子，影响疏水性常数的因素更加复杂。如果排除分子在两相分配中的解离、缔合、水合和形成离子对等的影响，分配系数的大小主要取决于溶质与两种溶剂间的分子间相互作用力的大小。大量研究表明，影响物质疏水性常数的因素既有分子的整体因素，如取代基所处的化学环境、分子的体积、形状等因素；也有分子的局部因素，如取代基的极性、大小、形状等。

4.4.2　分离溶质的电性参数 $\mathrm{p}K_{\mathrm{a}}$

溶质的酸碱性在有机物络合萃取过程中是十分重要的电性参数。其中，溶质的解离常数的负常用对数值，即 $\mathrm{p}K_{\mathrm{a}}$，是溶质酸性强弱的标志，是一种经常使用的重要的物理化学参数。

物质的酸度 $\mathrm{p}K_{\mathrm{a}}$ 是一个实验量，可以从手册中查到部分物质的 $\mathrm{p}K_{\mathrm{a}}$ 值。但是，一些物质 $\mathrm{p}K_{\mathrm{a}}$ 值难以测定，需要建立分子结构参数与 $\mathrm{p}K_{\mathrm{a}}$ 的定量关联式来进行预测。

在络合萃取过程中，溶质 $\mathrm{p}K_{\mathrm{a}}$ 的大小决定了络合反应的计量比及萃合物的稳定性，从而影响萃取平衡的分配结果。同时，溶质 $\mathrm{p}K_{\mathrm{a}}$ 的大小也会影响溶液中待萃取溶质自由分子的摩尔分数。在络合萃取平衡的数学模型中，$\mathrm{p}K_{\mathrm{a}}$ 作为一个重要参数出现。

物质的 pK_a值，受分子外部因素和内部因素的影响。外部因素包括溶剂环境（溶剂极性、离子强度等）和温度；内部因素则是指分子组成及结构带来的诱导效应、场效应、共振效应、氢键影响、立体效应以及杂化作用等[23]。

物质分子的组成及结构可以通过几种不同的方式来影响物质的酸度。在多数分子中，时常可能存在两种或两种以上的影响方式共同发生作用，而且，难以区分每一种方式的影响程度。分子组成及结构带来的影响方式包括如下几种。

（1）诱导效应　对于有机物 HA，吸电子基，如卤素，能使 H—A 键减弱，并能稳定阴离子，从而使酸性增强，pK_a减小。当分子中吸电子取代基数目增加时，诱导效应也增强，分子的酸性增强。供电子基，如烷基、氨基，能增强 H—A 键，从而增加对质子的亲和力，这将使碱性增强，pK_a增大。

（2）场效应　场效应是通过空间而不是通过成键起作用的电子效应。对于多数分子来说，区分诱导效应和场效应是很不容易的，因为二者时常同时作用，而且对物质酸性强弱的影响是一致的。一般常把诱导效应和场效应合并考虑，当作为“极性效应”。

（3）共振效应　官能团，如 p—NO_2，通过减弱 O—H 键并使阴离子稳定，可使苯甲酸或苯酚的酸性增加；官能团，如—NH_2，通过共振提供电子，因此，会增强 O—H 键，促进阴离子和质子的结合，所以，酸性会相应减弱。

（4）氢键　在分子内部形成氢键能够在很大程度上影响酸性的强弱。例如，邻羟基苯甲酸由于—OH 和—COOH 间形成了氢键，电荷离域化，稳定性增强，结果增大了分子的酸性。

（5）立体效应　由于质子较小，质子酸-碱反应对立体压缩不太敏感。然而，具有较多分枝的酸，其阴离子会由于较小的溶剂化程度变得不太稳定，导致酸性减弱。

4.4.3　络合剂的表观碱(酸)度

络合萃取溶剂一般是由络合剂、助溶剂以及稀释剂组成的。络合萃取剂的萃取能力受到络合萃取剂的组成，包括络合剂和稀释剂的种类及配比的影响。因此，正确选择络合剂和稀释剂及其组成比例，将有可能得到萃取分离过程的高分配系数，实现理想的分离效果。

李振宇[24]系统研究了三辛胺（TOA）萃取有机羧酸的特性。在不同络合剂浓度条件下，络合剂的负载率会出现很大的差别。同样，稀释剂的种类及组分比例也对萃取剂的络合萃取能力有很大影响。稀释剂不仅能够调整有机相的黏度，改变界面张力，同时，稀释剂通过自身对溶质的物理溶解能力以及对于萃合物的溶解能力来体现对萃取平衡的影响。研究结果表明，正确定义和测定络合剂的碱（酸）度参数，可以较为准确地把握及反映络合萃取剂的萃取能力，络合剂的碱（酸）度参数是表征络合萃取剂特性的重要参数。

4.4.3.1 络合萃取剂表观碱(酸)度的定义

络合剂浓度和稀释剂种类及组成会影响络合萃取剂的萃取能力。为此，1995 年 Eyal 提出[9]，同一种碱性络合剂在不同稀释剂体系中表现出的结合质子的能力不同。他将这种碱性络合剂结合质子的能力称为表观碱性，并以表观碱度 $pK_{a,B}$表征碱性络合剂在不同稀释剂体系中与质子的结合能力。例如，根据表观碱度 $pK_{a,B}$的定义，三辛胺（TOA）的表观碱度可以表示为：

$$\overline{R_3NH^+} \xrightleftharpoons{K_{a,B}} \overline{R_3N} + H^+ \tag{4-19}$$

$$K_{a,B} = [\overline{R_3N}][H^+]/[\overline{R_3NH^+}] \tag{4-20}$$

$$pK_{a,B} = -\lg([\overline{R_3N}][H^+]/[\overline{R_3NH^+}]) \tag{4-21}$$

式中，R_3N 表示三辛胺，上划线表示在有机相中的组分。萃取剂的结构、溶剂化性质（以ϵ_d表示）、被萃取酸阴离子性质（亲水/疏水性质及空间位阻，以ϵ_a表示）等都将对表观碱度 $pK_{a,B}$值产生影响。Eyal 提出，通过有机相中酸的半量滴定测定胺的相对碱性 pH_{hn}，表观碱度 $pK_{a,B}$与 pH_{hn}的关系为：

$$pK_{a,B} = pH_{hn}\,\epsilon_a\epsilon_d \tag{4-22}$$

式中，ϵ_d代表亲核-亲电性质参数、Hildebrand 溶解性参数等。ϵ_a可由被萃取酸阴离子性质得到。

表观碱度是络合剂在不同稀释剂中的性质，而且，萃取的溶质不同，络合剂的萃取能力也不同。为了有一个统一的标准，排除萃取溶质种类的影响，李振宇[24]对 Eyal 提出的表观碱度概念进行了一定的修正。由于胺与强酸形成的几乎都是（1∶1）型离子对萃合物，以强酸（如盐酸）与 TOA 反应时的 TOA 性质作为表观碱度，就可以排除亲核-亲电性质参数ϵ_d、被萃酸阴离子性质ϵ_a的影响。此时，表观碱度只与三辛胺络合萃取剂的组成有关。李振宇采用这种方法描述了 TOA 在不同稀释剂体系中的相对于 HCl 的碱性。

单欣昌等[25~27]在前人工作的基础上，系统提出了碱性络合萃取剂相对于 HCl 的表观碱度 $pK_{a,B}$的定义和酸性络合萃取剂相对于 NaOH 的表观酸度 $pK_{a,A}$的定义。

对于碱性络合剂 E，如三辛胺（TOA）、三烷基氧膦（TRPO）及磷酸三丁酯（TBP）等

$$\overline{EH^+} \xrightleftharpoons{K_{a,B}} \overline{E} + H^+ \tag{4-23}$$

$$K_{a,B} = [\overline{E}][H^+]/[\overline{EH^+}] \tag{4-24}$$

$$pK_{a,B} = -\lg([\overline{E}][H^+]/[\overline{EH^+}]) \tag{4-25}$$

式中，E 表示碱性络合剂；上划线表示在有机相中的组分。十分明显，当相比为 1∶1，HCl 溶液浓度为络合剂浓度的 1/2 时，达到萃取平衡后，对于

具有较大 HCl 萃取平衡分配系数的萃取剂，可以将绝大部分的 HCl 萃入萃取相中。此时，能够满足 $[\overline{E}] \approx [\overline{EH^+}] \gg [H^+]$，水相溶液的 pH 值即为络合剂的表观碱度。很明显，表观碱度 $pK_{a,B}$越大，络合剂的表观碱性越强，碱性络合萃取剂的萃取能力越强。

对于酸性络合剂 HP，如二（2-乙基己基）磷酸（D2EHPA 或 P204）等

$$\overline{P^-} + H_2O \xrightleftharpoons{K_{b,A}} \overline{HP} + OH^- \tag{4-26}$$

$$K_{b,A} = [\overline{HP}][OH^-]/[\overline{P^-}] \tag{4-27}$$

$$K_{a,A} = [H^+][OH^-]/K_{b,A} = [\overline{P^-}][H^+]/[\overline{HP}] \tag{4-28}$$

$$pK_{a,A} = -\lg([\overline{P^-}][H^+]/[\overline{HP}]) \tag{4-29}$$

式中，HP 表示络合剂；上划线表示在有机相中的组分。采用与前述相似的实验方法，当相比为 1∶1，NaOH 溶液浓度为络合剂浓度的 1/2 时，达到萃取平衡后，可以满足 $[\overline{P^-}] \approx [\overline{HP}] \gg [OH^-]$，通过测定溶液的 pH 值，测得 $pK_{a,A}$。表观酸度 $pK_{a,A}$越小，络合剂的表观酸性越强，酸性络合萃取剂的萃取能力越强。

采用单欣昌等定义的表观碱（酸）度描述络合剂在不同稀释剂体系中的相对于强酸（碱）的碱（酸）性，非常简便，而且比较准确。对于常用的络合萃取体系来说，萃取剂表观碱（酸）度的值是相对固定的。表观碱（酸）度是络合剂在不同稀释剂中碱（酸）性的量度，是络合萃取体系特有的参数，也是定量关联萃取平衡性质中的重要参数。对于实际应用而言，萃取剂表观碱（酸）度的提出，对络合萃取剂的筛选和络合萃取平衡的预测具有重要意义。

4.4.3.2 络合萃取剂表观碱(酸)度的测定方法

Eyal[9]推荐了一个测定胺类络合剂表观碱度的方法。有机相为 0.5mol/kg 胺类络合剂的稀释剂溶液，水相为等当量的 HCl 溶液，混合达到相平衡后，取 30～40g 有机相与 0.3mol/L 的 NaOH 溶液进行混合平衡。选择合适的相比使被萃酸与 NaOH 的摩尔比为 2∶1。两相混合 1h，分相，测量水相 pH 值，即为 pH_{hn}。采用该方法测定 pH_{hn}在方法上的缺陷为：实验中无法保证有机相与等当量的 HCl 溶液平衡后，有机相中胺与酸的当量相等。因此，很难保证 NaOH 的量刚好为酸的一半，这样就造成了测定的误差。

李振宇[24]对 Eyal 提出的表观碱度测定方法进行了一定的改进。由于一般情况下，水相中的氢离子浓度都极小，当以 1∶1 的体积比将含 TOA 有机相与相当于 0.5 倍 TOA 浓度（数量上）的盐酸溶液进行混合平衡时，可以由分相后水相的 pH 值求得 TOA 萃取剂表观碱度 $pK_{a,B}$，即当 $[\overline{R_3N}] \approx [\overline{R_3NH^+}] \gg [H^+]$ 时，水相溶液的 pH 值为 TOA 萃取剂的表观碱度。

根据这一基本原理，李振宇[24]实验测定了 TOA 萃取剂的表观碱度。实

验方法如下：将20mL指定浓度x mol/L的TOA-稀释剂溶液与20mL 0.5x mol/L的盐酸溶液在100mL的具塞三角瓶中混合，在HZQ-F型全温振荡培养箱中振荡240min，振荡频率为200min^{-1}，温度设定为（25±0.5)℃，然后静置30min，分相。取水相样品，测定的平衡pH值即为$pK_{a,B}$。采用该方法测定了正辛胺、二正丁胺的表观碱度，测定值与文献值差别较小，验证了该方法测定表观碱度的准确性。

单欣昌等认为，一般地说，在体积比为1∶1，HCl（或NaOH）的溶液浓度为萃取剂浓度的1/2，且达到萃取平衡时，对于具有较大萃取分配系数的萃取剂，可以满足$[\overline{E}] \approx [\overline{EH^+}] \gg [H^+]$或$[\overline{P^-}] \approx [\overline{HP}] \gg [OH^-]$的条件。因此，可以通过实验设计，测定平衡水相的pH值，直接获得萃取剂的$pK_{a,B}$或$pK_{a,A}$。然而，对于仅有较小的萃取分配系数的萃取剂，却不能满足上述条件，按前述方法测定的相应数值的偏差较大，需要测定多个条件下的平衡水相的pH值及溶质的浓度，再拟合求取$pK_{a,B}$值或$pK_{a,A}$值。单欣昌等提出两种测定萃取剂的表观碱（酸）度的实验方法[27]。

（1）直接测定方法　对于具有较大萃取分配系数的萃取剂，如TOA/正辛醇体系，根据实验原理，测定碱性萃取剂的碱度时，将20mL指定浓度（x mol/L）的萃取剂溶液与20mL 0.5x mol/L的HCl（或NaOH）溶液以1∶1的体积比混合于100mL的具塞三角瓶中，在HZQ-F型全温振荡培养箱中振荡120min，振荡频率200min^{-1}，温度设定为(25±0.5)℃。萃取平衡后，静置30min分相，然后使用滴管吸取最下层水相样品，测定其平衡pH值（即为$pK_{a,B}$值或$PK_{a,A}$值），同时采用酸碱滴定法分析水相HCl（或NaOH）的浓度。

（2）多点拟合方法　对于仅有较小萃取分配系数的萃取剂，如TRPO-煤油体系，在实验中，分别采用0.1x mol/L、0.25x mol/L、0.4x mol/L、0.5x mol/L的HCl（或NaOH）溶液与x mol/L的萃取剂溶液以1∶1体积比混合，测定平衡水相的pH值以及溶质的浓度，再根据式（4-25）或式（4-29）拟合求取$pK_{a,B}$值或$pK_{a,A}$值。

4.4.3.3　络合萃取剂表观碱(酸)度的影响因素

李振宇[24]实验测定了不同浓度三辛胺（TOA）在正辛醇、氯仿、甲基异丁基酮（MIBK）、四氯化碳、正己烷5种稀释剂中的表观碱度，结果示于图4-12。结果表明，TOA萃取剂的表观碱度主要受TOA的浓度和稀释剂的种类两个因素的影响。

TOA浓度对表观碱度的影响可以根据稀释剂的类型分为三类。

① 对于正辛醇、氯仿稀释剂体系，随TOA浓度的升高，萃取剂表观碱度下降。可提供质子的、极性的稀释剂为离子对成盐萃合物的形成提供良好的环

境，TOA 浓度的升高，使稀释剂的浓度相对降低，则有机相的极性减弱，不利于离子对成盐反应，因而 TOA 萃取剂的表观碱度下降。

② 对于甲基异丁基酮（MIBK）稀释剂体系，随 TOA 浓度的升高，其表观碱度基本上不发生变化。这可能是 TOA 与 MIBK 的极性相差不大，因此，增加 TOA 浓度并不能带来有机相极性的较大改变，故 TOA 萃取剂的表观碱度基本不变。

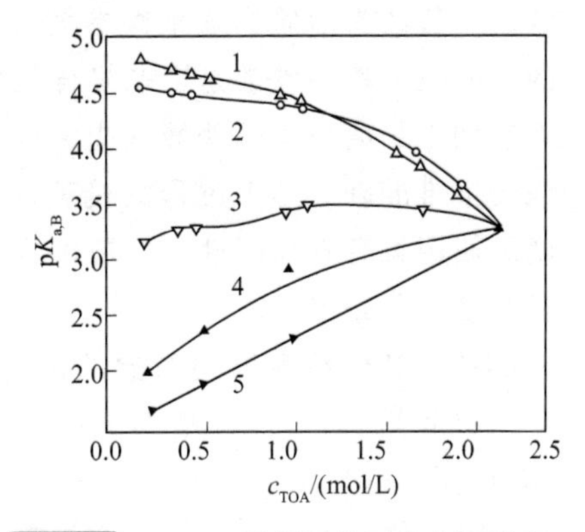

图 4-12 TOA-稀释剂体系的表观碱度
（稀释剂：1—正辛醇；2—氯仿；3—MIBK；4—四氯化碳；5—正己烷）

③ 对于四氯化碳、正己烷稀释剂体系，随 TOA 浓度的升高，其表观碱度上升。四氯化碳、正己烷是非极性稀释剂，TOA 的极性比四氯化碳、正己烷大，因而提高 TOA 的浓度有助于提高有机相的极性，使 TOA 萃取剂的表观碱度随之上升。

稀释剂对表观碱度的影响与稀释剂的极性有很大关系。相同 TOA 浓度条件下，$pK_{a,B}$的次序为正辛醇＞氯仿＞MIBK＞四氯化碳＞正己烷。这一结果与络合剂 TOA 及稀释剂之间的作用有关。

根据相关数据分析也可以看出，对于其他络合萃取剂体系，络合剂浓度和稀释剂的种类同样是影响其表观碱度的两个重要因素。例如，对于三烷基氧膦（TRPO）-煤油体系，随 TRPO 浓度的升高，表观碱度 $pK_{a,B}$增大。与非极性稀释剂煤油相比，TRPO 的极性相对较大，TRPO 浓度升高，有机相的极性增大，有利于络合反应的进行，因而其表观碱度值是增大的。二（2-乙基己基）磷酸（D2EHPA 或 P204）是一种有机弱酸。实验结果表明，对于 D2EHPA-煤油体系，随 D2EHPA 浓度的升高，其 $pK_{a,A}$值逐渐减小。

4.4.4 络合剂相对碱(酸)度

前已述及，表观碱度（表观酸度）是碱性（酸性）络合剂在不同稀释剂中的性质。以盐酸与碱性络合剂反应时的性质作为表观碱度 $pK_{a,B}$，以氢氧化钠与酸性络合剂反应时的性质作为表观酸度 $pK_{a,A}$，可以排除被萃溶质性质的影响。此时的表观碱度 $pK_{a,B}$（或表观酸度 $pK_{a,A}$）只与络合剂浓度及稀释剂的种类有关。

然而，络合萃取过程中涉及的分离对象均为有机物稀溶液，被萃取溶质的酸性和亲油性等性质与盐酸（或氢氧化钠）的相应特性存在很大的差异。各类络合剂对有机物稀溶液的反应萃取既包含离子缔合机制，又包含氢键缔合机制。被萃取溶质性质的不同，完全可能导致络合萃取剂的萃取特性的不同。再者，一般认为溶质的疏水性参数（如 $\lg P$）、电性参数（如 pK_a）以及萃取剂的碱度三个特性参数是影响络合萃取平衡的主要因素，若萃取剂的碱（酸）度以有别于分离对象的盐酸（或氢氧化钠）来表征，对于体系络合萃取平衡的关联会很难准确表达出过程的机理性规律。十分明显，络合萃取剂表观碱（酸）度的使用具有其局限性。以被萃溶质为对象，系统研究讨论络合萃取剂的成键特性是十分必要的。

4.4.4.1 以被萃溶质为对象的络合萃取剂相对碱(酸)度的定义

单欣昌等[25,27]从基本的酸碱理论出发，提出一个新的参数——相对碱（酸）度，以被萃溶质为对象来描述络合萃取剂的成键特性。以被萃溶质为对象的碱性络合萃取剂相对碱度的定义为：对于指定的络合萃取体系，假设碱性络合剂与待萃取溶质生成（1∶1）型萃合物，在体系的自由络合剂浓度与生成的萃合物浓度相等的条件下，络合萃取体系水相的 pH 值的大小的二倍即为以该待萃取溶质为对象的碱性络合剂的相对碱度，记为 $pK_{a,BS}$。

对于碱性络合剂 E，如三辛胺（TOA）、三烷基氧膦（TRPO）及磷酸三丁酯（TBP）等

$$\overline{E\cdot HA} \xrightleftharpoons{K_{a,BS}} \overline{E} + H^+ + A^- \tag{4-30}$$

$$K_{a,BS} = [\overline{E}][H^+][A^-]/[\overline{E\cdot HA}] \tag{4-31}$$

$$pK_{a,BS} = -\lg([\overline{E}][H^+][A^-]/[\overline{E\cdot HA}]) \tag{4-32}$$

式中，E 表示碱性络合剂；HA 表示酸性被萃溶质；上划线表示在有机相中的组分。十分明显，当体积比为 1∶1，HA 浓度为络合剂浓度的 1/2 时，达到萃取平衡后，对于具有较大萃取平衡分配系数的萃取剂，可以将绝大部分的 HA 萃入萃取相中。此时，能够满足 $[\overline{E}] \approx [\overline{E\cdot HA}] \gg [H^+]$，水相溶液的 pH 值的二倍即为络合剂的相对碱度。很明显，相对碱度 $pK_{a,BS}$ 越大，络合剂的相对碱性越强，碱性络合萃取剂对被萃溶质的萃取能力越强。

采用类似的方法可以定义酸性络合萃取剂的相对酸度 $pK_{a,AS}$。对于酸性络合萃取剂 HP，如二（2-乙基己基）磷酸（D2EHPA 或 P204）等

$$\overline{RNH_3P} + H_2O \xrightleftharpoons{K_{b,AS}} \overline{HP} + RNH_3^+ + OH^- \tag{4-33}$$

$$K_{b,AS} = [\overline{HP}][RNH_3^+][OH^-]/[\overline{RNH_3P}] \tag{4-34}$$

$$K_{a,AS} = [H^+][OH^-]/K_{b,AS} \tag{4-35}$$

$$pK_{a,AS} = 14 - pK_{b,AS} \tag{4-36}$$

式中，HP 表示络合剂；RNH_3P 表示碱性被萃溶质；上划线表示在有机相中的组分。采用与前述相似的实验方法，当体积比为 1∶1，RNH_3P 浓度为络合剂浓度的 1/2 时，达到萃取平衡后，可以满足 $[\overline{HP}] \approx [\overline{RNH_3P}] \gg [OH^-]$，通过测定溶液的 pH 值，可以计算得到 $pK_{a,AS}$。相对酸度 $pK_{a,AS}$ 越小，络合剂的相对酸性越强，酸性络合萃取剂对被萃溶质的萃取能力越强。

4.4.4.2 络合萃取剂相对碱(酸)度的测定方法

单欣昌等[28,29]提出了以被萃溶质为对象的络合萃取剂相对碱（酸）度的测定方法。实验测定萃取剂的相对碱度的实验方法如下：将 10mL 指定浓度 x mol/L的络合剂-稀释剂溶液与 10mL 0.5x mol/L 的被萃溶质溶液在 100mL 的具塞三角瓶中混合，在 HZQ-F 型全温振荡培养箱中振荡 360min，振荡频率为 200min^{-1}，温度设定为（25±0.5)℃，然后静置 60min，分相。取水相样品，然后使用滴管吸取最下层水相样品，测定其平衡 pH 值，同时分析水相被萃溶质的浓度。对被萃溶质具有较大萃取分配系数的萃取剂，可以通过实验设计，测定平衡水相的 pH 值，直接获得萃取剂的 p$K_{a,BS}$或 p$K_{a,AS}$；由于某些溶质在水中溶解度较小或萃取平衡分配系数较小，或在惰性稀释剂中萃合物在萃取相的溶解度较小等原因，溶质被萃入萃取相的浓度较低，不能满足 $[\overline{E}] \approx [\overline{E \cdot HA}] \gg [H^+]$ 的条件，此时需要测定多个条件下的平衡水相的 pH 值及被萃溶质的浓度，再拟合求取 p$K_{a,BS}$值或 p$K_{a,AS}$值。

例如，TOA 碱性络合剂萃取有机羧酸时，可以通过实验设计，达到萃取平衡后，使得满足 $[\overline{E}] \approx [\overline{E \cdot HA}] \gg [H^+]$ 的条件，通过测定水相的 pH 值，直接获得萃取剂的 p$K_{a,BS}$值。

又如，TRPO 碱性络合剂萃取有机羧酸时，可以修订实验设计，将 10mL 指定浓度 x mol/L 的 TRPO-稀释剂溶液与 10mL 0.1x mol/L、0.2x mol/L、0.3x mol/L、0.4x mol/L、0.5x mol/L、0.6x mol/L 的有机羧酸待萃取溶质的溶液在 100mL 的具塞三角瓶中混合，在 HZQ-F 型全温振荡培养箱中振荡 300min，振荡频率为 200min^{-1}，温度设定为（25±0.5)℃，然后静置分相 60min。取水相样品，测定其平衡 pH 值及有机羧酸浓度，再拟合求取 p$K_{a,BS}$值。

相对碱度的测定简便、准确。然而，这种实验方法测定的是萃取剂在不同稀释剂体系中相对于具体被萃溶质的碱性，对于不同萃取体系下的被萃溶质，萃取剂相对碱度是需要重新测定的。因此，测定相对碱度数值的工作是较为繁琐的。

符 号 说 明

D——分配系数

K——表观络合萃取平衡常数

K_a——酸性有机物的解离平衡常数，mol/L

pK_a——溶质的电性参数

lg$P$——溶质的疏水性参数

p$K_{a,A}$——表观酸度

p$K_{a,B}$——表观碱度

p$K_{a,AS}$——相对酸度

p$K_{a,BS}$——相对碱度

参 考 文 献

[1] King C J. Separation Process Based upon Reversible Chemical Complexation, in Handbook of Separation Process Technology, Rousseau R W. Ed., Chap 15. New York: John Wiley &

Sons，1987.
[2] 戴猷元，杨义燕，徐丽莲，等. 化工进展. 1991，(1)：30-34.
[3] Tamada J A，Kertes A S，King C J. Ind Eng Chem Res，1990，29 (7)：1319-1326.
[4] 张瑾，戴猷元. 现代化工. 1999，19 (3)：8-11.
[5] Tamada J A，King C J. Ind Eng Chem Res，1990，29 (7)：1327-1333.
[6] Yang S T，White S A，Hsu S T. Ind Eng Chem Res，1991，30 (6)：1335-1342.
[7] Fahim A. Sep Sci & Tech，1992，27 (13)：1809-1821.
[8] Yoshizawa H，Uemura Y，Kawano Y，et al. J Chem Eng Data，1994，39 (4)：777-780.
[9] Eyal A M，Canari R. Ind Eng Chem Res，1995，34 (5)：1067-1075.
[10] Barrow G M，Yerger E A. J Am Chem Soc，1954，76 (20)：5211-5216.
[11] Smith J W，Itoria M C. J Chem Soc (A) Inorg Phys Theor，1968，(10)：2468-2474.
[12] Duda T，Szafran M. Bull Acad Pol Ser Sci Chem，1978，26 (3)：207-215.
[13] Detar D F，Novak R W. J Am Chem Soc，1970，92 (5)：1361-1365.
[14] Chibizov V P，Komissarova L N. J Gen Chem USSR (Engl Transl)，1984，54 (12)：2633-2659.
[15] Tamada J A，King C J. Report LBL-25571，Lawrence Berkeley Laboratory：Berkeley，1989.
[16] King C J. Chemtech，1992，22 (5)：285-291.
[17] 嫡丽巴哈，杨义燕，戴猷元. 高校化学工程学报，1993，7 (2)：174-179.
[18] 杨义燕，赵洪，戴猷元. 清华大学学报，1995，35 (3)：37-42.
[19] 赵洪，杨义燕，戴猷元. 清华大学学报，1995，35 (3)：43-48.
[20] 杨义燕. 络合萃取法处理工业含酚废水的研究 [博士学位论文]. 北京：清华大学，1990.
[21] 苏海佳，徐丽莲，戴猷元. 化工学报，1997，48 (6)：713-719.
[22] Leo A，Hansch C，Elkins D. Chem Rev，1971，71 (6)：525-616.
[23] 沈宏康. 有机酸碱. 北京：高等教育出版社，1983.
[24] 李振宇. 三辛胺络合萃取有机羧酸的机理性研究 [博士学位论文]. 北京：清华大学，2001.
[25] 单欣昌，秦炜，戴猷元. 高校化学工程学报，2005，19 (5)：593-597.
[26] Shan X C，Qin W，Dai Y Y. Ind Eng Chem Res，2006，45 (11)：9075-9079.
[27] 单欣昌. 表观碱度对有机羧酸络合萃取平衡的影响 [学位论文]. 北京：清华大学，2003.
[28] Shan X C，Qin W，Dai Y Y. Chem Eng Sci，2006，61 (8)：2574-2581.
[29] 单欣昌. 萃取剂碱（酸）性表征及有机物反应萃取机理研究 [博士学位论文]. 北京：清华大学，2007.

第5章 液液萃取相平衡

5.1 物理萃取相平衡

物理萃取，即简单分子萃取，它的特点是被萃溶质在料液水相和萃取有机相中都是以中性分子的形式存在，萃取溶剂与被萃溶质之间没有发生化学缔合，萃取溶剂中也不含络合反应剂。决定物理萃取体系的关键在于溶质中性分子在两相中分配，被萃溶质与溶剂之间无化学反应，被萃溶质在料液水相和萃取相中的形态一致。

5.1.1 物理萃取相平衡的一般性描述

假设被萃取物质为HA，由于物理萃取中溶质在料液水相和萃取相中的形态一致，相平衡可以表示为

$$\mathrm{HA} \rightleftharpoons \overline{\mathrm{HA}} \tag{5-1}$$

式中，带有上划线的表示萃取相中的组分（下同）。根据热力学基本原理，在等温等压的条件下，当溶质在两相达到平衡时，体系中Gibbs自由能变化应为零，即

$$dG = 0 \tag{5-2}$$

按照Gibbs-Duhem定律，可以得出

$$\sum n_i \mathrm{d}\mu_i = 0 \tag{5-3}$$

式中，n_i是体系中组分i的物质的量；μ_i是组分i的化学位。由式（5-2）和式（5-3）可以很容易导出

$$\sum \mu_i \mathrm{d}n_i = 0 \tag{5-4}$$

在物理萃取体系中，被分离物质与萃取剂之间没有化学反应发生，且被萃取物质在两相中的形态相同，因此

$$-\mathrm{d}n_{i(\mathrm{w})} = \mathrm{d}n_{i(\mathrm{o})} \tag{5-5}$$

所以，存在如下关系

$$\mu_{i(\mathrm{w})}=\mu_{i(\mathrm{o})} \tag{5-6}$$

式中，$\mu_{i(\mathrm{w})}$ 和 $\mu_{i(\mathrm{o})}$ 分别表示被萃取溶质 i 在料液相和萃取相中的化学位。化学位与溶质活度 a_i 的关系为

$$\begin{aligned}\mu_{i(\mathrm{w})}&=\mu_{i(\mathrm{w})}^{0}+RT\ln a_{i(\mathrm{w})}\\ \mu_{i(\mathrm{o})}&=\mu_{i(\mathrm{o})}^{0}+RT\ln a_{i(\mathrm{o})}\end{aligned} \tag{5-7}$$

式中，$\mu_{i(\mathrm{w})}^{0}$ 和 $\mu_{i(\mathrm{o})}^{0}$ 分别为被萃取溶质 i 在料液相和萃取相中的标准化学位；R 为气体常数；T 为热力学温度，K。由于被萃取溶质在两相中的形态一致，故有 $\mu_{i(\mathrm{w})}^{0}=\mu_{i(\mathrm{o})}^{0}$。由式（5-6）和式（5-7）可以知道被萃取溶质在两相中的活度应当相等

$$a_{i(\mathrm{w})}=a_{i(\mathrm{o})} \tag{5-8}$$

故萃取热力学平衡常数为

$$K_i=a_{i(\mathrm{o})}/a_{i(\mathrm{w})}=1 \tag{5-9}$$

由活度的定义可知，$a_i=x_i f_i$，其中，x_i 为摩尔分数；f_i 为活度系数（以摩尔分数为浓度标度）。所以，由式（5-9）应有

$$x_{i(\mathrm{w})}f_{i(\mathrm{w})}=x_{i(\mathrm{o})}f_{i(\mathrm{o})} \tag{5-10}$$

由于分配系数 D_i 等于被萃取溶质 i 在两相中平衡浓度之比，因此

$$D_i=\frac{x_{i(\mathrm{o})}}{x_{i(\mathrm{w})}}=\frac{f_{i(\mathrm{w})}}{f_{i(\mathrm{o})}} \tag{5-11}$$

由此可见，在物理萃取中，分配系数可以直接由被萃取溶质在两相中活度系数的计算得到。在热力学中，习惯上对非电解质溶液采用摩尔分数 x 为浓度单位，以 f 表示活度系数，以纯态为参考态。如果采用其他的浓度标度和与其相对应的活度系数，浓度标度和活度系数间的转换公式可参考有关文献。

5.1.2 弱酸或弱碱的萃取相平衡

一般认为，物理萃取溶剂仅能分离溶液中的溶质自由分子，待分离溶质属于弱酸或弱碱的物理萃取相平衡，必须考虑溶液 pH 值对溶质自由分子解离平衡的影响。

对于弱酸，随着 pH 值的增大，弱酸自由分子发生解离的程度增大，分配系数随之下降。例如，一元酸 HA 的解离平衡可以表示为

$$\begin{gathered}\mathrm{HA}\xrightleftharpoons{K_\mathrm{a}}\mathrm{H^+}+\mathrm{A^-}\\ K_\mathrm{a}=\frac{[\mathrm{H^+}][\mathrm{A^-}]}{[\mathrm{HA}]}\end{gathered} \tag{5-12}$$

溶剂对一元酸自由分子的物理萃取平衡为

$$\begin{gathered}\mathrm{HA}\xrightleftharpoons{K_\mathrm{d}}\overline{\mathrm{HA}}\\ K_\mathrm{d}=\frac{[\overline{\mathrm{HA}}]}{[\mathrm{HA}]}\end{gathered} \tag{5-13}$$

萃取平衡分配系数 D 的公式则为

$$D=\frac{[\overline{HA}]}{[HA]+[A^-]}=\frac{K_d}{1+10^{pH-pK_a}} \tag{5-14}$$

又如，二元酸 H_2A 的解离平衡可以表示为

$$H_2A \overset{K_{a1}}{\rightleftharpoons} H^+ + HA^-$$

$$K_{a1}=\frac{[H^+][HA^-]}{[H_2A]} \tag{5-15}$$

$$HA^- \overset{K_{a2}}{\rightleftharpoons} H^+ + A^{2-}$$

$$K_{a2}=\frac{[H^+][A^{2-}]}{[HA^-]} \tag{5-16}$$

溶剂对二元酸自由分子的物理萃取平衡为

$$H_2A \overset{K_d}{\rightleftharpoons} \overline{H_2A}$$

$$K_d=\frac{[\overline{H_2A}]}{[H_2A]} \tag{5-17}$$

萃取平衡分配系数 D 的公式则为

$$D=\frac{[\overline{H_2A}]}{[H_2A]+[HA^-]+[A^{2-}]}=\frac{K_d}{1+10^{pH-pK_{a1}}+10^{2pH-pK_{a1}-pK_{a2}}} \tag{5-18}$$

对于弱碱，随着 pH 值的减小，弱碱自由分子与氢离子发生缔合的程度增大，分配系数随之下降。例如，一元有机胺 RNH_2 的解离平衡可以表示为

$$RNH_3^+ \overset{K_a}{\rightleftharpoons} H^+ + RNH_2$$

$$K_a=\frac{[H^+][RNH_2]}{[RNH_3^+]} \tag{5-19}$$

溶剂对一元有机胺自由分子的物理萃取平衡为

$$RNH_2 \overset{K_d}{\rightleftharpoons} \overline{RNH_2}$$

$$K_d=\frac{[\overline{RNH_2}]}{[RNH_2]} \tag{5-20}$$

萃取平衡分配系数 D 的公式则为

$$D=\frac{[\overline{RNH_2}]}{[RNH_3^+]+[RNH_2]}=\frac{K_d}{1+10^{pK_a-pH}} \tag{5-21}$$

对于一些具有两性官能团的有机化合物，如 8-羟基喹啉、对氨基酚等，兼有弱酸及弱碱的两性行为。随着 pH 值的增大，分配系数会出现峰值。例如，具有两性官能团的有机化合物的解离平衡可以表示为

$$H_2A^+ \overset{K_{a1}}{\rightleftharpoons} H^+ + HA$$

$$K_{a1}=\frac{[H^+][HA]}{[H_2A^+]} \tag{5-22}$$

$$\mathrm{HA} \xrightleftharpoons{K_{a2}} \mathrm{H^+} + \mathrm{A^-}$$

$$K_{a2} = \frac{[\mathrm{H^+}][\mathrm{A^-}]}{[\mathrm{HA}]} \tag{5-23}$$

溶剂对具有两性官能团的有机化合物的物理萃取平衡为

$$\mathrm{HA} \xrightleftharpoons{K_d} \overline{\mathrm{HA}}$$

$$K_d = \frac{[\overline{\mathrm{HA}}]}{[\mathrm{HA}]} \tag{5-24}$$

萃取平衡分配系数 D 的公式则为

$$D = \frac{[\overline{\mathrm{HA}}]}{[\mathrm{H_2A^+}] + [\mathrm{HA}] + [\mathrm{A^-}]} = \frac{K_d}{1 + 10^{\mathrm{p}K_{a1} - \mathrm{pH}} + 10^{\mathrm{pH} - \mathrm{p}K_{a2}}} \tag{5-25}$$

图 5-1 给出了 8-羟基喹啉在氯仿-水体系中的相平衡分配系数与 pH 值的关系[1]。其中，K_d为 720，K_{a1}为 8×10^{-6}，K_{a2}为 1.4×10^{-10}。

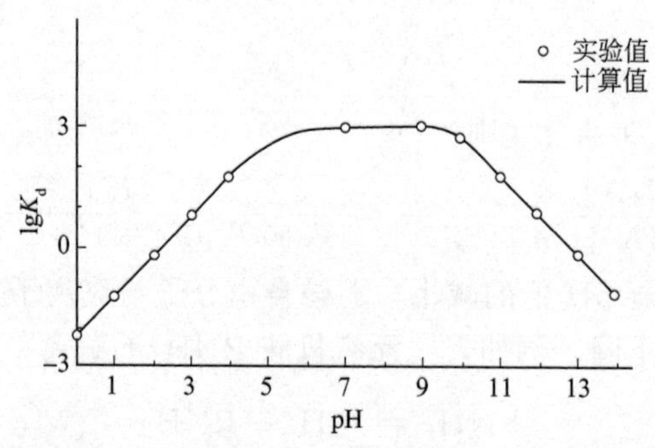

图 5-1　8-羟基喹啉在氯仿-水体系中的相平衡分配系数与 pH 值的关系[1]

5.1.3　萃取相溶质自缔合的萃取相平衡

在有机相中，尤其是在非极性有机溶剂环境中，一些有机弱酸由于分子间的氢键作用，会形成自缔合。然而，在水相中由于溶质与水的氢键作用，溶质主要是以单体形式存在的。例如，当一元酸 HA 可在有机相形成二聚体时

$$2\,\overline{\mathrm{HA}} \xrightleftharpoons{K_{dim}} \overline{(\mathrm{HA})_2}$$

$$K_{dim} = \frac{[\overline{(\mathrm{HA})_2}]}{[\overline{\mathrm{HA}}]^2} \tag{5-26}$$

溶剂对一元酸自由分子的物理萃取平衡为

$$\mathrm{HA} \xrightleftharpoons{K_d} \overline{\mathrm{HA}}$$

$$K_d = \frac{[\overline{\mathrm{HA}}]}{[\mathrm{HA}]} \tag{5-13}$$

萃取平衡分配系数 D 的公式则为

$$D=\frac{[\overline{HA}]+2[\overline{(HA)_2}]}{[HA]+[A^-]}=\frac{K_d(1+2K_dK_{dim}[HA])}{1+10^{pH-pK_a}} \tag{5-27}$$

表 5-1 给出了乙酸在各种有机溶剂中的二聚常数 K_{dim}[1]。十分明显，溶剂中的二聚常数排列按己烷＞四氯化碳＞苯＞氯仿＞硝基苯＞醚类的次序递减。如果溶质与溶剂之间容易形成氢键，就会明显阻碍溶质间的自缔合。

表 5-1　乙酸在各种有机溶剂（以水饱和）中的二聚常数（25℃）[1]

溶剂	K_{dim}	溶剂	K_{dim}
己烷	854	四氯化碳	483
苯	167	氯仿	11.0
硝基苯	7.35	异丙醚	0.67
乙醚	0.36		

图 5-2 给出乙酸、丙酸及丁酸在四氯化碳和水之间的分配与水溶液中羧酸分子（HA）浓度的关系[1]。图中的实线为两条渐进线，代表 $\lg D=\lg K_d$ 和 $\lg D=\lg 2K_d^2K_{dim}+\lg[HA]$。可以看出，在四氯化碳这样的非极性溶剂的环境中，有机羧酸确实呈现出二聚体的存在形式，特别是在水溶液中自由羧酸分子（HA）浓度较高的区域，即自由羧酸分子（HA）有机相总浓度较高的区域，实验数据点几乎贴近渐近线 $\lg D=\lg 2K_d^2K_{dim}+\lg[HA]$，有机相的有机羧酸主要以二聚体的形式存在。随着［HA］的降低，自由羧酸分子有机相的总浓度亦降低，有机相中有机羧酸以二聚体存在的比例有所下降，以 $\lg D$ 对 $\lg[HA]$ 作图的斜率会比 1 略微减小一些。

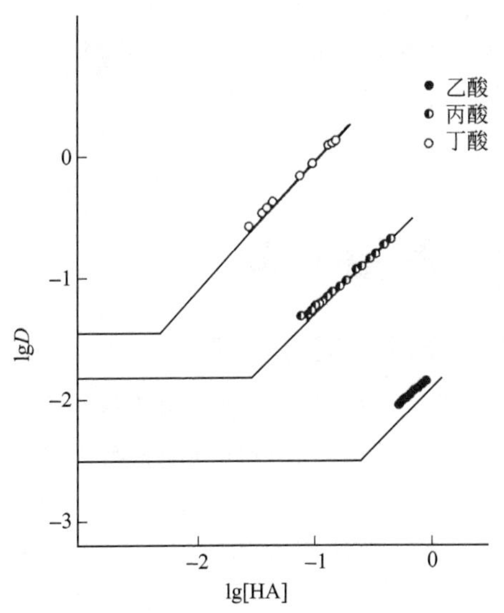

图 5-2　有机羧酸在四氯化碳和水之间的分配与水溶液中羧酸分子浓度的关系[1]

5.1.4 混合溶剂物理萃取的相平衡

一般情况下，在混合型物理溶剂萃取体系中，待分离溶质的分配系数与物理溶剂的组成比例之间几乎存在线性关系，即符合简单的加和性。然而，对于一些物理溶剂萃取体系却存在溶质的分配系数与物理溶剂的组成比例之间的非线性关系。例如，在二异丁基酮（DIBK）-苯-异佛乐酮-水萃取体系中，当DIBK在混合萃取剂中的摩尔分数达到0.3～0.5时，异佛乐酮的分配的系数D出现了最大值，如图5-3所示[2]。相似的结果也出现在异丙醚-醋酸丁酯或异丙醚-正辛醇萃取苯酚水溶液体系中[3]，如图5-4所示。由此可见，对于一些物理溶剂萃取体系，混合型物理溶剂存在着一个最佳组成。最佳配比的混合溶剂可以对溶质提供相对较高的分配系数。

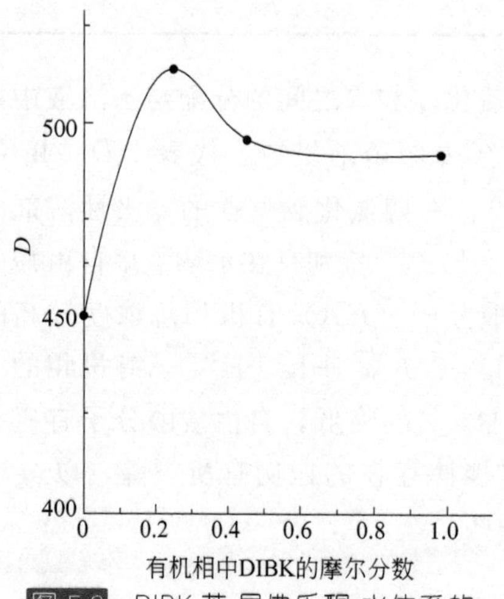

图5-3 DIBK-苯-异佛乐酮-水体系的平衡分配系数与有机相DIBK摩尔分数的关系[2]

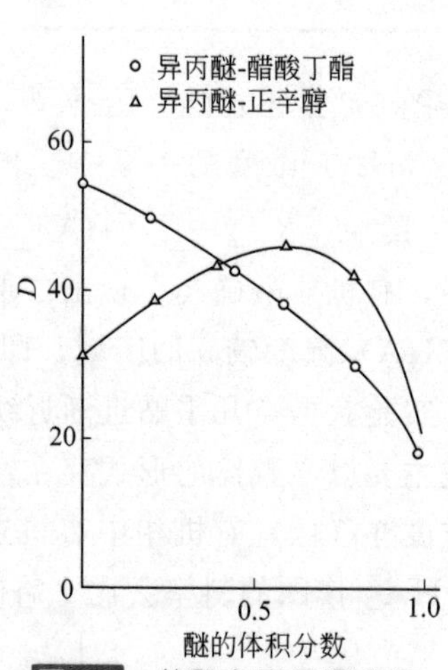

图5-4 苯酚在不同混合溶剂和水之间的平衡分配系数和溶剂组成之间的关系[3]

5.2 化学萃取的相平衡

5.2.1 化学萃取相平衡的一般性描述

化学萃取即伴有化学反应的萃取过程。由于被萃取物质在料液相和萃取相中的形态不一致，因此，相平衡的分析和分配系数的计算，必须考虑萃取反应平衡方程式。

以磷酸三丁酯（TBP）-煤油萃取醋酸（CH_3COOH）稀溶液为例，萃取反应平衡方程式为：

$$CH_3COOH + \overline{TBP} \overset{K}{\rightleftharpoons} \overline{CH_3COOH \cdot TBP} \tag{5-28}$$

式中，未带上划线的表示料液相中的各组分；带有上划线的表示萃取相中的各组分。如果以下标 1、2 和 3 分别代表 CH_3COOH、$\overline{TBP}$和$\overline{CH_3COOH \cdot TBP}$三种组分，各组分物质的量增量的关系为：

$$-dn_1 = -dn_2 = dn_3 \tag{5-29}$$

根据热力学基本原理，在等温等压的条件下，当两相达到平衡时，体系中 Gibbs 自由能变化应为零，即

$$dG = 0 \tag{5-30}$$

按照 Gibbs-Duhem 定律，可以得出：

$$\sum n_i d\mu_i = 0 \tag{5-31}$$

式中，n_i 是体系中组分 i 的物质的量；μ_i 是组分 i 的化学位。由式（5-30）和式（5-31），很容易导出：

$$\sum \mu_i dn_i = 0 \tag{5-32}$$

将式（5-29）代入式（5-32）中可以得出：

$$\mu_3 - \mu_1 - \mu_2 = 0 \tag{5-33}$$

式中

$$\begin{aligned} &\mu_1 = \mu_1^0(T) + RT\ln a_1 \quad \mu_2 = \mu_2^0(T) + RT\ln a_2 \\ &\mu_3 = \mu_3^0(T) + RT\ln a_3 \end{aligned} \tag{5-34}$$

即

$$\begin{aligned} \Delta G = \mu_3^0(T) + RT\ln a_3 - \mu_1^0(T) - RT\ln a_1 \\ - \mu_2^0(T) - RT\ln a_2 = 0 \end{aligned} \tag{5-35}$$

式（5-34）和式（5-35）中 μ^0 是各组分相应的标准生成自由能。这样，萃取热力学平衡常数 K 可以用相应的活度表示。故 TBP 萃取 CH_3COOH 的热力学平衡常数为：

$$K = \frac{a_3}{a_1 a_2} \tag{5-36}$$

萃取反应过程中标准生成自由能的变化可以由下式求出：

$$\Delta G^0 = \mu_3^0(T) - \mu_1^0(T) - \mu_2^0(T) = -RT\ln K \tag{5-37}$$

热力学平衡常数 K 在一定条件下保持定值，具有预测功能。只要有通过少量实验测出的各组分的平衡浓度以及测出或计算出的组分的活度系数，就可以得到萃取热力学平衡常数，从而预测其他条件下的萃取平衡。严格地说，萃取分配系数 D 和以浓度表示的表观萃取平衡常数的数值是随体系条件的变化而改变的。许多研究者在探究有机物稀溶液萃取分离的规律时，做出稀溶液条件下各组分的浓度与相应的活度成正比的假设，这样就明显扩大了表观萃取平

衡常数 K 的使用范围。实践表明，在稀溶液萃取分离中使用这一假设造成的偏差是不大的。对于磷酸三丁酯（TBP）-煤油萃取醋酸（CH_3COOH）稀溶液体系，其表观萃取平衡常数 K 的表达式为：

$$K=\frac{[\overline{CH_3COOH \cdot TBP}]}{[CH_3COOH][\overline{TBP}]} \tag{5-38}$$

再如，以磷酸三丁酯（TBP)-煤油萃取 $UO_2(NO_3)_2$ 为例，萃取反应平衡方程式为：

$$UO_2^{2+}+2NO_3^-+2\,\overline{TBP} \rightleftharpoons \overline{UO_2(NO_3)_2 \cdot 2TBP} \tag{5-39}$$

式中，未带上划线的表示料液相中的各组分；带有上划线的表示萃取相中的各组分。如果以下标 1～4 分别代表 UO_2^{2+}、NO_3^-、$\overline{TBP}$和$\overline{UO_2(NO_3)_2 \cdot 2TBP}$ 四种组分，各组分物质的量增量的关系为：

$$-dn_1=-0.5dn_2=-0.5dn_3=dn_4 \tag{5-40}$$

将式（5-40）代入式（5-32）中可以得出：

$$\mu_4-\mu_1-2\mu_2-2\mu_3=0 \tag{5-41}$$

式中

$$\begin{aligned}\mu_1=\mu_1^0(T)+RT\ln a_1 \qquad \mu_2=\mu_2^0(T)+RT\ln a_2\\ \mu_3=\mu_3^0(T)+RT\ln a_3 \qquad \mu_4=\mu_4^0(T)+RT\ln a_4\end{aligned} \tag{5-42}$$

即

$$\begin{aligned}\Delta G=&\mu_4^0(T)+RT\ln a_4-\mu_1^0(T)-RT\ln a_1-2\mu_2^0(T)\\ &-RT\ln a_2^2-2\mu_3^0(T)-RT\ln a_3^2=0\end{aligned} \tag{5-43}$$

式（5-42）和式（5-43）中 μ^0 是各组分相应的标准生成自由能。萃取热力学平衡常数 K 可以用相应的活度表示。在热力学中，习惯上对非电解质溶液采用摩尔分数 x 为浓度单位，以 f 表示活度系数，以纯态为参考态。对电解质溶液采用质量摩尔浓度 m 为浓度单位，以γ表示活度系数，以无限稀释为参考态。如果采用其他的浓度标度和与其相对应的活度系数，浓度标度和活度系数间的转换公式可参考有关文献。故 TBP 萃取 $UO_2(NO_3)_2$ 的热力学平衡常数为：

$$K=\frac{a_4}{a_1a_2^2a_3^2}=\frac{x_4f_4}{m_1m_2^2\gamma_\pm^3x_3^2f_3^2} \tag{5-44}$$

式中，$\gamma_\pm$ 为平均离子活度系数，$\gamma_\pm^\nu=\gamma_+^{\nu_+}\gamma_-^{\nu_-}$；$\gamma_+$ 和 γ_- 分别为正、负离子的活度系数；ν_+ 和 ν_- 分别是 1mol 电解质在水中解离得到的正、负离子的物质的量。$\nu=\nu_++\nu_-$。

萃取反应过程中标准生成自由能的变化可以由式（5-45）求出：

$$\Delta G^0=\mu_4^0(T)-\mu_1^0(T)-2\mu_2^0(T)-2\mu_3^0(T)=-RT\ln K \tag{5-45}$$

5.2.2 萃合物化学组成的确定

十分明显，求取萃取热力学平衡常数或表观萃取平衡常数，都必须确定萃取平衡反应方程式。此处的关键问题是确定被萃取物质在萃取相中的形态，即反应萃合物的组成。常用确定萃合物组成的方法有斜率法、等摩尔系列法等。

（1）斜率法　是用于确定萃合物组成的一种常用方法。通过实验做出平衡分配系数与萃取体系中某一组分浓度之间的双对数关系线，求算直线的斜率，即可得出反应萃取平衡方程式中的该组分的系数值。仍以 TBP 萃取 CH_3COOH 稀溶液为例，假设醋酸和磷酸三丁酯形成的萃合物的萃合比为 1∶n，则萃取平衡方程式为：

$$CH_3COOH + n\,\overline{TBP} = \overline{CH_3COOH \cdot nTBP} \tag{5-46}$$

表观萃取平衡常数可以写为：

$$K = \frac{[\overline{CH_3COOH \cdot nTBP}]}{[CH_3COOH][\overline{TBP}]^n} \tag{5-47}$$

TBP 萃取 CH_3COOH 稀溶液的萃取平衡分配系数可以表示为：

$$\begin{aligned} D &= \frac{[\overline{CH_3COOH \cdot nTBP}]}{[CH_3COOH] + [CH_3COO^-]} = \frac{[\overline{CH_3COOH \cdot nTBP}]}{[CH_3COOH](1+10^{pH-pK_a})} \\ &= \frac{K[\overline{TBP}]^n}{(1+10^{pH-pK_a})} \end{aligned} \tag{5-48}$$

通过实验可以测定 TBP 萃取 CH_3COOH 稀溶液的萃取平衡分配系数 D 值和 TBP 的平衡浓度。对于醋酸稀溶液，可以假设萃取过程中自由 TBP 浓度保持不变。这样可以得出：

$$\lg D = n\lg[\overline{TBP}] + 常数 \tag{5-49}$$

改变不同的 TBP 浓度，利用萃取实验结果做 $\lg D$ 对 $\lg[\overline{TBP}]$ 的图线。实验证明，所得直线的斜率约为 1，说明生成的萃合物组成应为 1∶1，即为 $\overline{CH_3COOH \cdot TBP}$，萃取反应平衡方程式确实应按式（5-28）进行描述。

（2）等摩尔系列法　也可以用来确定萃取平衡中的萃合物的组成。假定萃取过程中按下述反应形成萃合物：

$$mHA + n\overline{B} = \overline{(HA)_m B_n} \tag{5-50}$$

萃取平衡实验操作中一直使组分 HA 和 B 的总浓度保持常数，即 $[HA] + [\overline{B}] =$ 常数，那么，当 $[HA]/[\overline{B}] = m/n$ 时，萃合物 $(HA)_m B_n$ 的浓度会出现最大值。设计一组实验，保持 HA 和 B 的原始浓度之和为常数，但连续改变 HA 和 B 的浓度比例，测定萃取平衡条件下的萃合物的浓度。将萃合物浓度对 HA 和 B 浓度比例作图，获得一条具有峰值的曲线。从萃合物浓度为最大值处的 HA 和 B 浓度比例可以确定萃合物的组成。

斜率法和等摩尔系列法是常用的简单处理方法。除此以外，还有饱和萃取法、饱和溶度法和红外光谱法等。判断萃合物组成是认识化学萃取过程的关键之一。在这一分析过程中，往往需要联合使用几种方法。

5.2.3 络合萃取相平衡的质量作用定律分析方法

对络合萃取相平衡的描述中，许多研究者做出稀溶液条件下各组分的浓度与相应的活度成正比的假设，采用了质量作用定律分析方法。

在以往的文献报道中[4]，通常假定络合萃取的反应过程发生在两相界面上。实际上，由于稀释剂极性的差异以及稀释剂和络合剂之间的相互作用情况的不同，络合萃取的反应过程有可能发生在有机相本体中。以下以发生界面反应为例介绍计算模型。

建立界面发生反应的络合萃取模型需要做出如下的模型假设：

① 待分离溶质及其萃合物的活度正比于其浓度；

② 认为萃取过程中待分离溶质（以 HA 表示）与络合剂（以 B 表示）生成（n∶1）（$n\geqslant 1$）型萃合物，对于一些多官能团有机物还有可能生成（1∶2）、（1∶3）型萃合物；

③（n∶1）型萃合物是由［（$n-1$）∶1］型萃合物与待分离溶质缔合生成的，（1∶2）、（1∶3）型萃合物是由（1∶1）型萃合物与络合剂缔合生成的；

④考虑稀释剂对溶质的物理萃取作用，络合萃取作用与物理萃取作用符合简单加和性；

⑤ 待分离溶质与络合剂之间的化学反应发生在界面上。

采用质量作用定律分析方法描述萃取平衡模型时，考虑如下平衡：

溶质的解离平衡：

$$\mathrm{HA} \xrightleftharpoons{K_a} \mathrm{H^+} + \mathrm{A^-}$$

$$K_a = \frac{[\mathrm{H^+}][\mathrm{A^-}]}{[\mathrm{HA}]} \tag{5-51}$$

稀释剂对溶质的物理萃取：

$$\mathrm{HA} \xrightleftharpoons{m} \overline{\mathrm{HA}}$$

$$m = \frac{[\overline{\mathrm{HA}}]}{[\mathrm{HA}]} \tag{5-52}$$

考虑络合剂与溶质之间的化学反应：

$$\overline{\mathrm{B}} + \mathrm{HA} \xrightleftharpoons{K_{11}} \overline{\mathrm{B \cdot HA}} \tag{5-53}$$

$$\vdots$$

$$\overline{\mathrm{B \cdot (HA)}_{n-1}} + \mathrm{HA} \xrightleftharpoons{K_{n1}} \overline{\mathrm{B \cdot (HA)}_{n}} \tag{5-54}$$

$$\overline{\mathrm{B \cdot HA}} + \overline{\mathrm{B}} \xrightleftharpoons{K_{12}} \overline{\mathrm{B_2 \cdot HA}} \tag{5-55}$$

$$\overline{\mathrm{B_2 \cdot HA}} + \overline{\mathrm{B}} \xrightleftharpoons{K_{13}} \overline{\mathrm{B_3 \cdot HA}} \tag{5-56}$$

带有上划线的表示萃取相中的组分。因此，体系中萃取相溶质总浓度 c_{org} 可以表示为：

$$
\begin{aligned}
c_{org}-[\overline{HA}]=&[\overline{B\cdot HA}]+\cdots+n[\overline{B\cdot(HA)_n}]+\\
&[\overline{B_2\cdot HA}]+[\overline{B_3\cdot HA}]\\
=&K_{11}[\overline{B}][HA]+\cdots+nK_{11}K_{21}\cdots\\
&K_{n1}[\overline{B}][HA]^n+K_{11}K_{12}[\overline{B}]^2[HA]+\\
&K_{11}K_{12}K_{13}[\overline{B}]^3[HA]
\end{aligned}
\tag{5-57}
$$

同时：

$$
\begin{aligned}
B_0-[\overline{B}]=&[\overline{B\cdot HA}]+\cdots+[\overline{B\cdot(HA)_n}]\\
&+2[\overline{B_2\cdot HA}]+3[\overline{B_3\cdot HA}]\\
=&K_{11}[\overline{B}][HA]+\cdots+K_{11}K_{21}\cdots K_{n1}[\overline{B}][HA]^n\\
&+2K_{11}K_{12}[\overline{B}]^2[HA]+3K_{11}K_{12}K_{13}[\overline{B}]^3[HA]
\end{aligned}
\tag{5-58}
$$

式中，B_0表示有机相中络合剂的初始浓度。将络合剂的负载率记为 Z：

$$
Z=\frac{c_{org}-[\overline{HA}]}{B_0}
\tag{5-59}
$$

根据式（5-51）～式（5-58），利用实验数据采用多元非线性回归方法可以拟合出 K_{11}、K_{21}、…、K_{n1}、K_{12}和 K_{13}。

一般而言，当络合剂的负载率 $Z<1$ 时，生成的萃合物以（1∶1）型萃合物为主[5]。可以明显看出，络合萃取剂 B 萃取 HA 稀溶液的平衡分配系数 D 值的表达式为：

$$
D=\frac{[\overline{B\cdot HA}]+[\overline{HA}]}{[HA]+[A^-]}=\frac{B_0K_{11}}{(1+K_{11}[HA])(1+10^{pH-pK_a})}+\frac{\phi m}{1+10^{pH-pK_a}}
\tag{5-60}
$$

式中，m 为稀释剂对溶质的物理萃取分配系数；ϕ 为有机相中稀释剂的体积分数。

5.3 萃取相平衡的图示方法

溶质在液-液两相之间的平衡关系是萃取过程的热力学基础，它决定着过程的方向、推动力和过程可能达到的分离程度。了解并表征溶质的液液平衡关系是理解与掌握萃取过程的基本条件。

液液相平衡存在两种情况：①萃取溶剂与料液相完全不互溶；②萃取溶剂与料液相部分互溶。由于液-液萃取体系至少涉及三个组分，实验测定的平衡分配数据一般采用三元相图表示，既可用等边三角形坐标相图，也可用直角三角形坐标相图。对于两个基本上互不相溶的液相体系，萃取平衡线可以采用一般直角坐标的 McCabe-Thiele 图表述。

5.3.1 完全不互溶体系直角坐标图

溶质A在液-液两相体系中分配，萃取溶剂S与料液相溶剂B完全不互溶，溶质A在两液相中的平衡关系可以用直角坐标表示。直角坐标中的横坐标表示被萃取组分A在料液相中的平衡浓度x，直角坐标中的纵坐标表示被萃取组分A在萃取相中的平衡浓度y，浓度单位可以是质量分数、摩尔分数或物质的量浓度。

首先，在一定温度下通过实验测定一系列萃取平衡时的两相溶质浓度，根据其中任一组实验数据，均可以确定直角坐标图中相应的纵坐标和横坐标的数值，直角坐标平面上的相应点就表示一个平衡点，把一系列处于平衡状态的两相溶质浓度值标绘到直角坐标图上得到一系列平衡点，连接平衡点可以得出相应的萃取平衡分配曲线，即萃取平衡线，也称作萃取等温线，如图5-5所示。在一般情况下，直角坐标图上表示的萃取平衡线是一条曲线。当分配系数D为常数时，萃取平衡线为一条直线。对于不互溶或基本上不互溶的两相萃取体系，用直角坐标图表示相平衡关系比较方便。

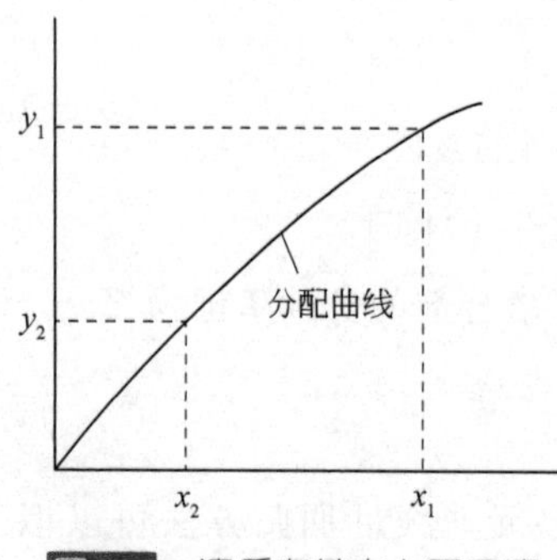

图5-5 溶质在基本上不互溶两相间的平衡关系

5.3.2 三角形相图

当萃取溶剂与料液相溶剂部分互溶时，萃取时的两相均为溶质A、料液相溶剂B、萃取溶剂S的三组分溶液，表示溶液的组成需要用三角形图表示。

通常用等边三角形和直角三角形坐标图来表示三组分混合物的组成，直角三角形又可以用等腰直角三角形和不等边直角三角形（图5-6）。其中，等腰直角三角形两边的比例尺度相同，使用起来较为方便。但当绘制的相图中，各方

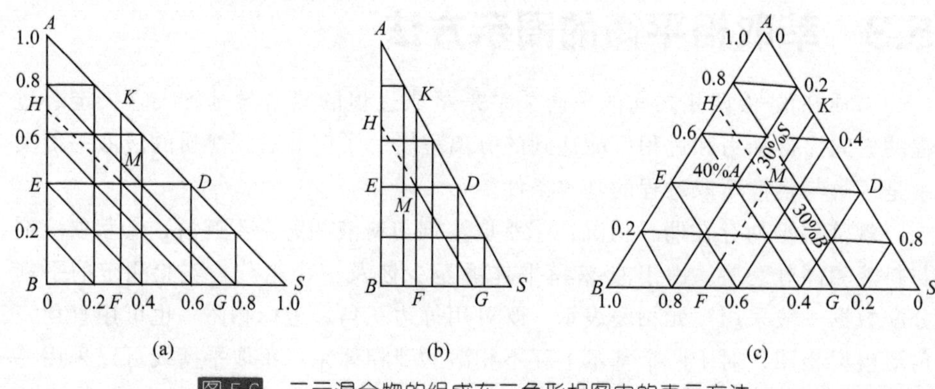

图5-6 三元混合物的组成在三角形相图中的表示方法

向的图线密集程度不一样时，可以用不等边直角三角形将一边刻度放大，以便作图和读数。

5.3.2.1 三角形相图中的组成表示法

在三角形坐标图中（见图 5-6），均以 A 表示溶质，以 B 表示料液相溶剂，以 S 表示萃取溶剂。三角形中每一个点表示一个组成一定的混合物。三角形 3 个顶点分别表示各个纯组分。A 点表示纯组分 A，其他两组分的含量为零，B 点表示纯料液相溶剂 B，S 点表示纯萃取溶剂 S。在三角形相图的边上任一点代表一个二元混合物的组成，例如，AB 边上的 E 点，表示该混合液只含有 A，B 两个组分，不含萃取剂 S，BS 边上的点则表示只含有 B 和 S 两个组分。混合液中两组分的含量用其状态点离三角形顶点的相对距离表示，可以直接由图中读出。例如，图上 E 点所表示的混合液含 A 与 B 的质量分数 x_A、x_B 为

$$x_A=\overline{EB}=0.4,\ x_B=\overline{EA}=0.6$$

$$x_A+x_B=\overline{EB}+\overline{EA}=0.4+0.6=1$$

此处上划线代表线段长度，如$\overline{EB}$代表线段 EB 长度。从图上看出，E 点靠近 B 点，所以 B 的含量多。

三角形内的任一点表示一定组成的三元混合物，例如，图 5-6 中 M 点所代表的混合物中各组分的组成分别为 x_A、x_B、x_S（质量分数）。过 M 点作 3 个边的平行线 FK、GH 与 ED。因为在位于与 AB 边平行的 FK 上的混合液中萃取剂 S 的组成均相等，从图中看出 S 的组成为 0.3。同理，位于 GH 线上的混合物中组分 B 的组成均为 0.3，ED 线上的混合物中组分 A 的组成均为 0.4。直线 ED，FK 与 GH 均通过 M 点，故 M 点所表示的三元混合物的组成 x_A，x_B 和 x_S 为

$$x_A=0.4,\ x_B=0.3,\ x_S=0.3$$

$$x_A+x_B+x_S=0.4+0.3+0.3=1$$

当使用直角三角形坐标图表示上述混合液时，从图 5-6（a）、(b）可以看出，M 点的横坐标即表示萃取剂 S 的质量分数 $x_S=0.3$，M 点的纵坐标表示溶质 A 的质量分数 $x_A=0.4$，而 $x_B=1-x_A-x_S=1-(0.4+0.3)=0.3$。可见用直角三角形图，比较方便。

5.3.2.2 杠杆法则

在萃取操作计算时，常常利用杠杆法则。杠杆法则说明，当两个混合物 C 和 D 形成一个新的混合物 M 时，或者当一个混合物 M 分离为 C 和 D 两个混合物时，其质量与组成间的关系。杠杆法则可以表述为：①当混合液 C 与 D 加合成混合液 M 时，代表混合液 C、D 和 M 的点在一条直线上，如图 5-7 所示，在三角形坐标图中，混合液 C 和 D 的位置可以根据其组成在图中确定，

加和成的混合物 M 在 C 和 D 点的连线上，M 点称为 C 点和 D 点的和点，而 C 点是 M 点与 D 点的差点，D 点是 M 点与 C 点的差点；②M 点的位置取决于混合液 D 与 C 的量，混合液 D 和 C 的量与线段 MD 和 MC 的长度成反比：

$$\frac{m_D}{m_C}=\frac{\overline{CM}}{\overline{MD}} \tag{5-61}$$

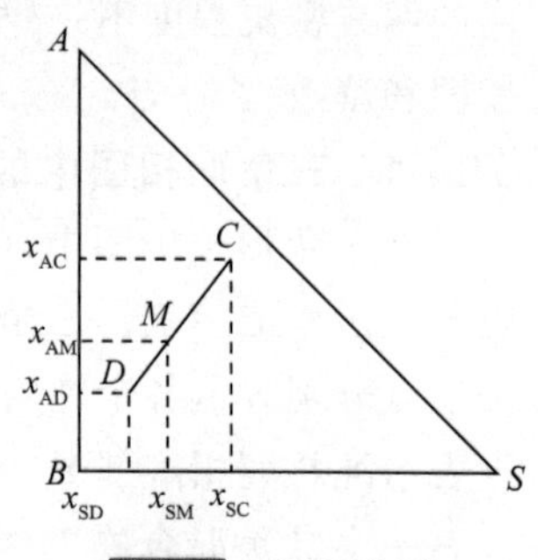

图 5-7 杠杆法则

式中，m_D、m_C 分别代表混合液 D 和混合液 C 的质量，$\overline{CM}$，$\overline{MD}$ 分别代表图中线段 CM 和 MD 的长度。

杠杆法则是物料衡算的图解方法，可以通过物料衡算关系导出。设图 5-7 中混合物 C 的组成为 x_{AC}、x_{BC}、x_{SC}；混合物 D 的组成为 x_{AD}、x_{BD}、x_{SD}；混合物 M 的组成为 x_{AM}、x_{BM}、x_{SM}。m_C、m_D、m_M 分别表示各混合物的质量。

总物料衡算：

$$m_C+m_D=m_M \tag{5-62}$$

A 组分的衡算：

$$m_C x_{AC}+mDx_{AD}=m_M x_{AM} \tag{5-63}$$

将式（5-62）代入式（5-63），整理后得

$$m_C(x_{AC}-x_{AM})=m_D(x_{AM}-x_{AD}) \tag{5-64}$$

S 组分的衡算：

$$m_C x_{SC}+m_D x_{SD}=m_M x_{SM} \tag{5-65}$$

将式（5-62）代入式（5-65）得

$$m_C(x_{SC}-x_{SM})=m_D(x_{SM}-x_{SD}) \tag{5-66}$$

将式（5-64）除以式（5-66）得

$$\frac{x_{AC}-x_{AM}}{x_{SC}-x_{SM}}=\frac{x_{AM}-x_{AD}}{x_{SM}-x_{SD}} \tag{5-67}$$

由图 5-7 可知，式（5-67）为直线方程（两点式），点 C，M，D 在同一条直线上：

$$\frac{m_D}{m_C}=\frac{x_{AC}-x_{AM}}{x_{AM}-x_{AD}}=\frac{\overline{CM}}{\overline{MD}}$$

上式即杠杆法则表示式。

5.3.2.3 液液平衡关系在三角形相图上的表示法[6]

对于料液相溶剂 B 与萃取溶剂 S 部分互溶的三元混合物，按其组分间的互溶度的不同，可以分为两类物系。

第Ⅰ类物系：溶质 A 可溶于料液相溶剂 B 与萃取溶剂 S 中，但料液相溶剂 B 与萃取溶剂 S 部分互溶。第Ⅰ类物系在萃取操作中较为普遍。

第Ⅱ类物系：溶质 A 与料液相溶剂 B 互溶，料液相溶剂 B 与萃取溶剂 S、溶质 A 与萃取溶剂 S 部分互溶。

（1）溶解度曲线与连接线　图 5-8 是第Ⅰ类物系的一定温度下的典型平衡相图。图中的曲线 *DNPLE* 将三角形相图分为两个区：曲线上部为均相区，曲线下部为两相区，曲线 *DNPLE* 称为溶解度曲线（或双结点溶解度曲线）。总组成为 *M* 的混合液位于溶解度曲线下方的两相区，该混合液以相互平衡的两个液相存在，两液相的状态（组成）可用溶解度曲线上的 *N* 点与 *L* 点来表示。N 相与 L 相称为共轭相，连接 *N* 和 *L* 两点所得的直线称为连接线。

溶解度曲线可以通过实验测定。例如，在恒温下，将一定量的料液相溶剂 B 和萃取溶剂 S 加到试瓶中，此混合物组成如图 5-9 上 *d* 点所示，将其充分混合，两相达平衡后静置分层，两层的组成可由图中点 *D* 和点 *Q* 表示。然后在瓶中滴加少许溶质 A，此时瓶中总物料的状态点为 M_1，经充分混合，两相达到平衡后静置分层，分析两层的组成，得到 E_1 和 R_1 两个液相的组成，E_1 和 R_1 为一对呈平衡状态的共轭相。然后再加入少量溶质 A，进行同样的操作可以得到 E_2 与 R_2、E_3 与 R_3 等若干对共轭相，当加入 A 的量使混合液恰好变为均相，其组成用 *P* 来表示。此点称为混溶点或称分层点。将代表诸平衡液层的状态点 D，R_1，R_2，R_3，P，E_3，E_2，E_1，Q 连接起来的曲线即为此体系在该温度下的溶解度曲线。

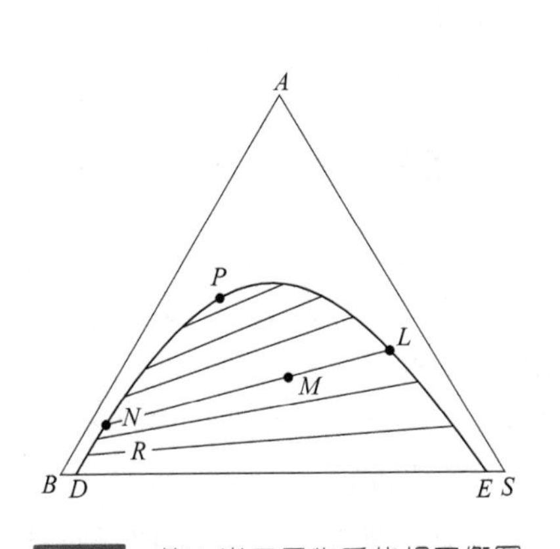

图 5-8　第Ⅰ类三元物系的相平衡图

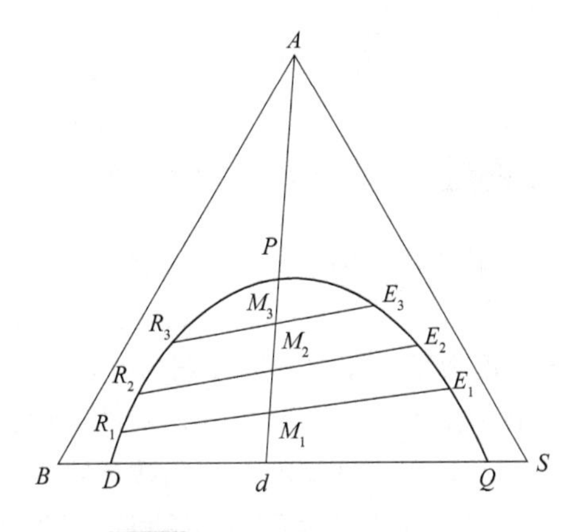

图 5-9　溶解度曲线与连接线

通常连接线都是互不平行的，各条连接线的斜率随混合液组成的变化而变化。一般情况下，各连接线是按同一方向缓慢地改变其斜率。也有少数体系，混合液组成改变时，连接线斜率改变较大，能由正到负，在某一组成处连接线为水平线，斜率为零，例如，吡啶-氯苯-水体系就属于这种情况（图 5-10）。

(2) 辅助曲线与临界混溶点　在恒温下测定体系的溶解度时，通常测出的共轭相的对数（即图 5-9 的连接线数）是有限的，为了得到其他组成的液液平衡数据，可以应用内插法。通常利用若干对已知平衡数据绘制出一条辅助曲线，进而使用这种内插法。

辅助曲线的作法如图 5-11 所示。已知连接线 E_1R_1，E_2R_2，E_3R_3。从 E_1点作 AB 轴的平行线，从 R_1点作 BS 轴的平行线，得交点 F。同样从 E_2，E_3分别作纵轴的平行线，从 R_2，R_3分别作横轴的平行线，分别得到交点 G、H，连接各交点，所得的曲线 FGH 即为该溶解度曲线的辅助曲线。利用辅助曲线，可求任一平衡液相的共轭相。如求液相 R 的共轭相（如图 5-11 所示），自 R 作 BS 轴的平行线交辅助曲线于 J，自 J 作 AB 轴的平行线，交溶解度曲线于点 E，则 E 即为 R 的共轭相。

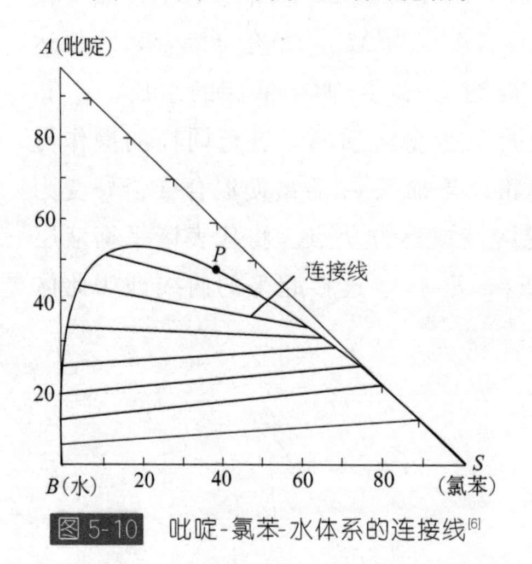

图 5-10　吡啶-氯苯-水体系的连接线[6]

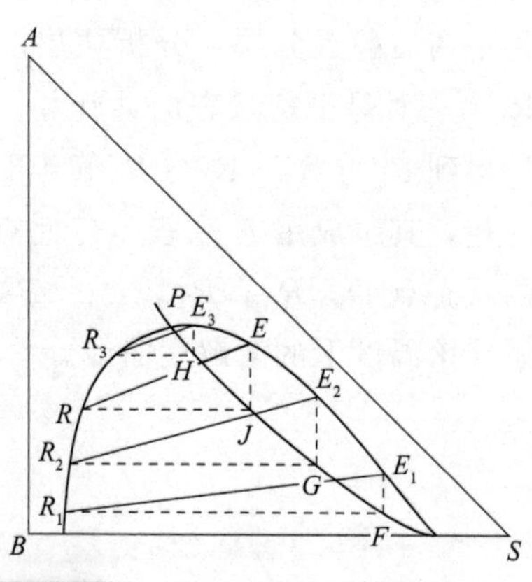

图 5-11　连接线的图解内插辅助曲线

显然，将辅助曲线延伸至与溶解度曲线相交，交点 P 所代表的平衡液相为共轭相，此点称为临界混溶点。P 点将溶解度曲线分成两部分，靠萃取溶剂 S 一侧为萃取相部分，靠料液相溶剂 B 一侧为料液相部分。临界混溶点一般并不在溶解度曲线的最高点，其准确位置较难确定，用辅助曲线外延求临界混溶点时，只有当已知的共轭相接近临界混溶点时才较为准确。

对于等边三角形相图，可以用类似的方法求辅助曲线，如图 5-12（a）所示。图 5-12（b）表示辅助曲线的另一种做法，这种方法与前述原则相同，只是画平行线时所依据的轴线不同而已。

对于第Ⅱ类物系，即有两对部分互溶组分的情况，溶解度曲线和连接线的作法与第Ⅰ类物系相似，图 5-13 所示的苯胺-正庚烷-甲基环己烷体系在 25℃时的相图，这一物系属于第Ⅱ类物系。图中 $GHDC$ 为溶解度曲线，图中的连接线表示萃取相与料液相的平衡组成之间的关系。

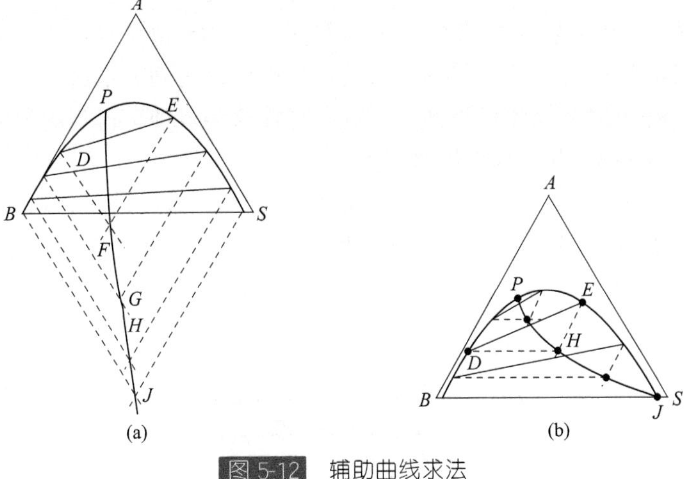

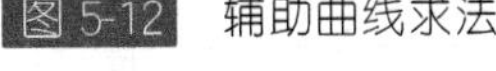
图 5-12 辅助曲线求法

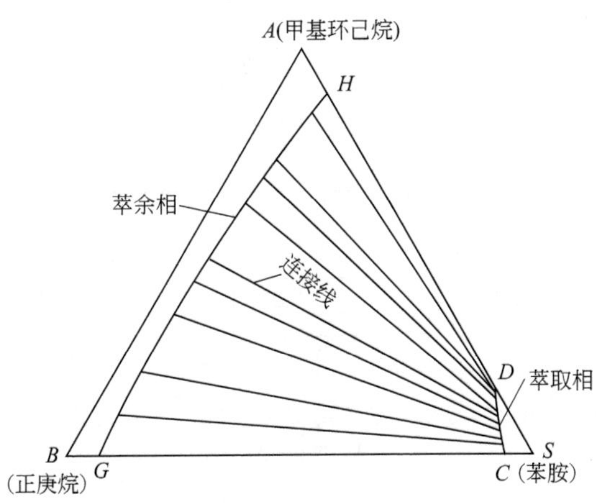

图 5-13 苯胺-正庚烷-甲基环己烷体系在 25℃的溶解度曲线与连接线[6]

5.3.2.4 液液相平衡在直角坐标上的表示法[6]

前已述及，对于萃取溶剂 S 与料液相溶剂 B 不互溶的体系可以用分配系数或直角坐标图上的分配曲线表示溶质 A 在两相间的平衡关系，对于萃取溶剂 S 与料液相溶剂 B 部分互溶的情况也可以用分配系数与分配曲线来表示。

由相律可知，三组分体系两液相平衡时，自由度为 3。当温度、压力一定时，自由度为 1，因此只要任一平衡液相中的任一组分的组成一定，其他组分的组成及其共轭相的组成就为确定值。也就是说在温度、压力一定的条件下，溶质在两液相间的平衡关系可表示为

$$y_A = f(x_A) \tag{5-68}$$

式（5-68）即为分配曲线的数学表达式，式中的 y_A 为溶质在萃取相中的质量分数，x_A 为溶质在料液相中的质量分数。

图 5-14 说明了由三角形相图的溶解度曲线绘出分配曲线的方法。如图 5-14 (a)所示，由共轭相的状态点 E 与 R 分别作 BS 边的平行线，即可确定在萃取相和料液相中溶质的组成 y_A 与 x_A，从而可以得到表示这一对平衡液相组成的点 D。每一对共轭相可得到一个点，连接这些点即可得到图示的分配曲线 ODG，曲线上的 G 点表示临界混溶点。

图 5-14（b)、(c）表示其他两种情况下的分配曲线。图 5-14（c）中分配曲线上的点 D 表示连接线为水平线，两共轭相中溶质组成相等的情况。

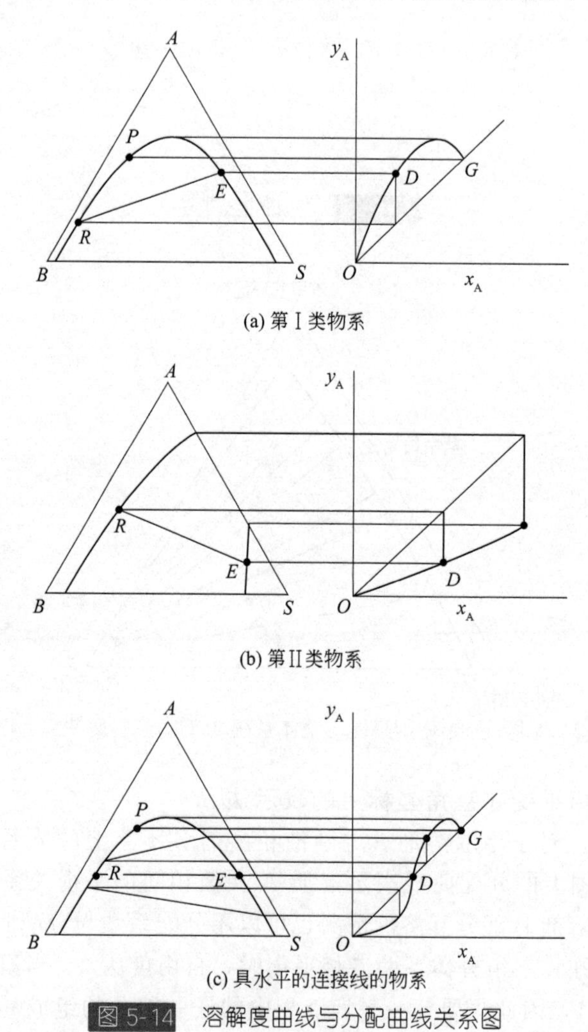

图 5-14 溶解度曲线与分配曲线关系图

5.4 萃取相平衡的模型预测方法

对于不同的液液萃取体系，已经发表了大量的相平衡实验数据。由前述的内容可知，实现萃取相平衡的模型化，建立预测方法，其核心内容是利用非电解质溶液理论及电解质溶液理论来预测或计算活度系数，从而计算萃取过程的热力学平衡常数及萃取平衡分配系数。

一般情况下，有机物萃取过程中的萃取相和料液相、金属萃取过程中的萃取相都属于非电解质溶液。非电解质溶液中组分活度系数的计算是十分重要的。工程中常用的非电解质活度系数的计算公式，如 NRTL 公式、UNIQUAC 公式、UNIFAC 公式等，均可用于萃取体系中的活度系数计算。这些公式本质上属于半经验公式，公式中包含若干需要由实验数据回归的特征参数。然而，这些公式可以从少量实验得到的参数出发，预测其他条件下的活度系数。这些活度系数计算公式在萃取过程的研究设计中是非常重要的。

NRTL（non-random two-liquid）公式是一种局部组成型的公式，是由 Renon 和 Prausnitz 在 1968 年提出的[7]。NRTL 公式应用局部浓度的概念和双流体理论，提出了过量自由能的表示式，并由此获得活度系数的计算式。二元体系的 NRTL 方程中有三个待定参数，而且可以从二元体系的数据预测多元体系的结果，它在石油化工体系的设计计算中有着广泛的应用，也可用于金属萃取体系。

UNIQUAC（universal quasi-chemical equations）模型是由 Prausnitz 等[8]于 1975 年提出的。这一计算模型是从似晶格模型和局部组成概念导出的，每个液体分子均有两个结构参数——体积参数和接触表面积参数，混合物的过量自由能则表示为组合项和剩余项的两部分之和，并由此导出活度系数的表达式。对于二元体系，UNIQUAC 公式只需要两个调节参数，它比 NRTL 公式简单，且关联效果更好。UNIQUAC 公式可以用于定量关联二元体系和三元体系的液液平衡数据，也可以从二元体系的数据预测多元体系的结果，并可以进行液液平衡数据的内插和外推。

在基团贡献法中，UNIFAC（universal functional group activity coefficients）方程是使用最为普遍的一种。UNIFAC 方程是在 UNIQUAC 公式的基础上提出的[9]，此后，Fredenslund 和 Gmehling 等又先后开展了大量的工作[10~12]。基团贡献法把分子拆分成基团，用基团的混合物表征分子的混合物，用基团间的相互作用代替分子间的相互作用。由于基团的种类仅有有限的几十种，这样的处理使分子活度系数的计算大为简化，可以根据少量的实验数据得到基团的特性参数，预测大量未知溶液的性质。UNIFAC 公式在石油化工萃取工艺计算和金属萃取工艺计算中得到了广泛应用。1993 年，Gmehling 等[13]发表了可以同时用于气液平衡和液液平衡计算的改进的 UNIFAC 公式和参数，明显推动了这一方法的应用。

在金属萃取体系中，料液相一般为电解质水溶液，因此，电解质水溶液离子活度系数的计算是金属萃取热力学的主要研究内容之一。目前，国内外经常采用的电解质水溶液中离子活度系数的计算公式是 Pitzer 公式[14,15]。Pitzer 公式属于半经验公式，比较简单，计算值与实验值的符合程度较好，适用的溶液浓度范围较宽，得到了较为广泛的应用。多年来，对 Pitzer 公式的研究工作相当多，有很大的发展，例如，Pitzer-Li 公式[16]已成功用于高温、高压、高浓体系，甚至是熔盐体系。详细的论述可以参见相关的文献 [17]。

符号说明

a——活度

B_0——萃取剂体系中络合剂初始浓度，mol/L

D——分配系数

f——活度系数

G——Gibbs 自由能

K——表观萃取平衡常数

K_a——一元羧酸的解离平衡常数，mol/L

K_{a1}——二元羧酸的一级解离平衡常数，mol/L

K_{a2}——二元羧酸的二级解离平衡常数，mol/L

K_d——物理萃取平衡常数

K_{dim}——二聚常数，L/mol

K_{11}——络合萃取平衡常数，L/mol

K_{12}——络合萃取平衡常数，L/mol

K_{21}——络合萃取平衡常数，L/mol

K_{31}——络合萃取平衡常数，L/mol

m——稀释剂对溶质的物理萃取分配系数

n_i——组分 i 的物质的量

R——气体常数

T——热力学温度，K

x——浓度（质量分数），mol/L

y——浓度（质量分数），mol/L

希腊字母

$\gamma_\pm$——平均离子活度系数

ϕ——稀释剂在络合萃取剂中的体积分数

μ_i——组分 i 的化学位

参考文献

[1] 关根达也，长谷川佑子. 溶剂萃取化学. 滕藤，等译. 北京：原子能出版社，1981.

[2] Senetar J J. M. S. thesis in Chem. Eng. University of California，Berkeley，1982.

[3] Medir M，Mackay D. Can J Chem Eng，1975，53（3）：274-277.

[4] Tamada J A，Kertes A S，King C J. Ind Eng Chem Res，1990，29（7）：1319-1326.

[5] Juang R S，Huang R H. Chem Eng J，1997，65（1）：47-53.

[6] 蒋维钧，戴猷元，雷良恒，等. 化工原理. 北京：清华大学出版社，2003.

[7] Renon H，Prausnitz J M. AIChE J，1968，14（1）：135-144.

[8] Abrams D S，Prausnitz J M. AIChE J，1975，21（1）：116-128.

[9] Fredenslund A，Jones R L，Prausnitz J M. AIChE J，1975，21（6）：1086-1099.

[10] Gmehling J，Rasmussen P，Fredenslund A. IEC Proc Des Dev，1982，21（1）：118-127.

[11] Magnussen T，Rasmussen P，Fredenslund A. IEC Proc Des Dev，1981，20（2）：331-339.

[12] Fredenslund A，Rasmussen P. Fluid Phase Equilibria，1985，24（1-2）：115-150.

[13] Gmehling J，Li J D，Schiller M. Ind Eng Chem Res，1993，32（1）：178-193.

[14] Pitzer K S. J Phys Chem，1973，77（2）：268-277.

[15] Pitzer K S，Mayorga G. J Phys Chem，1973，77 (19)：2300-2308.
[16] 李以圭，Pitzer K S. 化工学报，1986，37 (1)：40-50.
[17] 李以圭. 金属溶剂萃取热力学. 北京：清华大学出版社，1988.

Chapter 5

第6章 扩散及相间传质过程

均相混合物的分离过程是利用混合物中各组分在两相间平衡时的分配不同使组分在相间传递来实现混合物分离的。可以说，组分在两相间的平衡代表了分离过程的传递方向和可能进行的程度。分离过程的另一个方面是过程的动力学特性，即讨论传质分离过程的机理和速率，它代表着组分从一相到另一相的传递机理及过程的难易程度。

一般地说，物质从一相传递到另一相的过程可以分为 3 步：

① 物质从一相的主体扩散到两相的界面；

② 在界面上物质从一相转入另一相；

③ 物质从界面的另一相向其主体扩散。

为了认识两相间的传质，首先要讨论物质从一相流体主体到界面和从界面到另一相流体主体的扩散，即单相中的扩散，然后讨论两相间的传递。

6.1 分子扩散及涡流扩散[1]

物质在流体相中的扩散可以依靠分子扩散和涡流扩散来实现，它们分别与传热中的热传导和对流传热相类似。物质在流体主体与界面间的扩散亦与流体与壁面间的对流传热相类似，称之为对流传质。

6.1.1 分子扩散

物质分子依靠其热运动从一处转移到另一处的过程称为分子扩散。

任何物体中的物质分子始终处于不停的运动之中。由于这种运动，物质可以从一处向另一处扩散。当流体中各处的物质组分浓度相同时，任何位置上物质组分的正反方向的扩散速度相同，在流体中的各处没有组分的净转移。如果静止的流体中存在物质组分的浓度差，那么由于分子扩散，物质组分就会从浓度高的地方扩散到浓度低的地方。在层流流动的流体中，如果物质组分在与流向垂直的方向上存在浓度梯度，那么物质组分会在此方向上通过分子扩散从浓度高的地方移向浓度低的地方。由此可见，只要存在浓度差就会有分子扩散引起的物质传递。

分子扩散的速度用单位时间内通过单位面积的物质的量来表示，称为分子扩散通量。对于两组分体系，某种组分的分子扩散速度（扩散通量）与该组分扩散方向上的浓度梯度成正比。这一关系是 1855 年由费克（Fick）在实验研究的基础上提出的，称为费克定律，其数学表达式为

$$J_A=-D_{AB}\frac{dc_A}{dz} \tag{6-1}$$

式中，J_A为混合物中某组分 A 在 z 方向上的分子扩散通量，kmol/（m^2 · s）；dc_A/dz 为混合物中组分 A 在 z 方向上的浓度梯度，kmol/m^4；D_{AB}为组分 A 在介质 B 中的扩散系数，m^2/s。因为组分 A 是沿着浓度降低的方向扩散，为使沿此方向的扩散通量 J_A为正值，式（6-1）的右侧加上负号。

对于组分 B，同样可以写出它的扩散通量 J_B

$$J_B=-D_{BA}\frac{dc_B}{dz} \tag{6-2}$$

式中的各种符号与式（6-1）中的符号意义相同。

与动量传递和热量传递相类似，费克定律表述的扩散通量是以流体中某一截面为基准的分子扩散通量。实际上常常以设备中某个截面为基准（即以空间中的某个截面为基准）来分析通过此截面的传质通量。除了按费克定律计算的分子扩散通量外，还应该包括流体整体流动提供的通量。

如图 6-1 所示，取设备中的截面Ⅰ-Ⅰ讨论。此截面上组分 A 与 B 的浓度与浓度梯度分别为 c_A和 c_B，dc_A/dz 和 dc_B/dz，则通过截面Ⅰ-Ⅰ的组分 A 的传质通量 N_A为组分 A 的分子扩散通量与流体整体流动而引起的组分 A 的通量之和，即

$$N_A=J_A+N_M\frac{c_A}{c_T} \tag{6-3}$$

图 6-1 传质通量

式中，N_A为组分 A 的传质通量，kmol/（m^2 · s）；N_M为流体整体流动经过截面Ⅰ-Ⅰ的通量，kmol/（m^2 · s）；c_T为体系中组分 A、B 的总浓度，kmol/m^3。

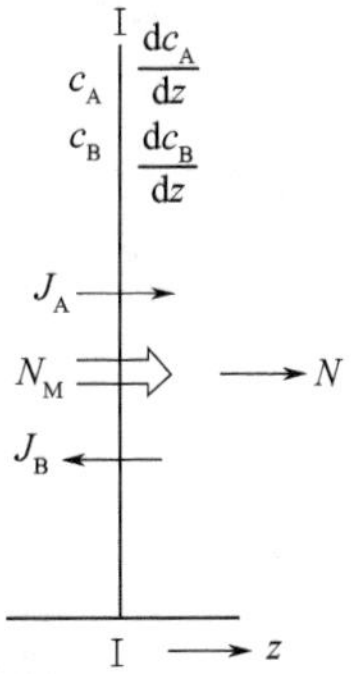

组分 B 通过截面Ⅰ-Ⅰ的传质通量为

$$N_B=J_B+N_M\frac{c_B}{c_T} \tag{6-4}$$

显然，通过截面Ⅰ-Ⅰ的组分 A 和 B 的总通量 N 为

$$N=N_M+J_A+J_B \tag{6-5}$$

6.1.2 扩散系数

扩散系数是物质的重要传递性质，它表示物质分子扩散速度的大小，扩散系数大，表示分子扩散快。扩散系数的单位可以根据式（6-1）来确定为 m^2/s。

物质的扩散系数不仅取决于物质本身特性，而且还与物质的浓度、介质（与它共存的其他物质）的性质以及温度、压力等因素有关。物质在不同条件下的扩散系数一般需要通过实验测定。常见体系的扩散系数可在手册中查到。一些体系扩散系数的数据也可以通过实验求取，或者采用适当的半经验公式或经验公式估算。

物质在气体中的扩散系数主要取决于温度、压力和气体组分的性质，当压力不高时，扩散系数基本上与物质在气体中的浓度没有关系。表 6-1 中列举了若干两组分气体混合物的扩散系数，由表可知，气体中的扩散系数在 10^{-5}～10^{-4} m^2/s 量级。

表 6-1　两组分气体混合物的扩散系数（101.3 kPa）

物　系	温度/K	扩散系数/(cm^2/s)	物　系	温度/K	扩散系数/(cm^2/s)
空气-氨	273	0.198	空气-水	298	0.260
空气-苯	298	0.0962	氢-氨	293	0.849
空气-二氧化碳	273	0.136	氢-氧	273	0.697
空气-二硫化碳	273	0.0883	氮-氨	293	0.241
空气-氯	273	0.124	氮-乙烯	298	0.163
空气-乙醇	298	0.132	氮-氢	288	0.743
空气-乙醚	293	0.0896	氮-氧	273	0.181
空气-甲醇	298	0.162	氧-氨	293	0.253
空气-汞	614	0.473	氧-苯	293	0.0939
空气-二氧化硫	273	0.122	氧-乙烯	293	0.182

当缺乏扩散系数的实验数据时，可以应用文献中介绍的半经验公式进行估算，具体关系式可查阅相关手册及文献。

物质在液体中的扩散系数与组分的性质、浓度、黏度以及温度有关。因为液体中的分子比气体中的分子密集，分子运动不如在气体中自由，物质在液体中的扩散系数要比在气体中的扩散系数小得多，两者一般相差约 10^4～10^5 倍。但是，由于气体中组分的物质的量浓度比液体中的物质的量浓度小，所以气体中组分的扩散通量只比液体中组分的扩散通量大 10～10^2 倍。

表 6-2 列举了若干物质在水中的扩散系数。

表 6-2　若干物质在水中的扩散系数

溶质	温度/℃	浓度/($kmol/m^3$)	扩散系数/($10^{-5}cm/s$)
Cl	16	0.12	1.26
HCl	0	9	27
		2	1.8
	10	9	3.3
		2.5	2.5
	16	0.5	2.44
NH_3	5	3.5	1.24
	15	1.5	1.77
CO_2	10	0	1.46
	20	0	1.77
NaCl	18	0.05	1.26
		0.2	1.21
		1.0	1.24
		3.0	1.36
		5.4	1.54

物质在液体中的扩散系数可以用一些经验公式估算，但是，由于液体中分子间的作用比较复杂，理论分析不够充分，所以，现有估算液体中扩散系数的关系式的可靠性不如气体中扩散系数的关系式。

对于很稀的非电解质溶液，物质在液体中的扩散系数 D_{AB}(m^2/s) 可按式(6-6)估算：

$$D_{AB}=7.4\times10^{-12}\frac{(aM)^{\frac{1}{2}}T}{\mu V^{0.6}} \tag{6-6}$$

式中：T 为热力学温度，K；M 为溶剂的分子量；μ 为溶液的黏度，10^{-3} Pa·s；V 为溶质的分子体积，cm^3/mol；a 为溶剂的缔合程度。对于水，a 为 2.6；对于甲醇，a 为 1.9；对于乙醇，a 为 1.5；对于不缔合的溶剂（如苯），a 为 1。

组分的分子体积可根据正常沸点下液态纯组分的密度求得。物质的分子体积也可以根据组成该物质的原子体积，按柯普（Koop）加和法则近似估算，表 6-3 中也列出了若干元素的原子体积。

表 6-3　若干元素的原子体积

元素	原子体积/(cm^3/mol)
H	3.7

续表

元素	原子体积/（cm^3/mol）
C	14.8
F	8.7
Cl	
在一端的，如在 R—Cl 中；	21.6
居中的，如在 R—CHCl—R 中	24.6
Br	27
I	37
N	15.6
在伯胺中	10.5
在仲胺中	12.0
O	7.4
在甲酯中	9.1
在乙酯及甲、乙醚中	9.9
在高级酯及醚中	11.0
在酸中	12
与 N、S、P 结合	8.3
S	25.6
P	27

【例 6-1】 根据柯普的加和法则估算醋酸（CH_3COOH）的分子体积 V。

解： 从表 6-3 中查得 C、H、O 的原子体积分别为 $14.8cm^3/mol$，$3.7cm^3/mol$ 和 $12cm^3/mol$，所以

$$V=(2\times14.8+4\times3.7+2\times12)cm^3/mol=68.4cm^3/mol$$

【例 6-2】 乙醇水稀溶液，其物质的量浓度为 $0.05kmol/m^3$，溶液在 10℃ 时的黏度为 1.45×10^{-3} Pa·s。求乙醇在此溶液中的扩散系数。

解： 从表 6-3 中查得 C、H、O 的原子体积分别为 $14.8cm^3/mol$，$3.7cm^3/mol$ 和 $7.4\ cm^3/mol$，所以

$$V_{C_2H_5OH}=(2\times14.8+6\times3.7+7.4)cm^3/mol=59.2cm^3/mol$$

$$a=2.6$$

根据式（6-6）：

$$D_{AB}=\frac{7.4\times10^{-12}\times(2.6\times18)^{\frac{1}{2}}\times283}{1.45\times59.2^{0.6}}m^2/s=8.5\times10^{-10}m^2/s$$

6.1.3 单相中的稳态分子扩散

当两相互相接触，物质在相间进行物质传递时，从一相的主体到界面，存

在一定的浓度分布。在组分扩散的方向上，组分的浓度逐渐降低，经过较长的时间后过程达到稳态，此时各处的浓度保持定值，不再随时间变化，组分的扩散速度也变为定值。

由于相间的物质传递存在两种典型情况，即等摩尔反向扩散和单向扩散，因此，单相中的物质传递也相应地存在这两种典型的情况。

6.1.3.1 等摩尔反向扩散

磷酸三丁酯（TBP）萃取硝酸（HNO_3）的过程中，有机相一侧的扩散过程可以看作萃合物分子（$TBP \cdot HNO_3$）和 TBP 分子的等摩尔反向扩散。在该过程中，TBP 分子从有机相主体向液液相界面扩散，$TBP \cdot HNO_3$分子从液液相界面向有机相主体扩散，两者扩散通量大小相同，方向相反。这样，在有机相中就形成了等摩尔反向扩散。

讨论在稳态条件下，两组分（A 和 B）混合物在某一液相内的等摩尔反向扩散。取界面的该液相侧和离界面 z 距离的两个截面①和②（图 6-2），在两个截面上组分 A 的浓度分别为 c_{A1} 、c_{A2}，组分 B 的浓度分别为 c_{B1} 、c_{B2} 。

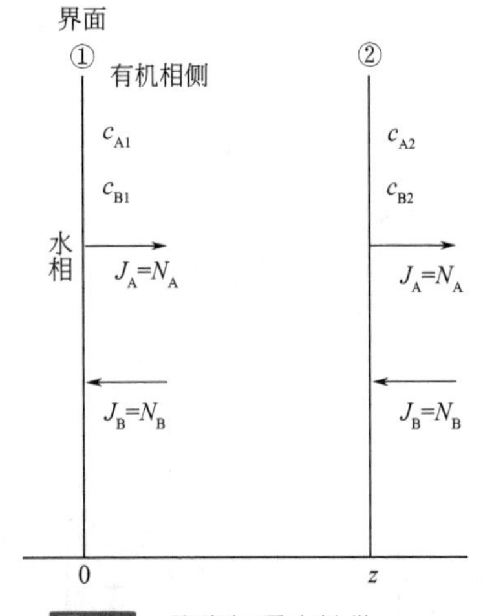

图 6-2 等摩尔反向扩散

假设该液相为理想溶液，总浓度 c_T 为各组分浓度之和，并保持为常数，则

$$c_T = c_A + c_B = \text{常数}$$

所以

$$\frac{dc_A}{dz} = -\frac{dc_B}{dz} \tag{6-7}$$

讨论扩散通量，液体处于静止状态，没有整体的流动，应该有

$$J_A = -J_B \tag{6-8}$$

即

$$J_A = -D_{AB}\frac{dc_A}{dz} = -J_B = D_{BA}\frac{dc_B}{dz} \tag{6-9}$$

将式（6-7）代入式（6-9），可得

$$D_{AB} = D_{BA} \tag{6-10}$$

取截面①与②之间的空间为系统作物料衡算，由于是稳态等摩尔反向扩散，通过截面①的组分 A 与 B 的传质通量 N_A与 N_B应分别等于通过截面②的组分 A 与 B 的传质通量，即沿 z 方向的组分 A 和 B 的传质通量均为常数。另一方面，在截面①与②之间，没有物质的增减，因此没有流体的整体流动（$N_M=0$），所以根据式（6-3），在 z 方向上，通过任意截面的组分 A 的传质通量为

$$N_A = J_A = -D_{AB}\frac{dc_A}{dz} \tag{6-11}$$

从截面①到截面②积分上式，得

$$N_A = \frac{D_{AB}}{z}(c_{A1} - c_{A2}) \tag{6-12}$$

同理，对于组分 B 可得

$$N_B = J_B = \frac{D_{BA}}{z}(c_{B1} - c_{B2}) = \frac{D_{AB}}{z}(c_{B1} - c_{B2}) \tag{6-13}$$

而

$$N_A = -N_B \tag{6-14}$$

6.1.3.2 单向扩散

单向扩散是指在某一过程中某一组分发生扩散迁移而另一组分未发生。例如，醋酸（A)-水（B）的稀溶液和苯接触时，仅有醋酸萃入有机相，水则未被萃取。在水相中，醋酸分子（A）由主体向液液相界面扩散，水分子（B）则并未发生扩散。

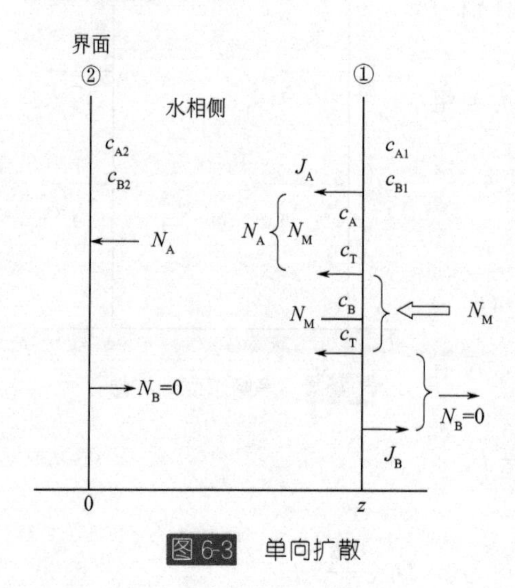

图 6-3 单向扩散

讨论在稳态条件下组分 A 在水相内的传质通量。取离界面距离为 z 的水相处和液液界面水相侧的两个截面①和②（图 6-3），两截面上组分 A 的浓度分别为 c_{A1}、c_{A2}，组分 B 的浓度分别为 c_{B1}，c_{B2}。

取截面①和②之间的空间为系统作物料衡算。由于过程是组分 A 的稳态单向扩散，组分 A 通过截面①的传质通量应等于通过截面②的传质通量。组分 B 通过此两截面的传质通量均为零。在截面①与②之间的任意截面上存在如下关系：

$$N_A = J_A + N_M\frac{c_A}{c_T} = 常数 \tag{6-15}$$

$$N_B = J_B + N_M\frac{c_B}{c_T} = 0 \tag{6-16}$$

式中，N_M为液相整体流动形成的混合物的传质通量。由于

$$N_M = N_A \tag{6-17}$$

代入式（6-15）得

$$N_A = J_A\frac{c_T}{c_T - c_A} = -D_{AB}\frac{c_T}{c_T - c_A}\frac{dc_A}{z} = 常数 \tag{6-18}$$

从截面①到截面②积分式（6-18），可得组分 A 的传质通量 N_A 为

$$N_A=\frac{D_{AB}c_T}{z}\ln\frac{c_T-c_{A2}}{c_T-c_{A1}} \tag{6-19}$$

由于

$$\begin{aligned}\ln\frac{c_T-c_{A2}}{c_T-c_{A1}}&=\ln\left[\frac{c_T-c_{A2}}{c_T-c_{A1}}\right]\frac{(c_T-c_{A2})-(c_T-c_{A1})}{(c_T-c_{A2})-(c_T-c_{A1})}\\&=\ln\frac{c_{B2}}{c_{B1}}\frac{c_{A1}-c_{A2}}{c_{B2}-c_{B1}}=\frac{c_{A1}-c_{A2}}{c_{Bm}}\end{aligned} \tag{6-20}$$

c_{Bm} 为组分 B 在①和②两截面上的浓度的对数平均值。

将式（6-20）代入式（6-19）得

$$N_A=\frac{D_{AB}}{z}\frac{c_T}{c_{Bm}}(c_{A1}-c_{A2}) \tag{6-21}$$

与等摩尔反向扩散的传质通量计算式（6-12）比较，式（6-21）中多了一项 c_T/c_{Bm}，此项表示单向扩散的传质通量为等摩尔反向扩散的 c_T/c_{Bm} 倍。因为 c_T/c_{Bm} 大于 1，所以组分 A 单向扩散时的传质通量比等摩尔反向扩散时要大，其原因是组分 B 在液相内的分子扩散而引起的整体流动使组分 A 的传质通量增大。c_T/c_{Bm} 称为漂流因子。当组分 A 的浓度较低时，$c_B \approx c_T$，则漂流因子接近于 1。

对于非等摩尔反向扩散或非单向扩散的情况，可以根据 N_A 与 N_B 的具体关系和式（6-3）～式（6-5），求出 N_A 与 N_B。

6.1.4 涡流扩散

依靠流体质点的运动而引起的物质扩散称为涡流扩散。在任何涡流流动的流体中，只要存在浓度差，也会有物质通过分子扩散从高浓度处移向低浓度处。但一般地说，分子扩散的速度很小，此时物质的扩散主要依靠涡流扩散。

与动量传递和热量传递类似，在湍流流动的流体中，物质的传递包括两部分，分子扩散传递和涡流扩散传递，前者是由于分子运动产生的，后者则是由于流体质点的运动而产生的。传质速度可以用如下的形式表示：

$$N_A=-D\frac{dc_A}{dy}-\varepsilon_D\frac{dc_A}{dy}=-(D+\varepsilon_D)\frac{dc_A}{dy} \tag{6-22}$$

式（6-22）右侧第二项表示涡流扩散的传质通量，ε_D 称为涡流扩散系数。涡流扩散系数表示涡流扩散能力的大小，ε_D 大表示在浓度梯度方向上的质点脉动强烈，传质快。与分子扩散系数 D 不同，ε_D 是流动状态的函数，也就是说与流动系统的几何形状、尺寸、所处的位置、流速以及流体的物理性质等影响流体流动状态的因素有关。

6.2 相间传质

如前所述，组分 A 从料液相（如水相）传递到萃取相（如有机相）的过

程可以分为以下 3 步进行：①组分 A 从料液相主体扩散到料液相与萃取相的界面；②在界面上组分 A 由料液相转入萃取相；③组分 A 由萃取相界面扩散到萃取相主体。第①步和第③步均属于流动流体与两相界面之间的传质。

6.2.1 对流传质

流动流体与两相界面之间的传质称为对流传质。在相间传质过程中，两相的界面包括固定界面（如气固两相间或液固两相间的界面）和流动界面（如气液两相间或液液两相间的界面）两种情况。

当界面为固定界面时，流体流过固定界面（壁面）并与之进行物质传递时，从壁面到流体主体分为三层，即层流层、过渡层和湍流层，如图 6-4 所示。从界面到流体主体的传质过程可以依次描述为三种不同的传递机理。在层流层中，流体质点没有与界面垂直的运动，物质传递仅仅依靠分子扩散；在过渡层中存在与界面垂直方向的质点的运动，而且是并不强烈的湍动，因此在过渡层中物质同时依靠分子扩散与涡流扩散进行传递；在湍流层中物质也依靠分子扩散和涡流扩散传递，但因质点的涡流脉动比较强烈，分子扩散与涡流扩散相比，显得微不足道，物质传递主要依靠涡流扩散来实现。与上述诸层中的传递机理相对应，从界面到流体主体存在着扩散组分的不同的浓度分布。

当界面为流动界面时，界面也可以自由流动，情况就比较复杂，物质传递可以随两相接触状态的不同发生很大的变化。但在有些条件下或在某些简化假设下，流体与“流动界面”间的对流传质，可以使用流体与“固定界面”间的对流传质相类似的处理方法，即把气液或液液相间的界面近似看成固定界面处理。

图 6-4 中所示的对流传质的计算，理论上说，只要已知从界面到流体主体的浓度分布就可以求得界面与流体间的传质通量。通常，把这个传质过程看成通过当量膜厚为δ的分子扩散过程。在图 6-4 中，延长层流中的浓度分布线，与流体的主体浓度（平均浓度）线相交，其横坐标值为当量膜厚δ。应用前述稳态分子扩散的关系式，可以计算流体与界面间的传质通量。

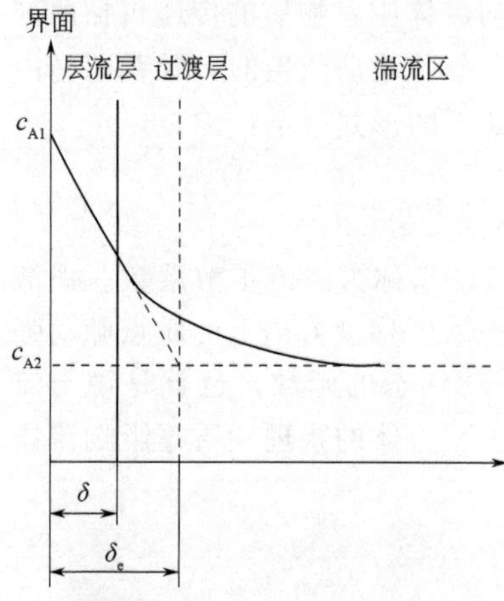

图6-4 流体与界面间的对流传质（浓度分布与当量膜厚）

对于等摩尔反向扩散：

$$N_A=\frac{D_{AB}}{\delta_e}(c_{A1}-c_{A2}) \qquad (6\text{-}23)$$

对于单向扩散：

$$N_A=\frac{D_{AB}}{\delta_e}\frac{c_T}{c_{Bm}}(c_{A1}-c_{A2}) \qquad (6\text{-}24)$$

当量膜厚δ_e是一个虚拟的厚度，它与层流层的厚度相对应，有明确的物理意义。流体的湍动程度越强烈，层流层越薄，相应的当量膜厚δ_e也越薄，传质阻力越小，传质通量越大。

6.2.2 相间传质模型[1,2]

与固定界面的传质情况相比较，液液界面处的传质特性十分复杂并难以直接进行观测，对有关相际传质机理的认识还需要不断深入。目前，可以使用一些简化的模型来描述相际传质特性。这些模型主要包括双膜模型、溶质渗透模型、表面更新模型等。

(1) 双膜模型　萃取过程中，待分离溶质在两相间传递，界面两侧的边界层流动状况对传质产生明显影响。当边界层中流体的流动完全处于层流状态时，只能通过分子扩散传质，传质速率很慢；当边界层中流体的流动处于湍流状态时，在湍流区内主要依靠涡流扩散传质，而在边界层的层流底层仍依靠分子扩散传质。针对液液界面传质的复杂性，工程计算中一般利用简化的模型来描述和计算。最典型的模型就是基于双膜理论的模型[3]。

双膜模型是由晶体溶解时固、液间传质的模型发展而来的，它的提出为分离过程的分析和计算提供了比较有效而且简单的方法。双膜模型的基本假设包括：①两相接触时存在一个稳定的相界面，在界面两侧存在两个稳定的滞流膜层，膜外层流体为湍流流动，滞流膜层厚度和流体流动状况有关；②在两相界面上，传递的组分瞬间即可达到平衡，界面上无传质阻力；③传质过程由待分离溶质在滞流膜层内的分子扩散控制，整个过程的传质阻力存在于两层滞流膜内；④传质过程是稳态传质过程。

根据这些假设，两相的传质过程是独立进行的，所以传质阻力具有加和性。

双膜模型是一种简单、直观的传质模型，计算方法也简便。对于具有固定相界面的系统及相界面无明显扰动的两流体间的传质，双膜模型导出的结果与实际情况基本符合。因此，双膜模型在工程计算中得到了广泛的应用。当然，双膜模型的假设使复杂的相间传质过于简化了。例如，按照传质阻力只存在于两层滞流膜层内，则分传质系数 k 将正比于分子扩散系数 D。如分子扩散系数 D 很小，传质速率会很小。然而实际的情况是，传质速率并不仅仅取决于体系的物性，操作条件对传质速率也有很大的影响。由双膜理论导出的分传质系数与扩散系数一次方成正比的结论，与具有自由相界面的两相流体之间湍动较大的体系的传质实验结果不相符。这说明，对于具有自由相界面的系统，尤其是高度湍动的两流体间的传质过程，双膜模型具有很大的局限性。此后，随着相际传质过程机理研究的进展，提出了一些新的传质模型，对相际传质中，界面状况及流体力学特性等的影响提出了新的论述。但是，双膜模型关于双重阻力加和的概念至今仍具有很大的实用价值。

(2) 溶质渗透模型　溶质渗透模型是 *Higbie* 在 1935 年提出的[4]。溶质

Chapter 6

渗透模型认为，由于溶质在液相内的扩散系数很小，溶质开始从界面进入液膜直到建立稳定的浓度梯度需要一段过渡时间，在此期间，溶质从相界面向液膜深度方向逐步渗透，故称溶质渗透模型。十分明显，过渡时间内的传质过程是不稳定扩散过程。溶质渗透模型接受了双膜模型中双重阻力的概念，同时又否定了双膜模型中的“滞流膜层是静止不动的膜层”和“稳定传质”的假设。溶质渗透模型的突出特点是界面处某一液相微元与另一相的“非稳态传质”，微元在界面停留时间τ后，被主体相的新鲜微元代替。从不稳定扩散的概念出发，可以导出分传质系数 k 的计算公式：

$$k=2\sqrt{\frac{D}{\pi\tau}} \tag{6-25}$$

式中，D 为溶质在液相的分子扩散系数；τ为液相微元在界面的“暴露”时间。

可以看出，分传质系数 k 与溶质在液相的分子扩散系数 D 的 1/2 次方成正比，与暴露时间τ的 1/2 次方成反比，这与实验数据相当符合。溶质渗透模型是在双膜模型的基础上发展提出的，在一定程度上深入地揭示了两相传质过程，更接近实际情况。然而，溶质渗透模型并未对界面状态做出定量的分析，假设暴露时间为常数，且暴露时间又较难确定，从而限制了它的实际应用。

(3) 表面更新模型　Danckwerts 提出的表面更新模型是溶质渗透模型的一个拓展[5]。表面更新模型认为，流体的湍动作用使两相的接触表面不断更新，湍动越激烈，表面更新就越频繁。具体地说，湍流流体中的某些微元可以直接在界面与湍流主体之间转移，使处于相界面的微元不断地被从湍流区来的一个个液相微元所更新。一个液相微元在相界面停留一段时间后，又被新来的液相微元置换，返回到湍流区。因此，液体表面是由具有不同“年龄”的微元构成的，这些微元以不稳定扩散的方式从另一相中接收传递溶质。表面更新模型假设，液相微元在传递界面的暴露时间可长可短，但它被新鲜微元代替的概率是相同的。利用统计学方法，可以推导出

$$k=\sqrt{Ds} \tag{6-26}$$

式中，D 为溶质在液相的分子扩散系数；s 为单位时间内液相微元被取代的分数，表示表面更新的快慢。

可以看出，分传质系数 k 与溶质在液相的分子扩散系数 D 的 1/2 次方成正比，与单位时间内液相微元被取代的分数 s 的 1/2 次方成正比。表面更新模型对溶质渗透模型做了进一步的发展，但由于流体湍动的复杂性，单位时间内液相微元被取代的分数 s 难以求得，溶质渗透模型存在的局限性并未得到完全克服。

溶质渗透模型和表面更新模型，导出的结果与某些情况下的实验数据相符合，对于认识两相传质过程，分析传递过程的速率，寻求强化传质过程的途径

有重要的意义。但是，因为某些参数难以测定，实际应用受到了很大的限制。

目前，相际传质理论还在不断的发展之中，除上述 3 种模型之外，还有其他传质的传质模型，它们在某些方面有所发展，也存在一定的局限性。

6.2.3 分传质系数

为了计算使用方便，传质通量方程可以写成以分传质系数为参数的关系式。对于组分 A 从料液水相向萃取有机相传递的情况，可以表示如下。

对于料液水相与液液界面之间：

$$N_A=k_x(x_A-x_{Ai}) \tag{6-27}$$

对于萃取有机相与液液界面之间：

$$N_A=k_y(y_{Ai}-y_A) \tag{6-28}$$

式中，x_A、x_{Ai} 分别为组分 A 在料液水相主体与界面上的物质的量浓度，kmol/m^3；y_A、y_{Ai} 分别为组分 A 在萃取有机相主体与界面上的物质的量浓度，kmol/m^3；k_x 为料液水相分传质系数，m/s；k_y 为萃取有机相分传质系数，m/s。

另外，混合物的组成可以有不同的表示方法，所以传质通量表达式也可以有不同的形式。

分传质系数体现出传质通量的大小，它的倒数表示传质阻力。影响分传质系数的因素包括流体的物性（如密度 ρ、黏度 μ、扩散系数 D 等），设备的特征尺寸以及流体流速等。由于传质过程的复杂性，各种因素与分传质系数 k 的关系，目前还只能针对具体过程通过实验确定，通常把它们表示成无量纲特征数的关系式，例如

$$Sh=f(Re,\ Sc) \tag{6-29}$$

式中，Sh 为舍伍德（Sherwood）数，$Sh=kd/D$；Re 为雷诺数，$Re=du\rho/\mu$，表示流动对传质的影响；Sc 为施密特（Schmit）数，$Sc=\mu/\rho D$，表示物性对传质的影响；d 为传质设备的特征尺寸；μ 为流体的流速。

值得提及的是，与固定界面比较，流动界面的影响参数更为多样，在多数情况下对流传质的特性要复杂得多，分传质系数与各有关因素之间的关系也更复杂。

6.2.4 总传质系数

当两相接触时，如某个组分在两相中未呈现平衡状态，该组分将从一相传递到另一相，这个传递过程的推动力可以用两相中该组分的实际状态与平衡状态的差异来表示。因此，仿照式（6-27）和式（6-28）的形式，组分 A 从一相传递到另一相的传质通量可以表示为：

$$N_A=K_x(x_A-x_A^*) \tag{6-30}$$

或

$$N_A = K_y(y_A^* - y_A) \tag{6-31}$$

式中，K_x为基于料液水相的总传质系数，m/s；K_y为基于萃取有机相的总传质系数，m/s。式（6-30）和式（6-31）称为两相间传质的总传质通量方程。

如前所述，组分从一相传递到另一相的过程可以分3步进行。一般地说，界面上组分A从料液水相传入萃取有机相的过程很快，可以认为界面上的两相浓度处于平衡状态，因此从传质通量的角度看，整个过程主要由第①步和第③步组成。过程的总阻力可以概括为两相阻力之和。对于稳态传质，根据式（6-27）、式（6-28）、式（6-30）和式（6-31），可得

$$N_A = \frac{x_A - x_A^*}{1/K_x} = \frac{y_A^* - y_A}{1/K_y} = \frac{x_A - x_{Ai}}{1/k_x} = \frac{y_{Ai} - y_A}{1/k_y} \tag{6-32}$$

式中，x_{Ai}、y_{Ai}分别为界面上组分A在料液水相中的浓度和萃取有机相中的浓度，它们处于平衡状态。

如果组分A在料液水相和萃取有机相间的平衡关系为线性：

$$y = mx + b \tag{6-33}$$

则将式（6-33）代入式（6-32）可得

$$N_A = \frac{x_A - x_A^*}{1/K_x} = \frac{x_A - x_{Ai}}{1/k_x} = \frac{x_{Ai} - x_A^*}{1/mk_y} \tag{6-34}$$

所以

$$\frac{1}{K_x} = \frac{1}{k_x} + \frac{1}{mk_y} \tag{6-35}$$

$$K_x = \frac{1}{1/k_x + 1/mk_y} \tag{6-36}$$

同理

$$N_A = \frac{y_A^* - y_A}{1/K_y} = \frac{y_A^* - y_{Ai}}{m/k_x} = \frac{y_{Ai} - y_A}{1/k_y} \tag{6-37}$$

所以

$$\frac{1}{K_y} = \frac{m}{k_x} + \frac{1}{k_y} \tag{6-38}$$

$$K_y = \frac{1}{m/k_x + 1/k_y} \tag{6-39}$$

在相间传质过程中，因为组分的界面浓度难以确定，所以实际上应用式（6-30）、式（6-31）等形式的总传质通量方程进行设备的设计计算。

6.3 界面现象及其影响

在相间传质的双膜模型等研究方法中，一般均假设相界面是不动的，没有沿界面方向的相尺度上或微尺度上的流动。然而，传质过程涉及溶质在相间的

传递，通常会伴随着温度的变化及界面附近溶质浓度在时间上和空间上的变化，也会引起液体界面张力和液体密度的变化。在其他条件适当的情况下，会出现界面张力梯度引起的界面湍动，一般称作 Marangoni 效应；也可能因界面附近密度梯度与重力场方向相反引起界面湍动，一般称作 Taylor 不稳定性；或出现其他的界面不稳定现象。

界面的不稳定性对相间传质的影响主要通过两个方面起作用：其一，界面的不稳定性会产生界面对流或界面骚动，显著影响液滴的运动阻力和传质阻力，增大传质系数；其二，由于体系溶质浓度引起界面张力γ变化（$\partial\gamma/\partial c<0$ 或 $\partial\gamma/\partial c>0$），相际传质的方向的差异（从分散相到连续相或从连续相到分散相）等，或促进液滴凝并，或阻滞液滴凝并，使分散相的总传质表面积减小或增大，影响传质速率的大小。

6.3.1 Marangoni 效应

在相界面发生传质过程时，溶质在界面上的浓度不可能是完全均一的。因此，界面张力也不是处处相等的，界面附近的流体从界面张力较低的区域向界面张力较高的区域运动，这种现象称为 Marangoni 效应[6]。根据体系物性和操作条件的不同，可能引起多种形式的界面运动，大体可以分为规则型界面运动和不规则型界面运动。

规则型界面运动发生在两静止液体的交界面上。如图 6-5 所示，静止的两相液层沿水平界面相互接触。若界面上 a 点的浓度比 b 点的浓度高，且体系属于随溶质浓度增高而界面张力下降（$\partial\gamma/\partial c<0$）的体系，则依据 Marangoni 效应，界面附近的流体从 a 点向 b 点运动，引起主体相流体向 a 点交换补充，形成了环状涡流。若溶质是从 R 相向 S 相传递，且两相的运动黏度基本相同（$v_R=v_S$），如果溶质在 R 相的扩散系数 D_R 比溶质在 S 相的扩散系数 D_S 小（$D_R<D_S$），那么在沿相界面流动时，溶质进入 S 相要比从 R 相补充更为容易。因此，相界面的溶质浓度仍然维持从 a 到 b 的下降趋势，b 点的界面张力则高于 a 点的界面张力，界面流动及其形成的环状涡流会稳定地继续下去。相反，若 $D_R>D_S$，溶质进入 S 相要比从 R 相补充更为困难，则相界面的浓度梯度就会翻转过来，产生的 Marangoni 效应会抑制界面的流动，环状涡流就会消失。

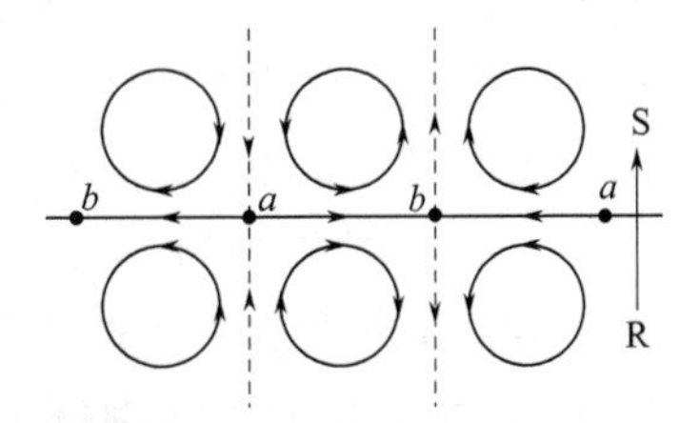

图 6-5 规则型界面湍流的形成

Scriven 和 Sternling[7] 利用流体力学不稳定性理论分析了界面扰动发展成为稳定的环状涡流的条件，其结论如表 6-4 所示。可以看出，体系物性和传质方向是决定是否发生 Marangoni 效应的重要因素。

表 6-4　规则型界面湍流形成的判据[2]

$\partial\gamma/\partial c<0$							
两相物性比较		传质方向		两相物性比较		传质方向	
D_R/D_S	v_R/v_S	R→S	S→R	D_R/D_S	v_R/v_S	R→S	S→R
<1	1	对流环	稳定或振荡	1	<1	稳定	对流环
1	1	稳定	稳定	<1	>1	对流环	稳定或振荡
>1	1	稳定或振荡	对流环	>1	<1	稳定或振荡	对流环
1	>1	对流环	稳定				
$\partial\gamma/\partial c>0$							
两相物性比较		传质方向		两相物性比较		传质方向	
D_R/D_S	v_R/v_S	R→S	S→R	D_R/D_S	v_R/v_S	R→S	S→R
<1	1	稳定或振荡	对流环	1	<1	对流环	对流环
1	1	稳定	稳定	<1	>1	稳定或振荡	对流环
>1	1	对流环	稳定或振荡	>1	<1	对流环	稳定或振荡
1	>1	稳定	稳定				

不规则型界面运动，亦称作瞬时扰动，发生在湍流或强制对流的相界面上，尤其是有机物溶质在分散相液滴和连续相间传质时，会出现界面的猛烈摆动和振荡，在主体相内湍动强烈并溶质浓度很大的情况下，有可能在界面的局部处产生强烈的界面迸发，导致主体相和界面的流体交换，使传质速率增大[8~11]。不规则型的 Marangoni 效应在两种不同传质方向的条件下均可能发生，但存在发生该现象的溶质浓度的最低限制，一般为 0.15mol/L。

6.3.2 Taylor 不稳定性

在相间传质过程中，两相主体的密度也会发生变化。由于密度梯度的存在，在一定的条件下，界面处的流体因重力场的作用会产生界面失稳现象，称作 Taylor 不稳定性[12,13]。如图 6-6 所示，密度较大的溶质由水相向油相传递（如乙酸由水向甲苯中扩散，乙酸的密度比水和甲苯的密度都大），由于水相和油相的密度均随溶质浓度的提高而增大，则界面两侧的密度自下而上递减，在重力场中是稳定的。当溶质由油相向水相传递（如乙酸由甲苯向水中扩散），界面两侧的边界层中出现逆重力场方向的密度梯度，若界面上的其他扰动足够强，就可能破坏界面的静止状态，出现类似的环状涡流，起到增强传质的作用。

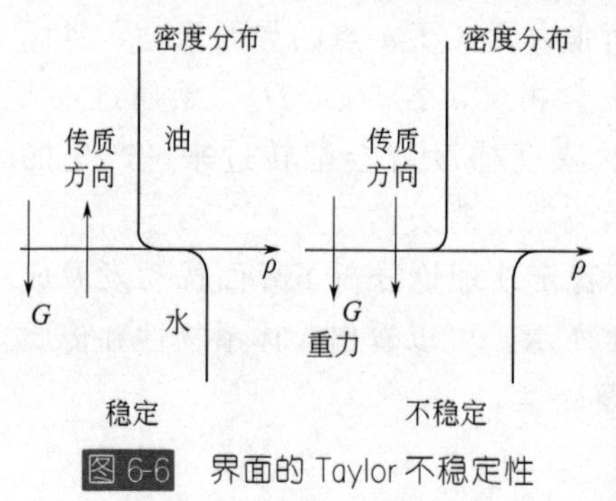

图 6-6　界面的 Taylor 不稳定性

6.3.3 表面活性剂的影响

表面活性剂的存在，会在两相界面处聚集，并明显降低两相的界面张力，削弱体系的界面张力与溶质浓度的依赖关系。少量的表面活性剂的存在，可以抑制界面的不稳定性，减少界面湍动的发生。另外，表面活性剂在界面吸附占据了一定的界面面积，增大了界面溶解的阻力。当液滴在连续相运动时，表面活性剂会抑制液滴外的对流和液滴内的环流，降低传质速率。

6.4 液滴传质特性

6.4.1 液滴和液滴群的运动

两液相的传质速率的大小与分散相液滴的大小及其形成和聚结有密切的关系。液滴直径大小与萃取设备中的分散装置（如填料塔中的入口分布器，筛板塔上的筛板）的开孔尺寸、材料的润湿性以及流体过孔速度、流体的界面张力、两相密度等有关。对于有外加能量输入的萃取设备，则还与输入能量装置的结构和输入能量的大小有关。液滴尺寸大小和分布，影响着它们的流动与传质，直径小的液滴为球形，内部静止，与连续相的相对运动速度小；较大的液滴则与连续相的相对运动速度大，易变形，液滴内会发生环流。另外，由于液滴表面各处的传质速度不同，会引起液滴表面浓度的差异以及界面张力分布不均等现象，导致界面不规则性或液滴内环流的出现，都可能减少传质阻力，增大传质系数。

萃取体系中所涉及的液滴大小，一般其当量直径为 0.2～5mm。这一范围内的单个液滴的形状及运动的终端速度 V_t的变化很大。图 6-7 中示出了液滴当量直径 d_e与液滴运动终端速度 V_t的关系。图 6-8 则反映了液滴运动的阻力系数 C_D与液滴运动雷诺数 Re（$=d_eV_t\rho_c/\mu_c$）的关系。液滴当量直径 d_e很小（Re 很小）时，液滴基本上呈规则的球形，表面不动，液滴内部的对流很弱，其运动行为与固体球形颗粒类似，可以称作刚性球形液滴，终端速度 V_t与液滴当量直径 d_e成线性关系，阻力系数 C_D与刚性固体球层流区的阻力系数接近（图 6-7 和图 6-8 中的 AB 段）。液滴当量直径增大到 1mm 左右时，液滴形状基本保持球形，但液滴内部开始出现环流，使阻力系数因相界面摩擦减小而低于刚性固体球的阻力系数，液滴运动的终端速度增大，变化趋势（图 6-7 和图 6-8 中 BC 段）偏离刚性固体球曲线，同时液滴后部开始出现尾涡。液滴当量直径更大时，液滴发生明显的变形，成为扁椭圆形。由于液滴运动阻力逐渐增大，液滴终端速度的增大趋势逐渐放缓，并达到一极大值（图 6-7 中 C 点，对应的当量直径为 d_p，液滴终端速度为 V_p）。此后，液滴当量直径增大，并使液滴变形更大，甚至液滴形状发生振荡，运动轨迹呈之字形，或在尾部出现凹陷，液滴呈菜豆状，尾涡体积变大，此时的阻力系数 C_D急剧增大，而液滴运动的终端速度则大致维持不变（图 6-7 和图 6-8 中 CD 段）。液滴当量直径再大，会由于不稳定性而发生液滴的破碎。

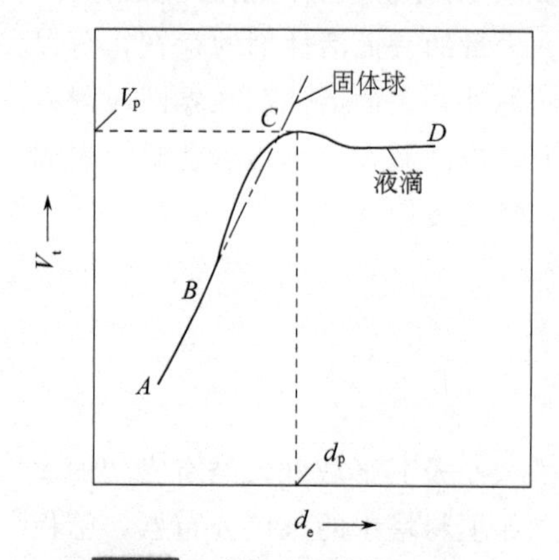

图 6-7　液滴当量直径 d_e 与液滴运动终端速度 V_t 的关系

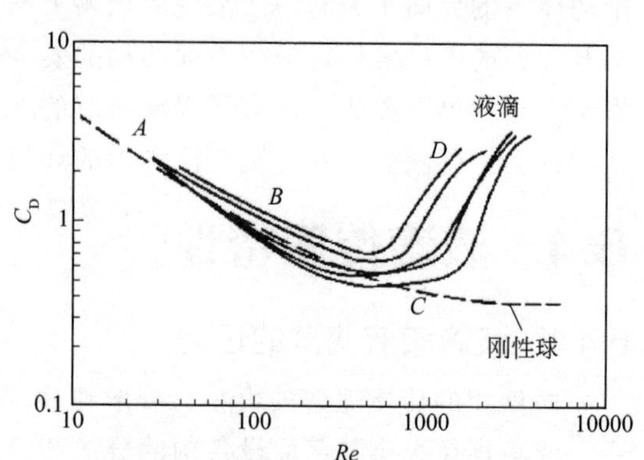

图 6-8　液滴运动的阻力系数 C_D 与液滴运动 Re 数的关系

对于非球形液滴，当量直径可以表示为

$$d_e=(d_1^2 d_2)^{1/3} \tag{6-40}$$

式中，d_1、d_2 分别为椭圆形液滴的长轴直径和短轴直径，假定液滴对垂直轴有旋转对称性，定义液滴的高宽比 $e=d_1/d_2$，则液滴表面积为

$$A=\frac{\pi}{2}\left[d_1^2+\frac{d_1 d_2}{e^3-1}\ln(e+\sqrt{e^2-1})\right] \tag{6-41}$$

萃取设备内液滴群的运动远比单液滴运动复杂。对于体系中分散相液滴群与连续相的相对运动一般是基于滑动速度的概念加以描述的，即定义一个平均液滴直径，以相同大小液滴的运动速度来表示设备内分散相液滴群与连续相的相对运动的速度[14,15]。对于逆流流动，两相的滑动速度 V_s 定义为：

$$V_s \equiv \frac{V_c}{\varepsilon(1-\varphi)}+\frac{V_d}{\varepsilon\varphi} \tag{6-42}$$

式中，V_c 和 V_d 分别为柱式萃取设备中连续相流体和分散相流体的空塔流速，ε 为柱式萃取设备的空隙率，φ 为分散相液滴的体积分数，称存留分数。

滑动速度 V_s 的最为常用的关联方法是特性速度关联方法。滑动速度 V_s 的关联分为两项：一项称为特性速度（V_0）；另一项则为修正项。在一定的条件下，特性速度 V_0 仅是体系物性、搅拌强度和萃取设备尺寸的函数。由于修正项的不同表达，则可能出现不同的关联式。Thornton 和 Pratt 提出的关联式表示为[16]：

$$V_s \equiv \frac{V_c}{\varepsilon(1-\varphi)}+\frac{V_d}{\varepsilon\varphi}=V_0(1-\varphi) \tag{6-43}$$

汪家鼎等在研究脉冲筛板萃取柱的两相流动特性时发现，当体系的分散相存留分数在10%以上时，由于液滴间的碰撞、凝并等相互作用，利用式（6-43）关联相关实验数据会出现很大的偏差，提出修正式为$(1-\varphi)^n$，拓宽了关联式的应用范围[17~19]。修正后的关联式表示为：

$$V_s \equiv \frac{V_c}{\varepsilon(1-\varphi)} + \frac{V_d}{\varepsilon\varphi} = V_0(1-\varphi)^n \tag{6-44}$$

Godfrey 和 Slater 也提出可以用$(1-\phi)^n$ 作为修正项[20]，Mizek 则着重考虑液滴凝并的影响，提出用 $(1-\varphi)e^{k\varphi}$作为修正项[21]。

萃取设备内液滴群是液滴直径分布较宽的分散体系，在处理这一分散体系时，常用 Sauter 平均直径 d_{32}表示液滴平均直径：

$$d_{32} = \frac{\sum_{i=1}^{\infty} n_i d_{ei}^3}{\sum_{i=1}^{\infty} n_i d_{ei}^2} \tag{6-45}$$

式中，n_i为当量直径为d_{ei}的液滴的个数；d_{32}为计算萃取设备中传质比表面积的重要参数。

Chapter 6

6.4.2 液滴和液滴群的传质

在液液萃取设备中，为了扩大传质表面和强化传质，总是使一相分散成液滴和另一相接触。例如，有机相（轻相）在水相（重相）中分散，形成大量的液滴，在密度差作用下上升，在萃取柱顶部聚集、分相，澄清后的轻相从柱顶部排出。十分明显，决定萃取传质速率的总传质系数 K 和传质比表面积 a 与液滴群的行为是密切相关的，液滴群的行为又与系统的特性及操作条件有关。因此，研究发生在分散相液滴与连续相之间的传质特性是十分重要的。总的来说，液滴的传质包括滴内传质和滴外传质两个互相耦合的部分。分传质系数的计算则以液滴内分传质系数和液滴外分传质系数为对象。

20 世纪五六十年代有关单液滴传质的实验研究取得了明显的进展[22~29]。液滴的传质可以分为 3 个不同的阶段，即液滴生成阶段的传质、液滴自由运动阶段的传质和液滴凝并阶段的传质[30~32]。3 个不同阶段的传质机理和传质量均不相同，需要分别加以讨论。

6.4.2.1 液滴生成阶段的传质

对于液滴生成阶段的传质，已有较多的研究结果。液滴生成阶段的传质一般作为液滴传质的一个“端效应”来进行研究，估计端效应的方法是变动液滴运动区间的高度进行相同条件下的单液滴传质实验，处理实验数据，将传质量外推，求得高度为零时的数值。由于影响实验的外界因素很多，又很难寻求到适当的测试技术，所以，文献中报道的液滴生成阶段的传质系数测定值的一致性较差。例如，Coulson 和 Skinner[33]指出，液滴生成阶段的传质量相当于相际传质达到平衡的总传质量的20%左右；Popovich 等[34]则提出液滴生成阶段的传质量占总传质量的10%～50%；Skelland 和 Minhas 的实验结果[35]表明这一百分数在3%～39%的区间变化；近期的实验研究结果则提出，这一百分数为40%左右[36]。然而，研究结果都一致反映出，工业萃取设备中液滴形成时的传质是较为重要的，在设备设计中需要认真考虑。

早期的液滴形成阶段传质的估算模型几乎都是从 Higbie 不稳定扩散过程的溶质渗透模型出发的。液滴形成时的滴内传质系数表示为

$$k_{\mathrm{df}}=C\sqrt{\frac{D_{\mathrm{d}}}{\pi\tau_{\mathrm{f}}}} \tag{6-46}$$

式中，k_{df}是基于液滴生成后的表面积和液滴生成时间τ_{f}的平均传质系数，m/s；D_{d}为溶质在分散相的扩散系数，m^2/s；常数 C 与液滴形成时的状态和假设的传质机理有关。各种模型导出的 C 值为 0.857～3.43，大多数的数据处理结果在1.3～1.8的范围内。Skelland 和 Minhas 的实验研究[35]注意到液滴生成时滴内环流对传质的影响，发现常数 C 值会明显大于通常的取值范围。

液滴形成阶段的传质也应该考虑滴外的传质阻力。Treybal 推荐如下的关联式[37]，用以估算液滴形成阶段基于分散相的总传质系 K_{odf}：

$$K_{\mathrm{odf}}=\frac{0.805}{m}\sqrt{\frac{D_{\mathrm{c}}}{\tau_{\mathrm{f}}}} \tag{6-47}$$

式中，m 为两相平衡分配系数；D_{c}为溶质在连续相的扩散系数，m^2/s。

6.4.2.2 液滴自由运动阶段的传质

（1）液滴内分传质系数的计算　当液滴直径很小（$Re_{\mathrm{p}}=d_{\mathrm{p}}V_{\mathrm{t}}\rho_{\mathrm{c}}/\mu<1$）时，液滴自由降落（或上升）的速度很慢，液滴内部几乎处于停滞状态，未出现滴内环流，可以作为刚性球处理。液滴内的传质依靠分子扩散，速度较慢。如果忽略滴外传质阻力，可以建立如下的扩散方程：

$$\frac{\partial c}{\partial t}=D_{\mathrm{d}}\left(\frac{\partial^2 c}{\partial r^2}+\frac{2}{r}\frac{\partial c}{\partial r}\right) \tag{6-48}$$

Newman[38]利用萃取率

$$E(t)=\frac{c_{\mathrm{d}}(t)-c_{\mathrm{d0}}}{c_{\mathrm{di}}-c_{\mathrm{d0}}} \tag{6-49}$$

表示出式（6-48）的解：

$$E(t)=1-\frac{6}{\pi^2}\sum_{n=1}^{\infty}\frac{1}{n^2}\exp\left(-\frac{4n^2\pi^2D_{\mathrm{d}}t}{d_{\mathrm{p}}^2}\right) \tag{6-50}$$

式中，$E(t)$ 为 t 时刻的萃取率；$c_{\mathrm{d}}(t)$ 为 t 时刻液滴内的溶质平均浓度；c_{d0}为液滴内的溶质初始浓度；c_{di}为液滴的界面浓度；d_p为液滴直径，m；D_{d}为分散相内溶质的分子扩散系数，m^2/s。

如果按如下的式子定义液滴内分传质系数 k_d：

$$N=k_d[c_{di}-c_d(t)] \tag{6-51}$$

很明显，分传质系数 k_d应该是时间 t 的函数。由 $E(t)$ 和 k_d的关系可以导出：

$$k_d(t)=-\frac{d_p}{6t}\ln\left[\frac{6}{\pi^2}\sum_{n=1}^{\infty}\frac{1}{n^2}\exp(-\frac{4n^2\pi^2D_dt}{d_p^2})\right] \tag{6-52}$$

当液滴的接触时间较长时，级数中 $n\geqslant2$ 的各项的贡献可以忽略，停滞液滴内分传质系数的近似表达式为：

$$k_d=\frac{2\pi^2D_d}{3d_p} \quad 或 \quad Sh_d=6.58 \tag{6-53}$$

液滴在滞流区受连续相黏性剪应力的作用而在液滴内形成循环流动。液滴内出现滞流内循环的 Re_p的临界值与连续相黏度、液滴大小、界面张力、流体清洁度等一系列因素有关，通常为 $1<Re_p\leqslant10$。滞流内循环液滴的传质包括分子扩散和流体混合两方面的贡献。Kronig 和 Brink[39] 利用爬流的 Hadamard-Rybezynski 流线方程，求解并提出滞流内循环液滴分传质系数的表达式：

$$k_d(t)=-\frac{d_p}{6t}\ln\left[\frac{3}{8}\sum_{n=1}^{\infty}A_n^2\exp(-\frac{64\lambda_nD_dt}{d_p^2})\right] \tag{6-54}$$

式中，A_n为待定系数；λ_n为特征根。同样在液滴的接触时间较长时，滞流内循环液滴内分传质系数的近似表达式为：

$$k_d=17.9\frac{D_d}{d_p} \tag{6-55}$$

与式（6-53）相比较，滞流内循环液滴内分传质系数大约是刚性球液滴分传质系数的 2.5 倍。

当液滴呈湍流内循环（$Re_p>80$）时，液滴的传质速率增大。Handlos 和 Baron[40] 首先提出了湍流内循环液滴的理论模型，假设液滴内为有势流动，流线简化为圆形，在界面浓度恒定时，求解出湍流内循环液滴分传质系数的表达式：

$$k_d(t)=-\frac{d_p}{6t}\ln\left[2\sum_{n=1}^{\infty}B_n^2\exp(-\frac{\lambda_nV_tt}{128d_p(1+\mu_d/\mu_c)})\right] \tag{6-56}$$

式中，B_n为待定系数；λ_n为特征根；V_t为液滴的终端速度，m/s；μ_c和 μ_d分别为连续相和分散相的黏度，Pa·s。同样在液滴的接触时间较长时，湍流内循环液滴内分传质系数的近似表达式为：

$$k_d=\frac{0.00375V_t}{1+\mu_d/\mu_c} \tag{6-57}$$

引进修正的 Peclct 准数

$$Pe_d=\frac{d_p V_t}{D_d}\left(\frac{1}{1+\mu_d/\mu_c}\right) \tag{6-58}$$

式（6-57）改写为：

$$\frac{k_d d_p}{D_d}=Sh_d=0.00375Pe_d \tag{6-59}$$

与式（6-53）比较可知，湍流内循环液滴的传质系数约为刚性球的 0.00057Pe 倍。

Johnson 的研究数据表明[29]，当 $Re_p>50$ 时，液滴内分传质系数值仅为 Handlos-Baron 模型计算值的 30%～70%。可以认为，刚性球模型的计算值是液滴内分传质系数的低限，而湍流内循环液滴模型的计算值是液滴内分传质系数的上限。

（2）液滴外分传质系数的计算　液体围绕液滴流动时会在液滴后面形成漩涡，通常称之为尾涡。尾涡对连续相的传质有相当的影响。液滴内的运动情况也影响液滴外的传质。停滞液滴、内循环液滴和摆动液滴外侧的传质情况会有很大的差别。

Rowe 等[41]提出，停滞液滴外分传质系数 k_c 可按下式计算：

$$Sh_c=\frac{k_c d_p}{D_c}=2.0+0.76\,Re^{1/2}Sc^{1/3} \tag{6-60}$$

按此式算出的 Sherwood 准数的最低值 2.0，是仅考虑分子扩散的理论上的下限。

液滴内循环可以减小液滴外侧的边界层厚度，从而提高滴外的传质系数。Boussinesq[42]提出的内循环液滴滴外分传质系数表达式为：

$$Sh=1.13\,Re^{1/2}Sc^{1/2} \tag{6-61}$$

在计算液滴内分传质系数或液滴外分传质系数时，选用不同的公式往往会得到差别很大的结果。因此在计算过程中，根据具体情况需要选择适当的计算公式，还应参考有关萃取设备的实测传质数据和中试设备中的传质数据。

6.4.2.3　液滴凝并阶段的传质

分散相液滴的凝并速度对于萃取设备的设计计算和处理能力有很大的影响。分散相液滴凝并阶段的传质也是液滴传质的“端效应”之一，对总的传质量有一定的贡献。一般采用 Treybal 提出的关联式，即式（6-47），估算液滴凝并阶段基于分散相的总传质系数。对于液滴凝并阶段传质的细致分析还有待深化。

6.4.2.4　考虑液滴内外传质的总传质系数

根据双阻力模型，并用下角标 c（连续相）和 d（分散相）代替式（6-36）和式（6-39）中的下标 x 和 y，可以得到下述总传质系数和滴内外分传质系数的关系式（有机相为分散相）：

$$\frac{1}{K_c}=\frac{1}{k_c}+\frac{1}{mk_d} \tag{6-62}$$

或

$$\frac{1}{K_d}=\frac{1}{k_d}+\frac{m}{k_c} \tag{6-63}$$

符号说明

a——缔合程度

c——溶质浓度，$kmol/m^3$

c_A——组分 A 的物质的量浓度，$kmol/m^3$

c_B——组分 B 的物质的量浓度，$kmol/m^3$

c_{Bm}——组分 B 的对数平均物质的量浓度，$kmol/m^3$

c_T——总物质的量浓度，$kmol/m^3$

D——分子扩散系数，m^2/s

D_{AB}——组分 A 在介质 B 中的扩散系数，m^2/s

D_{BA}——组分 B 在介质 A 中的扩散系数，m^2/s

d——特征尺寸，m；直径，m

d_e——液滴当量直径，m

d_p——液滴直径，m

E——萃取率

J_A——组分 A 的分子扩散通量，$kmol/(m^2 \cdot s)$

J_B——组分 B 的分子扩散通量，$kmol/(m^2 \cdot s)$

K——总传质系数，m/s

k——分传质系数，m/s

k_x——料液水相分传质系数，m/s

k_y——萃取有机相分传质系数，m/s

K_x——基于料液水相的总传质系数，m/s

K_y——基于萃取有机相的总传质系数，m/s

M——平均相对分子质量

M_A，M_B——组分 A，B 的相对分子质量

m——分配系数

N——总传质通量（传质速度），$kmol/(m^2 \cdot s)$

N_A——组分 A 的传质通量，$kmol/(m^2 \cdot s)$

N_B——组分 B 的传质通量，$kmol/(m^2 \cdot s)$

N_M——流体整体流动的传质通量，$kmol/(m^2 \cdot s)$

n——液滴个数

Re——雷诺(Reynolds)数，$Re=du\rho/\mu$，

Sc——施密特(Schmit)数，$Sc=\mu/\rho D$

Sh——舍伍德(Sherwood)数，$Sh=kd/D$

s——单位时间内液相微元被取代的分数

t——时间，s

u——流速，m/s

V——流体流速，m/s；溶剂的分子体积，cm^3/mol

V_s——滑动速度，m/s

V_t——液滴终端速度，m/s

V_0——特性速度，m/s

x——料液水相溶质组分的物质的量浓度，$kmol/m^3$

y——萃取有机相溶质组分的物质的量浓度，$kmol/m^3$

z——距离，m

希腊字母

γ——界面张力，N/m

δ_e——当量膜厚，m

ε——空隙率

ε_D——涡流扩散系数，m^2/s

μ——黏度，Pa·s

υ——运动黏度，m^2/s

ρ——密度，kg/m^3

τ——时间，s

φ——分散相存留分数

下标

c——连续相

d——分散相

f——液滴形成阶段

R——R 相

S——S 相

x——料液水相

y——萃取有机相

上标

$*$——平衡状态

参考文献

[1] 蒋维钧，戴猷元，雷良恒，等. 化工原理. 北京：清华大学出版社，2003.

[2] 汪家鼎，陈家镛. 溶剂萃取手册. 北京：化学工业出版社，2001.

[3] Whitman W G. Chem & Met Eng，1923，29：146-148.

[4] Higbie R. Trans Am Inst Chem Eng，1935，31：365-389.

[5] Danckwerts P V. Ind Eng Chem，1951，43（6）：1460-1467.

[6] Sawistowski H. Recent Advances in Liquid-Liquid Extraction. Oxford：Pergamon Press，Chapter 9，1971.

[7] Scriven L E，Sternling C V. J Fluid Mech，1964，19（3）：321-340.

[8] Lewis J B，Pratt H R C. Nature，1953，171（4365）：1155-1156.

[9] Haydon D A. Nature，1955，176（4487）：839-840.

[10] Haydon D A. Proc Royal Soc London A，1958，243（1235）：483-491.

[11] Davies T V，Haydon D A. Proc Royal Soc London A，1958，243（1235）：492-499.

[12] Aranow R H，Witten L. Phys Fluids，1963，6（4）：535-542.

[13] Berg J C，Morig C R. Chem Eng Sci，1969，24（6）：937-946.

[14] Gayler R，Pratt H R C. Trans Inst Chem Eng，1951，29：110-125.

[15] Lapidus L，Elgin J C. AIChE J，1957，3（1）：63-68.

[16] Thornton J D，Pratt H R C. Trans Inst Chem Eng，1953，31：289-306.

[17] 汪家鼎，沈忠耀，汪承藩. 化工学报，1965，16（4）：215-220.

[18] 朱慎林，沈忠耀，张宝清，等. 化工学报，1982，33（1）：1-13.

[19] 戴猷元，雷夏，朱慎林，等. 化工学报，1988，39（4）：422-430.

[20] Godfrey J C，Slater M J. Chem Eng Res Des，1991，69（2）：130-141.

[21] Mizek T. Coll Czech Chem Commun，1963，28（7）：1631-1637.

[22] Angelo J B，Lightfoot E N，Howard D W. AIChE J，1966，12（4）：751-760.

[23] Angelo J B，Lightfoot E N. AIChE J，1968，14（4）：531-540.

[24] Heertjes P M, deNie L H. Chem Eng Sci, 1966, 21 (9): 755-768.

[25] Licht W, Conway J B. Ind Eng Chem, 1950, 42 (6): 1151-1157.

[26] West F B, Robinson P A, Morgenthaler A C, et al. Ind Eng Chem, 1951, 43 (1): 234-238.

[27] West F B, Herrman A J, Chong A T, et al. Ind Eng Chem, 1952, 44 (3): 625-631.

[28] Heertjes P M, Holve W A, Talsma H. Chem Eng Sci, 1954, 3 (3): 122-142.

[29] Johnson A I, Hamielec, A E. AIChE J, 1960, 6 (1): 145-149.

[30] Whitman W G, Long L, Wang H W. Ind Eng Chem, 1926, 18: 363-367.

[31] Sherwood T K, Evans J E, Longcor J V A. Trans Am Inst Chem Engrs, 1939, 35: 597-622.

[32] Sherwood T K, Evans J E, Longcor J V A. Ind Eng Chem, 1939, 31: 1144-1150.

[33] Coulson J M, Skinner S J. Chem Eng Sci, 1952, 1 (5): 197-211.

[34] Popovich A T, Jervis R E, Trass O. Chem Eng Sci, 1964, 19 (5): 357-365.

[35] Skelland A H, Minhas S S. AIChE J, 1971, 17 (6): 1316-1324.

[36] Lee Y L. AIChE J, 2003, 49 (7): 1859-1869.

[37] Treybal R E. Liquid Extraction. 2nd ed, New York: McGraw Hill Book Company Inc, 1963.

[38] Newman A B. Trans Am Inst Chem Engrs, 1931, 27: 310-333.

[39] Kronig R, Brink J C. Appl Sci Res, 1950, A2 (2): 142-154.

[40] Handlos A E, Baron T, AIChE J, 1957, 3 (1): 127-136.

[41] Rowe P N, Claxton K T, Lewis J B. Trans Inst Chem Eng, 1965, 43 (1): 14-19.

[42] Boussinesq J. Anal Chim Phys, 1913, 29: 364-371.

第7章 逐级接触液液萃取过程的计算

液液萃取过程的流程设计主要可以按照萃取操作类型和萃取过程类型两个方面来加以分析。一般而言，萃取操作类型可以分为连续式萃取过程和间歇式萃取过程（或称分批式萃取过程）两大类。连续式萃取过程是液液萃取过程的工业实践中重要的操作过程。连续式萃取过程又可以细分为逐级接触连续式萃取过程和微分接触连续逆流萃取过程。

按液液萃取的过程类型划分，逐级接触连续式萃取过程一般分为单级萃取过程、多级错流萃取过程、多级逆流萃取过程、多级逆流复合萃取过程等。液液萃取的两相经充分混合接触，达到平衡，可称为单级萃取过程。然而，为了实现预定的分离目标，如高去除率、大处理量等，料液相和萃取相的一次接触平衡往往是不能满足要求的。此时需要把单级萃取过程集成起来，形成多级萃取过程，包括多级错流萃取过程、多级逆流萃取过程、多级逆流复合萃取过程等。

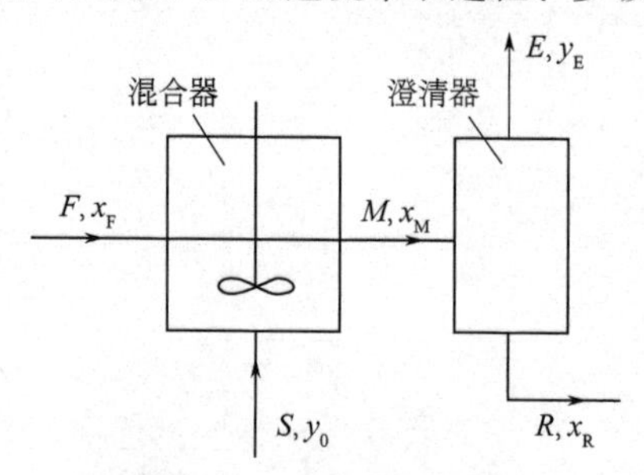

图 7-1 单级萃取流程示意图

F—料液的量，kg 或 kg/h；S—萃取剂的量，kg 或 kg/h；M—混合液（原料液＋萃取剂）的量，kg 或 kg/h；E—萃取相的量，kg 或 kg/h；R—萃余相的量，kg 或 kg/h；x_F—原料液中溶质 A 的质量分数；x_M—混合液中溶质 A 的质量分数；x_R—萃余相中溶质 A 的质量分数；y_0—萃取剂中溶质 A 的质量分数；y_E—萃取相中溶质 A 的质量分数

7.1 单级萃取过程及其计算

单级萃取是液液萃取中最简单、最基本的操作方式，其流程如图 7-1 所示。原料液 F 和萃取剂 S 同时加入混合器内，充分搅拌，使两相混合。溶质 A 从料液相进入萃取相，经过一定时间，将混合液 M 送入澄清器，两相澄清分离。

单级萃取过程的分析通常借助于平衡级的概念。料液和萃取剂经充分混合接触、澄清分相，若此过程达到平衡，即为一次接触平衡，完成这一单级萃取过程所用的装置或设备则相当于一个平衡级（或理论级）。经过一个理论级，呈平衡的两个液相（萃余相 R 和萃取相 E），分别从澄清器放出。如果萃取溶剂与料液相溶剂部分互溶，萃取相与萃余相需分别送入萃取剂回收设备回收萃取剂，脱除萃取剂后相应得到萃取液与萃余液。

单级萃取可以间歇操作，也可以连续操作。连续操作时，料液与萃取剂分别以一定流量送入混合器，在混合器和澄清器中停留一定时间后，萃取相与萃余相分别从澄清器流出。实际上，无论间歇操作还是连续操作，两液相在混合器和澄清器中的停留时间总是有限的，萃取相与萃余相不可能达到理想的平衡状态，只能接近平衡状态，其差距可以用级效率进行修正。单级萃取过程的计算中，一般已知所要求处理的原料液的量和组成、溶剂的组成、体系的相平衡数据、萃余相（或萃余液）的组成，要求计算所需萃取剂的用量、萃取相和萃余相的量与萃取相的组成。

7.1.1 溶剂部分互溶体系

对于萃取溶剂与料液相溶剂为部分互溶的体系，通常根据三角形相图用图解法进行计算。图7-1所示流程中各物流的量与组成同样在图 7-2 中表示出来。

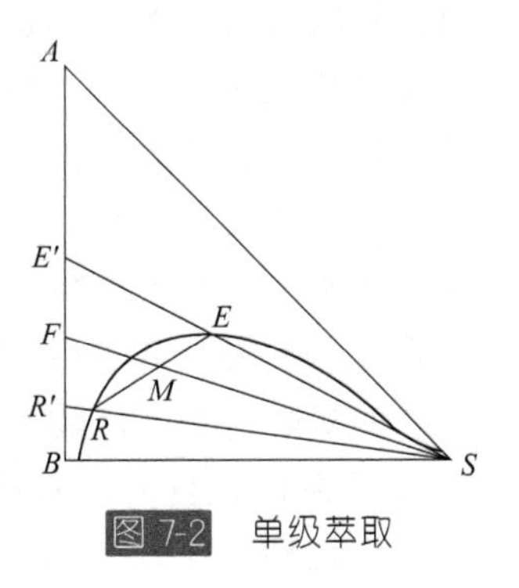

图 7-2 单级萃取

图解法的计算步骤如下。

① 根据已知平衡数据在直角三角形坐标图中画溶解度曲线及辅助曲线。

② 在三角形坐标的 AB 边上根据料液的组成确定 F 点（见图 7-2），根据所用萃取剂的组成在图上确定 S 点（假设使用纯萃取剂，萃取剂 S 点落在三角形右顶点上），连接 FS，则代表料液与萃取剂的混合液的点 M 必定落在 FS 的连线上。

③ 由工艺要求的 x_R 在图上定出 R 点，再由 R 点利用辅助曲线求出 E 点，连 RE 直线，则 RE 与 FS 线的交点即为混合液的组成点 M。根据杠杆法则，求出所需萃取剂的量 S：

$$\frac{S}{F}=\frac{\overline{MF}}{\overline{MS}},\quad S=\frac{\overline{MF}}{\overline{MS}}\times F \tag{7-1}$$

式中，原料液量 F 已知，$\overline{MF}$与$\overline{MS}$线段的长度可从图中量出，故可求出 S。

④ 求萃取相量 E 和萃余相量 R，根据杠杆法则：

$$\frac{R}{E}=\frac{\overline{ME}}{\overline{MR}} \tag{7-2}$$

根据系统的总物料衡算：

$$F+S=R+E=M \tag{7-3}$$

联立以上二式即可解出 R 与 E，并从图 7-2 中读出 y_E。图 7-2 中 E'和 R'代表脱除萃取溶剂后的萃取液和萃余液，用类似的方法，可根据杠杆法则求得萃取液和萃余液的量，并从图上读出其组成。

计算中也可以根据三角形相图，读出各物流的组成，用物料衡算式求出 S、E 与 R。作溶质 A 的物料衡算：

$$Fx_F+Sy_S=Rx_R+Ey_E=Mx_M \tag{7-4}$$

联立式（7-3）与式（7-4），求解可得

$$S=\frac{F(x_F-x_M)}{x_M-y_S} \tag{7-5}$$

$$E=\frac{M(x_M-x_R)}{y_E-x_R} \tag{7-6}$$

$$R=\frac{M(y_E-x_M)}{y_E-x_R} \tag{7-7}$$

在单级萃取操作中，当料液量 F 一定时，萃取剂的加入量 S 过小或过大，可能使 M 点落在两相区之外，由于未形成两相，不能起到分离的效果，所以，单级萃取操作有一个最小萃取剂用量和最大萃取剂用量。如图 7-3 所示，最小萃取剂用量 $S_{\min}$ 为 F 和 S 混合液的组成点 M 落在点 D 的位置时，所对应的萃取剂用量；最大萃取剂用量 $S_{\max}$ 为 M 点落在 G 位置时，所对应的萃取剂用量。

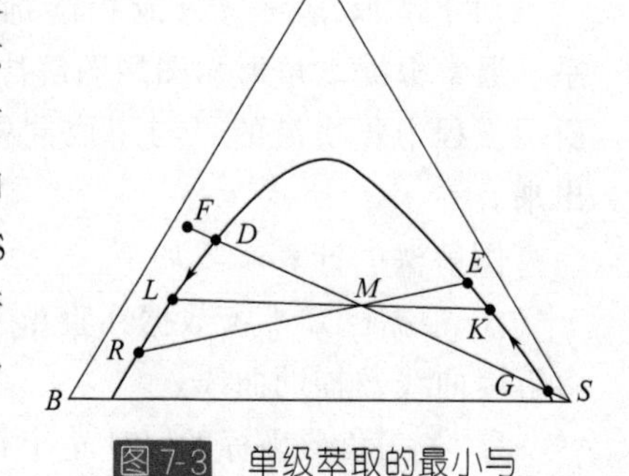

图 7-3 单级萃取的最小与最大萃取剂用量

由杠杆法则可得

$$S_{\min}=F\left(\frac{\overline{FD}}{\overline{DS}}\right) \tag{7-8}$$

$$S_{\max}=F\left(\frac{\overline{GF}}{\overline{GS}}\right) \tag{7-9}$$

7.1.2 溶剂不互溶体系

对于萃取溶剂与料液相溶剂为不互溶的体系，溶质 A 在两液相间的平衡关系可采用函数形式表示，因此，联立平衡关系式与物料衡算式，即可解出萃取剂需要量与萃取相的组成。

例如，平衡关系式为

$$Y=f(X) \tag{7-10}$$

溶质 A 的物料衡算式为

$$S(Y_E-Y_0)=B(X_F-X_R) \tag{7-11}$$

式中，S 为萃取相中纯萃取剂的量，kg 或 kg/h；B 为料液相（萃余相）中纯溶剂的量，kg 或 kg/h；Y 为溶质 A 在萃取相中的质量分数；X 为溶质 A 在萃余相中的质量分数；下标 0、F、E 和 R 分别表示萃取剂、原料液、萃取相和萃余相。

联立解式（7-10）与式（7-11），即可求得 S 与 Y_E。

这一解法在直角坐标图上表示，如图 7-4 所示。式（7-11）为单级萃取的操作线方程，在图上为通过点（X_F，Y_0），斜率为 $-B/S$ 的直线，由它与平衡线（分配曲线）的交点得出 Y_E 与 X_R。原始浓度分别为 X_F、Y_0 的两相在混合接触过程中，由于被萃取组分的转移，致使它在萃取相中的浓度有所增加，在萃余相中的浓度有所降低，直至达到平衡状态，即图 7-4 中平衡线上的点所对应的两相浓度 Y_E 和 X_R。Y_E 和 X_R 是单级萃取接触后溶质组分在两相的理论上所能达到的最终浓度。实际上，由于推动力的不断减小，要达到这一最终浓度，其接触时间应为无限长，这在工业生产中是做不到的。

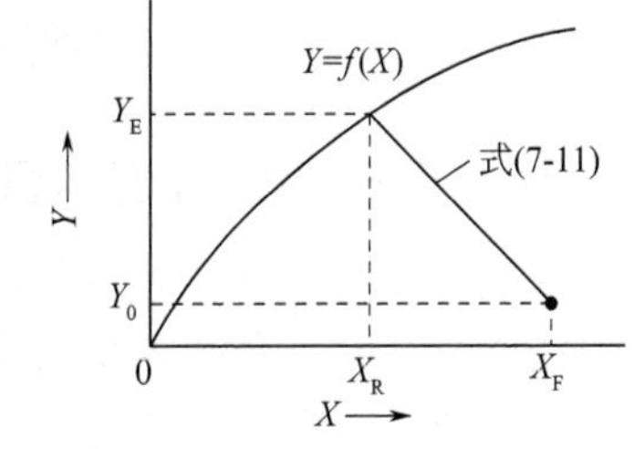

图 7-4 不互溶体系的单级萃取

如果分配系数不随溶液组成而变化，则平衡关系可表示为

$$Y=KX \tag{7-12}$$

式中，K 为常数。一般开始进行萃取操作时，萃取溶剂为不含被萃取组分的新鲜溶剂，即 $Y_0=0$，则可得

$$Y_E=\frac{KX_F}{1+K\frac{S}{B}} \tag{7-13}$$

十分明显，K 越大，萃取率就越高。萃取剂的用量多，即 S 越大，萃取率也就越高。一般说来，单级萃取过程的萃取率是不能满足分离要求的。所以，单级萃取过程只有在分配系数值很大而萃取要求不高的情况下使用。

7.2 多级错流萃取过程及其计算[1]

多级错流萃取过程如图 7-5 所示。原料液从第 1 级加入，每一级均加入新鲜的萃取剂。在第 1 级中，料液与萃取剂接触、传质，最后两相达到平衡。分相后，所得萃余相的量为 R_1，送到第 2 级中作为第 2 级的原料液，在第 2 级中用新鲜萃取剂再次进行萃取，由第 2 级所得的萃余相（量为 R_2）再送入第三级与新鲜溶剂接触，进行萃取，以此类推，一直到第 n 级，使最终排出的萃余相中所含的溶质浓度符合分离要求。各级所得的萃取相（量为 E_1、E_2、…、E_n）排出后汇集一体，成为混合萃取相，并进行萃取剂和溶质的回收。在多级错流萃取过程中，由于各级均加入了新鲜溶剂，萃取的传质推动力大，萃取率高，但是溶剂耗用量大，混合萃取液中含有大量溶剂，溶质浓度低，溶剂回收费用高。

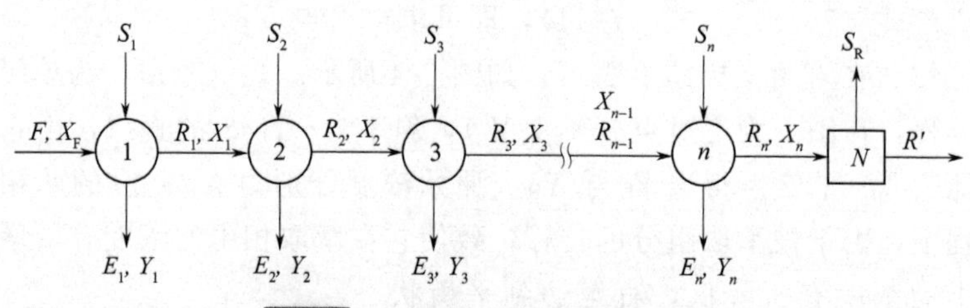

图 7-5　多级错流萃取过程示意图

7.2.1 溶剂部分互溶体系

对于萃取溶剂与料液相溶剂为部分互溶的体系，通常根据三角形相图用图解法进行计算。已知体系的相平衡数据、料液的量 F 及其组成 x_F，最终萃余相的组成 x_R 和萃取剂的组成 y_0，选择萃取剂用量 S（每一级萃取剂的用量可相等，亦可以不相等），求所需理论级数。

多级错流萃取的计算中，每一级的算法与单级萃取的图解法相同，因此，多次重复单级萃取的图解步骤，即可求出所需的理论级数及萃取剂的用量。图 7-6 表示出了这一计算过程。假设萃取剂中含有少量溶质 A 和料液相溶剂，其状态点如 S_0 点所示。在第 1 级中，用萃取剂 S_1 与原料液接触得混合液 M_1，点 M_1 必须位于 S_0F 连线上，由 $F/M_1=\overline{S_0M_1}/\overline{FS_0}$ 定出 M_1 点。萃取过程达到平衡且分相后，得到萃取相 E_1 和萃余相 R_1。点 E_1 与 R_1 在溶解度曲线

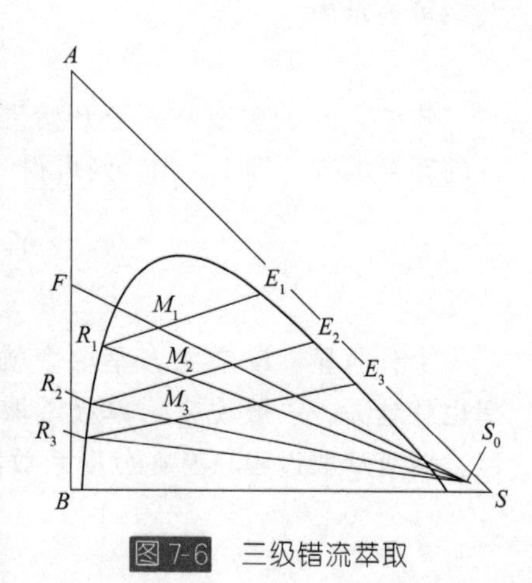

图 7-6　三级错流萃取

上，且在通过点 M_1 的一条连接线的两端，这条连接线可利用辅助线，通过试差法找出。在第 2 级中，用新鲜溶剂萃取第一级流出的萃余相 R_1，两者的混合液为 M_2，同样，点 M_2 也必然位于 S_0R_1 连线上，萃取得到的萃取相 E_2 与萃余相 R_2 的量，由通过 M_2 的连接线求出。如此类推，直到萃余相中溶质的组成等于或小于要求的组成 x_R 为止，此时的萃取级数即为所求的理论级数。

【例 7-1】 含醋酸 0.3（质量分数）的醋酸水溶液 100kg，用三级错流萃取。每级用 40kg 纯异丙醚萃取，操作温度为 20℃，求：(1) 各级排出的萃取液和萃余液的量和组成；(2) 如果用一次萃取达到同样的残液浓度，需要萃取剂的量。

20℃时醋酸 (A)-水 (B)-异丙醚 (S) 的平衡数据如下：

水相			有机相		
A	B	S	A	B	S
0.69%	98.1%	1.2%	0.18%	0.5%	99.3%
1.41%	97.1%	1.5%	0.37%	0.7%	98.9%
2.89%	95.5%	1.6%	0.79%	0.8%	98.4%
6.42%	91.7%	1.9%	1.9%	1.0%	97.1%
13.34%	84.4%	2.3%	4.8%	1.9%	93.3%
25.50%	71.7%	3.4%	11.40%	3.9%	84.7%
36.7%	58.9%	4.4%	21.60%	6.9%	71.5%
44.3%	45.1%	10.6%	31.10%	10.8%	58.1%
46.40%	37.1%	16.5%	36.20%	15.1%	48.7%

解：根据平衡数据绘出溶解度曲线，如图 7-7 所示。

(1) 三级错流萃取

第 1 级

$F=100\text{kg}$，$x_F=0.3$，$S_1=40\text{kg}$，$y_0=0$，进行物料衡算：

$$M_1=F+S_1=(100+40)\text{kg}=140\text{kg}$$

$$M_1x_{M_1}=F_1x_F+S_1$$

$$x_{M_1}=\frac{30}{140}=0.214$$

如图 7-7 (a) 所示，在 FS 连线上根据 x_{M_1} 组成定出 M_1 点。过 M_1 点借助分配曲线在图上试差定出 R_1 与 E_1，读出 R_1、E_1 的组成：

$$x_1=0.258,\ y_1=0.117$$

根据式 (7-6) 得

$$E_1=\frac{M_1(x_{M_1}-x_1)}{y_1-x_1}=\frac{140(0.214-0.258)}{0.117-0.258}\text{kg}=43.6\text{kg}$$

$$R_1=M_1-E_1=(140-43.6)\text{kg}=96.4\text{kg}$$

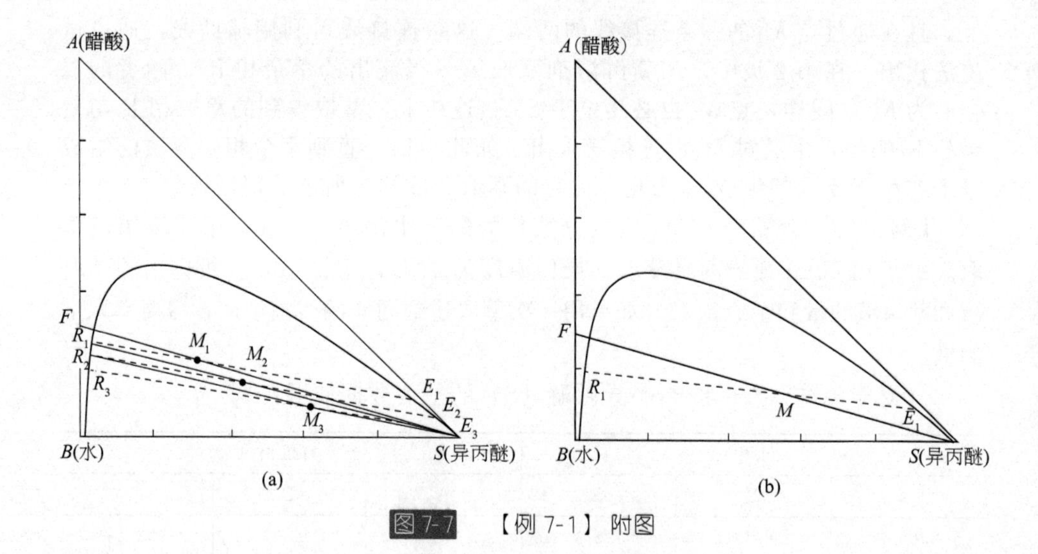

图 7-7 【例 7-1】附图

第 2 级

$$S_2=40\text{kg}$$

$$M_2=R_1+S_2=136.4\text{kg}$$

$$96.4\times0.258=136.4x_{M_2}$$

$$x_{M_2}=0.182$$

同上，在图 7-7 上找出点 M_2 和 R_2 与 E_2，读出其组成：

$$x_2=0.227,\ y_2=0.095$$

根据式（7-6）得

$$E_2=\frac{M_2(x_{M_2}-x_2)}{y_2-x_2}=\frac{136.4(0.182-0.227)}{0.095-0.227}\text{kg}=46.3\text{kg}$$

$$R_2=M_2-E_2=(136.4-46.3)\text{kg}=90.1\text{kg}$$

第 3 级，同上得

$S_3=40\text{kg}$，$M_3=130.1\text{kg}$，$x_{M3}=0.157$，$x_3=0.20$，$y_3=0.078$，$E_3=45.7\text{kg}$，$R_3=84.4\text{kg}$

最终萃余液中醋酸含量：

$$R_3x_3=84.4\times0.20\text{kg}=16.88\text{kg}$$

萃取相的总量：

$$E_1+E_2+E_3=(46.3+46.3+45.7)\text{kg}=135.6\text{kg}$$

醋酸的总萃出量：

$$E_1y_1+E_2y_2+E_3y_3=13.12\text{kg}$$

（2）单级萃取

一次萃取要求萃余液组成 $x=0.2$，对应的连接线 E_1R_1 和 FS 的交点为 M

［见图 7-7（b）］，读出混合液中醋酸的含量为 $x_M=0.12$，根据式（7-5）所需萃取剂用量 S 为

$$S=\frac{F(x_F-x_M)}{x_M-y_0}=\frac{100(0.3-0.12)}{0.12-0}\text{kg}=150\text{kg}$$

比较计算结果可知，当要求萃余液组成相同时，应用三级错流萃取需要的萃取剂量比单级萃取时少。

7.2.2 溶剂不互溶体系

若料液相溶剂 B 与萃取溶剂 S 不互溶或互溶度很小，可以认为料液与从各级流出的萃余相中的溶剂量 B 保持不变。各级中，加入的萃取剂与流出的萃取相中的纯萃取剂量 S 相同，过程的计算可以用单级萃取的算法逐级进行，也可以用图解法进行。

作第 1 级溶质 A 的物料衡算（参见图 7-5），组成改用 X、Y：

$$BX_F+S_1Y_0=BX_1+S_1Y_1 \tag{7-14}$$

由式（7-14）得

$$Y_1-Y_0=-\frac{B}{S_1}(X_1-X_F) \tag{7-15}$$

式中　B——料液相溶剂的量，kg 或 kg/h；

S_1——加入第 1 级的萃取剂中的纯萃取剂量，kg 或 kg/h；

Y_0——萃取剂中溶质 A 的质量分数；

X_F——料液中溶质 A 的质量分数；

Y_1——第 1 级流出的萃取相中溶质 A 的质量分数；

X_1——第 1 级流出的萃余相中溶质 A 的质量分数。

式（7-15）为表示第 1 级萃取过程中萃取相与萃余相的组成变化的操作线方程。

同理，对任意一个萃取级 i，溶质 A 的物料衡算得

$$Y_i-Y_0=-\frac{B}{S_i}(X_i-X_{i-1}) \tag{7-16}$$

式（7-16）表示任一级的萃取过程中萃取相组成 Y_i 与萃余相组成 X_i 之间的关系，是错流萃取中第 i 级的操作线方程，在直角坐标图上是一直线。此直线通过点（X_{i-1}，Y_0），斜率为 $-B/S_i$。当此级达到一个理论级时，X_i 与 Y_i 为一对平衡值，即为此直线与平衡线的交点（X_i，Y_i）。已知料液量及组成 X_F，每一级加入的萃取剂量和萃取剂组成 Y_0，即可用图解法求出将萃余液中溶质 A 的组成降到 X_R 所需的级数。

在直角坐标图上，画出体系的平衡分配曲线（如图 7-8 所示），根据料液的组成 X_F 及萃取剂组成 Y_0，定出 V 点。从 V 点开始作斜率为 $-B/S_1$ 的直线与平衡线相交于 T。T 点的坐标为（X_1，Y_1），为第 1 级流出的萃余相和萃取

相的组成。第 2 级进料液组成为 X_1，萃取剂加入量为 S_2，其组成亦为 Y_0。根据组成 X_1 和 Y_0 可以在图上定出 U 点，自 U 点作斜率为 $-B/S_2$ 的直线与平衡线相交于 Z，得 X_2 和 Y_2……如此连续作图，直到 n 级的操作线与平衡线交点的横坐标 X_n 等于或小于要求的 X_R 为止，n 即为所需的理论级数目。

图 7-8 中各操作线的斜率随各级萃取剂的用量而变化，如果每级所用萃取剂量相等，则各操作线斜率相同，相互平行。

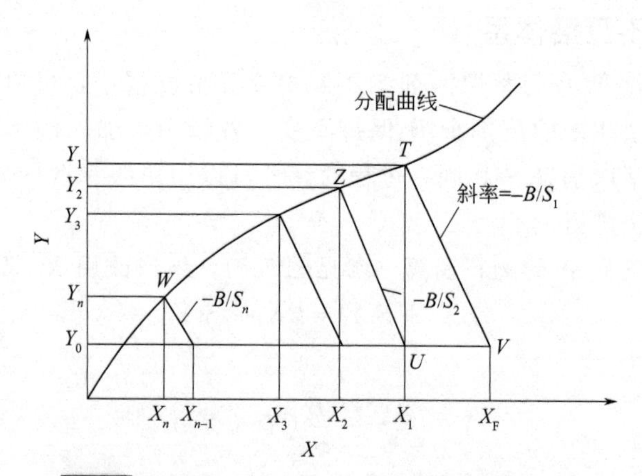

图 7-8　图解法求多级错流萃取所需的理论级数

对于萃取剂与料液相溶剂互不相溶的体系，设料液相溶剂的量为 B，各级萃取溶剂的量均为 S，即 $S_1=S_2=\cdots=S_N=S$，假定各级分配系数为常数，萃取溶剂为不含被萃取组分的新鲜溶剂，即 $Y_0=0$，则可以获得经 N 级错流萃取过程的萃余液浓度表达式

$$X_R=\frac{X_F}{\left(1+K\frac{S}{B}\right)^N} \tag{7-17}$$

若已知料液相溶剂的量 B，各级萃取溶剂的量 S，分配系数值和所需的萃取率，就可以求取所需的萃取理论级数 N。

7.3　多级逆流萃取过程及计算[1]

多级逆流萃取过程如图 7-9 所示。原料液从第 1 级进入，逐级流过系统，最终萃余相从第 n 级流出，新鲜萃取剂从第 n 级进入，与原料液逆流，逐级与料液接触，在每一级中两液相充分接触，进行传质，最终的萃取相从第 1 级流出。最终的萃取相与萃余相分别在溶剂回收装置中脱除萃取剂，得到萃取液与萃余液。总之，两相的组成在各级之间呈阶梯式变化，料液相中被萃取组分的浓度从第 1 级到第 N 级逐级降低，而萃取相中被萃取组分浓度则从第 N 级到第 1 级逐级升高。因此，和多级错流萃取过程相比较，多级逆流萃取过程中萃取溶剂的用量大大减少，萃取溶剂中的溶质浓度明显提高。

图 7-9 中，若每一个接触级都相当于一个平衡级，两相充分接触传质，各级出口的料液相中被萃取组分的浓度 x（质量分数）和萃取相中被萃取组分的浓度 y（质量分数）达到萃取平衡状态。图中 x、y 符号的右下标表示从第几级流出。x_F 为料液相中被萃取组分的原始浓度，y_0 为新鲜萃取剂中被萃取组分的初始浓度。

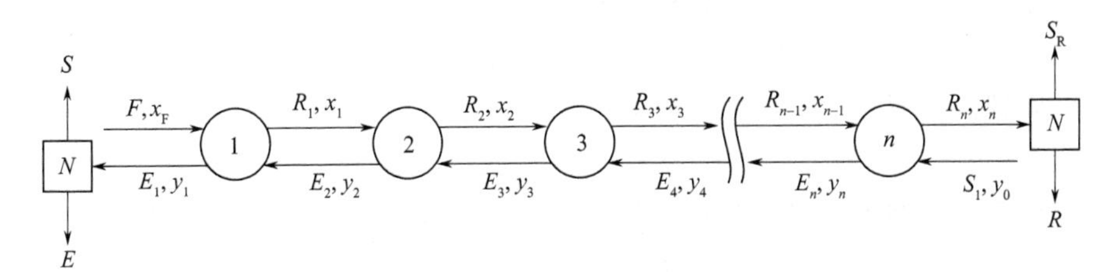

图 7-9　多级逆流萃取流程示意图

7.3.1　溶剂部分互溶体系

已知原料液量 F（kg/h）及其组成 x_F，萃取剂组成 y_0，最终萃余相的组成 x_R，选择萃取剂用量 S，求所需理论级数。因为部分互溶体系相平衡关系的数学表达式较复杂，通常应用逐级图解法求解，可用三角形坐标图或直角坐标图进行计算。

7.3.1.1　三角形坐标图求理论级数

在三角形相图上逐级图解法的步骤与原理如下。

① 根据平衡数据在三角形坐标图上绘出溶解度曲线及辅助曲线（图 7-10）。

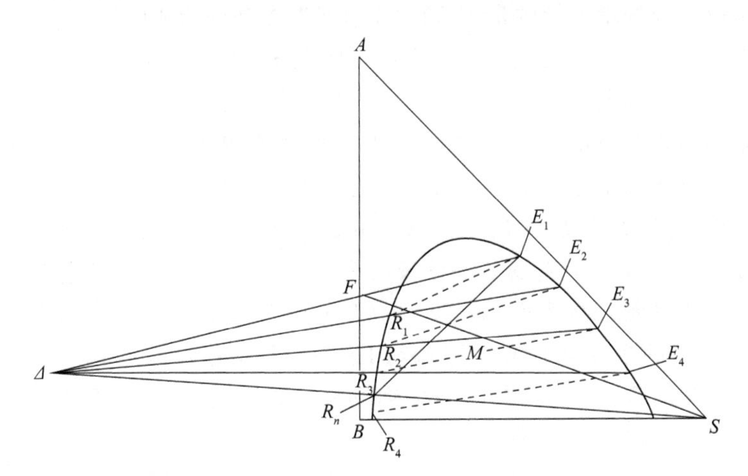

图 7-10　多级逆流萃取理论级数的逐级图解法

② 由已知的组成 x_F 与 x_R 在图上定出原料液和最终萃余相的状态点 F 和 R_n。由萃取剂的组成定出其状态点 S 的位置，连 SF 线，并根据给定的 F 和选定的萃取剂量 S，按照杠杆法则确定混合后的总量及其状态点 M 的位置，连接 R_nM，并延长与溶解度曲线交于 E_1 点，该点即为最终萃取相 E_1 的状态点。

③ 应用溶解度曲线与物料衡算关系，逐级计算求理论级数。

做第 1 级的物料衡算（见图 7-9）：

$$F + E_2 = R_1 + E_1 \quad \text{或} \quad F - E_1 = R_1 - E_2$$

同理，做第 1、第 2 级的物料衡算可得

$$F - E_1 = R_2 - E_3$$

做第 1 级到第 n 级的物料衡算：

$$F - E_1 = R_n - S$$

由以上各式可得

$$F - E_1 = R_1 - E_2 = R_2 - E_3 = \cdots = R_{n-1} - E_n = R_n - S = \Delta \tag{7-18}$$

式（7-18）表明，离开每一级萃余相的流量与进入该级的萃取相的流量之差为一常数，以 Δ 表示。Δ 可以认为是图 7-9 中自左向右通过每一级的“净流量”。这一虚拟的净物流在三角形相图上也可用一定点（Δ 点）表示，称为操作点。当用式（7-18）表示的 Δ 为负值时，可将式（7-18）改写为以下形式：

$$S - R_n = E_1 - F = E_2 - R_1 = \cdots = E_n - R_{n-1} = \Delta \tag{7-19}$$

式（7-18）与式（7-19）表示任意两级间相遇的萃取相与萃余相间的关系，称为逆流萃取的操作线方程。

分析式（7-19）表示的 E_1、F 和 Δ 之间的关系，可以认为原料液的量 F 是由流出第 1 级的萃取相的量 E_1 和“净流量”Δ 加和而成的。点 F 是点 E_1 和 Δ 的合点，F、E_1 与 Δ 三点共线。同理，R_n 与 S、R_1 与 E_2、R_2 与 E_3…R_{n-1} 与 E_n 均与 Δ 共线（见图 7-10）。可见，在三角形相图上，任意两级间相遇的萃取相和萃余相的状态点的连线必通过 Δ 点。根据此特性，就可以很方便地进行逐级计算，以便确定逆流萃取所需的理论级数。

首先作 E_1 与 F 和 S 与 R_n 的连线，并延长使其相交于 Δ，然后从 E_1 开始，先作连接线求出 R_1 点，连 ΔR_1 并延长与溶解度曲线交于 E_2，再作连接线求出 R_2 点，连 ΔR_2 并延长与溶解度曲线交于 E_3……反复连续作图，当第 n 根连接线所得到的 R_n 的组成等于或小于要求的最终的萃余相组成 x_R 时，则 n 就是所需的级数。从图 7-10 可以看出，R_4 中溶质 A 的组成 x_4 已小于规定量 x_R，表明 4 个理论级就可以达到萃取要求。

图 7-10 中的 E_1F 和 SR_n 连线交点 Δ 的位置是与 4 股物流的量与组成等因素有关的。交点 Δ 可能在三角形的左侧，也可能在三角形的右侧。在某一个特定的情况下，即直线 E_1F 和 SR_n 平行时，没有交点（或者说交点在无限远

处)。但是无论 Δ 点落在何处，计算理论级数的方法都是一样的。

7.3.1.2 直角坐标图求理论级数

当多级逆流萃取所需的理论级数较多时，如果用三角形坐标图图解法求解，线条密集、不很清晰，可以采用直角坐标图上的分配曲线进行图解计算。在直角坐标图上逐级图解法的步骤如下。

① 在直角坐标图上，根据已知相平衡数据绘出分配曲线。

② 在三角形坐标图上，按前述多级逆流图解法，根据 E_1 与 F 和 S_0 与 R_n 诸点求出 Δ 点。如图 7-11（a）所示。

③ 在三角形坐标图上，直线 ΔFE_1 及 ΔR_nS_0 两线之间，从 Δ 点出发作若干条直线，均与溶解度曲相交于两点 R_{m-1} 和 E_m，其组成为 x_{m-1} 和 y_m，对应地在直角坐标图上可找出一个操作点。将若干个操作点连成一根曲线，即得到直角坐标图上多级逆流萃取的操作线，如图 7-11（b）中所示。

④ 在分配曲线与操作线之间，从点 N（x_F，y_1）开始画阶梯，直至某一梯级所指萃余相组成 x_N 等于或小于要求的最终萃余相组成 x_R 为止，所绘梯级数 N 即为萃取所需的理论级数。

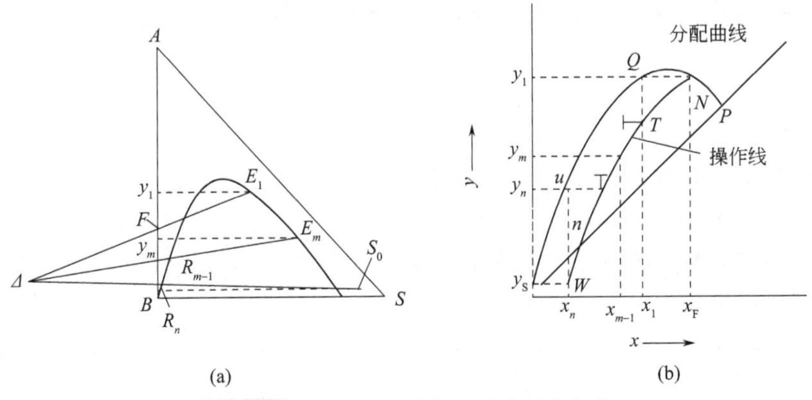

图 7-11　用分配曲线图解法求理论级数

在部分互溶体系的萃取过程中，料液相溶剂与萃取剂之间的互溶度是随溶质 A 的浓度大小而变化的，所以，逆流萃取的操作线不是直线，是一条随浓度变化的曲线。

【例 7-2】 含醋酸 0.3（质量分数）的醋酸水溶液，用异丙醚为萃取剂萃取。原料液处理量为 2000kg/h，萃取剂用量为 5000kg/h，欲使最终萃余相中醋酸含量不大于 0.02（质量分数），用直角坐标图求所需的理论级数（操作温度为 20℃，20℃时体系的平衡数据见例【7-1】）。

解：（1）按题给出的平衡数据在三角形坐标图上画出溶解度曲线，见图 7-12（a），以及分配曲线，见图 7-12（b）。

（2）在图7-12（a）上由 $x_F=0.3$ 确定 F 点，连 SF 线。根据杠杆法则，确定 M 点的位置：

$$\frac{F}{M}=\frac{\overline{SM}}{\overline{FS}},\qquad \frac{F}{F+S}=\frac{\overline{SM}}{\overline{FS}},\qquad \frac{2000}{5000+2000}=\frac{\overline{SM}}{\overline{FS}}$$

故

$$\overline{SM}=\frac{2}{7}\overline{FS}$$

由 $x_R=0.02$ 确定 R_n 点，连 R_nM 并延长与溶解度曲线交于 E_1 点。

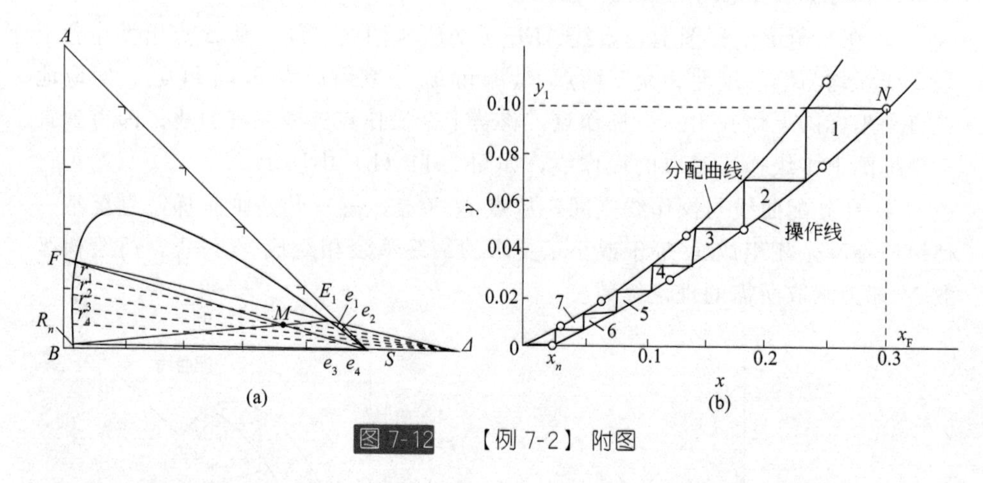

图7-12　【例7-2】附图

（3）连 FE_1 线及 R_nS 线，两线延长，得交点 Δ。从 Δ 点作若干条直线，与溶解度曲线相交于 e_1 与 r_1，e_2 与 r_2，e_3 与 r_3 及 e_4 与 r_4 等点。从图上读出以上各对点相应的醋酸组成 y 与 x 的值，并列于下表，用该组数据在图7-12（b）上作出操作线。

y	0.1	0.075	0.05	0.028	0.014	0
x	0.3	0.225	0.18	0.12	0.075	0.02

（4）从 $x=x_F=0.3$ 与 $y=y_1=0.1$ 的点 N 开始，在操作线与分配曲线之间画梯级，直至 $x\leqslant 2\%$ 为止，求得本题共需7个理论级。

7.3.2　溶剂不互溶体系

对于萃取剂与料液相溶剂不互溶体系，因为在多级逆流萃取过程中，萃取相中萃取剂的量和萃余相中溶剂的量均保持不变，所以，计算中原料液和萃余相的量用其中的溶剂量 B 表示，萃取剂和萃取相的量用其中的纯萃取剂量 S 表示，组成用溶质A的质量分数 X 和 Y 表示。

具体的计算步骤如下：

① 将平衡数据（换算成 X、Y 表示后）绘在 X-Y 坐标图上，得平衡线，

见图 7-13（b）。

② 根据物料衡算找出逆流萃取的操作线方程。在第 1 级与第 m 级间做溶质 A 的物料衡算，见图 7-13（a）：

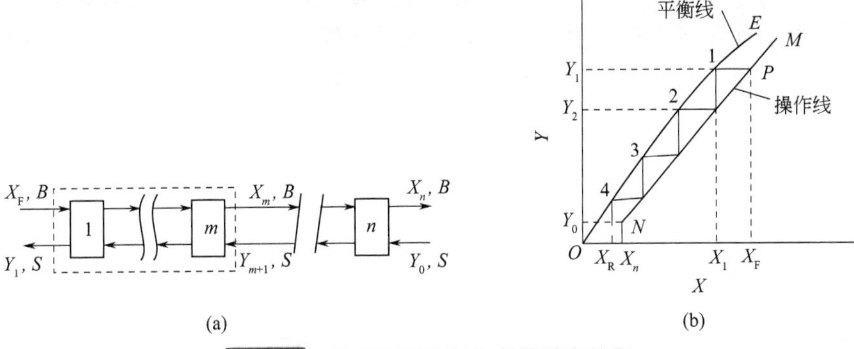

图 7-13　两相不互溶时的多级逆流萃取

$$BX_F + SY_{m+1} = BX_m + SY_1$$

$$Y_{m+1} = \frac{B}{S}X_m + \left(Y_1 - \frac{B}{S}X_F\right) \tag{7-20}$$

式中　X_F——料液中溶质 A 的质量分数；

Y_1——最终萃取相 E_1 中溶质 A 的质量分数；

X_m——离开第 m 级的萃余相中溶质 A 的质量分数；

Y_{m+1}——进入第 m 级的萃取相中溶质 A 的质量分数；

B——料液相中溶剂的流量，kg/h；

S——萃取相中纯萃取剂的流量，kg/h。

式（7-20）即为该体系逆流萃取的操作线方程，式中 B 与 S 均为常数，故操作线为一直线，其斜率为 B/S。操作线两个端点为（X_F，Y_1）及（X_n，Y_0）。

③ 从操作线的一端点 P 开始，在操作线与平衡线间画梯级，至另一端点，其间的梯级数即为所需理论级数，图 7-13 所示的级数为 3.6 个理论级。

必须说明的是，图解法的误差有时是比较大的，因此，在使用过程中需要注意偏差的修正，以获得合理的设计数据。

7.3.3　多级逆流萃取过程的最小萃取剂用量

多级逆流萃取过程中对于一定的萃取分离要求存在着一个最小萃取流比或最小萃取剂用量 S_{min}。S_{min} 是萃取剂用量的最低极限值，如果操作时所用的萃取剂量小于 S_{min}，则无论用多少个理论级也达不到规定的萃取要求。实际使用的萃取剂用量必须大于最小萃取剂用量。

7.3.3.1　溶剂部分互溶体系

前已述及，操作点 Δ 的位置与溶剂比 S/F 有关。萃取剂用量愈大，混合

点 M 愈靠近点 S，E_1点愈低，操作点 Δ 离 B 点愈远。反之，若萃取剂用量愈小，则混合点 M 愈靠近点 F，E_1点愈高，操作点 Δ 愈靠近 B 点（图 7-14）。当萃取剂用量变化时，观察操作线与连接线位置间的关系，可以看到萃取剂用量愈小，则操作线与连接线的斜率愈接近。这就意味着所需理论级数随萃取剂的用量减小而增多。当萃取剂用量减少至某一极限值，即 S_{min}时，出现操作线与连接线相重合的现象，此时所需要的理论级数为无穷多。

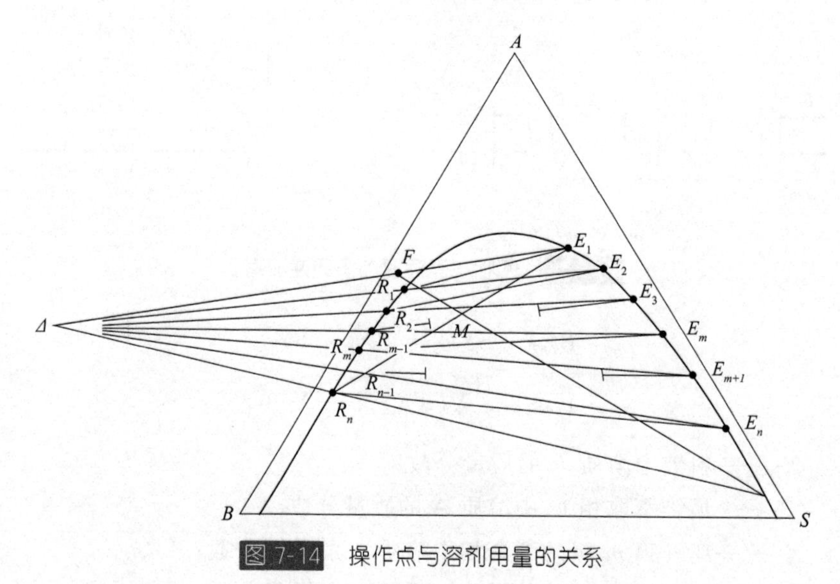

图 7-14 操作点与溶剂用量的关系

因此，可用下述方法确定最小萃取剂用量 S_{min}，将 R_nS_0线延长，并与若干根连接线的延长线相交（图 7-15），得交点 Δ_1、Δ_2、Δ_3、…，离 R_n 最远的交点（如图 7-15 中连接线 HJ 对应的交点Δ_1）相应的操作线为最小萃取剂用量的操作线。根据操作点 Δ_1，即可用杠杆法则求出 S_{min}。

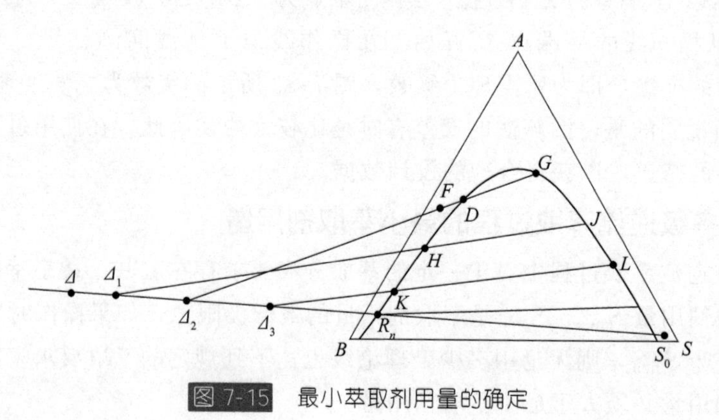

图 7-15 最小萃取剂用量的确定

7.3.3.2 溶剂不互溶体系

对于萃取剂与料液相溶剂不互溶体系，在原料液量 F 和组成 X_F、原始萃取剂组成 Y_0、最终萃余相组成 X_R给定的条件下，可以确定最小萃取剂用量。如图 7-16 所示，在 X-Y 图上画平衡线与操作线 NM_1、NM_2和 NM_{min}。这 3 条操作线的斜率分别为 $k_1=B/S_1$、$k_2=B/S_2$和 $k_{min}=B/S_{min}$，$k_1<k_2<k_{min}$，对应的萃取剂用量 $S_1>S_2>S_{min}$。当操作线为 NM_1时，达到分离要求（最终萃余液组成降为 x_R）所需理论级数为 2；当萃取剂用量减小，操作线为 NM_2时，达到同样分离要求所需理论级数为 5；当萃取剂用量进一步减小，操作线为 NM_{min}时，操作线与平衡线相交于 M_{min}点，在图上出现了夹紧区，此时达到上述分离要求所需的级数为无穷多，相应的萃取剂用量为萃取剂用量的下限，称为此条件下的最小萃取剂用量。最小萃取剂用量可确定为：

$$S_{min}=B/k_{min} \tag{7-21}$$

式中，k_{min}为当萃取剂用量为最小时，操作线的斜率。

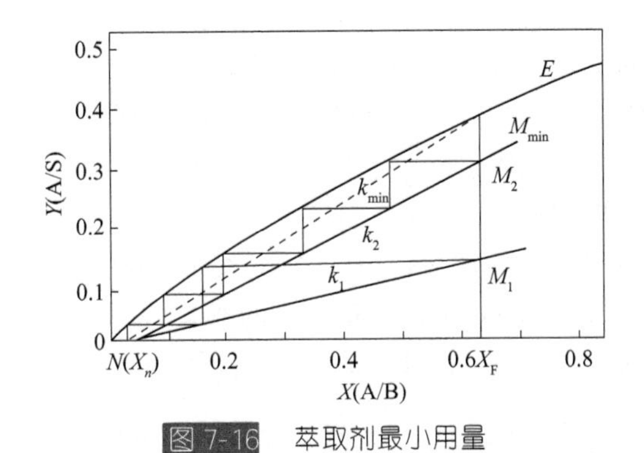

图 7-16　萃取剂最小用量

【例 7-3】 15℃下，丙酮-苯-水的平衡曲线如图 7-17 所示。现有含丙酮 0.4（质量分数）、苯 0.6（质量分数）的混合液，用水进行萃取，要求萃余相中丙酮的质量分数降为 0.04。苯与水可视为不互溶。试求：(1) 每小时处理 1000kg 丙酮与苯的混合液，用 1200kg 水进行萃取，需用的理论级数；(2) 处理上述原料液，萃取剂的最小用量。

解：(1) 求所需理论级数

原料液组成为：

$$X_F=40/60=0.667$$

萃余相组成为：

$$X_R=4/(100-4)=0.0416$$

原料液中苯的质量流率为：

$$B=1000(1-0.4)\text{kg/h}=600\text{kg/h}$$

因每小时用 1200kg 水进行萃取，故操作线的斜率为

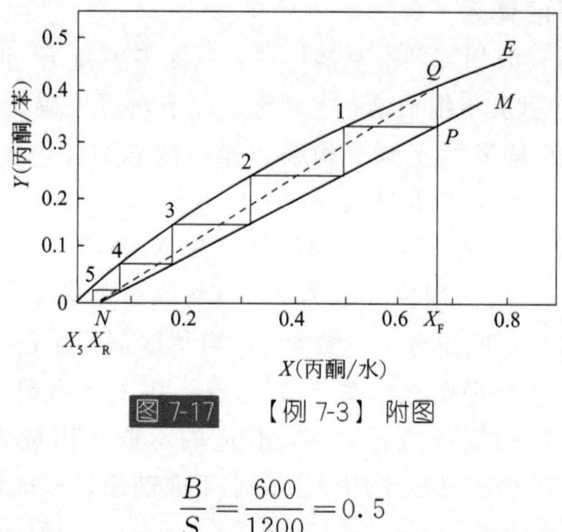

图 7-17 【例 7-3】附图

$$\frac{B}{S}=\frac{600}{1200}=0.5$$

操作线上，代表多级逆流萃取设备的萃余相出口端的端点 N 的坐标为 $Y_0=0$，$X_R=0.0416$。过 N 点作斜率为 0.5 的直线，得操作线 NM，它与 $X_F=0.667$ 直线的交点 P 为原料液进口端的端点。从 P 点开始，在平衡曲线 $0E$ 与操作线 NM 之间画梯级，至第 5 级时，所得萃余相组成 X_5 已小于 0.0416，故需用 5 个理论级。

（2）求最小萃取剂用量

根据萃取剂最小用量的定义，可知 N 与 Q 的连线（Q 点为平衡曲线与直线 $X=X_F$ 的交点）即为萃取剂用量最小时的操作线（图 7-17 中的虚线）。由图上量得此直线的斜率为 0.65，即

$$\frac{B}{S_{\min}}=0.65,\ S_{\min}=B/0.65=600/0.65\text{kg/h}=923\text{kg/h}$$

7.3.4 两相完全不互溶体系的多级逆流萃取过程计算

对于金属萃取过程或有机物稀溶液萃取过程，萃取相与料液相完全不互溶，两相的体积与被萃溶质的浓度大小基本无关，即料液相体积流量 L、萃取相体积流量 V 在逆流接触级的流入流出过程中均为常数时，溶质组分的浓度 x 或 y 也可以采用物质的量浓度表示。对于溶质组分 A，在各个接触级作物料衡算可以得出如下的线性方程组：

$$\begin{pmatrix}
-(1+\varepsilon_1) & \varepsilon_2 & & & & & \\
1 & -(1+\varepsilon_2) & \varepsilon_3 & & & & \\
 & \vdots & \vdots & \vdots & & & \\
 & & 1 & -(1+\varepsilon_i) & \varepsilon_{i+1} & & \\
 & & & \vdots & \vdots & \vdots & \\
 & & & & 1 & -(1+\varepsilon_{N-1}) & \varepsilon_N \\
 & & & & & 1 & -(1+\varepsilon_N)
\end{pmatrix}$$

$$
\begin{pmatrix} x_1 \\ x_2 \\ \vdots \\ x_i \\ \vdots \\ x_{N-1} \\ x_N \end{pmatrix} = \begin{pmatrix} -x_F \\ 0 \\ \vdots \\ 0 \\ \vdots \\ 0 \\ -Vy_0/L \end{pmatrix} \tag{7-22}
$$

式中，ε_1、ε、$\cdots\varepsilon_N$ 为各级的萃取因子，$\varepsilon_i = D_i V/L$。上述线性方程组已经有多种求解方法。

假定各级分配系数 D_i 为常数，则各级的萃取因子 ε_i 也是常数。若萃取溶剂为不含被萃取组分的新溶剂，即 $y_0=0$，可以导出多级逆流萃取过程的计算关系式，如

$$
x_1 = \frac{x_F}{1+\varepsilon} \tag{7-23}
$$

$$
x_N = \frac{x_F}{(1+\varepsilon+\varepsilon^2+\cdots+\varepsilon^N)} = \frac{\varepsilon-1}{\varepsilon^{N+1}-1}x_F \tag{7-24}
$$

若 y_0 不为 0，则

$$
x_N = \frac{x_F + Vy_0(1+\varepsilon+\varepsilon^2+\cdots+\varepsilon^{N-1})/L}{(1+\varepsilon+\varepsilon^2+\cdots+\varepsilon^N)} \tag{7-25}
$$

一般而言，原始料液的处理量 L 及其浓度 x_F 以及新鲜萃取溶剂 y_0 和 x_N 都是给定的，若萃取溶剂用量 V 愈大，则操作线斜率愈小，操作线与平衡线之间的距离就愈大，所画阶梯数（即所需平衡级数）就愈少。但操作线斜率 L/V 增大到与平衡线相交于 $x=x_F$ 时，则所画阶梯将为无限多，此时的 V/L 称为极限流比（即最小流比）$R_{\min}$，其值可以表示为：

$$
R_{\min} = \frac{x_F - x_N}{Dx_F - y_0} \tag{7-26}
$$

7.4 复合萃取

采用多级逆流萃取过程，用一种萃取剂萃取料液相中的溶质 A 时，可以使最终的萃残液中溶质 A 的含量降得很低，获得较高的萃取率。对于萃取体系中两种或多种分配系数差别较大的组分，也可能得到一定程度的分离。但是，对于萃取体系中分配系数差别较小的组分分离体系或分配系数差别较大而分离要求很高的体系，单纯采用多级逆流萃取过程则往往不能达到分离要求。为了实现多组分的高效分离，获得高纯度的溶质，需要采用图 7-18 所示的典型的复合萃取过程。

复合萃取过程，又称为分馏萃取过程或双溶剂萃取过程。在复合萃取过程

中，萃取接触设备分成上下两段，料液从中部进入。下段称作萃取段，上段称作洗涤段。以双溶质A、B体系的分离为例，萃取段的作用是从原料液中将分配系数较大的溶质A萃取至萃取相中；洗涤段的作用是引入一洗涤液，从萃取相中将萃取进入的分配系数较小的溶质B反洗到洗涤液中。因此，在萃取相向上流动的过程中，溶质A的含量逐渐提高，溶质B的含量逐渐降低。这样，从顶部流出的萃取相中溶质A的纯度得到很大的提高。

复合萃取过程的流程设计是多样化的，包括多级逆流复合萃取过程、连续逆流复合萃取过程、带回流的多级逆流复合萃取过程等，这里仅就完全不互溶体系的多级逆流复合萃取过程的计算进行讨论，其他复合萃取过程的计算可参阅相关的参考文献[2～4]。

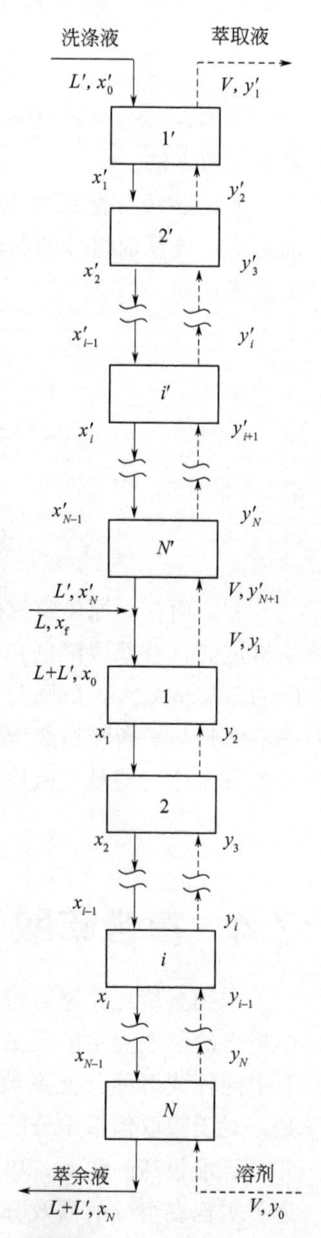

图 7-18 复合萃取流程示意图（完全不互溶体系）

7.4.1 完全不互溶体系的萃取率和去污系数

多级逆流复合萃取过程的计算中，通常采用萃取率 ρ 和净化系数 D_f 来表示体系中各组分的提取、分离和纯化效果。对于金属萃取过程或有机物稀溶液萃取过程，萃取相与料液相完全不互溶，料液相体积流量 L、萃取相体积流量 V、洗涤相体积流量 L' 在逆流接触级的流入流出过程中均为常数，料液相、洗涤相、萃取相中溶质组分的浓度 x、x'、y、y'（如图7-18所示）可以采用物质的量浓度表示。这样，多级逆流复合萃取过程的萃取率 ρ 为：

$$\rho_j=\frac{Vy'_{j1}}{Lx_{jF}}\times 100\% \qquad (7\text{-}27)$$

多级逆流复合萃取过程中溶质A对于溶质B的净化系数 D_f 定义为：

$$D_f=\frac{y'_{1A}/y'_{1B}}{x_{FB}/x_{FA}} \qquad (7\text{-}28)$$

7.4.2 完全不互溶体系的物料衡算和操作线

将萃取段由第 i 级到第 N 级作物料衡算，得出萃取段操作线方程

$$y_i=\frac{L+L'}{V}(x_{i-1}-x_N)+y_0 \qquad (7\text{-}29)$$

同样，将洗涤段由第 $1'$ 级到第 i' 级作物料衡算，得

出洗涤段操作线方程

$$y'_{i+1}=\frac{L'}{V}(x'_i-x'_0)+y'_1 \tag{7-30}$$

联立式（7-29）和式（7-30），可以求出萃取段操作线和洗涤段操作线的交点：

$$x=\frac{L+L'}{L}x_N-\frac{L'}{L}x'_0+\frac{V}{L}(y'_1-y_0) \tag{7-31}$$

如图 7-18 所示，作全流程的总物料衡算，整理可得

$$x_F=\frac{L+L'}{L}x_N-\frac{L'}{L}x'_0+\frac{V}{L}(y'_1-y_0) \tag{7-32}$$

可以看出，萃取段操作线和洗涤段操作线的交点的横坐标为 x_F。图 7-19 是这一多级逆流复合萃取过程的平衡线及操作线示意图。

7.4.3 双溶质组分分离的操作条件选择原则

多级逆流复合萃取过程经常用于双溶质组分的分离，假定被分离组分为溶质 A 和溶质 B，萃取剂对溶质 A、B 提供的平衡分配系数分别为 D_A、D_B，且 $D_A>D_B$，则操作条件的选择应遵循如下的原则。

① 对于易萃取组分 A，需要使洗涤段的操作线与平衡线之间有一个交点，同时，萃取段的操作线在料液相进口处与平衡线有较大的距离（见图 7-20），保证萃取段有利于易萃取组分 A 的萃取，洗涤段不容易将易萃取组分 A 从萃取相中洗下来。

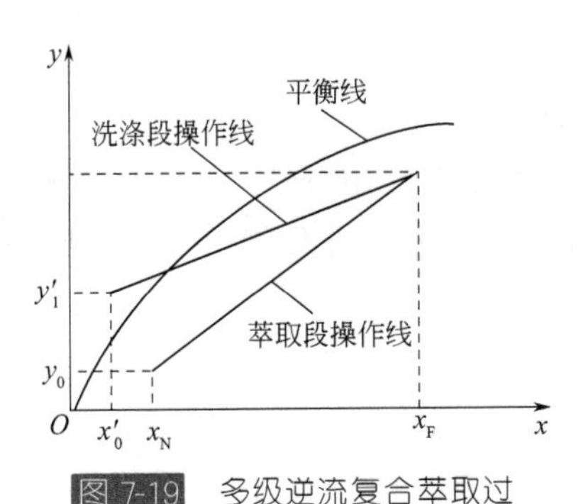

图 7-19 多级逆流复合萃取过程的平衡线及操作线示意图

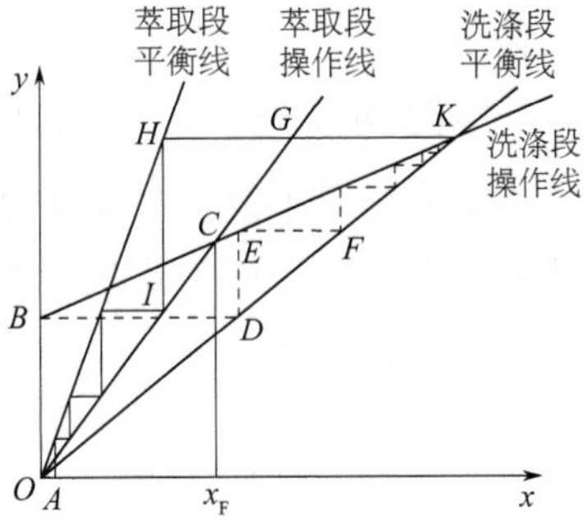

图 7-20 多级逆流复合萃取过程的图解法

② 对于难萃取组分 B，需要使萃取段的操作线与平衡线之间有一个交点，同时，洗涤段的操作线在萃取相进口处与平衡线有较大的距离，保证洗涤段有利于难萃取组分 B 从萃取相中洗涤下来，萃取段不容易萃取难萃取组分 B。

具体地说，在设计复合萃取流程时，应认真分析易萃取组分 A 和难萃取组分 B 间的分离难易程度，恰当地确定操作流比，在萃取段应满足

$$D_A>\frac{L+L'}{V}>D_B \tag{7-33}$$

在洗涤段应满足

$$D'_{A} < \frac{L'}{V} < D'_{B} \tag{7-34}$$

7.4.4 多级逆流复合萃取过程的图解法

由于复合萃取过程至少涉及两个组分的萃取分离，采用图解法求理论级数及逐级浓度分布时需要对每个组分分别作图，分别在两个段的操作线和平衡线间画阶梯。

以易萃取组分 A 为例（如图 7-20），先在 x-y 坐标图上画出萃取段和洗涤段的平衡线 OH 和 OK（图中为直线，也可以为曲线），再绘出萃取段和洗涤段的操作线。萃取段的操作线 OG 的斜率为 $(L+L')/V$，并透过 A 点（x_N，y_0），y_0 是萃取剂中溶质 A 的浓度，x_N 可以根据设计要求的萃取率由全流程物料衡算求出。洗涤段的操作线 BK 的斜率为 L'/V，B 点为（x'_0，y'_1），洗涤段入口浓度 x'_0 是已知的，y'_1 同样为设计要求。两段操作线的交点 C 处的横坐标为 x_F。

先从洗涤段顶部 B 点画阶梯，洗涤段的最后一级 N' 入口的萃取相浓度应是 $y'_{N+1}=y_1$，从洗涤段操作线上的最后一点做水平线交萃取段操作线于 G，再从 G 点开始做阶梯，直到达到或低于 A 点的 x_N 为止，求出萃取段的级数。

对于料液中其他分离组分也需要作类似的图解。最后选定的理论级数 N 和 N'，应该是要求分离的两种组分的所需级数的最大值，这样才能满足分离工艺的需要。

7.4.5 多级逆流复合萃取过程的公式解法

与多级逆流萃取过程的矩阵解法相似，对于溶质组分 j，在各个接触级作物料衡算，并结合平衡关系式，可以得出如下的线性方程组（三对角矩阵方程）：

$$\begin{bmatrix}
-(1+\varepsilon'_{j,1}) & \varepsilon'_{j,2} & 0 & & & & & & & \\
1 & -(1+\varepsilon'_{j,2}) & \varepsilon'_{j,3} & 0 & & & & & & \\
0 & 1 & -(1+\varepsilon'_{j,3}) & \varepsilon'_{j,4} & 0 & & & & & \\
 & \vdots & \vdots & \vdots & \vdots & \vdots & & & & \\
 & & 0 & 1 & -(1+\varepsilon'_{j,N}) & \varepsilon_{j,1}(L+L')/L' & 0 & & & \\
 & & & 0 & (L+L')/L' & -(1+\varepsilon_{j,1}) & \varepsilon_{j,2} & 0 & & \\
 & & & & 0 & 1 & -(1+\varepsilon_{j,2}) & \varepsilon_{j,3} & 0 & \\
 & & & & & \vdots & \vdots & \vdots & \vdots & \vdots \\
 & & & & & & 0 & 1 & -(1+\varepsilon_{j,N-1}) & \varepsilon_{j,N} \\
 & & & & & & & 0 & 1 & -(1+\varepsilon_{j,N})
\end{bmatrix}$$

$$
\cdot\begin{bmatrix} x'_{j,1} \\ x'_{j,2} \\ x'_{j,3} \\ \vdots \\ x'_{j,N'} \\ x_{j,1} \\ x_{j,2} \\ \vdots \\ x_{j,N-1} \\ x_{j,N} \end{bmatrix} = \begin{bmatrix} -x'_{j,0} \\ 0 \\ 0 \\ \vdots \\ 0 \\ -Lx_{j,F}/(L+L') \\ 0 \\ \vdots \\ 0 \\ -Vy_{j,0}/(L+L') \end{bmatrix} \tag{7-35}
$$

这一线性方程组可以用 Gauss 消去法或 Newton-Raphson 方法求解。

假定各萃取级（洗涤级）的分配系数 $D_{j,i}$（$D'_{j,i}=y'_{j,i}/x'_{j,i}$）均为常数，则各级的萃取因子 $\varepsilon_{j,i}(=VD_{j,i}/L+L')$ 及洗涤因子 $\varepsilon'_{j,i}$（$=VD'_{j,i}/L'$）也是常数。若萃取溶剂为不含被萃取组分的新溶剂，即 $y_0=0$，洗涤液为不含被萃取组分的溶液，即 $x'_0=0$，可以依据多级逆流萃取过程的计算关系式得到

$$
\frac{x_N}{x_1}=\frac{\varepsilon-1}{\varepsilon^N-1} \tag{7-36}
$$

$$
\frac{y'_1}{y'_{N'+1}}=\frac{1/\varepsilon'-1}{[1/(\varepsilon')^{N'+1}]-1} \tag{7-37}
$$

利用加料级的关系，$y'_{N'+1}=y_1=Dx_1$，可以得出

$$
y'_1\left(\frac{[1/(\varepsilon')^{N'+1}]-1}{1/\varepsilon'-1}\right)=Dx_N\left(\frac{\varepsilon^N-1}{\varepsilon-1}\right) \tag{7-38}
$$

式（7-38）对于每个被萃组分均适用。对于溶质组分 A、B 的分离，若各组分萃取因子、洗涤因子、分配系数以及萃取段萃余相出口浓度、洗涤段萃取相出口浓度均为已知，则即可求解未知数 N 和 N'。由于这两个未知数均处于幂指数位置，求解需要使用试差方法。

符 号 说 明

B——料液相（萃余相）中纯溶剂的量，kg 或 kg/h

D——分配系数

D_f——净化系数

D'——洗涤段分配系数

E——萃取相的量，kg 或 kg/h

F——料液的量，kg 或 kg/h

L——料液相的体积流量，m^3/s

L'——洗涤液的体积流量，m^3/s

M——混合液（原料液＋萃取剂）的量，kg 或 kg/h

N——萃取段总级数

N'——洗涤段总级数

n——级数

R——萃余相的量，kg 或 kg/h

S——萃取相中纯萃取剂的量，kg 或 kg/h

V——萃取相的体积流量，m^3/s

X——溶质 A 在萃余相中的质量分数

x——料液相中溶质的质量分数或物质的量浓度，kmol/m^3

x'——洗涤段洗涤液中溶质的质量分数或物质的量浓度，kmol/m^3

Y——溶质 A 在萃取相中的质量分数

y——萃取相中溶质的质量分数或物质的量浓度，kmol/m^3

y'——洗涤段萃取剂相中溶质的质量分数或物质的量浓度，kmol/m^3

希腊字母

ε——DV/L 或 $DV/(L+L')$，萃取因子

ε'——$D'V/L'$，洗涤因子

ρ——萃取率

下标

B——料液相溶剂

E——萃取相

F——原料液

i——级数序号

j——组分

M——混合液

R——萃余相

S——萃取溶剂

参考文献

[1] 蒋维钧，戴猷元，雷良恒，等. 化工原理. 北京：清华大学出版社，2003.

[2] 汪家鼎，陈家镛. 溶剂萃取手册. 北京：化学工业出版社，2001.

[3] 李洲，李以圭，费维扬，等. 液液萃取过程和设备. 北京：原子能出版社，1993.

[4] 李洲，秦炜. 液-液萃取. 北京：化学工业出版社，2013.

第8章 微分接触连续逆流萃取过程的计算

液液萃取过程除了使用逐级接触式萃取设备外，还广泛应用另一类设备——柱式萃取设备（或称塔式萃取设备），如喷淋柱、填料柱、脉冲筛板柱、转盘柱等。在这类萃取设备中，分散相和连续相一般呈逆流流动，并在连续流动过程中进行质量传递。在柱式萃取设备中，两相的浓度沿着柱高连续变化，将该类设备中进行的萃取过程称为微分接触的连续逆流萃取过程。

柱式萃取设备中的两相流动状况是十分复杂的，因此，微分接触连续逆流萃取过程的模型化及其设计计算方法在不断地完善和发展。微分接触连续逆流萃取的最基本的计算方法是柱塞流模型的计算方法。

8.1 柱塞流模型

图 8-1 是一个连续逆流萃取过程的示意图。料液水相从塔顶加入，体积流量为L，表观流速（或称空塔流速）为U_x，萃取有机相从塔底进入，体积流量为V，表观流速（或称空塔流速）为U_y，两相中被萃取组分的浓度为x、y。考虑一种理想的微分逆流萃取过程，即在塔内同一截面上的任何一点的每相线速度相等，流体均匀地分布在整个横截面上，平行同步地像活塞一样向前推进。当溶质从料液相向萃取相传递时，料液相在自上而下的流动中浓度不断下降，萃取相在自下而上的流动过程中浓度不断上升。两相的传质过程只在水平方向上发生，而在轴向流动的方向上，每一相内只有溶质随流动而产生的传递。依据上述假定的数学描述称为柱塞流模型。

考虑一个萃取相与料液水相互不相溶体系的稳定萃取过程。设萃取柱的横截面积为S，m^2；单位柱体积内的传质面积为a，m^2/m^3；料液水相体积流量为L，m^3/s；表观流速为$U_x(U_x=L/S)$，m/s，萃取有机相体积流量为V，

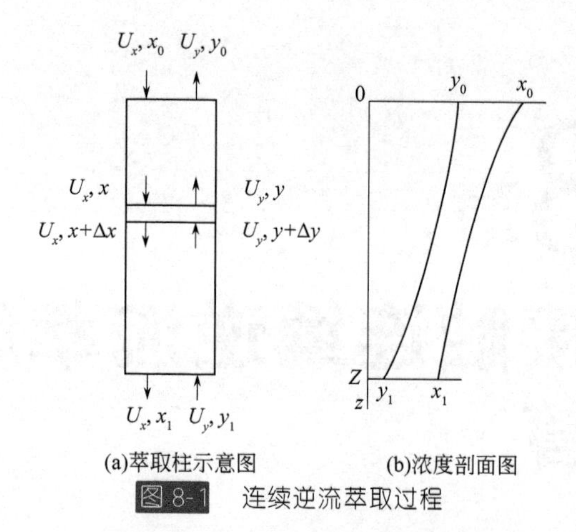

(a)萃取柱示意图　　(b)浓度剖面图

图 8-1　连续逆流萃取过程

m^3/s；表观流速为 U_y ($U_y=V/S$)，m/s；基于料液水相的总传质系数和基于萃取有机相的总传质系数分别为 K_x 和 K_y。对两相作被萃取组分的物料衡算，可以推导出

$$z=\frac{L}{K_x aS}\int_{x_1}^{x_0}\frac{\mathrm{d}x}{x-x^*} \tag{8-1}$$

$$z=\frac{V}{K_y aS}\int_{y_1}^{y_0}\frac{\mathrm{d}y}{y^*-y} \tag{8-2}$$

从上述简要分析可以看出，萃取柱高 z 可以根据两部分的乘积来计算。积分号内代数式的分母是传质推动力，所以，$\mathrm{d}x/(x-x^*)$ 实际上是表示传质推动力作用下所引起的浓度变化，这是衡量萃取过程难易程度的一个尺度。积分上、下限则表示分离要求。因此，整个积分式综合表示了分离要求和分离难易程度两方面的因素，称为传质单元数，用 NTU 表示。$(NTU)_x$ 为水相传质单元数，$(NTU)_y$ 为有机相传质单元数。它们的数值是根据体系的平衡关系、工艺要求（如萃取率）及操作条件（如流比）等决定的。对于萃取要求高，传质推动力小的体系，所需的传质单元数较多；对于萃取要求低，传质推动力较大的体系，所需的传质单元数较少。

通常把式（8-1）、式（8-2）中积分号外的部分称为传质单元高度，用 HTU 表示。$(HTU)_x$ 为水相传质单元高度，$(HTU)_y$ 为有机相传质单元高度。传质单元高度反映萃取塔内的传质动力学特性，它们的数值反映出传质速率的大小。体积传质系数 K_xa 或 K_ya 越大，传质速率越大，则传质单元高度越小；流速（L/S 或 V/S）越大，完成一定分离任务所需的传质量越大，相应的传质单元高度值越大。

当萃取平衡分配系数 D 为常数时，基于水相的总传质系数和基于有机相的总传质系数之间存在如下关系：

$$K_x=DK_y \tag{8-3}$$

为了计算柱高，应该分别考虑传质单元高度和传质单元数两个方面的问题。在两相不互溶，并且萃取过程中每一相体积流量无明显变化的情况下，可以认为 L、V 为常数。此时 NTU 值的计算方法较为简单。萃取平衡线为直线，即萃取平衡分配系数 D 为常数的情况是最简单的情况，传质单元数可以用分离要求和平均推动力表示

对于料液水相：

$$(NTU)_x = \frac{x_0 - x_1}{(x - x^*)_m} \tag{8-4}$$

$$(x - x^*)_m = \frac{(x_0 - x_0^*) - (x_1 - x_1^*)}{\ln \dfrac{x_0 - x_0^*}{x_1 - x_1^*}} \tag{8-5}$$

$(x-x^*)_m$ 称为对数平均浓度差，也就是萃取柱进出口传质推动力的对数平均值。

对于萃取相，同样可以得到：

$$(NTU)_y = \frac{y_0 - y_1}{(y^* - y)_m} \tag{8-6}$$

$$(y^* - y)_m = \frac{(y_0^* - y_0) - (y_1^* - y_1)}{\ln \dfrac{y_0^* - y_0}{y_1^* - y_1}} \tag{8-7}$$

从上述式中可以看出，NTU 在数值上等于萃取柱浓度变化与对数平均浓度差的比值。在很多情况下，已知料液初始浓度 x_0、萃取剂初始浓度 y_1 和萃取过程要求的萃余液浓度 x_1。在这种情况下，从 x_0、x_1 和 y_1 直接计算传质单元数比较方便：

$$(NTU)_x = \frac{1}{1 - 1/\varepsilon} \ln\left[\left(\frac{x_0 - y_1/D}{x_1 - y_1/D}\right)\left(1 - \frac{1}{\varepsilon}\right) + \frac{1}{\varepsilon}\right] \tag{8-8}$$

$$(NTU)_y = \frac{1}{\varepsilon - 1} \ln\left[\left(\frac{y_0 - Dx_1}{y_1 - Dx_1}\right)(1 - \varepsilon) + \varepsilon\right] \tag{8-9}$$

式中，$\varepsilon = mU_y/U_x$，为萃取因子。

传质单元数的计算方法虽然比较符合微分接触式逆流萃取传质过程的实际情况，但往往计算比较复杂。因此，工程上常常采用理论级（平衡级）当量高度的方法进行估算。此时萃取柱高度 z 可以表示为

$$z = N_T H_e \tag{8-10}$$

式中，N_T 为萃取过程所需要的理论级数；H_e 为理论级当量高度。理论级当量高度 H_e 的物理意义是两相逆流流过这一高度的萃取柱后，其萃取分离效果相当于一个平衡级。H_e 的大小反映了传质过程速率的快慢。传质速率大，H_e 值小；传质速率小，H_e 值大。理论级数 N_T 表示萃取分离要求的高低和分离的难易程度。

采用图解法或逐级计算等方法，可以方便地求出完成特定分离任务所需要

的理论级数和相应的理论当量高度。完成特定的分离任务，传质单元数和理论级数在数值上往往是不同的。对于萃取平衡分配系数 D 为常数的情况下，可以求得两者之间简单的定量关系：

$$(NTU)_x = \frac{N_T \ln\varepsilon}{1 - 1/\varepsilon} \tag{8-11}$$

活塞流模型为微分接触式逆流萃取过程提供了一个最简单的算法。但是，这种模型只是实际情况的理想化近似。萃取柱内的两相流动情况与理想的活塞流动有很大差别，导致两相流动的非理想性，即在流动的各个方向都有返混发生。特别值得提及的是，轴向返混的存在使整个萃取塔内的流体流动偏离理想的活塞流流型，使两相在进出口处出现了浓度的突跃，减小了传质推动力，使萃取柱的传质效率明显下降。20 世纪 70 年代以来，人们对萃取塔内的轴向混合现象进行了大量的研究工作，发展了各种考虑轴向混合的数学模型，推导出考虑轴向混合影响的流动与传质方程组。一些模型已经用于工业柱式萃取设备的设计计算和放大。

8.2 萃取柱内流动的非理想性

实际的柱式萃取设备中，两相流动特性和传质行为是十分复杂的，与理想的柱塞流模型有很大的差异。柱式萃取设备中两相流动的非理想性，造成萃取柱内存在轴向混合现象，简单使用柱塞流模型进行萃取柱的设备计算是不可靠的。因此，认真研究萃取柱内存在的轴向混合现象，建立考虑轴向混合的连续逆流萃取过程的数学模型，是十分重要的工作。

8.2.1 非理想流动和停留时间分布

一般地说，柱塞式流动和完全混合流动被称作两种理想的流动。所谓柱塞式流动，就是流体在流道的任意一个横截面上各点的流动都是相同的。某一时刻进入流道的流体像柱塞似的向前平推移动，无速度分布差异。与柱塞式流动相反，在完全混合流动中，流体一进入流道就和流道内的其他流体完全混合。设想把某种染色液体引入这两种理想流动。在柱塞式流动中，某时刻注入流道的示踪剂呈平行于流道截面的染色薄层，向前平行移动；在完全混合流动中，引入的染色流体马上与流道内流体混合形成均一的色调，流出该流道的流体所含染色物的浓度和流道内流体所含染色物的浓度相同。

十分清楚，实际流体的流动状况是十分复杂的。它往往介于两种理想流动状况之间。通常认为，流体在流道中的流动，表观上是以某速度均值做稳态流动的，实际上各部分流体的实际速度则是不同的，存在着速度大小的分布，构成了较为复杂的流动状况。这样的流动状况称为非理想流动。

流体在流道中做稳态流动，其速度分布可以用流体流经某一段轴向距离所需时间的不同来表示，即用停留时间分布来描述。以流体稳定地流经某“系统”为例来分析停留时间分布。图 8-2 是典型的停留时间分布图。图中横坐标 t 代表流体在某“系统”内的停留时间，纵坐标 $f(t)$ 称作停留时间密度函数，$f(t)\mathrm{d}t$ 代表停留时间处于 $t \sim (t+\mathrm{d}t)$ 间隔内的概率。十分明显

$$\int_0^\infty f(t)\mathrm{d}t = 1 \tag{8-12}$$

流体在某“系统”内的停留时间τ可以通过下式求得

$$\tau = \frac{\int_0^\infty t f(t)\mathrm{d}t}{\int_0^\infty f(t)\mathrm{d}t} = \int_0^\infty t f(t)\mathrm{d}t \tag{8-13}$$

对于柱塞式流动，其停留时间密度函数为

$$f(t) = \delta(t-\tau) \tag{8-14}$$

式中，δ代表δ函数。

对于完全混合流动，其停留时间密度函数为

$$f(t) = \frac{1}{\tau}\exp\left(\frac{-t}{\tau}\right) \tag{8-15}$$

图 8-3 和图 8-4 绘出了柱塞式流动和完全混合流动的停留时间分布图。将这两张图与图 8-2 相比较可以看出，停留时间分布反映了流体流动的表观特性。

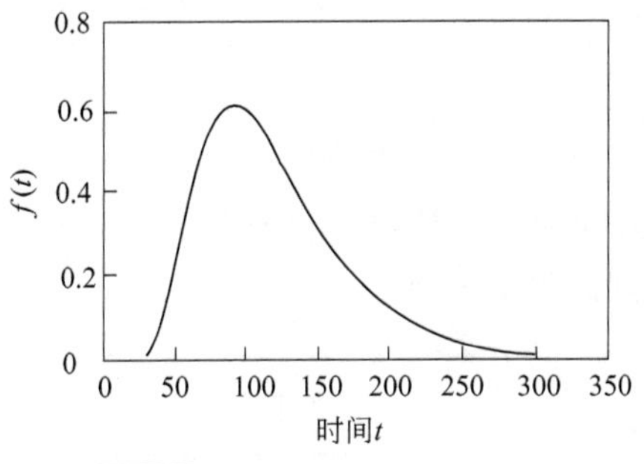

图 8-2　停留时间分布示意图

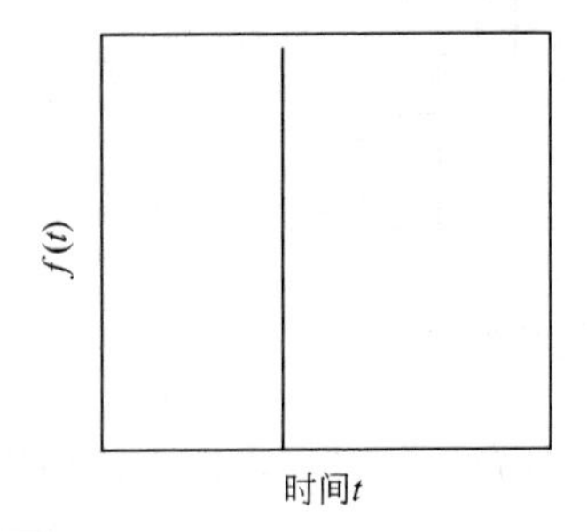

图 8-3　柱塞式流动的停留时间分布图

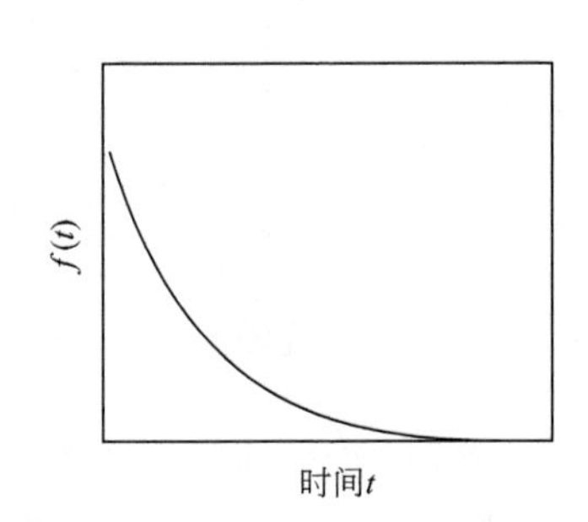

图 8-4　完全混合流动的停留时间分布图

流体流经某“系统”的停留时间分布特性的测定往往借助于染色剂或其他示踪物质。在流体入口处瞬时注入少量示踪物质（瞬时是指注入时间$\Delta t \ll$停留时间τ，少量则是指流入的示踪剂对流体流动的影响可以忽略），取示踪剂注入时刻为$t=0$，在出口处以相等时间间隔取样测定或连续测定示踪剂的浓度$c(t)$，绘出出口示踪剂浓度随时间变化的曲线或直方图（如图 8-5 所示）。如果已知“系统”的体积为V（m^3），流体体积流量为U（m^3/s），注入示踪物为M（kg），示踪剂浓度$c(t)$用kg/m^3表示，则由物料衡算有

$$M = U\int_0^{\infty} c(t)\mathrm{d}t \tag{8-16}$$

平均停留时间为

$$\tau = \frac{V}{U} = \frac{\int_0^{\infty} tc(t)\mathrm{d}t}{\int_0^{\infty} c(t)\mathrm{d}t} \tag{8-17}$$

定义无量纲浓度E和无量纲时间θ

$$E = \frac{U\tau}{M}c(t) = \frac{c(t)}{c_0} \tag{8-18}$$

$$\theta = \frac{t}{\tau} \tag{8-19}$$

式（8-18）中，c_0是假定示踪剂在“系统”内均匀分布的浓度。利用变量代换，可以把式（8-16）写作

$$\int_0^{\infty} E(\theta)\mathrm{d}\theta = 1 \tag{8-20}$$

$E(\theta)$就是停留时间密度函数，$E(\theta)$ dθ代表在$\theta \sim \theta + \mathrm{d}\theta$时间间隔内流出的示踪剂占注入的示踪剂总量的分率。

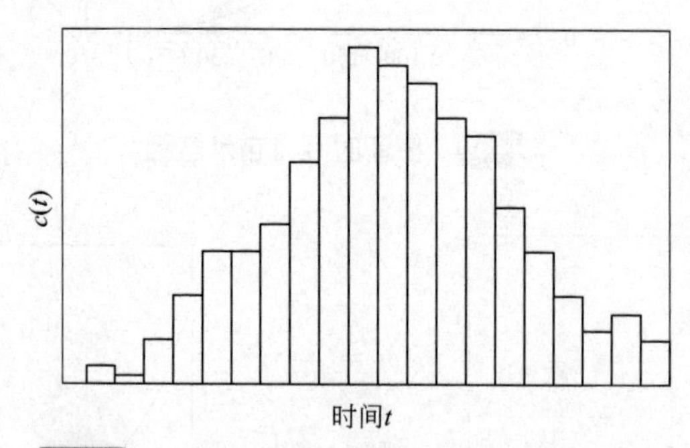

图8-5　出口示踪剂浓度随时间变化的直方图

示踪剂浓度变化曲线包含了流体停留时间分布的信息，可以直接使用浓度变化的实验数据来进行分析和数据处理。

8.2.2 萃取柱内的轴向混合及其影响

在萃取柱中，一相为连续相，一相为分散相，两相连续逆流接触。与单相流相比，两相流动中的涡流现象、沟流现象以及相互夹带等更为复杂。另外，由于强化传质的需要，一些柱式萃取设备，如机械搅拌萃取柱、脉冲萃取柱等，运行中往往借助外界输入的能量。外界因素的介入使两相流场的复杂性明显增加。总之，实际萃取柱内的两相流动与理想柱塞式流动状况有很大差别。

通常，把两相流动的非理想性归结为萃取柱内的轴向混合影响。Pratt 和 Baird 等[1]把造成萃取柱内轴向混合的因素归纳如下。

① 分散相液滴在连续相内逆流流动，形成连续相环流以及运动液滴后部的连续相尾涡。液滴雷诺数越大时，这类现象越严重，造成连续相的轴向混合。

② 连续相在其轴向及径向沿浓度梯度方向上存在分子扩散和涡流扩散，也造成连续相的轴向混合。

③ 连续相内存在环状涡流，由于某些流动质点的局部速度过大，夹带分散相液滴，造成连续相及分散相的返混。这种情况在有外界输入能量的萃取柱中更加明显。

④ 萃取柱体、内构件及填料等的几何尺寸可能造成沟流现象及不均匀的速度分布，将导致两相的轴向混合。

⑤ 萃取柱固定表面（如萃取柱的壁面）的摩擦曳力造成萃取柱截面上不均匀的速度分布，也会造成两相的轴向混合。

⑥ 萃取柱内分散相液滴的大小是不均匀的，这使分散相液滴的运动速度大小不一。

萃取柱内两相的轴向混合对萃取柱的传质性能产生了十分不利的影响。由于轴向混合的存在，萃取溶质纵向传递，两相入口处形成了浓度突跃，这就使萃取柱内的传质推动力减小，降低了萃取柱的传质效率。轴向混合愈严重，萃取柱的传质效率则愈低。据报道[2]，某些工业规模萃取柱的有效柱高的60%～75%是用来补偿轴向混合影响的。图 8-6 绘出了柱塞流萃取柱和有轴向混合萃取柱中的浓度剖面图。图中的实线表示有返混时萃取柱内的浓度剖面及各截面上的推动力，虚线表示柱塞流条件下萃取柱内的浓度剖面及各截面上的推动力。

由于存在轴向混合，原料液入口和萃取剂入口均出现浓度突跃，使平均传质推动力减少，传质速率降低。通常，把忽略轴向混合影响的柱塞流条件下的传质推动力称作表观传质推动力，而把考虑轴向混合影响的传质推动力称作“真实”传质推动力。从图 8-6 可以看出，由于轴向混合的存在，“真实”传质推动力远比表观传质推动力小。传质推动力的下降，使实际需要的传质单元数比柱塞流情况下的表观传质单元数要大。

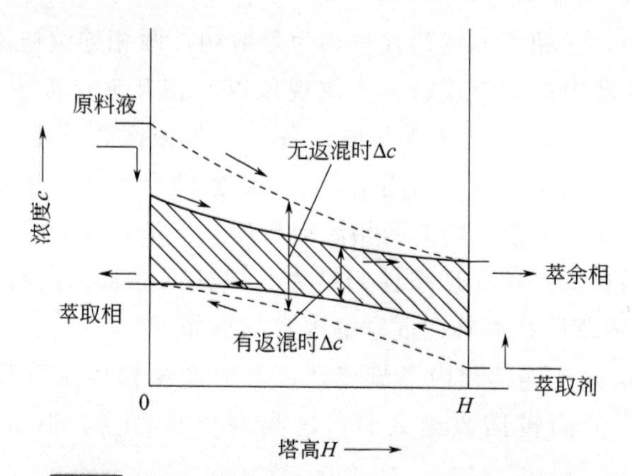

图8-6 萃取柱中的浓度剖面及轴向混合的影响

多年来，萃取柱中的轴向混合现象引起人们的极大关注，萃取柱内轴向混合的研究工作也日趋深入。一方面，许多学者力图开发新的萃取柱型和内构件，以减少萃取柱内的轴向混合，提高传质效率；另一方面，在萃取柱实验研究的基础上，发展了多种数学模型及其近似解法。十分清楚，由于轴向混合的存在，设备的放大和工业装置的设计不能沿用传统的柱塞流模型进行计算，往往求助于逐级放大的中间试验和现有工业设备的操作数据，进行纯经验的放大。为了建立既可靠又经济的设计放大方法，许多学者应用数学模型开展了伴有轴向混合的萃取柱传质性能的研究，这方面的研究工作已经获得了比较满意的结果。

8.3 考虑萃取柱内轴向混合的计算模型

对于萃取柱内的轴向混合，主要提出了几种数学模型，其中有较为简单的级模型（stage model），返流模型（backflow model）和扩散模型（diffusion model），也有考虑前混（forward mixing）现象的组合模型等。考虑萃取柱轴向混合的各类模型当中，应用较为广泛的是返流模型和扩散模型。

一种模型的建立，主要是针对萃取柱内流动的非理想性和复杂的传质过程做出一些假设，推导出表征萃取柱传质性能的方程组，并确定其求解方法。同时，再利用实验测定的参数值与模型预测值相比较，以验证模型的可靠性。应该指出，由于萃取柱内两相流动与传质过程的复杂性，建立数学模型既应要求较好地描述萃取柱的性能，可靠地用于萃取柱的设计放大，又应使模型不过于复杂，便于在工程设计中应用。

8.3.1 级模型

级模型是描述有轴向混合的逆流萃取过程的最简单的模型。Young[3] 首先报道了级模型在逆流萃取柱中的应用。级模型把萃取柱分成若干个级，假设每个级都是完全混合的，溶质在任何一级的某相流出液的浓度都等于这一级同一相中的浓度。在级模型中，轴向混合是由所需要的级数来表征的，这是一种单参数模型。由于只有一个参数，级模型确实比较简单，同时也给模型带来很大的局限性。它不可能区分连续相和分散相的轴向混合，描述出的浓度分布也是很近似的。因此，级模型一般只有在两相的轴向混合大致相同，且对传质性能影响不大时才被推荐使用。

利用级模型计算完成一定分离任务所需的柱高和柱内的浓度分布往往采用图解法。如果已知两相的平衡关系、进出口浓度、两相表观流速、体积传质系数（$K_{ox}a$）或传质单元高度（H_{ox}）和反映柱内轴向混合的级当量高度 h_m，可以根据图解计算求出萃取柱高。

级模型的设计计算比较简单，然而，单参数模型要求萃取柱两相轴向混合基本一致的条件，使这一模型的应用受到了极大限制。

8.3.2 返流模型及其求解方法

在考虑轴向混合的连续逆流萃取过程的模型中，返流模型是一种常用的数学模型。与级模型相似，在返流模型中萃取柱分为若干个完全混合级。在这样一个逐级相连的系统中，假设返混是由于级间的一相为另一相液流夹带造成的。Sleicher[4,5]、Miyauchi[6]以及 Hartland 和 Mecklenburgh[7]对返流模型进行了较为系统的研究。

8.3.2.1 返流模型的建立

返流模型有如下的假设：①萃取柱分为若干级，每一级完全混合，轴向混合是由于级间的两相相互夹带造成的；②轴向混合用返流比α_i（$i=x$，y）表示，它代表级间返混流与净主体液流之比，在萃取柱所有各级内认为α_i是常数；③所有的传质行为只发生在混合级内；④对于所有混合级，体积传质系数与级体积的乘积 $K_{ox}ah_m \cdot S$ 为常数（a 为单位柱体积内的传质面积，K_{ox} 为基于料液水相的总传质系数，h_m表示混合级当量高度，S 为柱截面积）；⑤萃取溶剂相与料液水相是完全不互溶的，或有不随浓度变化的恒定的互溶度，料液水相与萃取溶剂相的表观流速 U_x 和 U_y 可以视为常数。

图 8-7 是返流模型的示意图。

对于第 i 级，利用物料衡算关系可以求得返流模型的有限差分方程式：

$$(1+\alpha_x)x_{i-1}-(1+2\alpha_x)x_i+\alpha_x x_{i+1}=\frac{K_{ox}ah_m}{U_x}(x_i-x_i^*) \tag{8-21}$$

$$\alpha_y y_{i-1}-(1+2\alpha_y)y_i+(1+\alpha_y)y_{i+1}=-\frac{K_{ox}ah_m}{U_y}(x_i-x_i^*) \tag{8-22}$$

如果假设第 0 级和第 $N+1$ 级无传质发生[5]［见图 8-7（b）］，则边界条件可以写为

$i=0$ 时：$x^0=x_0+\alpha_x(x_0-x_1)$；　$y_0=y^0$

$i=N+1$ 时：$x_{N+1}=x^{N+1}$；　$y^{N+1}=y_{N+1}-\alpha_y(y_N-y_{N+1})$　(8-23)

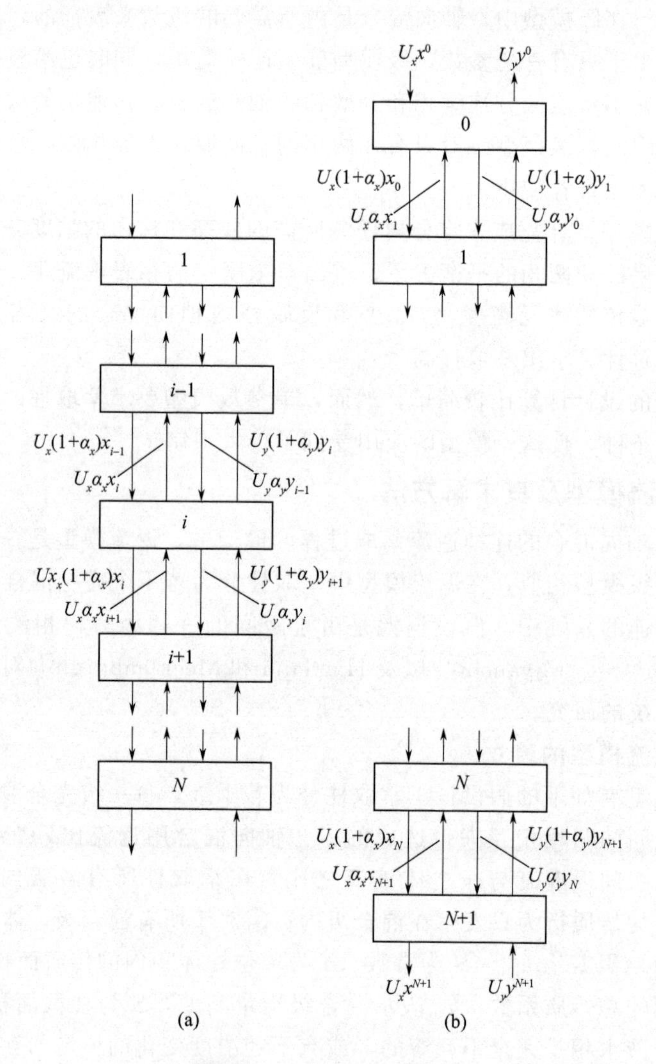

图 8-7　返流模型的示意图

8.3.2.2　线性平衡关系时返流模型的求解方法

Sleicher[5]，Hartland 和 Mecklenburgh[7] 给出了返流模型方程式在线性平衡关系条件下的求解方法。假设两相的平衡关系为

$$y^*=mx+b \tag{8-24}$$

引入无量纲浓度

$$X_i = \frac{x_i - x^*_{N+1}}{x^0 - x^*_{N+1}}$$
$$Y_i = \frac{y_i - y^{N+1}}{y^*_0 - y^{N+1}} \tag{8-25}$$

这样，用无量纲浓度表示的返流模型方程式为

$$(1+\alpha_x)X_{i-1} - (1+2\alpha_x)X_i + \alpha_x X_{i+1} = N^1_o(X_i - Y_i) \tag{8-26}$$

$$\alpha_y Y_{i-1} - (1+2\alpha_y)Y_i + (1+\alpha_y)Y_{i+1} = -\frac{N^1_{ox}}{\varepsilon}(X_i - Y_i) \tag{8-27}$$

式中，$\varepsilon = mU_y/U_x$ 为萃取因子，$N^1_{ox} = K_{ox}ah_m/U_x$ 称作每级的全混传质单元数。这样，相应的边界条件为

$i=0$ 时：$X_0 + \alpha_x(X_0 - X_1) = 1$；　$Y^0 = Y_0 = Y_1$

$i=N+1$ 时：$X^{N+1} = X_{N+1} = X_N$；　$Y_{N+1} - \alpha_y(Y_N - Y_{N+1}) = 0$

(8-28)

利用返流模型方程式和边界条件，可以解出关于 X、Y 的萃取柱的浓度剖面。下面给出ε不等于 1 时的结果，详细的推导和其他情况可查阅有关文献 [1]。

当$\varepsilon \neq 1$ 时

$$X_i = \sum_{k=1}^{4} A_k \mu_k^i$$
$$Y_i = \sum_{k=1}^{4} A_k a_k \mu_k^i \tag{8-29}$$

其中

$$a_k = \frac{1}{\mu_k}[1 + \frac{1+N^1_{ox}}{N^1_{ox}}(\mu_k - 1) - \frac{\alpha_x}{N^1_{ox}}(\mu_k - 1)^2] = \frac{1-\alpha_x(\mu_k - 1)}{\varepsilon[\mu_k + \alpha_y(\mu_k - 1)]} \tag{8-30}$$

μ_k 是下述特征方程的根

$$(\mu - 1)^4 - \alpha(\mu - 1)^3 - \beta(\mu - 1)^2 - \gamma(\mu - 1) = 0 \tag{8-31}$$

式 (8-31) 中

$$\alpha = \frac{1+N^1_{ox}}{\alpha_x} - \frac{1 - N^1_{ox}/\varepsilon}{1+\alpha_y}$$
$$\beta = N^1_{ox}[\frac{1}{\alpha_x} + \frac{1}{\varepsilon(1+\alpha_y)}] + \frac{1+N^1_{ox}(1-1/\varepsilon)}{\alpha_x(1+\alpha_y)} \tag{8-32}$$
$$\gamma = \frac{N^1_{ox}(1-1/\varepsilon)}{\alpha_x(1+\alpha_y)}$$

特征方程的根 $\mu_1 = 1$，μ_2、μ_3、μ_4 由下述关系式求得

$$\mu_i = \frac{\alpha}{3} + 2p^{0.5}\cos\left(\frac{u}{3} + K'\right)$$

$$p = \left(\frac{\alpha}{3}\right)^2 + \left(\frac{\beta}{3}\right)$$

$$q = \left(\frac{\alpha}{3}\right)^3 + \frac{\alpha\beta}{6} + \frac{\gamma}{2} \tag{8-33}$$

$$u = \cos^{-1}\left(\frac{q}{p^{1.5}}\right)$$

对于 μ_2、μ_3、μ_4，K′值分别取 0°、120°、240°。

根据边界条件，可以确定 A_k：

$$A_k = \frac{D_{A_k}}{D_{A_1} - D_A}$$

式中

$$D_A = \begin{vmatrix} [1-\alpha_x(\mu_2-1)] & [1-\alpha_x(\mu_3-1)] & [1-\alpha_x(\mu_4-1)] \\ a_2\ (\mu_2-1) & a_3\ (\mu_3-1) & a_4\ (\mu_4-1) \\ \mu_2^N(\mu_2-1) & \mu_3^N(\mu_3-1) & \mu_4^N(\mu_4-1) \end{vmatrix}$$

$$D_{A_1} = \begin{vmatrix} a_2\ (\mu_2-1) & a_3\ (\mu_3-1) & a_4\ (\mu_4-1) \\ \mu_2^N(\mu_2-1) & \mu_3^N(\mu_3-1) & \mu_4^N(\mu_4-1) \\ a_2\mu_2^N f\ (\mu_2) & a_3\mu_3^N f\ (\mu_3) & a_4\mu_4^N f\ (\mu_4) \end{vmatrix}$$

其中

$$f(\mu_k) = \mu_k + \alpha_y(\mu_k - 1)$$

$$D_{A_2} = (\mu_3 - 1)(\mu_4 - 1)(a_4\mu_3^N - a_3\mu_4^N)$$

$$D_{A_3} = (\mu_2 - 1)(\mu_4 - 1)(a_2\mu_4^N - a_4\mu_2^N)$$

$$D_{A_4} = (\mu_2 - 1)(\mu_3 - 1)(a_3\mu_2^N - a_2\mu_3^N)$$

上述解法对于计算萃取柱中的两相的浓度剖面是适用的，然而，使用这种方法求解达到一定分离要求的萃取柱的总级数却是十分繁琐的，需要经过反复试差才能最终获得结果。1976 年 Pratt[8] 提出了一种返流模型方程的近似解法。他从分析特征方程的根 μ_2、μ_3、μ_4 的取值范围出发，经过一些简化，可以使用计算器来确定萃取柱所需的总级数及两相浓度剖面。ε不等于 1 时，萃取柱所需的总级数为

$$N \approx \frac{\lg\left[\frac{a_4\varepsilon^2(\mu_2 - 1)(\mu_4 - \mu_3)(1/\varepsilon - Y^0)}{(\mu_3 - 1)(\mu_4 - \mu_2)(1 - Y^0)}\right]}{\lg\mu_4} \tag{8-34}$$

文献［8］讨论了这种近似解法的精度并指出，当萃取柱所需的总混合级数在 4～6 级以上时，精度符合工程设计的要求，而且随着所需级数的增加，这种近似解法的误差将迅速变小，可以忽略。

【例 8-1】 一逆流萃取柱，连续相入口浓度 $x^0=120.0\text{kg/m}^3$，分散相入口浓度 $y^{N+1}=8.0\text{kg/m}^3$，萃取柱内返流比$\alpha_x=3.00$、$\alpha_y=1.50$，每级全混传质单元数 $N_{ox}^1=0.160$，两相流比 $U_y/U_x=0.962$，两相平衡关系为 $y=1.60x-0.80$。若要求萃取柱连续相出口浓度 $x^{N+1}=53.24\text{kg/m}^3$，试求萃取柱总混合级数。

解：(1) 物料平衡计算

根据平衡关系可以得出

$$x^{N+1\ *}=(8.00+0.8)/1.6=5.50$$

由式 (8-26) 得

$$X^{N+1}=\frac{53.24-5.50}{120.0-5.50}=0.4169$$

根据已知条件

$$\varepsilon=1.60\times0.962=1.5392$$

从全萃取柱物料平衡可以求出

$$Y^0=(1-X^{N+1})/\varepsilon=(1-0.4169)/1.5392=0.3788$$

(2) 特征方程求根

根据式 (8-32) 可以求得

$$\alpha=0.02827,\qquad \beta=0.2357,\qquad \gamma=0.007467$$

代入式 (8-33)，求解特征根得

$$(\mu_2-1)=0.5146,\qquad (\mu_3-1)=-0.4544,\qquad (\mu_4-1)=-0.03194$$

(3) 求总混合级数，由式 (8-30) 得出 $a_4=0.7741$，代入式 (8-34) 求出：

$$N=10.99\approx11(\text{级})$$

因此，按题意的要求，需要的总级数为 11 级。

8.3.2.3 非线性平衡关系时返流模型的求解方法

Rod[9] 提出了一种返流模型方程的图解-数值计算法，对于线性及非线性平衡关系均适用。具体方法可以参阅相关文献。

为了计算方便，Pratt 提出了非线性平衡关系情况下的另一种近似解法[10]，将平衡关系曲线分成几段，每一段平衡关系近似为直线，然后利用近似公式分段求取所需的混合级数，相加后求出总混合级数值。具体方法参阅相关文献。

8.3.3 扩散模型及其求解方法

扩散模型，又称轴向扩散柱塞流模型，它是另一种常用于萃取柱设计计算的数学模型。扩散模型假设在两相柱塞流动基础上附加轴向的涡流扩散，用以表征轴向混合的影响[4,11,12]。近年来，扩散模型已普遍用作萃取柱的柱高扩大设计的基础，发展了多种近似求解方法。

8.3.3.1 扩散模型的建立

轴向扩散柱塞流模型有如下的假设：①萃取柱内两相的轴向混合可以用涡流扩散系数 E_x、E_y 表征。E_x、E_y 在整个萃取柱内认为是常数；②通过萃取柱截面的两相流速和溶质浓度是相同的，忽略径向速度和浓度的不均匀性；③全萃取柱内的体积传质系数 $K_{ox}a$ 是常数；④除两相入口外，每相在萃取柱内的浓度梯度是连续的；⑤萃取溶剂相与料液水相是完全不互溶的，或有不随浓度变化的恒定的互溶度，料液水相与萃取溶剂相的表观流速 U_x 和 U_y 可以视为常数。

图 8-8 是用扩散模型描述的萃取柱内的物流图。

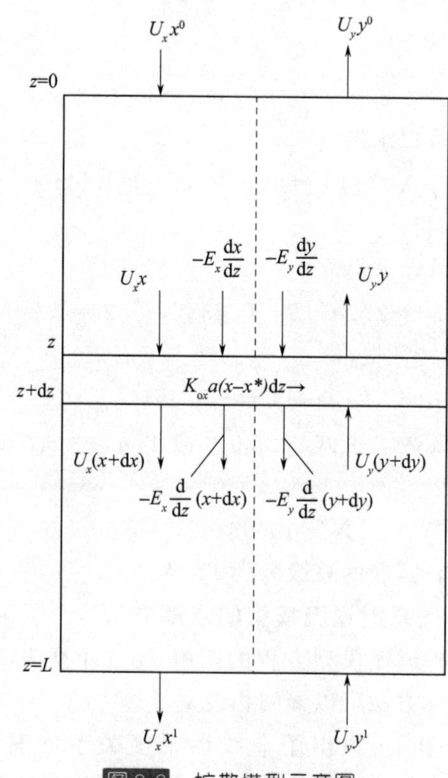

图8-8 扩散模型示意图

对于萃取柱的某个微元柱段做物料衡算可以得到下述关系式

$$E_x \frac{d^2 x}{dz^2} - U_x \frac{dx}{dz} - K_{ox}a(x - x^*) = 0 \tag{8-35}$$

$$E_y \frac{d^2 y}{dz^2} + U_y \frac{dy}{dz} + K_{ox}a(x - x^*) = 0 \tag{8-36}$$

十分清楚，如果无轴向混合存在，即令 $E_x = E_y = 0$，则式(8-35)和式 (8-36)

将演化为柱塞流模型方程。由此可见，称扩散模型为轴向扩散柱塞流模型是有道理的。

扩散模型方程的边界条件为

$$z=0 \text{ 时：} -E_x \frac{dx}{dz}=(x^0-x_0); \qquad \frac{dy}{dz}=0$$

$$z=L \text{ 时：} \frac{dx}{dz}=0; \qquad -E_y \frac{dy}{dz}=U_y(y_1-y^1) \tag{8-37}$$

引入无量纲变量

$$Z=z/L; \qquad Pe_i=LU_i/E_i \qquad (i=x,\ y)$$

$$X=\frac{x-x_1^*}{x^0-x_1^*}; \qquad Y=\frac{y-y^1}{y_0^*-y^1} \tag{8-38}$$

假设两相平衡关系为线性

$$y^*=mx+b \tag{8-24}$$

模型方程式（8-35）和式（8-36）可以写成

$$\frac{d^2X}{dZ^2}-Pe_x\frac{dX}{dZ}-N_{ox}Pe_x(X-Y)=0 \tag{8-39}$$

$$\frac{d^2Y}{dZ^2}+Pe_y\frac{dY}{dZ}+\frac{N_{ox}}{\varepsilon}Pe_y(X-Y)=0 \tag{8-40}$$

式中，$N_{ox}=K_{ox}aL/U_x$称作“真实”传质单元数，与柱塞流的表观传质单元数N_{oxp}不同。引入无量纲变量后，边界条件相应演变为

$$Z=0 \text{ 时：} -\frac{dX}{dZ}=Pe_x(1-X_0); \qquad \frac{dY}{dZ}=0$$

$$Z=1 \text{ 时：} \frac{dX}{dZ}=0; \qquad \frac{dY}{dZ}=Pe_yY_1 \tag{8-41}$$

对于轴向扩散柱塞流模型方程，已经发展了多种解法，有数值解，也有图形解法。

8.3.3.2 线性平衡关系时扩散模型方程的解析解及其简化

Sleicher[4]导出了扩散模型方程的一般解析解法。他利用无量纲浓度，在式（8-39）和式（8-40）中消去Y，得到了一个四阶微分方程：

$$\frac{d^4X}{dZ^4}-\alpha\frac{d^3X}{dZ^3}-\beta\frac{d^2X}{dZ^2}-\gamma\frac{dX}{dZ}=0 \tag{8-42}$$

式中

$$\alpha=Pe_x-Pe_y$$

$$\beta=N_{ox}\left(Pe_x+\frac{1}{\varepsilon}Pe_y\right)+Pe_xPe_y \tag{8-43}$$

$$\gamma=N_{ox}Pe_xPe_y(1-1/\varepsilon)$$

解这一微分方程，导出萃取柱两相浓度剖面的计算式

Chapter 8

$$X=\sum_{k=1}^{4} A_k \exp\ (\lambda_k \cdot Z)$$

$$Y=\sum_{k=1}^{4} A_k a_k \exp\ (\lambda_k \cdot Z) \tag{8-44}$$

其中

$$a_k=1+\frac{\lambda_k}{N_{ox}}-\frac{\lambda_k^2}{N_{ox}Pe_x}=\frac{1-\lambda_k/Pe_x}{\varepsilon(1+\lambda_k/Pe_y)} \tag{8-45}$$

$\lambda_1=0$、λ_2、λ_3、λ_4为特征方程

$$\lambda^3-\alpha\lambda^2-\beta\lambda-\gamma=0 \tag{8-46}$$

的根。特征方程的根同样采用前述的式（8-33）求得，根据边界条件式(8-41)，导出方程组，最终可确定A_k值[11]：

$$A_k=\frac{D_{A_k}}{D_{A_1}-D_A}$$

式中

$$D_A=\begin{vmatrix} 1-\lambda_2/Pe_x & 1-\lambda_3/Pe_x & 1-\lambda_4/Pe_x \\ a_2\lambda_2 & a_3\lambda_3 & a_4\lambda_4 \\ \lambda_2 e^{\lambda_2} & \lambda_3 e^{\lambda_3} & \lambda_4 e^{\lambda_4} \end{vmatrix}$$

$$D_{A_1}=\begin{vmatrix} a_2\lambda_2 & a_3\lambda_3 & a_4\lambda_4 \\ \lambda_2 e^{\lambda_2} & \lambda_3 e^{\lambda_3} & \lambda_4 e^{\lambda_4} \\ a_2 e^{\lambda_2} f(\lambda_2) & a_3 e^{\lambda_3} f(\lambda_3) & a_4 e^{\lambda_4} f(\lambda_4) \end{vmatrix}$$

其中

$$f\ (\lambda_k)\ =1+\lambda_k/Pe_y$$

$$D_{A_2}=-\lambda_3\lambda_4(a_3 e^{\lambda_4}-a_4 e^{\lambda_3})$$

$$D_{A_3}=\lambda_2\lambda_4(a_2 e^{\lambda_4}-a_4 e^{\lambda_2})$$

$$D_{A_4}=-\lambda_2\lambda_3(a_2 e^{\lambda_3}-a_3 e^{\lambda_2})$$

可以看出，这种一般的解析解法能用来直接计算萃取柱内的两相浓度剖面。但是，由于特征方程之中包含有萃取柱高L，所以要求取满足一定分离要求的萃取柱高L，必须通过试差法求得。Pratt[12]提出了一种简化的计算方法，他将特征方程中的λ改为$\lambda'+L$，经过适当的变化，特征方程变为

$$\lambda'^3-\alpha'\lambda'^2-\beta'\lambda'-\gamma'=0 \tag{8-47}$$

式中

$$\alpha'=\frac{U_x}{E_x}-\frac{U_y}{E_y}$$

$$\beta'=\frac{U_x/E_x+U_y/(\varepsilon E_y)}{H_{ox}}+\frac{U_xU_y}{E_xE_y} \tag{8-48}$$

$$\gamma'=\frac{U_xU_y(1-1/\varepsilon)}{E_xE_yH_{ox}}$$

"真实"传质单元高度 $H_{ox}=U_x/K_{ox}\cdot a$。式（8-45）变为

$$a_k=\frac{1-\lambda'_k E_x/U_x}{\varepsilon(1+\lambda'_k E_y/U_y)} \tag{8-49}$$

同样使用式（8-33）求取特征方程式（8-47）的根，通过对特征根的分析及简化，得到求取萃取柱高 L 和两相浓度剖面 X、Y 的近似公式（ε 不等于 1 时）

$$L\approx\frac{1}{\lambda'_4}\ln\left[\frac{a_4\varepsilon^2\lambda'_2(\lambda'_4-\lambda'_3)(1/\varepsilon-Y^0)}{\lambda'_3(\lambda'_4-\lambda'_2)(1-Y^0)}\right] \tag{8-50}$$

$$X\approx\frac{\frac{1}{\varepsilon}\left[C_1+C_2\mathrm{e}^{-\lambda'_2L(1-Z)}+\lambda'_2(a_4\lambda'_4\mathrm{e}^{\lambda'_3LZ}-a_3\lambda'_3\mathrm{e}^{\lambda'_4LZ})\right]}{C_1/\varepsilon+a_3a_4\lambda'_2(\lambda'_4-\lambda'_3)} \tag{8-51}$$

式中

$$C_1=\frac{a_3}{\varepsilon}\lambda'_3(\lambda'_2-\lambda'_4)\mathrm{e}^{\lambda'_4L}$$

$$C_2=a_3\lambda'_3\lambda'_4\mathrm{e}^{\lambda'_4L}$$

【例 8-2】 一逆流萃取柱，连续相入口浓度 $x^0=120.0\mathrm{kg/m^3}$，分散相入口浓度 $y^1=8.0\mathrm{kg/m^3}$，萃取柱内 $U_x/E_x=0.5\mathrm{m^{-1}}$，$U_y/E_y=2.0\mathrm{m^{-1}}$，$H_{ox}=0.75\mathrm{m}$，两相流比 $U_y/U_x=1.25$，两相平衡关系为 $y^*=1.60x-0.80$。若要求萃取柱连续相出口浓度 $x_1=37.46\mathrm{kg/m^3}$，试求萃取柱高。

解：（1）物料平衡计算

根据平衡关系

$$x_1^*=(8.00+0.8)/1.6=5.50$$

相应的无量纲浓度

$$X_1=\frac{37.46-5.50}{120.0-5.50}=0.279$$

从已知条件可以求出

$$\varepsilon=1.60\times1.25=2.00$$

由全萃取柱的物料衡算得

$$Y^0=(1-X_1)/\varepsilon=(1-0.279)/2.00=0.3605$$

（2）求特征方程的根

由式（8-48）求出

$$\alpha'=-1.50,\qquad \beta'=3.00,\qquad \gamma'=0.667$$

代入式（8-33）求得特征根

$$\lambda'_1=0,\qquad \lambda'_2=1.2716,\qquad \lambda'_3=-2.5674,\qquad \lambda'_4=-0.2042$$

（3）求萃取柱高

由式（8-49）可以求出

$$a_4=0.7843$$

Chapter 8

代入式（8-50）最终求出

$$L \approx 2.991\text{m}$$

Pratt 讨论了这种近似计算的精度。大量的计算和比较表明，当 $L(\lambda_2'-\lambda_3')>7\sim8$，并且 $N_{ox}>2$ 时，其计算误差在 5%以内。上述例题的精确解为 3.00m，显然近似解法的精度是相当高的。

此后，Pratt 也针对非线性平衡关系的情况进行了讨论[10]，利用分段的直线平衡关系代替曲线关系分段计算各部分的柱高，然后相迭加求出全柱的高度。

8.3.3.3 分散单元高度及其近似计算

对式（8-35）进行整理并积分可以得到真实传质单元数；

$$N_{ox}=\int_{x_1}^{x_0}\frac{\mathrm{d}[x-(E_x/U_x)(\mathrm{d}x/\mathrm{d}z)]}{(x-x^*)_\mathrm{B}}=\frac{K_{ox}aL}{U_x} \tag{8-52}$$

其中，$(x-x^*)_\mathrm{B}$ 代表真实的传质推动力。另外，根据柱塞流模型计算的表观传质单元数

$$N_{oxp}=\int_{x_1}^{x_0}\frac{\mathrm{d}x}{(x-x^*)_\mathrm{p}} \tag{8-53}$$

其中，$(x-x^*)_\mathrm{p}$ 代表柱塞流模型表观的传质推动力。由于 $(x-x^*)_\mathrm{p}>(x-x^*)_\mathrm{B}$，而且 $\mathrm{d}x/\mathrm{d}z<0$，因此，真实传质单元数 N_{ox} 大于表现传质单元数 N_{oxp}。

为了简化萃取柱的设计计算方法，Miyauchi 和 Vermeulen[11] 提出了分散单元高度和分散单元数的概念。他们把扣除轴向混合影响的传质单元高度称作“真实”传质单元高度记作 H_{ox}，而把由于轴向混合的影响使传质单元增加的高度称为分散单元高度记作 H_{oxd}，进而认为分散单元高度和“真实”单元高度之和等于表观传质单元高度，即

$$H_{oxp}=H_{ox}+H_{oxd} \tag{8-54}$$

这样就把一个较为复杂的问题分解为两部分：一是求取萃取柱的“真实”传质单元高度（$H_{ox}=U_x/K_{ox}a$），这一般可以根据体系性质及液滴传质模型等基本原理计算，或通过实验求取；二是确定表征轴向混合影响的分散单元高度，这一步的关键是获得两相轴向混合系数，然后进行计算。

Miyauchi 和 Vermeulen 提出的这一简便的计算方法要求已知两相进出口浓度，两相比流速，两相轴向混合系数，“真实”传质单元高度及两相的平衡关系。具体的步骤如下

① 根据两相平衡关系，求出表观传质单元数

$$N_{oxp}=\int_{x_1}^{x_0}\frac{\mathrm{d}x}{x-x^*} \tag{8-55}$$

② 按照萃取因子 $\varepsilon=mU_y/U_x=1$ 时“真实”传质单元高度和表观传质单

元高度间的关系，求取表观传质单元高度 H_{oxp} 的初值：

$$H_{oxp}=H_{ox}+\frac{E_x}{U_x}+\frac{E_y}{U_y} \tag{8-56}$$

③ 由①、②可以获得萃取柱高的初值 $L_0=H_{oxp}N_{oxp}$。

$$L_0=H_{oxp}N_{oxp} \tag{8-57}$$

④ 计算真实传质单元数

$$N_{ox}=\frac{L_0}{H_{ox}} \tag{8-58}$$

⑤ 利用下述简化公式计算 H_{oxd}

$$H_{oxd}=\frac{L_0}{(Pe)_0+\ln[\varepsilon/(1-1/\varepsilon)]} \tag{8-59}$$

$$\frac{1}{(Pe)_0}=\frac{1}{f_xPe_x\varepsilon}+\frac{1}{f_yPe_y} \tag{8-60}$$

系数 f_x、f_y 可以由图 8-9 查出或由下式近似计算：

$$f_x=\frac{N_{ox}+6.8\varepsilon^{0.5}}{N_{ox}+6.8\varepsilon^{1.5}} \tag{8-61}$$

$$f_y=\frac{N_{ox}+6.8\varepsilon^{0.5}}{N_{ox}+6.8\varepsilon^{-0.5}} \tag{8-62}$$

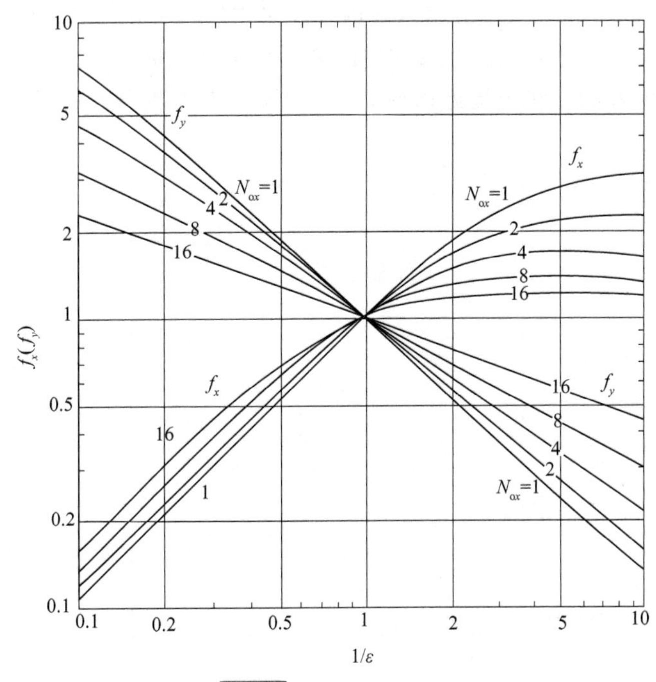

图 8-9 f_x 和 f_y 的算图

⑥ 利用式（8-54）计算 H_{oxp} 的试算值，则柱高为

$$L = H_{oxp} N_{oxp} \tag{8-63}$$

⑦ 比较 L 与 L_0，若两者相差较大，令 $L_0 = L + \Delta L$ 重复④～⑥，若两者的误差在允许的范围内则计算终止。

利用这一简便计算方法对例 8-2 重复进行计算，根据题意经过试算可以求得 $L = 2.974\text{m}$。这一结果与精确值（3.00m）和 Pratt 近似解法（2.991m）相比较，具有相当的精度。

8.3.4 前混现象

在实际的柱式萃取设备中，分散相液滴的大小不可能是完全均一的，存在一个液滴大小的分布。由于这个原因，不同尺寸液滴的运动速度不同，即不同尺寸液滴在柱内的停留时间不同，它们的传质比表面及传质性能也有差异。和均一的分散相液滴的假设条件相比，萃取柱的实际工况必然存在较大的差异。Olney[13]第一个研究了这类原因造成的影响，列出了考虑这一影响的以扩散模型为基础的传质方程，但并未提出解法。

Rod[14]分析了这类现象对传质性能影响的实质，并把这类影响称作为前混。Rod 在他的文章中利用一个只有两种液滴直径的体系，在假定无其他返混现象存在的特殊情况下讨论了“前混”的影响（如图 8-10 所示）。两种不同大小的液滴在萃取柱 $Z=1.0$ 处进入柱内，此时它们具有相同的初始浓度 y^1。由于小液滴的传质速率较快，使其初始的浓度梯度显得更大些。这样，小液滴的操作线就比大液滴更快地接近相平衡线。结果，若要求分散相离开萃取柱有效

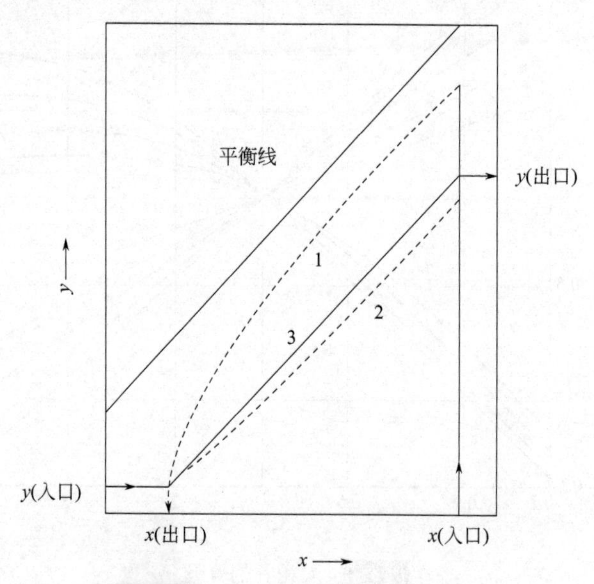

图 8-10　柱式萃取设备中的前混影响

1—小液滴操作线；2—大液滴操作线；3—柱塞流模型操作线

段聚结后流出的组分浓度和均一液滴情况下的组分浓度相同时，就需要更大的柱高。Rod 的分析说明，前混的影响和前述讨论的轴向混合是有区别的：其一，分散相并未在其入口处出现浓度突跃；其二，前混的影响主要取决于分散相本身的特征，而往往不受柱径放大的影响。

一些学者从考虑液滴的大小分布与速度分布出发，以扩散模型和返流模型为基础，建立并求解了包含前混影响的模型方程。Rod[2] 列出了在两相均存在轴向混合条件下考虑前混效应的扩散方程并进行了计算机数值求解。Chartres 和 Korchinsky[15] 认为不宜使用分散相轴向扩散系数来表征前混效应的影响，并指出前混效应会由于液滴在萃取柱内的聚结而相应减弱。在假设无分散相轴向混合的条件下，文献［15］用计算机求解了考虑前混效应的扩散模型方程。Rod 和 Misek[16]，Korchinsky[17] 提出了考虑前混效应的返流模型并进行了计算机求解。考虑前混影响的模型方程及其解法的详细内容可参阅相关文献。

8.4 萃取柱轴向混合参数的实验测定

显然，对于一定的体系、一定的分离要求，利用前述模型进行所需萃取柱高的计算，需要积累相当数量的传质数据和萃取柱轴向混合数据。因此，建立适合各种条件的轴向混合和传质参数的测定方法是十分必要的。

8.4.1 扰动响应技术及其数据处理方法

8.4.1.1 扰动响应法及模型方程

实验测定萃取柱内轴向混合系数的常用的方法是扰动响应法，或称示踪注入法。具体地说，在萃取柱达到稳定操作时由萃取柱的某一固定截面向某一相注入示踪信号，在该相流动的下游（或上游）截面测量示踪信号的变化，利用模型方程对响应曲线进行参数估值，求取萃取柱的轴向混合参数。

采用扰动响应技术，示踪剂的选取是十分重要的。一般地说，在无传质条件下水相的轴向混合参数的测定可以选用无机盐类做示踪剂，示踪信号通过水相的电导值的变化测得。染色剂也是一种常用的示踪剂，对于连续相或分散相的轴向混合参数测定都是可以采用的。示踪信号可以用连续式比色计或光导纤维等检测。此外，放射性物质、荧光物质等也被选作示踪物质。值得强调的是，示踪剂的选择条件在于：①该物质不发生相间的传质；②该物质不被明显地吸附于界面之上；③示踪物易于检测，灵敏度较高；④使用过的带有示踪剂的液相易于处理，以利于循环使用。

示踪剂的注入方式分稳态注入和非稳态注入。

所谓稳态注入就是在萃取柱上某一固定截面向柱内某一相稳定持续地注入某种浓度的示踪剂。同时，在注入点的下游几个固定截面或上游及下游的等距离固定截面测定示踪剂在该相的浓度，所测数据按扩散模型或返流模型处理，估算轴向混合参数[18~20]。稳态注入方法往往要求在萃取柱内轴向混合比较严重的情况下使用，同时，稳态注入存在示踪剂注入时间长、注入量大等缺点。

非稳态注入法是使用更为广泛的实验测试方法。非稳态注入法又分理想注入和非理想注入两种。它们的共同点是在萃取柱某一固定截面向某一相注入某个短时间的示踪信号，而在该相流动的下游测定该示踪信号的响应。理想注入亦称单点法，它要求注入的脉冲是理想的δ脉冲（其脉冲波形为δ函数），在其下游某一固定截面接受响应信号，通过处理求取轴向混合参数。尽管理想δ脉冲注入的数据处理比较简单，但是，在实验操作中产生理想的δ脉冲信号却是十分困难的。Aris[21]建议采用非理想注入。非理想注入就是在萃取柱某一固定截面注入任意的示踪信号，在注入端的下游设置相隔一定距离的两个测点，同时接受响应信号。数据处理时，把第一测点的信息看作是扰动输入信号，而把第二测点的信息当作第一点输入信号的“响应”，如图 8-11 所示。

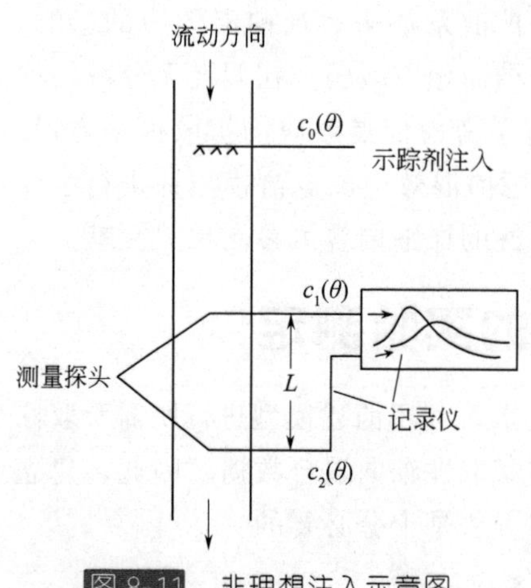

图 8-11 非理想注入示意图

非理想注入不仅不受实验操作的局限，而且还可以克服单点法测定中难以解决的拖尾过长的问题。因此，非理想注入法已成为目前最常用的一种实验研究方法。

8.4.1.2 扩散模型方程

利用扰动响应法求取萃取柱轴向混合参数的常用模型方程是扩散模型方程。对于 l 和 $l+\mathrm{d}l$ 之间的萃取柱微元段做示踪剂的物料衡算，可以得到下述的扩散模型方程

$$E_i \frac{\partial^2 c}{\partial l^2} - U_i \frac{\partial c}{\partial l} = \phi_i \frac{\partial c}{\partial t} \qquad i=x, y \tag{8-64}$$

式中，c 为示踪剂浓度，kg/m^3；l 为轴向坐标，m；t 为时间，s；U_i 为表观速度，m/s；E_i 为轴向扩散系数，m^2/s；ϕ_i 为存留分数。

引入无量纲变量

$$Pe_i = \frac{U_i L}{E_i}; \quad Z = \frac{l}{L}; \quad \tau = \frac{L\phi_i}{U_i}; \quad \theta = \frac{t}{\tau} \tag{8-65}$$

式中，L 为第一测点与第二测点之间的距离，m。式（8-64）变为无量纲形式

$$\frac{\partial^2 c}{\partial Z^2} - Pe_i \frac{\partial c}{\partial Z} = Pe_i \frac{\partial c}{\partial \theta} \tag{8-66}$$

这是一个二阶常系数偏微分方程。如果考虑一个忽略端效应的无限长体系，则式（8-66）的初始条件和边界条件如下［取第一测点为 $Z=0$，其响应信号即对第二测点的输入信号为 $c_1(0,\theta)$］：

$$\begin{aligned} &\theta=0, \quad c(Z,0)=0 \\ &Z=0, \quad c(0,\theta)=c_1(0,\theta) \\ &Z=\infty, \quad c(\infty,\theta)\text{有界} \end{aligned} \tag{8-67}$$

对式（8-66）进行拉氏变换，可以得到：

$$\frac{\partial^2 \bar{c}}{\partial Z^2} - Pe_i \frac{\partial \bar{c}}{\partial Z} - Pe_i \tau S\bar{c} = 0 \tag{8-68}$$

相应地有

$$\begin{aligned} &\theta=0, \quad \bar{c}(Z,0)=0 \\ &Z=0, \quad \bar{c}=\overline{c_1}(0,S) \\ &Z=\infty, \quad \bar{c}\text{有界} \end{aligned} \tag{8-69}$$

式中，$\bar{c}$ 代表 c 的拉氏变换，S 为 Laplace 变换参数，解方程式（8-68），其解为

$$\bar{c}(Z,S)=\overline{c_1}(0,S)\exp[\frac{Pe_i}{2}(1-q)]Z \tag{8-70}$$

式中

$$q=(1+\frac{4\tau S}{Pe_i})^{0.5} \tag{8-71}$$

在第二测点处，$Z=1$，所以得到

$$\bar{c}(1,S)=\overline{c_1}(0,S)\exp[\frac{Pe_i}{2}(1-q)] \tag{8-72}$$

或

$$F(S)\equiv\frac{\bar{c}(1,S)}{\overline{c_1}(0,S)}=\exp[\frac{Pe_i}{2}(1-q)] \tag{8-73}$$

式（8-73）是十分重要的，它是所有的数据处理的基础。可以看出，式（8-73）反映了系统的输入与输出之间的关系，定义 $F(S)$ 为系统的传递函数，由式（8-73）出发，或对其进行拉氏变换的反演或者利用变换的性质建立起响应曲线与模型参数 τ 和 Pe 的联系，求取所需的模型参数。

8.4.1.3　几种主要的模型参数求取方法

由响应曲线（亦即停留时间分布曲线）求取模型参数，需要进行一定的数学处理。求取模型参数的方法包括矩量法[22,23]、加权矩量法[24]、传递函数法[24]、Fourier 分析法[25,26]、时间域最小二乘法[27]等。

根据数理统计的知识，可以定义广义 n 阶距（亦称 n 阶加权距）

$$M_n(S)=\int_0^{\infty} t^n e^{-St} c(t) dt \tag{8-74}$$

十分清楚，在 S 设定后，由实验测得示踪剂浓度随时间的变化，就可以用数值积分求得 M_n（S）的值。根据拉氏变换的性质，可以得到如下的递推关系

$$M_n(S)=(-1)^n \frac{d^n}{dS^n}[\bar{c}(S)] \tag{8-75}$$

为了推导方便，再设定三个中间变量，称之为加权累积量

$$U_0(S)=\ln F(S)=\frac{Pe_i}{2}(1-\sqrt{1+4S\tau/Pe_i}) \tag{8-76}$$

$$U_1(S)=\frac{-F'(S)}{F(S)}=\frac{\tau}{\sqrt{1+4S\tau/Pe_i}} \tag{8-77}$$

$$U_2(S)=\frac{F''(S)}{F(S)}-\left[\frac{F'(S)}{F(S)}\right]^2=\frac{2\tau^2}{Pe_i\ (1+4S\tau/Pe_i)^{1.5}} \tag{8-78}$$

根据式（8-75）和式（8-73），式（8-76）～式（8-78）可以分别表示为

$$U_0(S)=[\ln M_0(S)]_{(\mathrm{I})}^{(\mathrm{II})} \tag{8-79}$$

$$U_1(S)=\left[\frac{M_1(S)}{M_0(S)}\right]_{(\mathrm{I})}^{(\mathrm{II})} \tag{8-80}$$

$$U_2(S)=\left\{\frac{M_2(S)}{M_1(S)}-\left[\frac{M_1(S)}{M_0(S)}\right]^2\right\}_{(\mathrm{I})}^{(\mathrm{II})} \tag{8-81}$$

式中的标注（Ⅰ）和标注（Ⅱ）分别表示用第一测点和第二测点的相应值为下限及上限代入计算。根据上述推导，就可以得出矩量法、加权矩量法及传递函数法的计算公式。

（1）矩量法　对于式（8-76）、式（8-77）、式（8-78），令 $S=0$，可以得到

$$U_0(0)=0,\quad U_1(0)=\tau,\quad U_2(0)=2\tau^2/Pe_i \tag{8-82}$$

经过整理就可以得到矩量法的计算公式

$$\tau=U_1(0)$$

$$Pe_i=\frac{2U_1^2(0)}{U_2(0)} \tag{8-83}$$

利用在两个测点测得的实验数据 $c_1(t)$ 和 $c_2(t)$，根据式（8-74）计算 $M_0(0)$，$M_1(0)$ 和 $M_2(0)$，再根据式（8-79）、式（8-80）、式（8-81）就可以求得萃取柱的模型参数 τ 和 Pe。

（2）加权矩量法和传递函数法　如果两两联立式（8-76）、式（8-77）、式（8-78），求取 Pe 和 τ，可以得到四种加权矩量计算法的结果。

① Michelsen-Østergaard 法Ⅰ（简称 Mich-Øst Ⅰ）

联立式（8-76）和式（8-77），可以得到

$$\tau = \frac{U_0(S)[U_0(S) + 2SU_1(S)]}{U_0(S) + SU_1(S)}$$

$$Pe_i = \frac{-U_0(S)U_1(S)}{U_0(S) + 2SU_1(S)} \tag{8-84}$$

② Mich-Øst Ⅱ

联立式（8-77）和式（8-78），可以得到

$$\tau = U_1(S)[1 - \frac{2SU_2(S)}{U_1(S)}]^{-0.5}$$

$$Pe_i = \frac{2U_1^2(S)}{U_2(S)}[1 - \frac{2SU_2(S)}{U_1(S)}]^{0.5} \tag{8-85}$$

③ Mich-Øst Ⅲ

由式（8-76）整理可以得到

$$-\frac{1}{U_0(S)} = -\frac{1}{Pe_i} + \tau \frac{S}{U_0^2(S)} \tag{8-86}$$

按照文献［28］提出的方法

$$\frac{0.4}{\tau} < S < \frac{3}{\tau} \tag{8-87}$$

在此范围内取不同的 S 值按式（8-86）进行线性回归，其直线的截距为 $-1/Pe$，斜率为τ。这种方法就是传递函数法。

④ Mich-Øst Ⅳ

由式（8-77）整理可以得到

$$\frac{1}{U_1^2(S)} = \frac{1}{\tau^2} + \frac{4}{\tau Pe_i}S \tag{8-88}$$

按照文献［29］提出的经验公式

$$S = \frac{n}{t^{\mathrm{I}} + t^{\mathrm{II}} + \Delta t} \tag{8-89}$$

选择不同的 S 值进行线性回归，所得的直线截距为 $1/\tau^2$，斜率为 $4/\tau Pe$，式（8-89）中 t^{I}，t^{II} 分别表示第一测点和第二测点处测得的响应曲线峰值出现的时刻，Δt 是第二条响应曲线对第一条响应曲线的时间的延迟。

选取一定的 S 值，由实验测得响应曲线求得加权累积量，再用上述各种算法求取模型参数τ和 Pe，这就是参数估值的加权矩量法。十分明显，矩量法和传递函数法分别是加权矩量法在 $S=0$ 和 $n=0$ 时的特殊情况。

（3）Fourier 分析法　对式（8-73），令 $S = i\omega$，整理得到下述关系式

$$F(i\omega) = R_\omega + iI_\omega \tag{8-90}$$

其中

$$
\begin{aligned}
&R_{\omega}=\mathrm{e}^{y}\cos x \\
&I_{\omega}=-\mathrm{e}^{y}\sin x \\
&y=\frac{Pe_{i}}{2}-\rho\cos\varphi \\
&x=\rho\sin\varphi \\
&\rho=[(\frac{Pe_{i}}{2})4+(\tau\omega Pe_{i})2]^{0.25} \\
&\varphi=\frac{1}{2}\tan^{-1}(\frac{4\tau\omega}{Pe_{i}})
\end{aligned}
\tag{8-91}
$$

另外，将 $S=i\omega$ 代入式（8-73）亦可推出

$$
F(i\omega)=\frac{\int_{0}^{\infty}c_{2}(t)\mathrm{e}^{-i\omega t}\mathrm{d}t}{\int_{0}^{\infty}c_{1}(t)\mathrm{e}^{-i\omega t}\mathrm{d}t}=\frac{a_{\omega}^{\mathrm{II}}-ib_{\omega}^{\mathrm{II}}}{a_{\omega}^{\mathrm{I}}-ib_{\omega}^{\mathrm{I}}}
\tag{8-92}
$$

式中

$$
\begin{aligned}
&a_{\omega}^{\mathrm{I}}=\int_{0}^{\infty}c_{1}(t)\cos\omega t\,\mathrm{d}t \\
&b_{\omega}^{\mathrm{I}}=\int_{0}^{\infty}c_{1}(t)\sin\omega t\,\mathrm{d}t \\
&a_{\omega}^{\mathrm{II}}=\int_{0}^{\infty}c_{2}(t)\cos\omega t\,\mathrm{d}t \\
&b_{\omega}^{\mathrm{II}}=\int_{0}^{\infty}c_{2}(t)\sin\omega t\,\mathrm{d}t
\end{aligned}
\tag{8-93}
$$

从式（8-90）和式（8-92）得

$$
F(i\omega)=\frac{a_{\omega}^{\mathrm{II}}-ib_{\omega}^{\mathrm{II}}}{a_{\omega}^{\mathrm{I}}-ib_{\omega}^{\mathrm{I}}}=R_{\omega}-iI_{\omega}
$$

即

$$
a_{\omega}^{\mathrm{II}}-ib_{\omega}^{\mathrm{II}}=(a_{\omega}^{\mathrm{I}}R_{\omega}+b_{\omega}^{\mathrm{I}}I_{\omega})-i(b_{\omega}^{\mathrm{I}}R_{\omega}-a_{\omega}^{\mathrm{I}}I_{\omega})
$$

令

$$
\begin{aligned}
&a_{\omega}^{\mathrm{II}*}=a_{\omega}^{\mathrm{I}}R_{\omega}+b_{\omega}^{\mathrm{I}}I_{\omega} \\
&b_{\omega}^{\mathrm{II}*}=b_{\omega}^{\mathrm{I}}R_{\omega}-a_{\omega}^{\mathrm{I}}I_{\omega}
\end{aligned}
$$

$a_{\omega}^{\mathrm{II}*}$和 $b_{\omega}^{\mathrm{II}*}$为计算值。假设参数初值 Pe_{0}和τ_{0}，利用第一测点信息可以求得相应的 $a_{\omega}^{\mathrm{II}*}$和 $b_{\omega}^{\mathrm{II}*}$。一般地说，响应曲线的测定值在时间上是离散的，例如，以Δt时间间隔对两个测点分别测定 N 个点，则取$\omega=2n\pi/(N\Delta t)$，$(n=1,2,\cdots,N)$。这样取目标函数

$$
F=\sum_{i=1}^{N}[(a_{\omega}^{\mathrm{II}*}-a_{\omega}^{\mathrm{II}})^{2}+(b_{\omega}^{\mathrm{II}*}-b_{\omega}^{\mathrm{II}})^{2}]\rightarrow\min
$$

利用最优化方法拟合曲线，可以求得所需要的模型参数 Pe 和τ。

(4) 时间域最小二乘法[27,30]

按照 Duhamal 定理，系统的输入信息 $x(t)$ 与输出信息 $y(t)$ 之间应该有如下的卷积关系

$$y(t)=\int_0^t f(\xi)x(t-\xi)\mathrm{d}\xi \tag{8-94}$$

其中，$f(\xi)$ 为系统的脉冲响应函数，它只取决于系统本身的特性。对于无限长系统，假设输入信号为理想的δ函数，即可以通过式 (8-73) 求得系统的脉冲响应函数。令

$$c_1(0,t)=\delta(t)$$

其拉氏变换式为

$$\overline{c_1}(0,S)=\bar{\delta}(S)=1$$

代入式 (8-73)，则有

$$\bar{c}(1,S)=\exp[\frac{Pe_i}{2}(1-\sqrt{1+4\tau S/Pe_i})] \tag{8-95}$$

对此式进行拉氏变换的反演，可以得到

$$c(t)=\frac{1}{\tau}(\frac{Pe_i\tau^3}{4\pi t^3})^{0.5}\exp[-\frac{Pe_i\tau}{4t}(1-\frac{t}{\tau})^2] \tag{8-96}$$

对于δ函数输入，式 (8-94) 的结果应该等于 $f(t)$，即当δ函数输入时，输出的响应函数即是系统的脉冲响应函数，因此

$$f(t)=\frac{1}{\tau}(\frac{Pe_i\tau^3}{4\pi t^3})^{0.5}\exp[-\frac{Pe_i\tau}{4t}(1-\frac{t}{\tau})^2] \tag{8-97}$$

将式 (8-97) 代入式 (8-94)，可以由任意的输入信号通过数值积分求出输出信号的计算值。

$$c_2^*(t)=\int_0^t f(\xi)c_1(t-\xi)\mathrm{d}\xi \tag{8-98}$$

当测量值是时间上的离散值时

$$c_2^*(t_i)=\sum_{j=1}^{i} f(t_j)c_1(t_i-t_j)\Delta t \tag{8-99}$$

式中，Δt 为采样的时间间隔。

时间域最小二乘法就是对参数 Pe 和τ进行最优搜索，由第一测点测得的 $c_1(t)$的实验值和 $f(t)$，求得第二测点的响应曲线的计算值 $c_2^*(t)$，使目标函数

$$J=\sum_{i=1}^{N}[c_2^*(t_i)-c_2(t_i)]^2\rightarrow \min$$

式中，$c_2(t)$ 是第二测点响应曲线的实测值。目标函数趋于最小，表示最优搜索得到的参数 Pe 和τ计算出的拟合曲线与实测曲线最为接近。

8.4.1.4 几种数据处理方法的比较

在轴向混合参数的实验测定和研究工作中，许多学者采用了多种不同的方

法。杨基础等[30]，Bensalem 和 Hartland[31]在萃取柱的实验研究中评价了上述方法。

几种数据处理方法的比较表明，矩量法是一种最简单的参数估值方法。然而，用矩量法估算的参数 Pe 和τ计算的响应曲线数值，不仅在峰值部分存在较大的偏差，而且由于 t^n 的放大作用，使其对实测曲线尾部的测量随机误差十分敏感，往往会导致严重的偏差，当响应曲线拖尾较长时尤其如此[24,29,32]。

加权矩量法不仅在峰值部分使拟合误差有所减小，而且由于权 $t^n e^{-St}$ 的抑制作用，在轴向混合较大、响应曲线拖尾较长时减少了尾部的影响。值得指出的是，在轴向混合较小、响应曲线拖尾很短的情况下，用矩量法的尾部拟合偏差不大，而加权矩量法可能会由于加权因子 S 的选择不当而引起较大的偏差。加权矩量法的关键在于 S 的选择，目的是使峰值部分权重加大，尾部权重减小。了解了加权因子 S 的作用，就不难做出对传递函数法的评价。传递函数法是在一个范围内选取一系列 S 值而后进行线性回归处理的。这一系列 S 值中可能会包括部分不适宜的 S 值。因此，传递函数法的估算结果未必能胜过加权矩量法。

Fourier 分析法和时间域最小二乘法尽管其方法有所区别，拟合的区域也不相同，其根本均在于使响应曲线的实测值与计算值相接近。时间域最小二乘法则最为直观，是直接拟合曲线上各测点的实验值。实践证明，时间域最小二乘法是可靠、精确的参数估值方法。

时间域最小二乘拟合在进行式（8-98）积分运算时，需要花费相当的时间，同时反复搜索最佳参数值。文献［30］讨论了这一问题并提出，正确的选择响应曲线的拟合区域是十分重要的。如果选取对实测曲线有代表性的峰值周围部分，而不对曲线进行全时间域的拟合，可以大大缩短计算时间，减少拖尾部分随机误差的影响，所得的参数与全时间域拟合的结果相差不大。

Wakao[33]也综合评价了上述几种数据处理方法。他指出，时间域最小二乘法是最佳的估值方法。Fourier 分析法的估值精度接近于时间域最小二乘法的精度。

戴猷元等[34]将计算机发生的“扰动-响应”曲线的基值与正态伪随机数迭加，获得人工模拟的“扰动-响应”曲线，以代替大量的重复实验，并分别使用矩量法、加权矩量法、传递函数法、Fourier 分析法和时间域最小二乘法对模拟实验曲线进行参数估值，采用 Monte-Carlo 方法对这五种方法做出比较和评价。结果表明，时间域最小二乘法和 Fourier 分析法是最宜采用的估值方法，矩量法的估值结果可以作为 Pe 和τ参数估值的初值使用。

8.4.2 稳态浓度剖面法

利用示踪剂注入法测定萃取柱的轴向混合参数，大多是在无传质的情况下进行的。在有传质的情况下，界面湍动等效应会导致与无传质时不完全相同的轴向混合状况。为了比较和关联有传质条件下与无传质条件下萃取柱内的轴向混合参数，往往需要有传质条件下的轴向混合数据。稳态浓度剖面法，就是测定有传质条件下轴向混合参数的一种较为有效的方法。

所谓稳态浓度剖面法就是在萃取柱传质稳定操作的状态下，沿柱高分别测定两相的浓度剖面，根据常用的扩散模型或返流模型，用最优化方法拟合两相浓度剖面，估算传质参数和轴向混合参数。

稳态浓度剖面的测定是十分细致的实验工作。一般沿萃取柱按一定间距在柱壁上设置若干对取样口，连续相及分散相由于取样装置材质的浸润性不同而被分别取出。测试样品应是不夹带异相的单相样品。取样装置一般插入萃取柱内并尽量减少取样器及取样量对柱内两相流动状况和传质的影响。在一定的操作条件下，萃取柱趋于稳定时开始收集两相样品。

在考虑轴向混合影响的萃取传质性能的研究中，早期有代表性的是 Smoot 和 Babb 的工作[35]。他们成功地测定了脉冲筛板萃取柱内两相的稳态浓度剖面，并根据扩散模型计算考虑了轴向混合影响的“真实”传质单元数。1964 年 Rod 在图解法解扩散模型时导出了扩散模型和柱塞流模型浓度剖面间的关系式[9]。1974 年 Ziolkowski[36] 根据这个关系推导出“真实”传质单元数和轴向混合 Peclet 准数的计算公式，从而可以用数值积分的方法由实测的稳态浓度剖面和柱塞流模型的衡算浓度剖面直接计算传质参数和轴向混合参数。20 世纪 70 年代末以来，相继发表了一些用最优化方法从稳态浓度剖面同时计算传质参数和轴向混合参数的文章，如 Slavickove 等[37] 用 Marquadt 法求解非线性方程组，从稳态浓度剖面估算返流模型的参数，并详细讨论了收敛条件、测量误差对精度和收敛速度的影响，提出了参数沿柱高变化时的处理方法。

8.4.2.1 基于扩散模型的单变量估值法[38]

雷夏等[38] 在 Rod[9] 和 Ziolkowski[36] 等的工作基础上用单变量最优化方法根据扩散模型分别拟合两相的稳态浓度剖面，同时计算出各相的轴向混合参数和“真实”传质单元高度。这一方法计算较为简便，估值确定。

根据扩散模型

$$E_x \frac{\mathrm{d}^2 x}{\mathrm{d}z^2} - U_x \frac{\mathrm{d}x}{\mathrm{d}z} - K_{ox} a (x - x^*) = 0 \tag{8-35}$$

$$E_y \frac{\mathrm{d}^2 y}{\mathrm{d}z^2} + U_y \frac{\mathrm{d}y}{\mathrm{d}z} + K_{ox} a (x - x^*) = 0 \tag{8-36}$$

按照 Rod[9] 提出的辅助变量

$$C_x = x - \frac{E_x}{U_x} \frac{\mathrm{d}x}{\mathrm{d}z} = x - \frac{1}{Pe_x} \frac{\mathrm{d}x}{\mathrm{d}Z} \tag{8-100}$$

$$C_y = y + \frac{E_y}{U_y} \frac{\mathrm{d}y}{\mathrm{d}z} = y + \frac{1}{Pe_y} \frac{\mathrm{d}y}{\mathrm{d}Z} \tag{8-101}$$

代入式（8-35）和式（8-36），显然 C_x、C_y 实际上就是柱塞流模型中两相的衡算浓度，应该遵循柱塞流模型的方程：

$$\frac{dC_x}{dZ}=-N_{oxp}(C_x-C_x^*) \tag{8-102}$$

$$\frac{dC_y}{dZ}=-N_{oxp}\frac{U_x}{U_y}(C_x-C_x^*) \tag{8-103}$$

边界条件为

$$\begin{aligned} Z=0, \quad C_x=x^0, \quad C_y=y_0 \\ Z=1, \quad C_x=x_1, \quad C_y=y^1 \end{aligned} \tag{8-104}$$

若已知进出口浓度和平衡关系，柱塞流模型的表现传质单元数 N_{oxp} 可以由式（8-105）求得：

$$N_{oxp}=\int_{x_1}^{x^0}\frac{dC_x}{C_x-C_x^*} \tag{8-105}$$

然后利用四阶龙格-库塔法求解一阶微分方程组式（8-102）和式（8-103），就可以得到柱塞流模型的衡算浓度剖面 $C_x(Z)$、$C_y(Z)$。

由于轴向混合的存在，实际的浓度剖面偏离衡算浓度剖面 C_x、C_y，其偏离程度用 Pe_x 和 Pe_y 表征，两者间关系可由式（8-100）和式（8-101）改写成：

$$\frac{dx}{dZ}=-Pe_x(C_x-x) \tag{8-106}$$

$$\frac{dy}{dZ}=-Pe_y(y-C_y) \tag{8-107}$$

若由已知求得 $C_x(Z)$、$C_y(Z)$，并给定 Pe_x 和 Pe_y 的初值，就可以对式（8-106）和式（8-107）进行数值积分，算出扩散模型浓度剖面 $x(Z)$、$y(Z)$，将此计算值与实测值相比较，以两者偏差的平方和为目标函数，用黄金分割法或其他单变量函数最优化方法进行迭代计算，就能得到给定的收敛要求下与实测剖面拟合得最好的扩散模型浓度剖面及相应的 Pe_x 和 Pe_y 值。

8.4.2.2 基于返流模型的多变量估值法[39]

Rod 和费维扬等[39] 利用 Ricker 等[40] 的返流模型模拟计算程序和 Marquadt 方法同时估算传质参数和返混参数，讨论了取样点数目和位置以及实验误差对估值精度的影响，并采用 Monte-Carlo 法检验了估值方法的可靠性。如图 8-12 所示，根据返流模型可以得到下述方程

$$\begin{gathered} x^0-(1+\alpha_x)x_1+\alpha_x x_2=\frac{K_{ox}ah_m}{U_x}(x_1-x_1^*) \\ (1+\alpha_x)x_{i-1}-(1+2\alpha_x)x_i+\alpha_x x_{i+1}=\frac{K_{ox}ah_m}{U_x}(x_i-x_i^*) \\ (i=2,3,\cdots,N-1) \end{gathered} \tag{8-108}$$

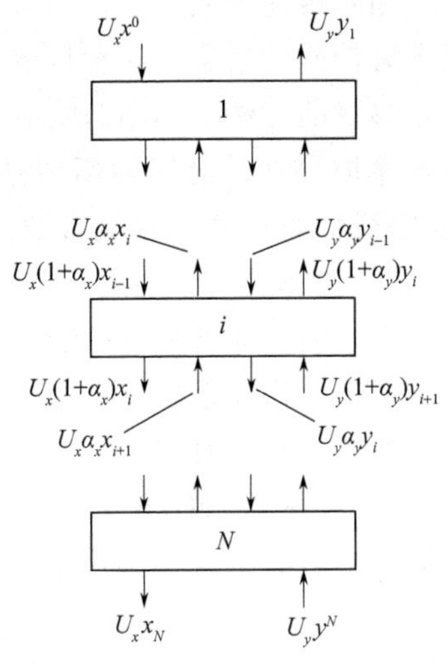

图 8-12　返流模型的多变量估值示意图

$$(1+\alpha_x)x_{N-1}-\alpha_x x_N - x^N=\frac{K_{ox}ah_m}{U_x}(x_N-x_N^*)$$

$$-y_0-\alpha_y y_1+(1+\alpha_y)y_2=-\frac{K_{ox}ah_m}{U_y}(x_1-x_1^*)$$

$$\alpha_y y_{i-1}-(1+2\alpha_y)y_i+(1+\alpha_y)y_{i+1}=-\frac{K_{ox}ah_m}{U_y}(x_i-x_i^*) \tag{8-109}$$

$$(i=2,3,\cdots,N-1)$$

$$\alpha_y y_{N-1}-(1+\alpha_y)y_N+y^N=-\frac{K_{ox}ah_m}{U_y}(x_N-x_N^*)$$

在实验测定中，萃取柱的有效柱高 L，两相表观流速 U_x、U_y，平衡关系为已知，取 N 为柱内的自然级数，如板段数，则 $L/N=h_m$，假设仍令 $N_{ox}=K_{ox}ah_m/U_x$，这样实际上需估值的参数为α_x、α_y 和 N_{ox}（即其中的 $K_{ox}a$）。

式（8-108）和式（8-109）两个方程组中各包括 N 个方程，如果知道两相的进出口浓度，且给定α_x、α_y 和 N_{ox} 的初值，就可以从这两个方程组中求出两相浓度剖面的计算值 x_i^*、y_i^*，与两相浓度剖面的实测值相比较，利用阻尼最小二乘法使目标函数

$$S=\sum_{i=1}^{N}[(x_i^*-x_i)^2+(y_i^*-y_i)^2]\to \min$$

经过反复迭代，可以求出拟合两相浓度剖面的最佳参数α_x、α_y 和 N_{ox}。

文献［39］中在分析取样点数目及位置的影响时还指出，接近相入口处的取样点对于估值的参数将提供更多的信息。

8.4.3　动态响应曲线法

前述的扰动响应法中示踪剂是一种不发生相际传递的物质。如果在萃取柱

稳定传质情况下，注入一些相际传递物质形成扰动信号，那么测得的响应曲线必然既包含轴向混合，又带有传质的信息。这种从溶质浓度的动态响应曲线同时估算传质参数和轴向混合参数的方法称作动态响应曲线法。

从已发表的资料来看，萃取柱的动态特性不如稳态操作性能研究得充分。雷夏[41]提出了由动态响应曲线估算传质与返混参数的方法并与稳态的估算数据进行了比较。骆广生[42]在中试装置中采用动态响应曲线法估算传质参数，获得了满意的结果。实验研究表明，动态响应曲线法是一种测试萃取柱性能的经济可行的方法，它只需要少量溶质在进口流中形成扰动信号，大大减少了料液的耗量和溶剂的处理量，节省了实验时间。

符号说明

a——单位萃取柱体积内传质表面积，m^2/m^3

c——浓度，mol/L 或 g/L

D——分配系数

E——轴向混合系数，m^2/s；示踪剂无量纲浓度

h_m——混合级当量高度，m

H_e——理论级当量高度，m

H_{ox}——真实传质单元高度，m

H_{oxd}——分散单元高度，m

H_{oxp}——表观传质单元高度，m

HTU——传质单元高度，m

i——级数

K_{ox}——基于料液水相的总传质系数，m/s

K_x——基于料液水相的总传质系数，m/s

K_y——基于萃取有机相的总传质系数，m/s

l——沿萃取柱长的坐标，m

L——萃取柱高，m；两测点距离，m；料液水相体积流量，m^3/s

m——线性分配平衡关系式中的常数

N——级数，采样个数

N_{ox}——真实传质单元数

N_{ox}^1——全混传质单元数

N_{oxp}——表观传质单元数

N_T——萃取过程所需的理论级数

NTU——传质单元数

S——萃取柱横截面积，m^2；拉氏变换自变量

t——时间，s

U——表观流速，m/s

V——体积，m^3；萃取有机相体积流量，m^3/s

x——料液水相浓度，mol/L 或 g/L

x_i——第 i 级料液水相浓度，mol/L 或 g/L

X——料液水相无量纲浓度

y——萃取有机相浓度，mol/L 或 g/L

y_i——第 i 级萃取相浓度，mol/L 或 g/L

Y——萃取相无量纲浓度

z——萃取柱高坐标，m

Z——无量纲柱高坐标

希腊字母

ε——萃取因子

θ——无量纲时间

λ——特征方程的根

μ——特征方程的根

τ——平均停留时间，s

ϕ——存留分数

下标

x——料液水相

y——萃取有机相

0——入口

1——出口

上标

*——平衡状态

参考文献

[1] Pratt H R C，Baird M H I. Handbook of Solvent Extraction. New York：Wiley Interscence，1983，199-247.

[2] Rod V. in Hanson C，Ed，Recent Advances in Liquid Liquid Extraction. London：Pergamen Press，1971，Chapter 7.

[3] Young E F. Chem Eng，1957，64 (2)：241-242.

[4] Sleicher C A. AIChE J，1959，5 (2)：145-149.

[5] Sleicher C A. AIChE J，1960，6 (3)：529-535.

[6] Miyauchi T，Vermenlen T. Ind Eng Chem Fund，1963，2 (4)：304-310.

[7] Hartland S，Mecklenburgh J C. Chem Eng Sci. 1966，21 (12)：1209-1229.

[8] Pratt H R C. Ind Eng Chem Process Des Dev，1976，15 (4)：544-548.

[9] Rod V. Br Chem Eng，1964，9 (5)：300-304.

[10] Pratt H R C. Ind Eng Chem Process Des Dev，1976，15 (1)：34-41.

[11] Miyauchi T，Vermeulen T. Ind Eng Chem Fund，1963，2 (2)：113-126.

[12] Pratt H R C. Ind Eng Chem Process Des Dev，1975，14 (1)：74-80.

[13] Olney R B. AIChE J，1964，10 (6)：827-835.

[14] Rod V. Br Chem Eng，1966，11 (6)：483-487.

[15] Chartres R H，Korchinsky W J. Trans Inst Chem Eng，1975，53 (4)：247-253.

[16] Rod V，Misek T. ISEC-71，I：738-739，1971.

[17] Korchinsky W J，Azimzadeh-Katyloo S. Chem Eng Sci，1976，31 (10)：871-875.

[18] Mar B W，Babb A L. Ind Eng Chem，1959，51 (9)：1011-1014.

[19] Ingham J. Trans Inst Chem Eng，1972，50 (4)：372-385.

[20] Abou-El-Hassan M E，Scott D S，Wakao N. Chem Eng Sci，1982，37 (8)：1151-1153.

[21] Aris R. Chem Eng Sci，1959，9 (4)：266-267.

[22] Levenspiel O，Smith W K. Chem Eng Sci，1957，6 (4-5)：227-235.

[23] Van der Laan E Th. Chem Eng Sci，1958，7 (3)：187-191.

[24] Østergaard K，Michelsen M L. Can J Chem Eng，1969，47 (2)：107-112.

[25] Clements，W C. Chem Eng Sci，1969，24 (6)：957-963.

[26] Gangwal S K，Hudgius R R，Bryson A W，et al. Can J Chem Eng，1971，49 (1)：113-119.

[27] Michelsen M L. Chem Eng J Biochem Eng J，1972，4 (2)：171-176.

[28] Michelsen M L，Østergaard K. Chem Eng Sci，1970，25 (4)：583.

[29] Andersses A S，White E T. Chem Eng Sci，1971，26 (8)：1203-1221.

[30] 杨基础，费维扬，沈忠耀，汪家鼎. 化工学报，1982，33 (2)：103-116.

[31] Bensalem A，Hartland S. Can J Chem Eng，1982，60 (5)：603-607.

［32］ Clements W C，Blalok K E. Chem Eng Sci，1972，27（12）：2311-2314.
［33］ Fahim M A，Wakao N. Chem Eng J Biochem Eng J，1982，25（1）：1-8.
［34］ 杨丽达，戴猷元. 计算机与应用化学，1989，6（4）：254-259.
［35］ Smoot L D，Babb A L. Ind Eng Chem Fund，1962，1（2）：93-103.
［36］ Ziolkowski Z. Inz Chem（Poland），1974，4（1）：163-167.
［37］ Slavickova A G，Heyberger A. Collection Czechosolv Chem Commun，1978，43（10）：2682-2706.
［38］ 雷夏，费维扬，沈忠耀，汪家鼎. 化工学报，1982，33（4）：368-376.
［39］ Rod V，Fei W Y，Hanson C. Chem Eng Res Des，1983，61（5）：290-296.
［40］ Ricker N L，King C J. AIChE J，1981，27（2）：277-284.
［41］ 雷夏. 脉冲筛板萃取柱的传质性能研究［博士学位论文］. 北京：清华大学，1985.
［42］ 骆广生. 脉冲筛板萃取柱的流动和传质特性研究［博士学位论文］. 北京：清华大学，1995.

第9章 液液萃取设备的分类及特点

液液萃取广泛应用于湿法冶金、石油化工、环境保护和原子能化工等领域。几十年来，萃取设备在理论研究和工业应用方面都得到了迅速的发展，出现了各种不同类型的性能优越、节能高效的萃取设备。随着液液萃取基础研究和应用基础研究的深入、液液萃取生产过程的经验积累以及计算机技术的应用和拓展，萃取设备的扩大设计方法也在迅速发展。

9.1 液液萃取设备的基本条件和主要类型

在萃取设备中，实现液液萃取过程的基本条件是液体的分散、两液相的相对流动及聚并分相。首先，为了使溶质更快地从料液进入萃取剂，必须使两相间具有很大的接触表面积。通常的萃取过程中，一个液相为连续相，另一个液相则以液滴状分散在连续相中。以液滴状态存在的相称为分散相，液滴表面就是两相接触的传质表面。显然，液滴愈小，两相的接触面积愈大，传质愈快。其次，两相需要进行相对流动，实现两相逆流流动、液滴的聚并和两相的澄清分层。相应地，分散相液滴愈小，相对流动愈慢，聚并分层愈难。因此，上述两个基本条件是相互矛盾的。萃取设备的结构形式的设计及操作参数的选择，需要在这两个基本条件之间找出最适宜的条件。

液液萃取设备多种多样，各具特点，可以分别用于各种不同的场合。

萃取设备可以根据它们的操作方式分为两大类，即逐级接触式萃取设备和连续接触式萃取设备。逐级接触式萃取设备可以一级单独使用，也可以多级串联使用。多级串联使用时，每一级内两相的作用分为混合接触和澄清分离两个步骤。混合澄清槽是逐级接触式萃取设备的典型代表。两相在这类设备的混合室中充分混合，一相分散在另一相中，实现相间传质并接近平衡，然后再进入澄清区，分散的液滴凝聚、分层，实现两相的分离。此后，料液相和萃取相分别引入相邻的接触级，再进行混合-澄清操作，实现多级逆流萃取过程。在逐级接触萃取设备中，两液相的组成呈阶梯式变化。在连续逆流接触式萃取设备中，分散相连续地通过连续相，两相呈逆流流动，在流动过程中两相接触并进行传质。在此过程中，分散的液滴也可能经历聚并、再分散、再聚并的过程，两相的溶质浓度连续发生变化。各种柱式萃取设备大多数属于这一类型。

萃取设备也可以根据两相的混合方式或形成分散相的动力分类，即分为无外加能量萃取设备与有外加能量萃取设备两类，或分别称为不搅拌萃取设备及搅拌萃取设备。例如，最简单的萃取器，如喷淋柱、填料柱等不搅拌萃取设备，是利用分布器喷淋形成液滴，即依靠液体送入设备时的压力和两相密度差在重力场条件下使液体分散。搅拌萃取设备，如转盘柱、脉冲筛板柱等，则是通过输入能量来促进液滴的分散和两相的混合。

使两液相产生相对流动的基本条件是两液相的密度差。许多柱式萃取设备，包括不搅拌萃取柱及搅拌萃取柱，通常利用重力场条件下的两相密度差来实现两相的逆流流动。由于两液相的密度差异有限，在重力作用下两液相间的相对流速可能较小。为了提高两相的相对流速，可以采用施加离心力场的方法。离心萃取器借助高速搅拌和离心力来实现两相的混合澄清和逆流流动。

根据萃取分离工艺的需要，发展了不同类型的液液萃取设备，表 9-1 列出了一些工业生产中常用的具有代表性的萃取设备。

表 9-1　具有代表性的萃取设备

产生逆流方法	重力场					离心力场
相分散方法	重力场	机械搅拌	机械振动	脉冲	其他	离心力场
逐级接触设备	筛板柱	多级混合澄清槽 立式混合澄清槽		空气脉冲 混合澄清槽		离心萃取器 (单级、多级)
连续接触设备	喷淋柱 填料柱 挡板柱	转盘柱（RDC） 带搅拌器填料萃取柱 (Scheibel 柱) 带搅拌器挡板萃取柱 (Oldshue-Rushton 柱) 带搅拌器多孔板萃取柱 (Kuhni 柱)	振动筛板柱 (Karr 柱)	脉冲填料柱 脉冲筛板柱	静态混合器 超声萃取器 管道萃取器 参数泵萃取器	波式 离心萃取器

9.2　液液萃取设备的性能特点

9.2.1　液液萃取设备的特点

萃取设备是多种多样的，然而，它们有一些共同的特点。为了更好地了解影响萃取设备性能的主要因素，可以把液液萃取过程看作是三个阶段的循环。

① 将一相分散到另一相中，形成很大的相界面积；

② 在分散相液滴和连续相接触的一段时间内，实现相间传质，使之达到接近平衡的程度；

③ 分散相液滴聚并，两相分离并分别进入下一级或作进一步的处理（如反萃、浓缩）。

按照“分散-传质-聚并”，然后再“分散-传质-聚并”的多次循环进行分析，抓住“分散”与“聚并”这对“矛盾”，立足相间传质的强化，从处理能力和传质效率这两个关键因素出发，可以比较萃取设备的性能优劣。表 9-2 介绍了几类萃取设备的主要优缺点。

液液萃取设备中的重要参数是设备的处理能力和传质速率。萃取设备的设计除了涉及萃取过程所需的理论级数外，也同样包括萃取设备的处理能力与传质速率两个主要方面。

对于逐级接触萃取设备，例如，混合澄清器，其设备处理能力常用两液相在设备中的停留时间表示，其传质速率用级效率来反映。已知每一级中两相的停留时间，就可以根据两相处理流量确定每级设备的尺寸。已知级效率，就可以根据所需理论级数，确定实际需要的级数。

对于连续逆流接触的设备，如各种柱式设备，以两相空柱（塔）流速代表的处理能力，可以利用液泛流速确定，并根据两相处理流量确定塔径。传质速率用理论级当量高度或传质单元高度表示，并根据理论级当量高度（或传质单元高度）和所需理论级数（或传质单元数）来确定塔高。

表 9-2　几类萃取设备的优缺点

设备分类	优　点	缺　点
混合澄清槽	相接触好，级效率高；处理能力大，操作弹性好；在很宽的相比范围内均可稳定操作；扩大设计方法比较可靠	滞留量大，需要的厂房面积大；投资较大；级间可能需要用泵输送流体
无机械搅拌的萃取塔	结构简单，设备费用低；操作和维修费用低；容易处理腐蚀性物料	传质效率低，需要高的厂房；对密度差小的体系处理能力低；不能处理相比很高的情况
机械搅拌萃取塔	理论级当量高度低，处理能力大，结构简单操作，操作弹性好	对密度差小的体系处理能力较低；不能处理相比很高的情况；处理易乳化的体系有困难；扩大设计方法比较复杂
离心萃取器	能处理两相密度差小的体系；设备体积小，接触时间短，传质效率高；滞留量小，溶剂积压量小	设备费用、操作费用、维修费用高

9.2.2　液液萃取设备的液泛流速和比负荷

工业萃取设备中，一般将一相分散为细小的液滴（称为分散相），尽可能均匀地分布在另一液相（称为连续相）中，以达到较大的传质表面积和较高的萃取效率。分散相通常选择为体积流量大的一相，这样可能获得更大的接触表面积。分散相和连续相的选择也应综合考虑传质方向、萃取体系的物性、设备特点、内构件表面性质等因素，使之更有利于处理能力、萃取效率和操作稳定性等方面的指标优化。

通常把萃取设备有效操作容积内分散相所占的体积分数称为分散相的存留分数，一般用 ϕ 表示。连续相的体积分数则为 $1-\phi$。

萃取设备多数选择逆流操作，借助于两相的密度差，在重力场或高速离心产生的超重力场作用下实现两相的逆流流动。利用重力场的柱式萃取设备内的分散相存留分数可以根据 Lapidus 和 Elgin 的滑动速度概念[1]和 Pratt 等的相对速度概念[2]与两相空柱（塔）流速 U_c、U_d 相关联。逆流萃取时有：

$$U_s \equiv \frac{U_c}{\varepsilon(1-\phi)}+\frac{U_d}{\varepsilon\phi}=U_0(1-\phi) \tag{9-1}$$

式中，ε 为萃取柱的空隙率，%；U_s为两相间的滑动速度，m/s；U_0为特性速度，m/s。滑动速度 U_s不仅与体系的物性和分散相液滴的大小及分布有关，而且也是存留分数 ϕ 的函数。特性速度是指当连续相流速等于零，分散相流速趋近于零时，分散相液滴在操作条件下运动的终端速度。在一定条件下，特性速度 U_0仅是体系物性、搅拌强度和设备几何尺寸的函数，与存留分数 ϕ 无关。

特性速度可以通过实验测定。对于给定的体系与塔结构，在一定的外界输入能量条件下，调节不同的 U_c和 U_d，测定分散相存留分数 ϕ。以 $U_d+(\phi/1-\phi)\ U_c$对 $\phi\ (1-\phi)$ 作图，当分散相存留分数较小时，实验点基本上分布在一条通过坐标原点的直线上，此直线的斜率即为特性速度 U_0。

柱式萃取设备操作中选择合适的分散相和连续相的体积流量（＝空柱流速×塔截面积）是十分重要的。一般地说，增大分散相（假设为轻相）或连续相（假设为重相）的流量，分散相在萃取柱内的存留分数将增大，两相逆流流动的阻力也随之增加。当流动阻力增加到一定程度时，分散相或连续相不能按要求的流量流动，正常的逆流流动遭到破坏。但两相料液仍不断加入，上澄清段的相界面逐渐上移并最终消失，重相从轻相出口管溢出；与此同时，分散相在萃取柱内逐渐积累，在某一区段内可能迅速聚结成大的液团并充满整个塔截面，这样就发生了液泛（flooding），不能正常操作。发生液泛时的两相空柱流速称为两相液泛流速。

萃取柱内的两相流体力学现象相当复杂，影响液泛流速的因素也比较多，体系物性、操作条件和柱内结构都会对萃取柱的液泛流速产生重要影响。

萃取体系的物性对萃取柱的液泛流速有相当大的影响。例如，两相的密度差越大，萃取柱液泛流速越大；连续相黏度越大，萃取柱的液泛流速越小；两相的界面张力越小，液滴分散得越细，液泛流速越低。另外，对于给定的体系，如果在操作过程中体系被表面活性物质所沾污，液泛流速将急剧降低。

对于有外界输入能量的萃取柱，单位体积输入能量增加，分散相液滴平均直径减小，分散相的存留分数增加，萃取柱的液泛流速减小。

萃取柱内结构材料及开孔率、板间距等对萃取柱的液泛流速也有很大的影响。例如，筛板萃取柱的筛板孔径、开孔率或板间距的增加，都有助于提高它的液泛流速。塔内结构材料对液泛流速的影响主要在于不同的结构材料对分散相具有不同的浸润性能。当分散相浸润塔内结构材料时，液滴群在结构材料上发生聚并现象，液滴平均直径增大，液泛流速增加。

液泛现象决定了逆流萃取设备操作通量的极限，以液泛流速为基础，可以确定萃取设备的操作比负荷或比流速。比负荷即单位时间通过单位设备截面积的两相总体积，其单位为 $m^3/(m^2 \cdot s)$；比流速为两相空柱（塔）流速，m/s。比负荷或比流速是生产操作的关键参数，是柱式萃取设备中柱径设计的重要依据。

当体系物性、柱结构、外界输入能量条件和连续相流量一定时，通过实验可以获得分散相存留分数与分散相流速之间的关系。在液泛条件下，$\partial U_d / \partial \phi = 0$。理论上也可以证明，达到液泛时有：

$$\left(\frac{\partial U_c}{\partial \phi}\right)_f = \left(\frac{\partial U_d}{\partial \phi}\right)_f = 0 \tag{9-2}$$

由式（9-1）和式（9-2）可以计算出连续相的液泛流速 U_{cf}、分散相的液泛流速 U_{df} 和液泛时分散相存留分数 ϕ_f：

$$U_{df} = 2\varepsilon U_0 \phi_f^2 (1 - \phi_f) \tag{9-3}$$

$$U_{cf} = \varepsilon U_0 (1 - \phi_f)^2 (1 - 2\phi_f) \tag{9-4}$$

$$\phi_f = \frac{\sqrt{R^2 + 8R} - 3R}{4(1-R)} = \frac{2}{3 + \sqrt{1 + 8/R}} \tag{9-5}$$

其中，$R = U_d/U_c$，称为相比或流比。由此可见，液泛时的存留分数 ϕ_f 仅与两相流比有关。在使用式（9-1）～式（9-5）时应该注意到 U_0 与 ϕ 和 ε、U_c、U_d 等的隐函数关系。

一般设计时先根据工艺要求和热力学条件确定流比 R，从式（9-5）计算出液泛存留分数 ϕ_f，再根据该设备液泛速度的关联式，求出液泛流速 U_{df}、U_{cf}，这样就可以设计求出萃取柱的截面积。设备内的实际表观流速可以取液泛流速的 50%～80%。

对液泛问题的大量实验研究已产生了各种类型设备中液泛流速的计算关联式，可参见《溶剂萃取手册》[4] 的相关章节。

9.2.3 萃取设备的传质速率和总传质系数

在填料萃取柱、筛板萃取柱、混合澄清槽及离心萃取器等实际萃取设备中，相际传质过程是比较复杂的。两相流体流经萃取设备内部构件时会引起两相的分散聚并和强烈湍动，传质过程和简单分子扩散的差别很大。在传质操作的工程计算中，采用与对流传热相似的方法，引入水相分传质系数 k_w 和有机相分传质系数 k_o，进而计算总传质系数 K。

萃取过程中，待分离溶质在两相间传递，界面两侧的边界层流动状况对传质产生明显影响。当边界层中流体的流动完全处于层流状态时，只能通过分子扩散传质，传质速率很慢；当边界层中流体的流动处于湍流状态时，在湍流区内主要依靠涡流扩散传质，而在边界层的层流底层仍依靠分子扩散传质。

液液界面的传质是十分复杂的。工程计算中一般利用简化的模型来描述。最典型的模型就是基于双膜理论的模型[3]。这种模型的基本假设是：①两相接触时存在一个稳定的相界面，在界面两侧存在两个稳定的滞流膜层；②在两相界面上，传递的组分达到平衡，界面上无传质阻力；③传质过程是由待分离溶质在滞流膜层内的分子扩散控制，整个过程的传质阻力存在于两层滞流膜内；④传质过程是稳定的。根据这些假设，两相的传质过程是独立进行的，所以传质阻力具有加和性。总传质系数可以由两相分传质系数求出：

$$\frac{1}{K_w}=\frac{1}{k_w}+\frac{1}{mk_o} \tag{9-6}$$

或

$$\frac{1}{K_o}=\frac{1}{k_o}+\frac{m}{k_w} \tag{9-7}$$

式中，K_w 和 K_o 分别表示用水相溶质浓度和用有机相溶质浓度表示传质推动力时的总传质系数，m/s；k_w 和 k_o 分别为水相和有机相的分传质系数，m/s；m 为萃取平衡分配系数。

根据双阻力模型，并用下角标 c（连续相）和 d（分散相）代替式（9-6）和式（9-7）中的下标 w 和 o，可以得到下述总传质系数和滴内、滴外分传质系数的关系式（有机相为分散相）：

$$\frac{1}{K_c}=\frac{1}{k_c}+\frac{1}{mk_d} \tag{9-8}$$

或

$$\frac{1}{K_d}=\frac{1}{k_d}+\frac{m}{k_c} \tag{9-9}$$

在实际的萃取设备中，如果总传质表面积为 A，那么，传质速率 N 可以用下述公式计算：

$$N=K_wA(x-x^*)=K_waSL(x-x^*) \tag{9-10}$$

$$N=K_cA(x-x^*)=K_caSL(x-x^*) \tag{9-11}$$

或

$$N=K_oA(y^*-y)=K_oaSL(y^*-y) \tag{9-12}$$

$$N=K_dA(y^*-y)=K_daSL(y^*-y) \tag{9-13}$$

式中，N 为传质速率，mol/s；A 为两相接触面积，m^2；a 为两相传质比表面积，m^2/m^3；S 为萃取柱横截面积，m^2；L 为萃取柱的有效高度，m。

根据传质速率和传质系数，同时结合第 8 章的相关内容可以确定萃取设备的另一个重要参数，即传质单元高度 HTU 或理论级当量高度 $HETS$、混合澄清槽级效率 η。

9.3 液液萃取设备的选择[4]

在选择萃取设备时通常要考虑以下几个因素：

① 体系的特性，如稳定性、流动特性和分相的难易等；

② 完成特定分离任务的要求，如所需要的理论级数；

③ 处理量的大小；

④ 厂房条件，如面积大小和厂房高度等；

⑤ 设备投资大小和维修的难易；

⑥ 设计和操作经验等。

从设备的性能方面来分析，选择萃取设备需要正确处理一些关系。

例如，传质效率和处理量的关系是十分重要的。设备的处理能力通常采用比负荷或比流速来表示。比负荷即单位时间通过单位设备截面积的两相总流量，其单位为 $m^3/(m^2 \cdot s)$；比流速为两相空柱（塔）流速，m/s。对于萃取柱而言，设备的传质效率一般采用传质单元高度（HTU）或理论级当量高度（$HETS$）表示，对于混合澄清槽则可以用级效率η 表示。综合考虑设备的处理能力和传质效率两方面的因素，可以用操作强度 J ［$m^3/(m^3 \cdot s)$］作为评价萃取设备的指标。

$$J=\frac{U_c+U_d}{HETS} \tag{9-14}$$

式中，U_c和 U_d分别表示连续相和分散相的空柱（塔）流速，m/s。操作强度 J 表示萃取设备单位容积的萃取效率为一个理论级时，可处理的两相总流量，这一参数同时反映了设备的生产能力和萃取效率。

此外，设备操作强度和溶剂损失的关系也是需要认真考虑的。由于环境保护和节能降耗的严格要求，在努力提高设备操作强度的同时，必须严格限制萃残液中的有机溶剂的夹带量，努力减低二次脱溶剂的负荷。

工业上通常使用的萃取柱的最大直径、最大通量和最大负荷如表 9-3 所示[4]。

表 9-3　萃取柱的最大负荷

柱　　型	最大直径/m	最大负荷/（m^3/h）	最大通量/[$m^3/(m^2 \cdot h)$］
Scheibel 柱	1.0	16	20

Chapter 9

续表

柱　型	最大直径/m	最大负荷/（m^3/h）	最大通量/[m^3/（m^2·h）]
偏心转盘柱（ARD柱）	4.0	250	20
脉冲填料柱	2.0	120	40
转盘柱（RDC）	8.0	2000	40
Kuhni柱	3.0	350	50
脉冲筛板柱	3.0	420	60
振动筛板柱（Karr柱）	1.5	<180	80-100

注：体系性质为，界面张力 0.03～0.04N/m；黏度与水接近；油水相比为 1；两相密度差为 600kg/m^3。

实际上，很多萃取设备是根据特定的工艺要求而发展起来的，根据体系的物理化学性质、处理量和萃取要求正确选择萃取设备，是十分重要的。

符号说明

A——总传质表面积，m^2

a——传质比表面积，m^2/m^3

$HETS$——理论级当量高度，m

HTU——传质单元高度，m

J——操作强度，m^3/（m^3·s）

k——分传质系数，m/s

K——总传质系数，m/s

L——萃取柱的有效高度，m

m——萃取平衡分配系数

N——传质速率，mol/s

R——流比，$R=U_d/U_c$

S——萃取柱横截面积，m^2

U——表观流速，m/s

U_0——特性速度，m/s

U_s——滑动速度，m/s

希腊字母

ε——萃取塔空隙率，%

ϕ——分散相存留分数

下标

c——连续相

d——分散相

f——液泛条件下

o——有机相

w——水相

上标

*—平衡状态

参考文献

[1] Lapidus L, Elgin J C. AIChE J, 1957, 3 (1): 63-68.

[2] Gayler R, Pratt H R C. Trans Inst Chem Eng, 1951, 29: 110-125.

[3] Whitman W G. Chem & Met Eng, 1923, 29: 146-148.

[4] 汪家鼎，陈家镛. 溶剂萃取手册. 北京：化学工业出版社，2001.

第10章 混合澄清器

10.1 混合澄清器及其类型

混合澄清器，又称混合澄清槽，是最早使用且目前仍广泛应用的一种萃取设备。混合澄清器由混合器（室）与澄清器（室）两部分组成。混合器（室）与澄清器（室）可以是两个独立的设备，见图10-1（a），也可以连成一体，见图10-1（b）。在混合室范围内，借助搅拌装置的作用，料液相和萃取剂相中的一相破碎成液滴，分散在另一相中，两相间形成很大的接触表面，进行传质；在混合室内停留一定时间后，两相进入澄清室，在重力作用下，分散相液滴沉降（或升浮）分层、凝聚，轻、重两相分离成萃取相和萃余相。

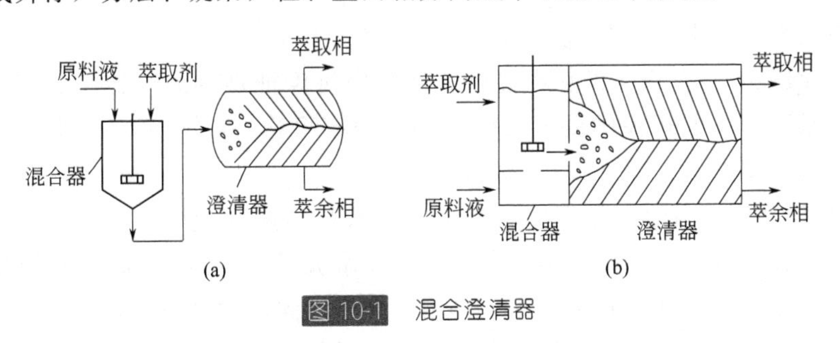

图10-1 混合澄清器

混合器主要有机械搅拌器与流动混合器两类。机械搅拌器常用涡轮式搅拌桨，其叶轮小、转速高，有利于液体的分散，并能产生较高的湍动强度，促进相间传质。通常，混合器中两相传质过程进行较快。澄清室中，两相澄清分离速度较慢，澄清过程中仍继续进行传质，澄清器的尺寸一般比混合器的尺寸大得多。

混合澄清器可以一级单独使用，也可以多级串联使用。实际应用中，混合澄清器常常是由多级串联组合而成的。多级混合澄清器内，两相流体是逐级接触的，经历混合-澄清-再混合-再澄清的不同阶段。混合澄清器是典型的逐级接触式萃取设备。图 10-2 和图 10-3 是两种多级串联的混合澄清器示意图。

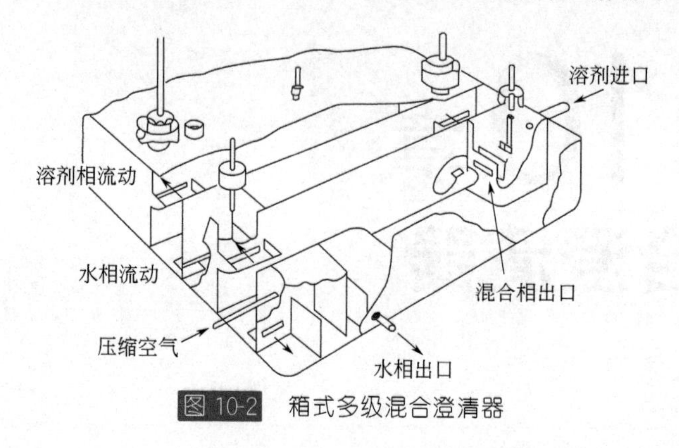

图 10-2　箱式多级混合澄清器

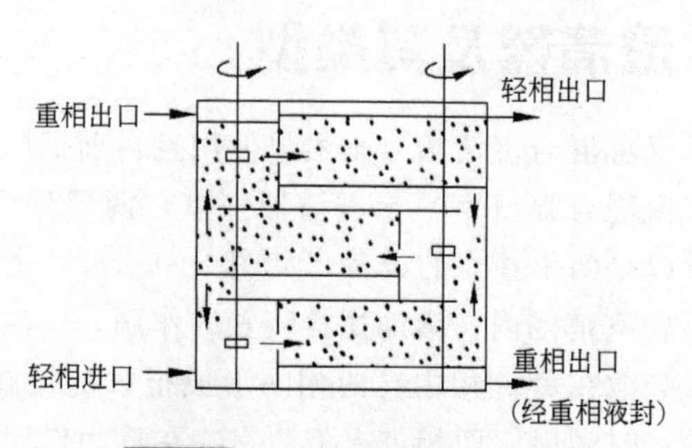

图 10-3　塔式多级混合澄清器

混合澄清器具有以下优点。

① 级效率高。由于两相在混合澄清器中可保证良好的接触和分相，因此级效率很高，工业规模的混合澄清器的级效率可达 90％～95％，小型混合澄清器实验装置的级效率往往可以接近 100％。

② 操作适应性强。混合澄清器中的分散相和连续相可以相互转变，具有较大的操作弹性，两相流比适用范围大，油水流量比达到 1∶10 时仍可以正常操作。可以适用于多种物料体系，可用于含悬浮固体的物料体系。另外，运行中临时停车后再启动，不会影响各级的物料平衡。

③结构简单。设备放大容易、可靠，一般可由小试直接放大到工业生产装置。

混合澄清器的主要缺点如下。

① 设备体积大，水平安置，占地面积大。

② 萃取溶剂的存留量大。由于萃取溶剂价格较贵，所以一次性投资较大。

③ 每一级都设有搅拌装置，有时液体在级间的流动还需用泵输送，功率消耗较大，设备与操作费用高。

混合澄清器是液液萃取过程中的一种重要的萃取设备。它的结构简单、且运行稳定、萃取效率高，可实现连续逆流萃取操作。在所需理论级数较少时，混合澄清器更能显示出它的优点。目前，混合澄清器在石油化工、湿法冶金、精细工业及环境保护等领域中仍然有广泛的应用。

半个多世纪以来，人们对混合澄清器进行了很多研制和改进工作，已经获得应用的混合澄清器有二十余种不同的结构形式。例如，混合澄清器中的混合设备可以采用不同搅拌方式，也可以是各种类型的液流混合器或管道混合器；澄清设备可分为重力澄清器和水力旋流器型澄清器等。从原则上讲，任意一种类型的混合器和任意一种类型的澄清器均可以相互搭配组成某种类型的混合澄清器。

由于常用的混合设备和澄清设备的结构形式多为槽式，故一般将混合澄清器称为混合澄清槽。由一个混合槽和一个澄清槽组成的混合澄清单元，即称为混合澄清槽的一级。多个级串联组合而成的多级混合澄清槽内两相液流是逐级接触的，而且，混合和澄清具有明显的阶段性，从而完成逐级接触的萃取操作。

混合澄清器的类型很多，如箱式混合澄清槽[1,2]（如图 10-2 所示）、CMS 混合澄清器[3]（如图 10-4 所示）、IMI 混合澄清器[4]（如图 10-5、图 10-6 所示）、塔式混合澄清器[5,6]（如图 10-7 所示）等。本书仅对箱式混合澄清槽作一介绍，其他类型的混合澄清器的性能可参阅有关文献手册[7,8]。

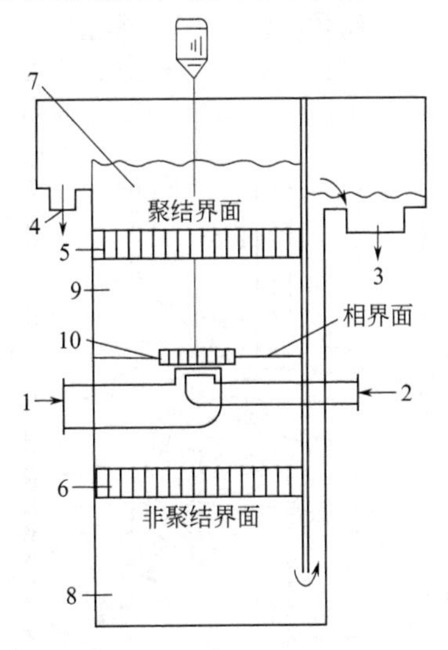

图 10-4　CMS 混合澄清器的示意图

1—水相进口；2—有机相进口；3—萃余相出口；4—萃取相出口；5—上障板；6—下障板；7—上澄清区；8—下分离区；9—混合区；10—搅拌涡轮

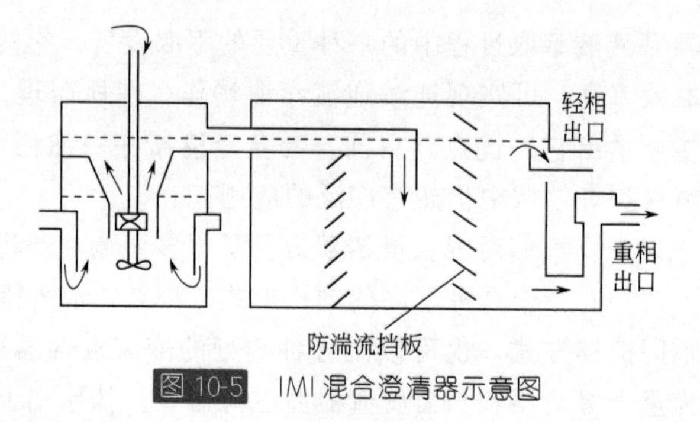

图10-5 IMI混合澄清器示意图

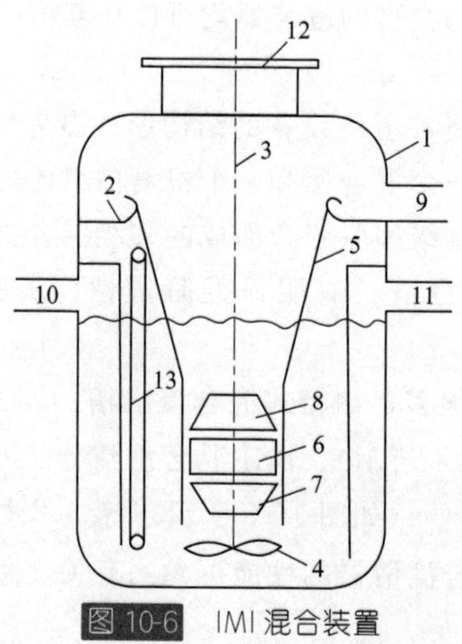

图10-6 IMI混合装置

1—容器；2—控制板；3—轴；4—混合叶轮；5—导流管；6—泵送叶轮；7—入口导流叶片；8—出口导流叶片；9—混合相出口；10—有机相进口；11—水相入口；12—安装法兰；13—窥视窗

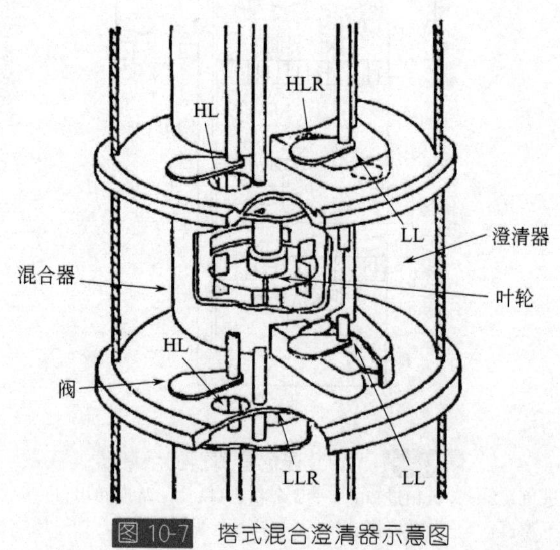

图10-7 塔式混合澄清器示意图

HL—重相；LL—轻相；HLR—重相再循环；LLR—轻相再循环

10.2 箱式混合澄清器的特点

箱式混合澄清器是最简单的混合澄清器。它像一个水平放置的长箱子，其内部用隔板分隔成一定数目的进行混合和澄清的小室，即混合室和澄清室。图10-8、图10-9分别为箱式混合澄清器的结构示意图和两相液流的级间走向示意图。

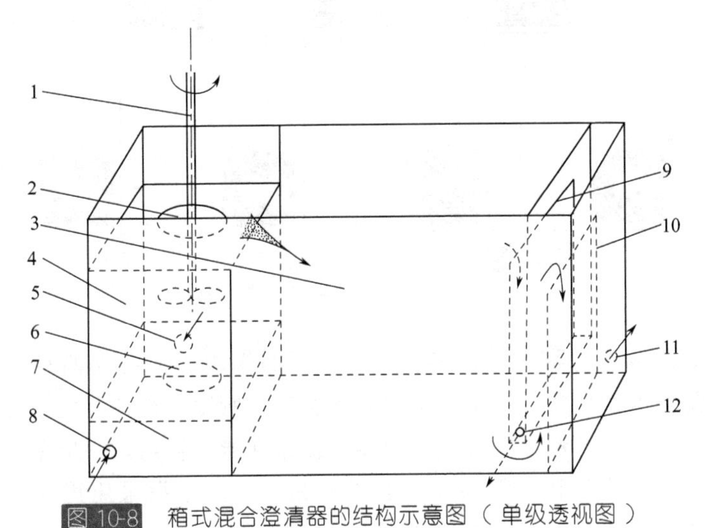

图10-8 箱式混合澄清器的结构示意图（单级透视图）

1—搅拌桨；2—混合相出口；3—澄清室；4—混合室；5—轻相进口；6—汇流口；7—前室；8—重相进口；9—轻相溢流堰；10—重相堰；11—重相出口；12—轻相出口；⟶重相；--➝轻相

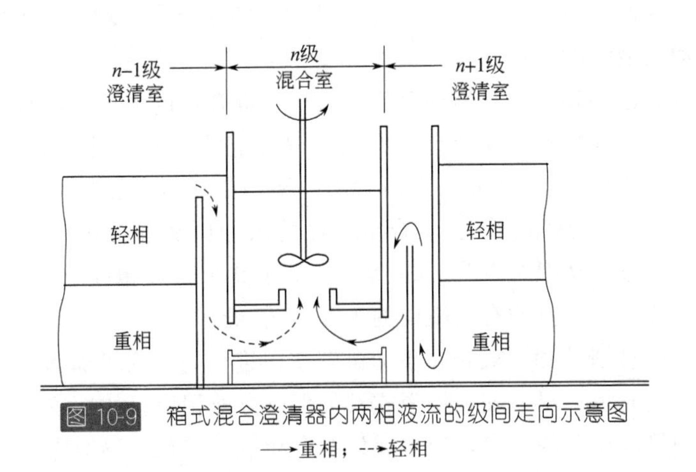

图10-9 箱式混合澄清器内两相液流的级间走向示意图

⟶重相；--➝轻相

在箱式混合澄清器中，利用水力学平衡关系，并借助搅拌器的抽吸作用，重相由次一级澄清室经重相口进入混合室，而轻相由上一级澄清室自行流入混合室。在混合室中，经搅拌使两相充分接触进行传质。然后，两相混合液进入同级澄清室，进行澄清分相。就混合澄清槽的同一级而言，两相是并流的；但就整个混合澄清槽而言，两相则是逆流的。图 10-10 示出了两相在槽内的流动途径。水相从第一级混合室进入，从最后一级澄清室流出；有机相从最后一级混合室加入，从第一级澄清室流出。

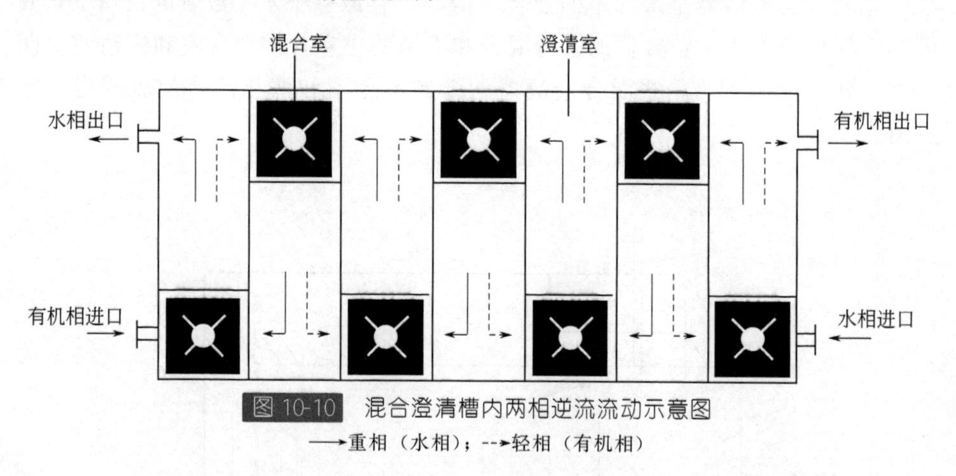

图 10-10 混合澄清槽内两相逆流流动示意图

—→重相（水相）；--→轻相（有机相）

在箱式混合澄清器的混合室内，搅拌器的作用不但要使两相得到充分接触，而且要将水相从次一级澄清室抽入混合室，所以，搅拌器的设计是非常重要的。人们研究了各种不同形式搅拌器的操作性能。目前，一般采用的搅拌器有桨叶式（又分平桨和涡轮桨）和泵式两大类型。根据采用搅拌器的类型不同，箱式混合澄清槽又可分为简单重力混合澄清槽和泵混合式混合澄清槽两种。简单重力混合澄清槽输送液流的推动力来自级间的密度差，其推动力是有限的，液流的通量较小；泵混合式混合澄清槽利用泵式搅拌器加大了抽吸能力，可以加大液流的通量。

箱式混合澄清器的混合室通常为正方体，混合室的体积由物料所需的停留时间决定。涡轮搅拌器的桨叶尺寸大约是混合室的一半，通常不需反向挡板，至少在混合室边长小于 600mm 左右时不需要挡板。搅拌器的搅拌速度不需要太快，一般小于 200r/min。在混合室一侧的水相口和混合相口的上方安设挡板，以避免混合相从混合室涌入澄清室，防止其影响分相或引起“短路”。混合相口一般位于混合室的有效高度的 1/3～1/2 处。

混合相的澄清分相一般是在重力澄清室内进行的。为了加速澄清过程，可以在澄清室内充填填料、安装挡板或其他促进分散相聚合的装置。为了保持澄清室内两相界面位置的稳定，通常装设有重相堰，实现“逐级重相堰控制”。

10.3 混合澄清器的设计[7~9]

目前，混合澄清器的设计大多数是通过小型试验或半工业规模试验取得设计数据，然后进行放大设计的。

经常采用的放大方法是几何放大法。几何放大的基本条件是，设计设备的几何形状必须和试验设备的几何形状（如萃取器的类型、内部结构）相类似。但是，混合室和澄清室的比例并不完全按半工业试验设备进行简单的几何放大，不同类型的混合澄清萃取设备有自己的放大规律。

混合澄清器的搅拌器输入功率大多可以按单位容积输入功率相同或搅拌器桨端速度相等的原理放大。按前一种方法放大比较安全，但随着设备的放大，无功功率可能增加。一般萃取体系的单位容积输入功率为 $0.8\sim1kW/m^3$。按后一种方法放大时，单位容积输入功率随着设备的增加而减小，设备放大倍数越大，这种差别越明显。采用单位容积输入功率相同进行放大设计看起来似乎有些保守，但是比按端速度同等放大保险一些。

澄清室的放大常常采用澄清速率恒定或按分散带厚度恒定的原则放大。多数采用澄清速率恒定的原则设计澄清室的面积，一般认为，只要是同一类设备和相同的萃取体系，在一定的混合输入能量范围内，其澄清速率基本一致。澄清室的大小，直接影响到投资和占地面积，因此，尽量缩小澄清室的面积是混合澄清器设计优劣的重要标志。

混合澄清器的设计包括混合室的尺寸计算、搅拌器的尺寸和输入功率计算、澄清室的尺寸计算及进出口设计。

10.3.1 混合室的设计

混合室的尺寸由料液流量、两相流比及达到设计级效率所需要的停留时间来决定，其有效体积的计算公式可表示为

$$V_{有效}=(Q_{水相}+Q_{有机相})t=Q(1+R)t \tag{10-1}$$

式中，$V_{有效}$为混合室有效体积，m^3；$Q_{水相}$为水相流量，m^3/h；$Q_{有机相}$为有机相流量，m^3/h；R 为两相流比 $R=Q_{有机相}/Q_{水相}$；t 为混合停留时间，h。

混合室通常为正方体，则混合室的边长 T 为

$$T=\sqrt[3]{V_{有效}} \tag{10-2}$$

T 即为有效体积的高 $H_{有效}$，实际上，混合室的高度大于这一有效高度，为了操作稳定，混合室的实际高度为

$$H_{实际}=H_{有效}/0.8 \tag{10-3}$$

式中，$H_{实际}$为混合室的实际高度，m；$H_{有效}$为混合室的有效高度，m；0.8 为混合室的容积利用系数。

如果用泵混式搅拌器，混合室下部设有潜室（或称前室）。潜室的高度一般为有效高度的 10%，则混合室的总高（$H_{总}$）为

$$H_{总}=H_{有效}/0.8+0.1H_{有效}=1.35H_{有效} \tag{10-4}$$

潜室与混合室之间的隔板称作汇流板，汇流板中间开孔，孔径大小应当适度，以保证两相通过的阻力较小且维持一定的抽吸力。孔径大小可以利用流体流动

中相应的公式计算。

$$Q_{总} = rF\sqrt{2g\Delta p} \quad (10\text{-}5)$$

式中，$Q_{总}$为两相总流量，m^3/s；r 为锐孔流量系数，一般取 0.6；F 为孔截面积，m^2；g 为重力加速度，$g=9.8m^2/s$；Δp 为孔板间的压差（水柱），m。Δp 的取值应较小些，一般小型实验设备取 0.002m，大型的设备取 0.05m。

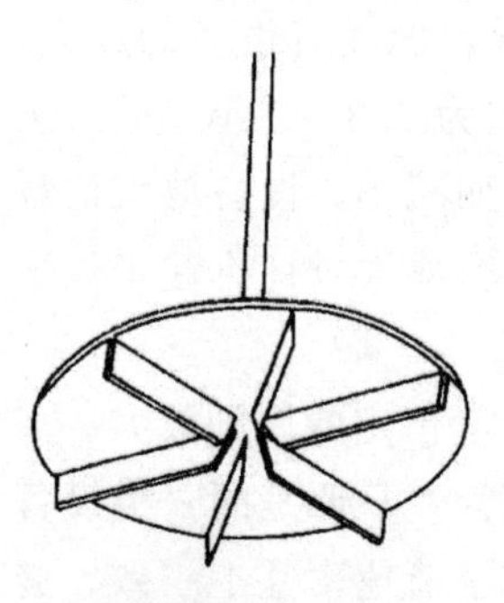

图 10-11 半开式涡轮搅拌器结构示意图

混合室中使用的搅拌器种类很多，一般使用较多的是半开式涡轮搅拌器（如图 10-11 所示）。根据经验，半开式涡轮搅拌器的结构尺寸可以选为：涡轮直径 D 取 $T/3$，叶宽 B 取（0.14～0.2）D，叶长取 $0.25D$，叶数 Z 取 6～8 片。

搅拌功率可以用式（10-6）计算

$$P_{需} = \zeta D^5 N^3 \rho_m \times 10^{-3} \quad (10\text{-}6)$$

式中，$P_{需}$为搅拌所需要的功率（不含传动机构的功率消耗），kW；ζ 为搅拌功率准数或搅拌阻力系数；D 为涡轮直径，m；N 为涡轮转速，r/s；ρ_m 为两相平均密度，kg/m^3。两相平均密度可由式（10-7）计算

$$\rho_m = (1-\phi)\rho_a + \phi\rho_o \quad (10\text{-}7)$$

式中，ϕ 为两相中的有机相体积分数；ρ_a为水相密度，kg/m^3；ρ_o为有机相密度，kg/m^3。

一般而言，搅拌阻力系数 ζ 与搅拌器的形状有关，与搅拌槽的大小无关。通过测定小型搅拌槽的功率曲线，可以指导大型搅拌槽的放大计算。

具体的功率设计方法、混合相出口及两相堰的设计可参考相关文献[7~9]。

10.3.2 澄清室的设计

有关澄清过程的机理性研究早已开展了系统的研究工作[[10~13]。一般认为，在连续澄清过程中，初步分层之后的分散体很像一个三相体系，包括澄清的重相、澄清的轻相和它们之间的一层明显的分散区，称作分散带。当混合澄清萃取器的澄清室的处理通量增大时，分散带的厚度就会增大。研究表明，可以用分散带厚度与总比澄清速度或某一相的比澄清速度之间的关系来表征重力澄清室的操作特性。比澄清速度，即单位澄清室水平截面积、单位时间内的两相总通过量或某一相的通量。通过实验测定，可以获得澄清室内分散带厚度与总比澄清速度的变化关系，其关系式可表示为

$$\Delta H = K\left(\frac{Q}{A}\right)^y \quad (10\text{-}8)$$

式中，ΔH 为分散带厚度，m；Q 为两相的或某一相的流量，m^3/h；A 为澄清室水平截面积，m^2；K、y 为待定常数，取决于分散带的特性、萃取

体系物性及温度、混合条件等。对于不同的萃取体系 y 值在 2.5～7 变化，对于酸性水溶液和含煤油的有机相体系，y 值在 2.5 左右[12,13]。

研究表明，影响混合相澄清速度的因素很多。随着混合室输入能量的增大，在同样比澄清速度的条件下，澄清室内分散带的厚度增大；随着操作温度的提高，在给定的比澄清速度的条件下，澄清室内分散带的厚度可以减小，即澄清室的处理容量可以提高；操作流比的改变会直接影响分散相的体积分数，从而影响澄清速度及澄清室的处理容量；分散相的选择对澄清速度也有明显的影响，一般而言，使黏度高的一相为分散相对提高澄清速度是有利的；此外，表面活性剂的存在、澄清室材料的浸润性等均会对混合相澄清速度造成影响。

澄清室的设计放大可以按照比澄清速度相等的"面积原则"进行计算。先在小型实验槽中进行实验，获得某一萃取体系的分散带厚度ΔH 与总比澄清速度或某一相的比澄清速度之间的关系，然后，确定一个适当的分散带厚度ΔH 值，再按生产能力的要求计算澄清室的水平截面积 A。

适当的分散带厚度ΔH 值可以取澄清室有效高度的 1/5～1/4。另外的计算方法是设分散带厚度的极限值（液泛值）等于澄清室有效高度，此时的比澄清速度为液泛比澄清速度 u_f；取工作状态的比澄清速度 u_p为液泛比澄清速度 u_f的 1/2，从而计算澄清室所需的水平截面积 A。具体的设计计算要依据体系特性及两相允许的夹带水平来适当确定。箱式混合澄清器的澄清室高度和宽度尺寸均分别与混合室的高度和宽度尺寸相同，确定澄清室所需的水平截面积后，澄清室长度则能够确定下来。

澄清室的具体设计方法，包括澄清室两相出口的设计可参考相关文献[7～9]。

10.4 混合澄清器的操作

混合澄清器的操作运行可以分为充槽启动、正常运行和停车三个阶段。

① 充槽启动。充槽启动阶段首先向空槽内加入作为连续相的某一相，若不用控制连续相或分散相，则可以按相比加入两相，总加入量使液位达到轻相口高度。充槽结束后，启动搅拌系统，并按正常要求的流量引入除料液之外的各液流，当槽子运行稳定时，引入料液，从小到大调节流量，逐渐提高到正常操作流量，同时，打开水相出口阀门，此时，混合澄清器进入正常运行阶段。

② 正常运行。正常运行阶段中，当两相总流量相当于两倍的混合澄清器总体积时，一般可视为混合澄清器进入稳定操作状态，即获得稳定的浓度分布及所要求的产物料液。混合澄清器正常运行时需要控制的主要参数包括搅拌条

件、各液流之间的流比和各级的界面高度。

③ 停车。混合澄清器需要暂时停车时，只需要关闭水相出口阀，停止各料液进入系统，停止搅拌即可。暂时停车后再启动，只要按前述充槽后的操作程序进行便可，但需要注意连续相的控制和调节。

长期停槽则需要进行顶槽、倒空和清洗。"顶槽"就是加大水相流量，停止有机相进料，将混合澄清器内的有机相全部顶出。顶槽过程排出的有机相经洗涤或再生，以备再次开车时使用。槽子运行过程中，会产生界面污物。顶槽结束后可以采取措施将污物排出槽外，并对槽子进行全面清洗。

符号说明

A——澄清室水平截面积，m^2

B——涡轮叶宽，m

D——涡轮直径，m

F——孔截面积，m^2

g——重力加速度，$g=9.8m^2/s$

$H_{实际}$——混合室的实际高度，m

$H_{有效}$——混合室的有效高度，m

$H_{总}$——混合室的总高，m

ΔH——分散带厚度，m

K——待定常数

N——涡轮转速，r/s

$P_{需}$——搅拌所需要的功率，kW

Δp——孔板间的压差（水柱），m

Q——两相的或某一相的流量，m^3/s

$Q_{水相}$——水相流量，m^3/h

$Q_{有机相}$——有机相流量，m^3/h

$Q_{总}$——两相总流量，m^3/s

R——两相流比，$R=Q_{有机相}/Q_{水相}$

r——锐孔流量系数

T——混合室的边长，m

t——混合停留时间，s

u_f——液泛比澄清速度，m/s

u_p——工作状态比澄清速度，m/s

$V_{有效}$——混合室有效体积，m^3

y——待定常数

Z——涡轮叶数

希腊字母

ζ——搅拌功率准数或搅拌阻力系数

ρ_a——水相密度，kg/m^3

ρ_m——两相平均密度，kg/m^3

ρ_o——有机相密度，kg/m^3

ϕ——两相中的有机相体积分数

参考文献

[1] Williams J A，Lowes L，Tanner M C. Trans Inst Chem Eng，1958，36（6）：464-472.

[2] Coplan B V，Davidson J K，Zebroski E L. Chem Eng Progr，1954，50（8）：403-408.

[3] Scuffham J B. Chem Eng（London），1981，370：328-330.

[4] Mizrahi J，Barnea E，Meyer D. Proc of ISEC'74，1974，I：141-168.

[5] Treybal R E. Chem Eng Progr，1964，60（5）：77-82.

[6] Nii S，Suzuki J，Takahashi K. J Chem Eng Jpn，1997，30（2）：253-259.

[7] 汪家鼎，陈家镛. 溶剂萃取手册. 北京：化学工业出版社，2001.

[8] 李洲，李以圭，费维扬，等. 液液萃取过程和设备. 北京：原子能出版社，1993.

[9] 李洲，秦炜. 液-液萃取. 北京：化学工业出版社，2013.
[10] Barnea E，Mizrahi J. Trans Inst Chem Eng，1975，53 (1)：61-69.
[11] Barnea E，Mizrahi J. Trans Inst Chem Eng，1975，53 (1)：70-74.
[12] Barnea E，Mizrahi J. Trans Inst Chem Eng，1975，53 (2)：75-82.
[13] Barnea E，Mizrahi J. Trans Inst Chem Eng，1975，53 (2)：83-92.

第11章 柱式萃取设备

11.1 柱式萃取设备的类型和特点[1,2]

柱式萃取设备具有占地面积小、处理能力大、密封性能好等优点，在石油化工、核化工、湿法冶金、精细化工、制药工业和环境工程等领域得到了广泛应用。柱式萃取设备的形式很多，按其结构和操作特性的不同可分为无搅拌萃取柱和有搅拌萃取柱两大类。无搅拌萃取柱包括喷淋萃取柱、填料萃取柱和筛板萃取柱等。有搅拌萃取柱又分机械搅拌萃取柱和脉冲搅拌萃取柱，如转盘柱、振动筛板柱、Kuhni 柱、脉冲填料柱、脉冲筛板柱等。首先，对工业上应用较多的几种萃取柱型做一简单介绍。

11.1.1 喷淋萃取柱

喷淋萃取柱是最简单的连续逆流柱式萃取设备。它由空柱体和两相导入管及排出装置构成，如图 11-1 所示。图中重相为连续相，从柱顶部引入，充满整个萃取柱，由底部流出；轻相为分散相，从柱底部进入，通过分布器分散成细小的液滴，液滴群向上运动，通过向下流动的重相，在柱顶部聚结成轻相液层排出。移动液封管的高度，可以调节界面高度。

喷淋萃取柱处理能力较大，但萃取效率一般较低，只适用于一些要求不高的洗涤工艺和溶剂处理等过程，也可以用于处理含有悬浮颗粒的体系。在溶剂脱沥青的高温高压过程中，喷淋萃取柱和静态混合器配合使用。

11.1.2 填料萃取柱[3,4]

填料萃取柱的结构与吸收操作和精馏操作中使用的填料塔基本相同。图 11-2 为一重相连续、轻相分散、塔顶具有轻重相分界面的填料萃取柱。塔内充装的填料可以用拉西环、鲍尔环及鞍环型填料等。操作时，连续相充满整个填料柱，分散相以液滴群形式通过连续相。填料的作用是使液滴不断地发生聚结和再破碎，促进液滴的表面更新，还可以减少轴向混合。为了减少沟流现象，对于较高的填料柱通常需要隔一定距离安装一个液体再分布器。

填料可以用陶瓷、塑料或金属材料制成。填料材质的选择不仅要考虑体系的腐蚀性，还应考虑其浸润性。填料应被连续相优先浸润，而不易被分散相浸润，以避免分散相液滴在填料表面聚结而减小两相接触面积。一般而言，瓷质填料易被水相浸润，石墨填料和塑料填料则易被大部分有机相润湿。金属填料易被水相润湿，也可能被有机相润湿。

为了减少壁效应，填料尺寸应小于塔径的1/10～1/8。填料支撑板的自由截面积必须大于填料层的自由截面积。值得提及的是，分散相入口的分布器设计十分重要，对分散相液滴的形成及其在萃取柱内的均匀分布起到关键作用。分散相入口分布器宜直接放入填料层中，例如，分散相为轻相的分布器通常放置在填料底层表面以上25～50mm处，以免液滴在填料层入口处聚结。

由于填料的存在，使萃取柱内实际的流动截面积减小，因此，填料柱的处理能力要比喷淋柱的处理能力小，但其传质效率却有较大提高。填料柱的优点在于结构简单，造价低廉，操作方便，其缺点是选用一般填料时传质效率低，理论级当量高度大。填料萃取柱适合处理有腐蚀性的液体及一些界面张力较低、要求处理能力大、所需理论级数不多的萃取体系。

11.1.3 筛板萃取柱[5]

筛板萃取柱是一种逐级接触式的柱式萃取设备。筛板萃取柱的结构如图11-3所示。筛板萃取柱的筛板，孔径一般为3～8mm，孔间距取孔径的3～4倍，筛孔的总开孔面积可在较宽的范围内变化，一般开孔率为10%～25%，板间距通常为150～600mm。

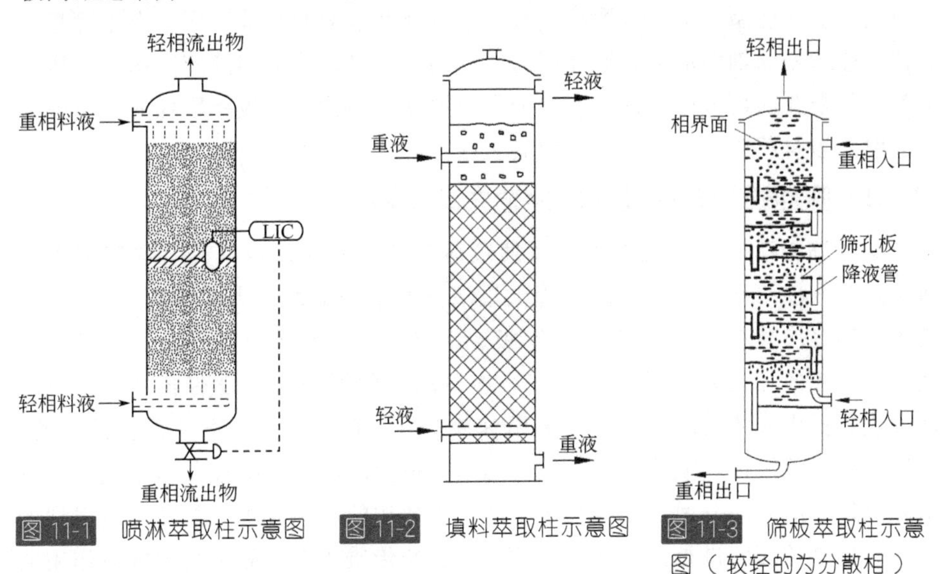

图11-1 喷淋萃取柱示意图　图11-2 填料萃取柱示意图　图11-3 筛板萃取柱示意图（较轻的为分散相）

筛板柱的降（升）液管结构根据选择轻相为分散相或重相为分散相而有所不同。轻相为分散相时［如图 11-4（a）所示］，轻相由塔板下侧，经筛孔分散成液滴上升，在塔板上与连续相接触传质后，聚结在上一层筛板的下面，然后借助浮力的推动，经板上筛孔分散到上层塔板，如此逐层向上流，最后由萃取柱顶排出。重相（连续相）由萃取柱上部进入，水平流经筛板与轻相（分散相）的液滴接触并进行传质，然后经降液管进入下一层塔板。如此逐层向下流动，最后由萃取柱底排出。如果重相为分散相，则如图 11-4（b）所示，塔板上的降液管改为升液管，重相的液滴聚集在筛板上面，穿过板上的筛孔，分散成液滴而落入连续的轻相中，轻相则连续地从升液管进入上一层塔板，直到萃取柱顶。操作中，应选择不易浸润塔板的一相为分散相。

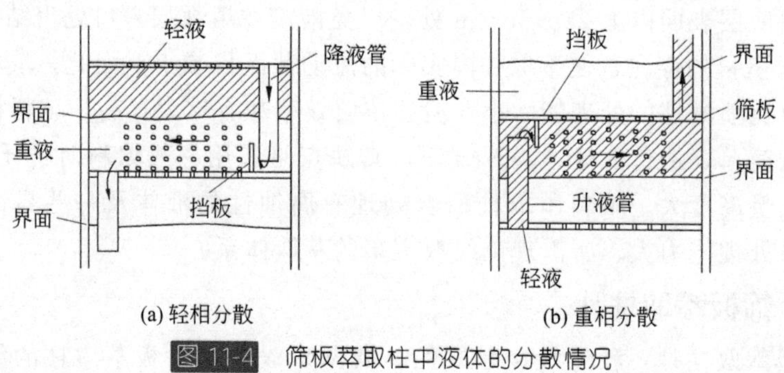

图 11-4　筛板萃取柱中液体的分散情况

筛板萃取柱结构简单，制造成本低，具有较高的操作弹性。筛板萃取柱的应用较广，例如，在石油化工的环丁砜芳烃抽提等工艺过程中，筛板萃取柱是应用最广泛的柱型。筛板萃取柱也可用于洗涤和溶剂回收等工序。由于筛板萃取柱内连续相的轴向混合限制在板与板之间，同时，分散相液滴在每一块塔板上都进行凝并和再分散，使液滴表面得以更新，因此，筛板萃取柱的传质效率比一般的填料萃取柱的传质效率要高一些。

11.1.4　脉冲筛板萃取柱和脉冲填料萃取柱

脉冲筛板萃取柱[6]是外加能量使液体分散的柱式设备，其结构如图 11-5 所示。萃取柱两端直径较大部分为上澄清段和下澄清段，中间为两相传质段，其中装很多块具有 ϕ3mm 小孔的筛板，筛板的板间距通常为 50mm，没有降液管，筛板的开孔率为 20%～25%。在萃取柱的下澄清段设有脉冲管，由脉冲发生器提供液体的脉冲运动。采用脉冲的方法可以明显改善萃取柱的性能。脉冲作用使萃取柱内液体作上下往复运动，迫使液体经过筛板上的小孔，使分散相以较小的液滴分散在连续相中，增加了两相的接触面积，并形成了强烈的湍动，促进传质的进行。因此，脉冲萃取柱的传质效率比简单利用重力作用的萃取柱的传质效率高得多。

脉冲发生器有多种形式，如往复泵、隔膜泵，也可以用压缩空气驱动。

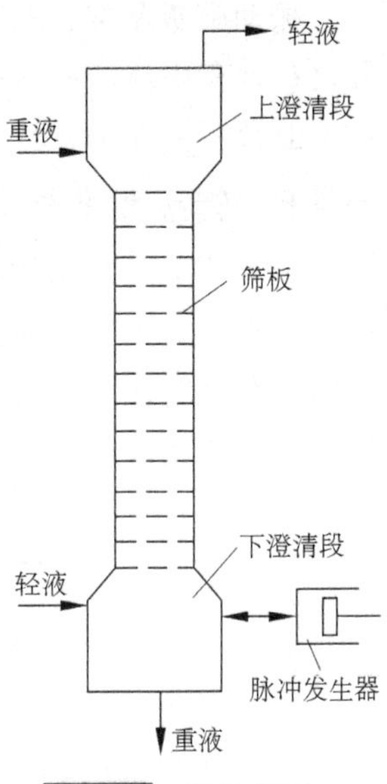

图 11-5 脉冲筛板萃取柱示意图

脉冲强度，即输入能量的强度，一般由脉冲的振幅 A 与频率 f 的乘积 Af 表示。脉冲强度是脉冲筛板萃取柱操作的主要条件。脉冲强度小，液体通过筛板的过孔速度小，液滴较大，湍动较弱，传质效率较低；脉冲强度增大，液体通过筛板形成的液滴小，湍动较强，传质效率较高。但是，脉冲强度过大，萃取柱内轴向混合会变得严重，传质效率反而会降低，且容易液泛。

脉冲填料柱[7,8]的结构与一般填料柱相似。但由于脉冲的引入，与无脉冲填料柱相比较，某些萃取体系的传质单元高度可降低 30%～50%。

脉冲筛板萃取柱及脉冲填料萃取柱的优点是结构简单，理论级当量高度小，传质效率高。由于采用脉冲搅拌，萃取柱内没有运动部件和轴承，对处理强腐蚀性和强放射性的物料体系特别有利。脉冲萃取柱的缺点是单位柱截面积允许液体的通量较小，萃取柱直径大时产生脉冲运动比较困难。脉冲筛板萃取柱及脉冲填料萃取柱在核工业中获得了广泛应用，近三十年来，在湿法冶金和石油化工中也日益受到重视。

11.1.5 振动筛板萃取柱[9]

振动筛板萃取柱的结构与脉冲筛板萃取柱的结构相类似，其内构件也是由一个系列筛板构成的，不同的是这些筛板均固定在可以上下运动的中心轴上。图 11-6 是振动筛板萃取柱的示意图。操作时，利用安装在柱顶的马达、减速箱和凸轮，带动中心轴，使筛板作上下往复运动。当筛板向上运动时，迫使筛板上侧的液体经筛孔向下喷射，当筛板向下运动时，又迫使筛板下侧的液体向上喷射，随着筛板的上下往复运动，振动的筛板可以使液滴得到良好的分散，体系得到均匀的搅拌，两相接触面积大，且液相湍动程度强，传质效率高。振动筛板萃取柱的筛板孔径比较大，一般为 7～16mm，开孔率也大，可达 50%～60%。这样的结构尺寸设计使其对液体运动的阻力较小，生产能力较大。当振动筛板萃取柱的柱径较大时，为减少轴向混合，在振动筛板萃取柱内增设挡板。与脉冲筛板萃取柱类似，振动筛板萃取柱的传质效率与往复频率和振幅直接相关。例如，当振幅一定时，频率加大，效率提高，但流体通量变小。因此，选择合适的频率和振幅，才能使通量和效率均达到优化状态。一般往复振动的振幅为 3～50mm，频率为 200～1000min^{-1}。

振动筛板萃取柱具有结构简单、通量大、效率高、容易放大，可以处理易乳化和含有固体的物料体系等特点，广泛用于石油化工、食品、制药、湿法冶金工业及环境保护领域。

11.1.6 转盘萃取柱（RDC）[10,11]

转盘萃取柱的结构如图 11-7 所示。萃取柱体呈圆筒形，柱体内壁上等距离地安装了若干平行的固定圆环，将萃取柱内分隔成许多小室。一串等距离安装的圆盘固定在中心转轴上，各个圆盘的位置介于两个相邻的固定环的中间。转盘的直径比固定环的内径稍小，以便安装检修。

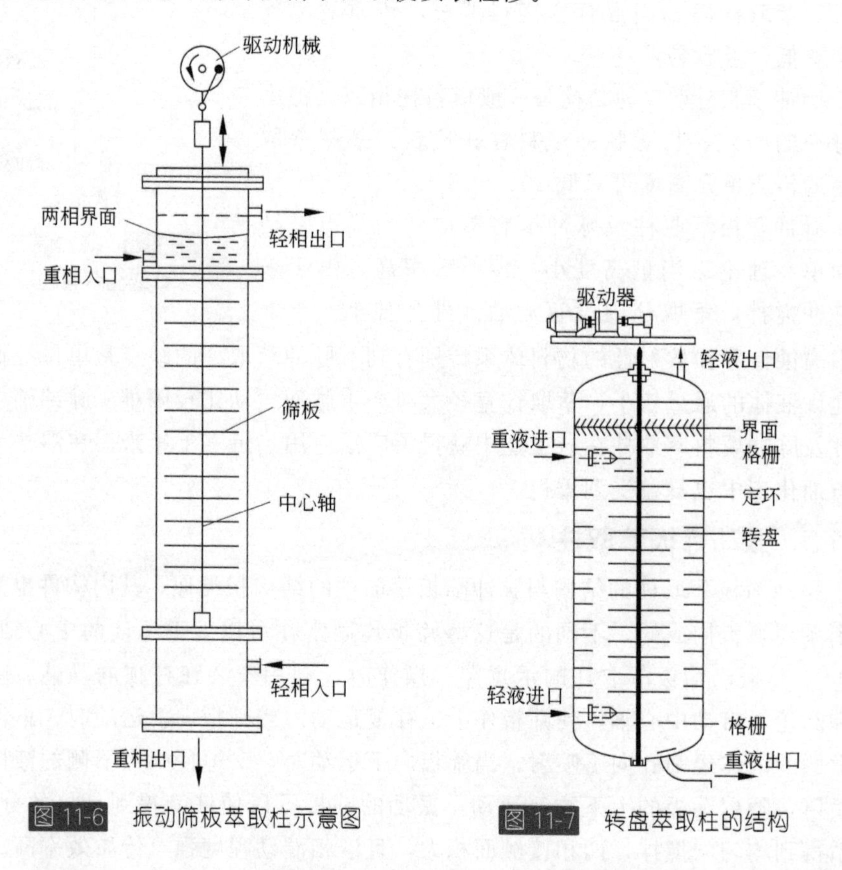

图 11-6 振动筛板萃取柱示意图　　图 11-7 转盘萃取柱的结构

转盘萃取柱操作时，圆盘旋转，在液体中产生的剪应力，使分散相破碎成许多小的液滴，液相中产生强烈的涡旋运动，增大了相际接触界面，强化了传质过程。固定环的存在，使从转盘上甩向柱壁的液体返回，在每个柱段内形成循环，并在一定程度上抑制了轴向混合。

转盘转速是转盘萃取柱的主要操作参数。转速低，输入能量少，可能会不足以克服体系界面张力，分散相液滴分布不均匀；转速过高，液滴分散过细，使萃取柱的通量减小，轴向混合也会增大。因此，需要根据体系的性质和萃取柱的结构尺寸（柱径、转盘及固定环等构件的尺寸）适当选择转速。根据中型转盘萃取柱的研究结果，对于一般物料体系，转盘边缘的线速度以 1.8m/s 左右为宜。

转盘萃取柱的传质效率较高，通量大，操作弹性大，在石油化工和其他化学工业中有较为广泛的应用，特别是在润滑油精制、丙烷脱沥青、芳烃抽提及己内酰胺精制等工艺中得到了成功的应用。

Oldshue-Rushton 萃取柱[12]的结构与转盘萃取柱的结构相似，同样具有与转盘柱类似的系列水平挡板，但其搅拌作用是由桨式搅拌器完成的。

11.1.7 混合澄清型萃取柱

混合澄清型萃取柱实为槽、柱结合的产物，也称之为柱式混合澄清器，它相当于一个垂直放置的混合澄清槽，两相间的传质属于逐级接触传质方式。混合澄清型萃取柱综合了槽式萃取设备和柱式萃取设备的优点，即可实现真正的逐级接触，又无级间的返混，级效率很高；同时，混合澄清型萃取柱可以克服混合澄清槽的溶剂滞留量大和占地面积大的缺点。

混合澄清型萃取柱在其发展过程中出现过多种形式。

不对称转盘萃取柱[13]是在转盘萃取柱的基础上开发出来的。它实际上是一种逐级接触式萃取柱。萃取柱内安装了偏心的转轴，混合室之间用水平挡板隔开，在萃取柱的一侧隔出一个圆环形的澄清区，从混合室流出的两相混合物在澄清区内分离后，轻、重相分别进入上、下两级。不对称转盘萃取柱的构型和液流走向见图 11-8。

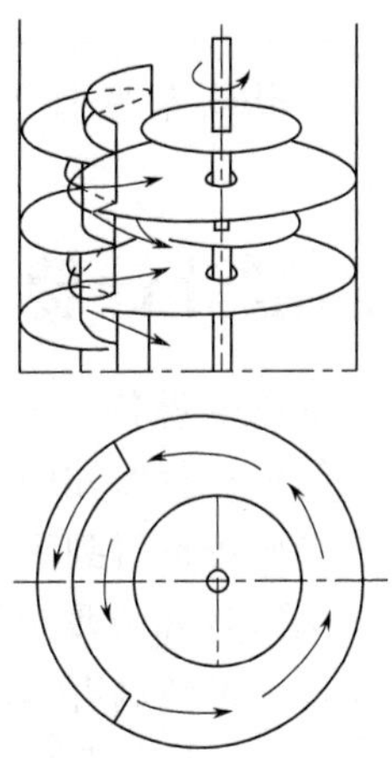

图 11-8　不对称转盘萃取柱的构型和液流走向

Kuhni 萃取柱[14]是 Kuhni 公司研制出的一种柱型，如图 11-9 所示。整个萃取柱按垂直方向分割成多个级，每一级分为两个区，即混合区和澄清区。两相在混合区内充分混合，后在相邻的澄清区内进行分离。澄清的分散相（轻相）通过液封进入上一级，连续相（重相）沿一分开的通道通过澄清区进入下一级，实现两相的逆流操作。

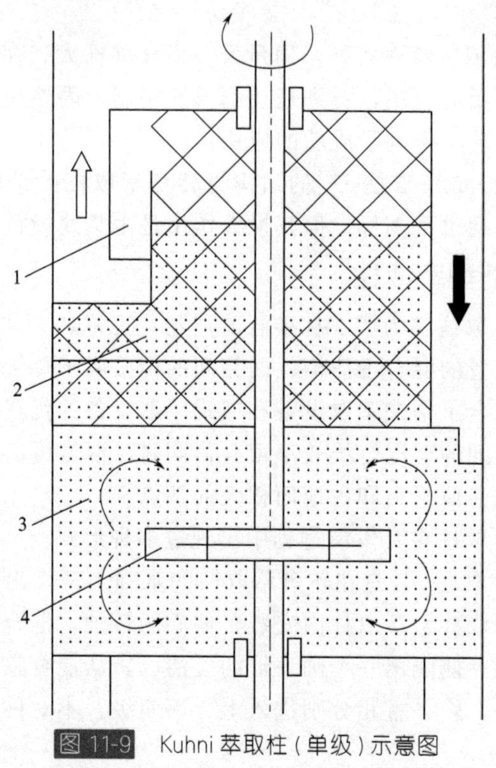

图 11-9 Kuhni 萃取柱（单级）示意图

1—液封；2—澄清区；3—混合区；4—搅拌器；➡：连续相；⇨：分散相

混合澄清型萃取柱还有 Scheibel 萃取柱[15]、改进型混合澄清型萃取柱[16]等。

11.2 填料萃取柱的设计计算

填料萃取柱是应用广泛的柱式萃取设备之一。它具有结构简单，便于制造和安装等优点。新型填料的开发使填料萃取柱的处理能力大幅度提高，传质效率有所改善，填料萃取柱的研究和应用也得到了迅速的发展。

萃取过程对填料的要求与精馏过程和吸收过程有明显的差别。在填料萃取柱内分散相不应与填料表面浸润，如果液滴群与填料表面浸润，就会引起液滴群的聚结，形成沿着填料表面的液流。填料萃取柱内的传质过程是在分散相液滴群和连续相之间进行的。与填料表面浸润而引起的聚结现象会明显降低传质效率[17]。因此，液液萃取过程中使用的填料通常应优先为连续相浸润，分散相以液滴群的形式上升或下降。填料的作用是降低连续相的轴向混合，促进分散相的破碎和聚结，以强化传质。

Stevens 明确地指出[18]，在汽-液接触过程如精馏和吸收过程中，液相沿着填料表面流动，传质过程的相际界面与填料被湿润的表面积有关，因此，在汽-液传质过程中优先选用比表面积大而易被液相湿润的填料。一些比表面积很大而且表面带毛刺的规整填料用于减压精馏时性能优异，但用于液液萃取时性能并不理想。尹国玉对两种表面特性不同的规整填料的萃取性能进行了研究[19]，结果表明，表面带毛刺的填料的传质效率大幅度下降。这是因为分散相液滴容易附着在填料表面上，形成较厚的液膜，使有效的传质比表面积大大下降。

在选择用于萃取柱的填料时，必须充分考虑液液萃取的特点。一些根据液液萃取特点研制的新型填料，如内弯弧形筋片扁环填料[20]（图 11-10），由于高径比小，内部结构合理，有利于促进液滴群的分散-聚结-再分散的循环，抑制返混，因而具有优异的性能。研究和应用表明，这种填料性能明显优于 Pall 环、Intalox 鞍等引进的新型填料。

图 11-10　内弯弧形筋片扁环填料

填料萃取柱的设计计算主要包括液滴平均直径的计算、液泛流速计算及柱径计算、总传质系数计算、柱高计算等。

11.2.1　液滴平均直径 d_P 的计算

液滴平均直径 d_P是填料萃取柱设计的重要参数，既影响萃取柱的处理能力，也影响萃取柱的传质效率。填料萃取柱的液滴平均直径 d_P主要决定于体系的物性，操作流速和填料特性也有一些影响。文献中的计算公式很多，通常可采用如下的简单公式计算[5]：

$$d_P=0.92\left(\frac{\sigma}{\Delta\rho g}\right)^{0.5}\left(\frac{\varepsilon U_0 \phi}{U_d}\right) \tag{11-1}$$

式中，d_P代表分散相液滴平均直径，m；U_0代表特性速度，m/s；U_d为分散相表观（空柱）流速，m/s；ε 为填料空隙率,%；$\Delta\rho$ 为两相密度差，kg/m^3；σ 为体系界面张力，N/m；ϕ 为分散相存留分数,%；g 为重力加速度（$g=9.81m/s^2$）。

11.2.2 特性速度和液泛流速计算

液泛流速的计算是填料萃取柱设计计算的重要内容。对于运行中的填料萃取柱，可以从液泛流速推算它的最大处理能力。设计填料萃取柱，可以根据液泛流速确定给定负荷下操作的填料萃取柱的柱径。在研究分散液滴群在萃取柱内的流体力学性能的基础上，提出了用特性速度的概念来关联萃取柱内液泛数据的方法。对于填料萃取柱，特性速度U_0和两相表观（空柱）流速U_c、U_d以及分散相存留分数ϕ、填料空隙率ε之间存在如下关系：

$$\frac{U_c}{\varepsilon(1-\phi)}+\frac{U_d}{\varepsilon\phi}=U_0(1-\phi)=U_s \tag{11-2}$$

式（11-2）的左端表示两相在萃取柱内的相对运动速度，通常称之为滑动速度U_s。

特性速度U_0可以通过实验测定或对数据进行关联。有关的计算方法很多，如下的由实验总结出的关联公式比较简单、实用[21]：

$$U_0=0.637\left(\frac{a_P}{\varepsilon^3 g}\cdot\frac{\rho_c}{\Delta\rho}\right)^{-0.5} \tag{11-3}$$

式中，a_P为填料比表面积，m^2/m^3；ε为填料空隙率，%；$\Delta\rho$为两相密度差，kg/m^3；ρ_c为连续相密度，kg/m^3；g为重力加速度（$g=9.81m/s^2$）。式（11-3）主要用于乱堆填料和分散相存留分数小于15%的情况。由于计算方法比较简单，物理意义比较明确，一般可供工程设计使用。

十分明显，对于填料萃取柱，若已知两相表观流速U_c、U_d和填料空隙率ε，在计算出特性速度U_0后即可利用式（11-2）计算分散相存留分数ϕ。两相的液泛流速V_{cf}、V_{df}可以根据如下的公式计算

$$U_{df}=2\varepsilon U_0\phi_f^2(1-\phi_f) \tag{9-3}$$

$$U_{cf}=\varepsilon U_0(1-\phi_f)^2(1-2\phi_f) \tag{9-4}$$

$$\phi_f=\frac{\sqrt{R^2+8R}-3R}{4(1-R)}=\frac{2}{3+\sqrt{1+8/R}},\quad R=\frac{V_{df}}{V_{cf}} \tag{9-5}$$

由于填料萃取柱液泛流速的准确计算比较困难，影响填料萃取柱稳定操作的因素比较多，因而一些设计手册推荐的操作流速都比较低。据《Perry化学工程师手册》推荐[22]，操作流速应选在不大于50%的液泛流速值，对于高界面张力体系则应选得更低一些。一些高孔隙率的新型填料可以在较高负荷下较稳定地运行。陈德宏的研究工作表明，QH-1型扁环等新型填料可以设计在70%～80%的液泛流速下操作[23]。

十分明显，设计柱径与操作流速的关系可表示为

$$D=\sqrt{\frac{4Q_{总}}{\pi(U_c+U_d)}} \tag{11-4}$$

式中，D为萃取柱柱径，m；$Q_{总}$为萃取柱的两相总负荷，m^3/s。

11.2.3 总传质系数的计算

填料萃取柱的总传质系数 K_c可以用双阻力模型来计算：

$$\frac{1}{K_c}=\frac{1}{k_c}+\frac{1}{mk_d} \tag{9-8}$$

在两相流体力学计算的基础上，可以选择适当的模型来计算填料萃取柱内两相的分传质系数，即液滴内分传质系数 k_d和液滴外分传质系数 k_c。计算填料萃取柱液滴内、外分传质系数的公式很多，不同的公式计算结果差别很大。对于乱堆填料的萃取柱，分散相存留分数小于 15%的情况，可以采用以下计算公式[24,5]：

$$k_d=17.9\frac{D_d}{d_P} \tag{6-55}$$

$$k_c=0.725\left(\frac{d_P U_s \rho_c}{\mu_c}\right)^{-0.43}\left(\frac{\mu_c}{\rho_c D_c}\right)^{-0.58}U_s(1-\phi) \tag{11-5}$$

式中，D_c和 D_d分别代表溶质在连续相中或分散相中的扩散系数，m^2/s；μ_c为连续相黏度，Pa·s。

填料萃取柱内两相传质比表面积 a （m^2/m^3）可用式（11-6）计算：

$$a=6\varepsilon\phi/d_P \tag{11-6}$$

11.2.4 柱高的计算

已知萃取处理过程所需要的萃取平衡级数，即理论级数 N_T，若体系的萃取平衡分配系数可考虑为常数，料液相与萃取相为两个互不相溶的液相。当两相流量确定后，过程的萃取因子 ε 亦为常数。这样，传质单元高度 $(HTU)_c$、传质单元数 $(NTU)_c$和设计柱高 L 均可以计算：

$$(HTU)_c=U_c/K_c a \tag{11-7}$$

$$(NTU)_c=\frac{N_T\ln\varepsilon}{1-1/\varepsilon} \tag{11-8}$$

$$L=(HTU)_c(NTU)_c \tag{11-9}$$

应该指出，填料萃取柱内的传质过程是十分复杂的。例如，一些体系的传质过程中，存在强烈的界面骚动现象（Marangoni 现象），这样，传质过程就会受到影响。当体系被表面活性物质污染时，液滴内分传质系数会大大下降。比较可靠的办法是利用真实物料进行填料萃取柱的传质实验，或者在小型实验设备内进行填料层内液滴群运动和传质的实验，用实验结果来检验上述模型，使填料萃取柱传质过程的设计计算更为可靠。

11.3 筛板萃取柱的设计计算

11.3.1 液滴平均直径的计算

萃取柱中液滴平均直径一般用体积表面积平均直径（亦称 Sauter 平均直

径）d_{32}表示

$$d_{32}=\frac{\sum_{i=1}^{N} n_i d_i^3}{\sum_{i=1}^{N} n_i d_i^2} \tag{11-10}$$

式中，d_i为i类液滴的直径，m；n_i为i类液滴的数目。d_{32}可以表征有效传质面积，筛板萃取柱中，它与分散相存留分数ϕ和比表面积a的关系为

$$a=\frac{6\phi}{d_{32}} \tag{11-11}$$

通过大量的实验研究，得到了筛板萃取柱中液滴平均直径与体系物性及过孔速度间的经验关联式，一些主要的关联式如表 11-1 所示。

表 11-1　筛板萃取柱中液滴平均直径关联式

关联式	条件	文献
$\frac{d_{32}}{d_N}=2.07/\left[0.485\left(\frac{g\Delta\rho d_N^2}{\sigma}\right)+1\right]$	$\left(\frac{g\Delta\rho d_N^2}{\sigma}<0.615\right)$	[5]
$\frac{d_{32}}{d_N}=2.07\left[1-0.193\left(\frac{g\Delta\rho d_N^2}{\sigma}\right)\right]$	$\left(0.01<\frac{g\Delta\rho d_N^2}{\sigma}<1.70\right)$	[25]
$d_{32}=2.03\left(\frac{\sigma}{\Delta\rho g}\right)^{0.5}$		[26]
$\frac{d_{32}}{d_N}=1.591\left(\frac{\Delta\rho d_N u_N^2}{\sigma}\right)^{-0.068}\left(\frac{g\Delta\rho d_N^2}{\sigma}\right)^{-0.278}$	$\left(We=\frac{\rho_d d_N u_N^2}{\sigma}<2.0\right)$	[27]
$\frac{d_{32}}{d_N}=1.546\left(\frac{\Delta\rho d_N u_N^2}{\sigma}\right)^{-0.021}\left(\frac{g\Delta\rho d_N^2}{\sigma}\right)^{-0.214}$	$\left(We=\frac{\rho_d d_N u_N^2}{\sigma}>2.0\right)$	[27]
$\frac{d_{32}}{d_N}=0.965\left(\frac{\Delta\rho d_N u_N^2}{\sigma}\right)^{-0.051}\left(\frac{g\Delta\rho d_N^2}{\sigma}\right)^{-0.246}$		[28]

从表 11-1 列出的关联式可以看出，液滴平均直径d_{32}与体系物性（如两相密度差$\Delta\rho$、界面张力σ等)，结构尺寸（如筛孔直径d_N）和操作条件（如过孔速度u_N）相关。一般地说，不同的关联式的使用有其一定的适用范围，需要认真选用。

11.3.2　特性速度和液泛流速计算

对于筛板萃取柱，同样可以用特性速度的概念关联柱内的液泛数据。特性速度U_0和两相表观（空柱）流速U_c、U_d以及分散相存留分数ϕ之间存在如下关系：

$$\frac{U_c}{1-\phi}+\frac{U_d}{\phi}=U_0(1-\phi)=U_s \tag{11-12}$$

筛板萃取柱特性速度U_0可以通过实验测定。Prabhu 等[26]总结了 7 种不同体

系的流体流动特性后提出，当孔径 d_N 大于 2.5×10^{-3}m 时，特性速度随孔径的变化不大，可表示为：

$$U_0=1.60\left(\frac{\sigma\Delta\rho g}{\rho_c^2}\right)^{0.25} \tag{11-13}$$

式中，$\Delta\rho$ 为两相密度差，kg/m³；ρ_c为连续相密度，kg/m³；σ 为界面张力，N/m；g 为重力加速度（$g=9.81\text{m/s}^2$）。朱慎林等[29]在有传质的条件下研究大孔径筛板萃取柱的性能时，提出的关联式为

$$U_0=1.81\left(\frac{\sigma\Delta\rho g}{\rho_c^2}\right)^{0.25} \tag{11-14}$$

对于筛板萃取柱，已知两相表观流速 U_c、U_d，在计算出特性速度 U_0 后即可利用式（11-12）计算分散相存留分数 ϕ。两相的液泛流速 U_{cf}、U_{df} 及 ϕ_f 可以根据如下的公式计算

$$U_{df}=2U_0\phi_f^2(1-\phi_f) \tag{11-15}$$

$$U_{cf}=U_0(1-\phi_f)^2(1-2\phi_f) \tag{11-16}$$

$$\phi_f=\frac{\sqrt{R^2+8R}-3R}{4(1-R)}=\frac{2}{3+\sqrt{1+8/R}},\qquad R=\frac{U_{df}}{U_{cf}} \tag{11-17}$$

Mewes 等[30]提出，当筛板萃取柱的存留分数达到 20%时，会产生液泛。液泛数据的计算可以将 20%的数据代入式（11-15）或式（11-16），求出 U_{cf} 和 U_{df}。

另外，可以利用经验关联式计算筛板萃取柱液泛数据，具有代表性的关联式为[31]

$$\frac{U_{Tf}\rho_c d_N}{\mu_c}=0.8382\left(\frac{4A_T}{\pi d_N^2 N}\right)^{0.02785}\left(\frac{U_{df}}{U_{cf}}\right)^{0.06342}\left(\frac{\Delta\rho}{\rho_c}\right)^{0.3586}\left(\frac{\sigma\rho_d d_N}{\mu_d^2}\right)^{0.1}$$
$$\times\left(\frac{d_N^3\rho_c^2 g}{\mu_c^2}\right)^{0.3127}\left(\frac{A_d}{A_T}\right)^{0.075}\left(\frac{L}{H_t}\right)^{0.1863}\left(\frac{\mu_d}{\mu_c}\right)^{0.2116}$$
$$U_{Tf}=U_{cf}+U_{df} \tag{11-18}$$

式中，A_d 为降（升）液管截面积，m²；A_T 为萃取柱截面积，m²；d_N 为筛孔直径，m；H_t 为板间距，m；L 为降（升）液管高度，m；N 为筛孔总数；ρ_c、ρ_d 分别为连续相密度和分散相密度，kg/m³；μ_c、μ_d 分别为连续相黏度和分散相黏度，Pa·s；σ 为界面张力，N/m。

图 11-11 是典型的筛板萃取柱操作范围图，其绘制计算采用了 Mewes 提出的方法[30]。

图 11-11 中明显表示出液泛线及流比变化所处的操作位置。图中的右侧线即存留分数为 20%的液泛线。图中上下各有一条虚线，表示分散相聚合层高度 h_c 对操作范围的影响。上面的虚线表示分散相聚合层高度等于降（升）液管高度 L 时的液泛线；下面的虚线表示分散相聚合层高度为最低高度时的操作线。为保持筛板萃取柱的正常操作，文献［30］推荐聚合层最低高度取

0.005m。图 11-11 左侧的虚线表示分散相的最小负荷，为了保证筛板上的所有筛孔都能均匀地流出液体，必须使过孔速度达到最低喷口速度。

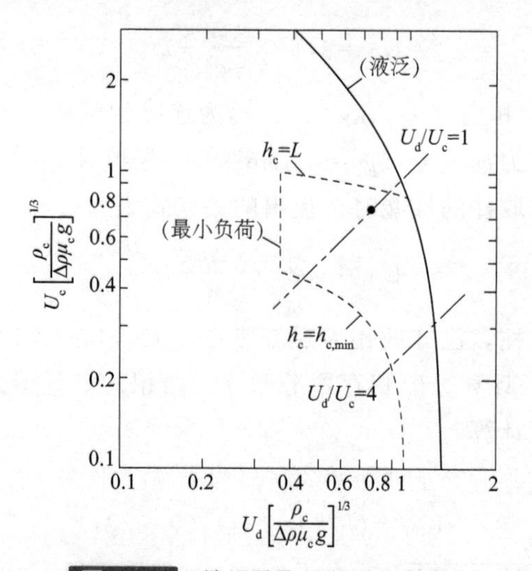

图 11-11 筛板萃取柱的操作范围

11.3.3 筛板萃取柱传质性能计算

筛板萃取柱的连续相轴向混合限制在筛板与筛板之间，不会扩展到整个萃取柱的范围，同时，分散相液滴在每一块筛板上均进行分散、聚结，不断更新传质表面，因此，筛板萃取柱的传质效率是比较高的。筛板萃取柱采用全柱效率 E_o来表示传质性能

$$E_o=\frac{N_T}{N_P}\times 100\% \tag{11-19}$$

式中，N_T为筛板萃取柱的理论板数；N_P为筛板萃取柱的实际板数。

对于全柱效率的预测可以采用两种方法：一是使用经验关联式计算；二是由滴内、滴外分传质系数求出 Murphree 级效率，再由此结果求取全柱效率。

Treybal 提出的全柱效率 E_o的经验关联式为[5]

$$E_o=0.0057\frac{H_t^{0.5}}{\sigma}\left(\frac{U_d}{U_c}\right)^{0.42} \tag{11-20}$$

式中，H_t为板间距，m；U_c、U_d分别为连续相和分散相表观流速，m/s；σ 为界面张力，N/m。其后，Murty 等[32]对这一关联式做出修正，考虑了筛板孔径 d_N的影响：

$$E_o=0.001\frac{H_t^{0.5}}{\sigma d_N^{0.35}}\left(\frac{U_d}{U_c}\right)^{0.42} \tag{11-21}$$

其他一些学者提出的关联式与上述关联式形式相似。1988 年和 1989 年 Rocha 等[33]先后提出了针对不同体系的包含柱径 D 的 E_o经验关联式：

$$E_o=\frac{0.003}{\sigma^{0.86}}\left(\frac{H_t}{D}\right)^{0.3}\left(\frac{U_d}{U_c}\right)^{0.37} \quad (11\text{-}22)$$

$$E_o=\frac{0.0012}{\sigma^{1.1}}\left(\frac{H_t}{D}\right)^{0.454}\left(\frac{U_d}{U_c}\right)^{0.352} \quad (11\text{-}23)$$

另外，当体系萃取分配系数 m 为常数时，Murphree 级效率 E_M与全柱效率 E_o的关系为

$$E_o=\frac{\ln[1+E_M(\varepsilon-1)]}{\ln\varepsilon} \qquad \varepsilon=m\frac{U_d}{U_c} \quad (11\text{-}24)$$

式中，ε 为萃取因子，它是萃取分配系数 m 与两相流比的乘积。

关于 Murphree 级效率 E_M的测算可以依据文献［34］提供的方法，不再赘述。计算关联式中涉及的滴内及滴外分传质系数、液滴平均直径、存留分数、分散相聚合高度等的测算可选取相应的关联式。

11.4 脉冲筛板萃取柱的设计计算

11.4.1 液滴平均直径的计算

脉冲筛板萃取柱中液滴平均直径 d_{32}的计算，可以按照经典力学理论和湍流理论[35]以及 Ziolkowski 的脉冲能量输入表达式[36]，形成以下的基本形式

$$d_{32}\propto\left(\frac{\sigma}{\rho_c}\right)^{0.33\sim0.6}\left(\frac{\mu_c}{\rho_c}\right)^{0\sim0.33}(Af)^{-0.33\sim-1.2} \quad (11\text{-}25)$$

式中，ρ_c为连续相密度，kg/m^3；σ 为界面张力，N/m；μ_c为连续相黏度，Pa·s；A 为脉冲振幅，m；f 为脉冲频率，s^{-1}。由于 d_{32}是表征萃取柱内流动及传质特性的重要参数，许多研究者通过大量的实验研究，得到了脉冲筛板萃取柱中液滴平均直径与体系物性、筛板结构尺寸及脉冲条件等之间的经验关联式，一些主要的关联式如表 11-2 所示。

表 11-2 脉冲筛板萃取柱中液滴平均直径关联式

关联式	条件	文献
$\frac{d_{32}}{d_o}=0.439\left[\frac{\sigma\varepsilon^{0.5}}{d_o\rho_c(5.1Af+U_c)^2}\right]^{0.6}$		［37］、［38］
$d_{32}=0.92\left(\frac{\sigma}{\rho_c g}\right)\left(\frac{Afd_{32}\rho_c}{\mu_c}\right)^{-0.1}\left(\frac{A^2f^2}{d_{32}g}\right)^{-0.1}N^{-0.11}$	N 为筛板总数	［39］
$d_{32}=0.048\left(\frac{\sigma}{\rho_c}\right)^{0.544}f^{-1.12}A^{-0.80}$	四种体系，照相法	［40］
$d_{32}=(0.57\pm0.11)\left(\frac{\sigma}{\rho_c}\right)^{0.6}\frac{\varepsilon^{0.8}d_o^{0.4}}{(Af)^{1.2}}$	$\frac{\rho_c(Af)^3}{2\varepsilon^2}>0.48$	［41］
$d_{32}=1.7\frac{\sigma^{0.5}\mu_c^{0.1}}{\rho_c^{0.6}g^{0.4}}(Af)^{-0.3}N^{-0.11}$	N 为筛板总数	［42］

从表 11-1 列出的关联式可以看出，液滴平均直径 d_{32} 与体系物性（如连续相密度 ρ_c、连续相黏度 μ_c、界面张力σ 等），结构尺寸（如筛孔直径 d_o、筛板开孔率ε、筛板总数 N）和操作条件（如连续相表观流速 U_c、脉冲振幅 A、脉冲频率 f 等）相关。一般地说，不同的关联式的使用有一定的适用范围，需要认真选用。其他关联式可参阅有关文献［43，44］。

11.4.2 特性速度和液泛流速计算

对于脉冲筛板萃取柱，可以用特性速度的概念关联柱内的液泛数据。在体系存留分数较小时，特性速度 U_0 和两相表观（空柱）流速 U_c、U_d 以及分散相存留分数 ϕ 之间同样存在如下关系：

$$\frac{U_c}{1-\phi}+\frac{U_d}{\phi}=U_0(1-\phi)=U_s \tag{11-12}$$

脉冲筛板萃取柱特性速度 U_0 可以通过实验测定。Thornton 等[45] 在 3in（1in＝0.0254m）的脉冲筛板萃取柱中研究了 6 种不同体系的流体流动特性，提出了特性速度的计算关联式

$$\frac{U_0\mu_c}{\sigma}=0.60\left(\frac{\psi_f\mu_c^5}{\rho_c\sigma^4}\right)^{-0.24}\left(\frac{d_o\rho_c\sigma}{\mu_c^2}\right)^{0.90}\left(\frac{\mu_c^4 g}{\Delta\rho\sigma^3}\right)^{1.01}\left(\frac{\Delta\rho}{\rho_c}\right)\left(\frac{\mu_d}{\mu_c}\right)^{0.3} \tag{11-26}$$

式中，$\Delta\rho$ 为两相密度差，kg/m^3；ρ_c 为连续相密度，kg/m^3；μ_c、μ_d 分别为连续相黏度和分散相黏度，Pa·s；σ 为界面张力，N/m；d_o为筛孔直径，m；g 为重力加速度（$g=9.81m/s^2$）。实验中，筛板开孔率ε 为 13%～62%，板间距为 1.27～5.08cm，大部分实验中筛孔直径为 3.2mm。式（11-26）中，ψ_f为单位质量液体在萃取柱内获得的最大摩擦功，m/s；对于正弦波脉冲可表示为

$$\psi_f=\frac{\pi^2N(1-\varepsilon^2)(fA)^3}{2g\varepsilon^2C_o^2H} \tag{11-27}$$

式中，ε 为筛板开孔率；C_o为锐孔系数（一般取 0.60）；N 为筛板总数；H 为有效柱高，m。

对于有传质条件下的脉冲筛板萃取柱，当溶质由分散相向连续相传递时，按式（11-26）计算特性速度的计算值不足实测值的 40%；当溶质由连续相向分散相传递时，按式（11-26）计算特性速度的计算值则与实测值基本相当。

已知两相表观流速 U_c、U_d，在计算出特性速度 U_0 后，同样可以利用式（11-15）～式（11-17）计算两相的液泛流速 U_{cf}，U_{df}和 ϕ_f。

汪家鼎等[40,46,47]在研究脉冲筛板萃取柱的两相流动特性时发现，当体系的分散相存留分数在 10%以上时，由于液滴间的碰撞、凝并等相互作用，利用式（11-12）关联相关实验数据会出现很大的偏差，提出用$(1-\phi)^n$ 修正$(1-\phi)$，拓宽了关联式的应用范围。修正后的关联式表示为：

$$U_s \equiv \frac{U_c}{1-\phi}+\frac{U_d}{\phi}=U_0(1-\phi)^n \tag{11-28}$$

两相的液泛流速U_{cf}、U_{df}、ϕ_f可以根据如下的公式计算

$$U_{df}=U_0(n+1)\phi_f^2(1-\phi_f)^n \tag{11-29}$$

$$U_{cf}=U_0(1-\phi_f)^{n+1}[1-(n+1)\phi_f] \tag{11-30}$$

$$\phi_f=\frac{2}{n+2+\sqrt{n^2+\frac{4(n+1)}{R}}},\ R=\frac{U_{df}}{U_{cf}} \tag{11-31}$$

修正项中的n与体系物性直接相关，可表示为

$$n=0.67+0.028\left(\frac{\mu_d}{\mu_c}\right)^{-0.26}\left(\frac{\rho_c^2\sigma^3}{\mu_c^4\Delta\rho g}\right)^{0.17} \tag{11-32}$$

特性速度U_0的计算可以采用如下的关联式计算

$$U_0=9.63\left(\frac{3\mu_c+3\mu_d}{3\mu_c+2\mu_d}\right)^{2.75}\left(\frac{\Delta\rho}{\rho_c}\right)^{2/3}\left(\frac{\rho_c}{\mu_c}\right)^{1/3}d_{32} \tag{11-33}$$

$$d_{32}=0.048\left(\frac{\sigma}{\rho_c}\right)^{0.544}f^{-1.12}A^{-0.80} \tag{11-34}$$

另外，可以利用经验关联式计算脉冲筛板萃取柱液泛数据[44]，具有代表性的计算两相的液泛流速U_{cf}、U_{df}的关联式为[48]

$$\frac{(U_{cf}+U_{df})\mu_c}{\sigma}=0.527\left(\frac{U_{df}}{U_{cf}}\right)^{-0.014}\left(\frac{\Delta\rho}{\rho_c}\right)^{0.63}\left(\frac{\rho_c\sigma^4}{\psi_f\mu_c^5}\right)^{0.207}\times \left(\frac{d_o\sigma\rho_c}{\mu_c^2}\right)^{0.458}\left(\frac{\mu_c^4 g}{\rho_c\sigma^3}\right)^{0.81}\left(\frac{\mu_d}{\mu_c}\right)^{-0.20} \tag{11-35}$$

式中，$\Delta\rho$为两相密度差，kg/m^3；ρ_c为连续相密度，kg/m^3；μ_c、μ_d分别为连续相黏度和分散相黏度，Pa·s；σ为界面张力，N/m；d_o为筛孔直径，m；g为重力加速度（$g=9.81m/s^2$）；ψ_f为单位质量液体在萃取柱内获得的最大摩擦功，m/s。

11.4.3 脉冲筛板萃取柱的操作特性

一般地说，脉冲筛板萃取柱的流动特性是与体系物性、设备结构和操作条件密切相关的。对两相密度差较大、连续相黏度较小、界面张力较大的体系，其处理能力较大；对两相密度差较小、连续相黏度较大、界面张力较小的体系，其处理能力较小。当体系及设备结构确定之后，脉冲筛板萃取柱的流动特性主要取决于脉冲强度和两相流速。脉冲筛板萃取柱的操作特性曲线是按两相总表观流速和脉冲振幅与频率乘积的关系绘制的，图11-12是典型的脉冲筛板萃取柱操作特性曲线。

图11-12中明显表示出5个不同的区域，包含着3个不同的操作区域和2种液泛机理。

图中的第Ⅰ区表示脉冲强度不足而引起的液泛区。由于外部输入能力过小，外加脉冲太小，脉冲容量（A_fS，S 为萃取柱截面积）小于两相总流量（U_cS+U_dS），不能克服流动阻力使两相逆流流动，发生液泛。

图中的第Ⅱ区为混合澄清区。在第Ⅱ区中，两相总流量比较小，脉冲容量大于两相总流量，但混合并不剧烈。以轻相分散的情况为例，在脉冲的上冲程，位于筛板下的轻相通过筛孔，分散成较大的液滴通过重相；在脉冲的下冲程，重相通过筛孔分散成液滴通过轻相。两相在筛板间均会存在澄清分层。在此区域中，操作稳定，但液滴直径较大，两相混合较差，传质效率较低。

图中的第Ⅲ区为分散区。在第Ⅲ区中，两相总流量比较大，脉冲强度比较高，分散相流体以较高的速度从筛孔喷出，形成较小的液滴，均匀地分散在连续相中。在脉冲的上下冲程间，分散的液滴来不及聚结，不发生澄清分层现象。在此区域中，操作稳定且液滴直径较小，分散相存留分数较大，两相混合良好，传质效率很高，是脉冲筛板萃取柱的理想操作区。

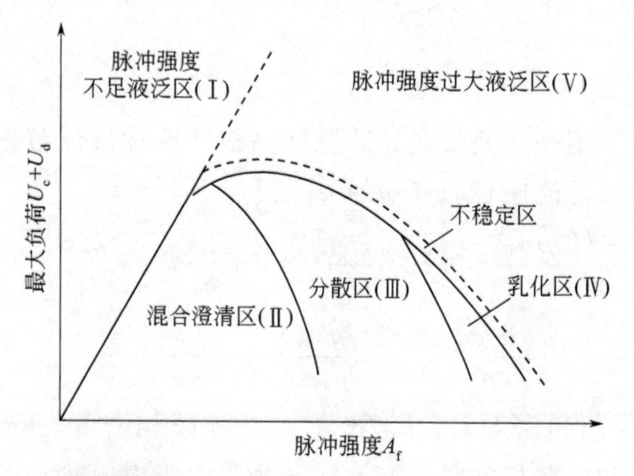

图 11-12　脉冲筛板萃取柱的操作特性曲线

图中的第Ⅳ区发生在脉冲强度和两相流量比分散区更大的情况下，是由分散区向液泛区过渡的区域，称作乳化区或不稳定区。在此区域，脉冲强度过大，分散相时而形成不均匀的乳状液滴，时而聚结成大液团，甚至有些细小的液滴随脉冲的上下冲程滞留于萃取柱的筛板上下。由于分散相液滴的大小不均匀，有时在萃取柱的某一段出现周期性的反相现象。在此区域中，操作不稳定，传质效果较差。

图中的第Ⅴ区是脉冲强度过大而发生液泛的区域。脉冲强度过大，分散相破碎过细或强烈乳化，分散相存留分数急剧增大，破坏了两相的稳定逆流流动，萃取柱内出现一相夹带另一相从萃取柱端流出，或柱内出现明显反相现象，发生液泛。

上述区域的划分是没有明显界限的，区域的转变是渐变的。具体分区的情况要根据体系物性、筛板结构及脉冲频率振幅的变化而确定。应该说，脉冲筛板萃取柱的操作特性曲线对于确定萃取柱合适的操作条件，具有指导意义。

11.4.4 脉冲筛板萃取柱的传质特性计算

影响脉冲筛板萃取柱传质特性的因素很多，经过大量的研究工作，获得了许多计算表观传质单元高度［$(HTU)_{oxp}$］和“真实”传质单元高度［$(HTU)_{ox}$或 $(HTU)_{oc}$］的关联式。由于脉冲筛板萃取柱中轴向混合的影响，利用柱塞流模型，通过表观传质单元高度［$(HTU)_{oxp}$］计算萃取柱的柱高会出现很大的偏差。因此，脉冲筛板萃取柱设计中通常采用扩散模型，并利用 Miyauchi 提出的近似解法[49]，按照表观传质单元高度等于“真实”传质单元高度与分散单元高度之和的结论，进行柱高的计算（具体计算方法见第 8 章）。

基于扩散模型计算脉冲筛板萃取柱“真实”传质单元高度的计算关联式已有研究结果。Smoot 和 Babb 的关联式为[50]

$$\frac{(HTU)_{oc}}{H_t}=504\left(\frac{Afd_o\rho_d}{\mu_d}\right)^{-0.4}\left(\frac{U_c}{Af}\right)^{0.43}\left(\frac{U_c}{U_d}\right)^{0.56}\left(\frac{d_o}{H_t}\right)^{0.62} \tag{11-36}$$

Ziolkowski 提出的关联式为[36]

$$(HTU)_{oc}=0.0241\left(\frac{A^2f^3}{U_c}\right)^{-0.0636}\left(\frac{U_c}{U_d}\right)^{0.58}\left(\frac{\rho_c}{\Delta\rho}\right)^{0.6336} \quad \frac{A^2f^3}{U_c}<40 \tag{11-37}$$

$$(HTU)_{oc}=0.0001\left(\frac{A^2f^3}{U_c}\right)^{-0.6379}\left(\frac{U_c}{U_d}\right)^{0.1487}\left(\frac{\rho_c}{\Delta\rho}\right)^{0.4756} \quad 40<\frac{A^2f^3}{U_c}\leqslant 100 \tag{11-38}$$

骆广生提出的计算关联式为[51]

$$(HTU)_{oc}=0.0173\left(\frac{Af}{U_c+U_d}\right)^{-0.5}\left(\frac{U_c}{U_d}\right) \tag{11-39}$$

骆广生等[52]从脉冲筛板萃取柱内两相流动特性及单液滴传质模型出发，得到了计算脉冲筛板萃取柱“真实”传质单元高度的简化的关系式

$$(HTU)_{oc}=K\frac{U_c}{\phi(1-\phi)^n} \tag{11-40}$$

式中的 K 值可以通过滴内外分传质系数 k_d 和 k_c、体系平衡分配系数 m、液滴平均直径 d_{32} 以及体系物性等计算出来。具体计算方法可参考相关文献。

式（11-39）表明，“真实”传质单元高度与柱径无关，可以通过小柱径的传质实验结果获得。实际的核算表明，式（11-39）具有一定的普适性，多种萃取柱“真实”传质单元高度的计算结果与实测结果相比较有较好的一致性[52,53]。

按照表观传质单元高度等于“真实”传质单元高度与分散单元高度之和的结论进行柱高的计算，需要计算两相的轴向混合系数。许多研究者对脉冲筛板萃取柱的轴向混合开展了研究工作，获得了一些计算关联式[39,44,51,54~60]。部

分关联式列于表 11-3。

表 11-3 脉冲筛板萃取柱轴向混合系数关联式

关联式	条件	文献
$\frac{E_c}{U_o d_o}=0.710\left(\frac{\mu_c}{U_c\rho_c H_t}\right)^{1.45}\left(\frac{U_d\rho_c H_t}{\mu_c}\right)^{0.3}\left(\frac{\sigma\rho_c H_t}{\mu_c^2}\right)^{0.42}\times\left(\frac{f\rho_c H_t^2}{\mu_c}\right)^{0.36}\left(\frac{H_t}{d_o}\right)^{0.68}\left(\frac{A}{H_t}\right)^{0.07}$		[54]
$\frac{E_c}{AfH}=\frac{U_c}{Af(1-\phi)(2\beta-1/N)}+\frac{1}{\beta}$ $\beta=\frac{0.57(D^2H)^{1/3}\varepsilon}{d_o}$	H 为有效柱高 D 为柱径	[55]
$E_c=1.26\times10^{-4}\frac{A^{1.2}f^{1.35}}{(U_c+U_d)^{1.4}}$		[39]
$E_c\propto D^{0.8}(Af)^{0.1}$		[56]
$\frac{E_c}{HU_c}=0.0478\varepsilon^{-1.219}\left(\frac{Af}{U_c}\right)^{0.687}$	H 为有效柱高	[57]
$E_c=1.13\times10^{-3}(Af)^{0.5}(1-\phi)^{2.2}$	无传质条件下	[51]
$E_c=1.13\times10^{-4}(Af)^{0.5}(1-\phi)^{2.2}U_d^{-0.5}$	有传质条件下	[51]

11.4.5 脉冲筛板萃取柱的设计计算举例[44]

利用 30%（体积分数）磷酸三丁酯（煤油）作萃取剂，回收废水中的 HNO_3。若采用 0.2m 标准板段脉冲筛板萃取柱（d_o 为 3.2mm，H_t 为 50.8mm，ε 为 23%），要求达到 60%的回收率，设计需要的柱高。已知废水中 HNO_3 浓度 x_0 为 2mol/L，有机溶剂中的 HNO_3 浓度 y_1 为 0.06mol/L，水相连续，操作流速 U_c、U_d 分别为 1.2×10^{-3}m/s 和 4.0×10^{-3}m/s，脉冲强度 A_f 为 0.02m/s，在回收处理的浓度范围内平衡关系可视为线性关系，萃取因子可取 2.9。

按照工艺要求，可以求算出两相的出口浓度

$$x_1=x_0(1-60\%)=0.8\text{mol/L}$$

$$y_0=(x_0-x_1)\frac{U_c}{U_d}+y_1=0.42\text{mol/L}$$

使用文献 [51] 中得出的两相流动特性关系式

$$\frac{U_c}{1-\phi}+\frac{U_d}{\phi}=25.5d_{32}(1-\phi)^{1.5}$$

$$d_{32}=1.8\times10^{-4}(Af)^{-0.5}$$

可以计算出液滴平均直径 d_{32} 为 1.273mm，分散相存留分数 ϕ 为 17.5%。

“真实”传质单元高度 $(HTU)_{oc}$ 可以由下式计算[51]

$$(HTU)_{oc}=25.86\frac{U_c}{\phi(1-\phi)^{1.5}}$$

解得“真实”传质单元高度 $(HTU)_{oc}$ 为 0.237m。连续相轴向混合系数 E_c 可由下式计算[51]

$$E_c=1.13\times10^{-4}(Af)^{0.5}(1-\phi)^{2.2}U_d^{-0.5}$$

计算结果 E_c 为 $1.88\times10^{-4}m^2/s$。取分散相轴向混合系数 E_d 等于 $1/10E_c$。采用扩散模型，按照表观传质单元高度等于“真实”传质单元高度与分散单元高度之和的结论，利用 Miyauchi 提出的方法计算分散单元高度[49]，通过迭代计算，最终可以计算出柱高为 1.62m。

11.5 转盘萃取柱的设计计算

11.5.1 液滴平均直径的计算

对于转盘萃取柱中液滴平均直径 d_m 或 d_{32} 的计算，许多研究者开展了大量的实验研究工作，得到了转盘萃取柱中液滴平均直径与体系物性、转盘柱结构尺寸及操作条件等之间的经验关联式[61~68]。

对于不同的转盘转速范围，Misik[61] 建议采用不同的液滴平均直径关联式。定义转盘柱 Re 为 $ND_R^2\rho_c/\mu_c$，当 $Re>6\times10^4$ 时

$$d_m=16.3\left(\frac{\sigma}{N^2D_R^2\rho_c}\right)\left(\frac{Z_c}{D_T}\right)^{0.46}\exp(4.435\Delta D) \tag{11-41}$$

当 $10^4<Re<6\times10^4$ 时

$$d_m=1.345\times10^{-6}\left(\frac{\sigma}{N^2D_R^2\rho_c}\right)\left(\frac{ND_R^2\rho_c}{\mu_c}\right)^{0.42}\exp(4.435\Delta D) \tag{11-42}$$

当 $Re<10^4$ 时

$$d_m=0.38\left(\frac{\sigma}{\Delta\rho g}\right)^{0.5} \tag{11-43}$$

式中，$\Delta D=D_T-D_R$，D_T 为转盘柱柱径，m；D_R 为转盘直径，m；Z_c 为固定环间距，m；N 为转盘转速，s^{-1}；ρ_c 为连续相密度，kg/m^3；σ 为界面张力，N/m；μ_c 为连续相黏度，Pa·s；g 为重力加速度（$g=9.81m/s^2$）。

Kagan 等[66] 研究了转盘柱输入能量对柱内液滴平均直径的影响，提出了如下的液滴平均直径计算关系式

$$d_{32}=16.7Re^{-0.3}Fr^{-0.3}\left(\frac{\sigma}{\rho_c g}\right)^{0.5}n^{-0.23} \tag{11-44}$$

式中，$Re=ND_R^2\rho_c/\mu_c$；弗劳德数 $Fr=N^2D_R/g$，n 为自转盘柱底部起的级数。

Kumar 等[68] 推荐的液滴平均直径计算关系式分为两个范围，当 $Re<$

Chapter 11

50000 时

$$\frac{d_{32}}{D_R}=C_1 Re^{-1.12}\left(\frac{\mu_c}{\sqrt{\sigma\rho_c D_R}}\right)^{-1.38}\left(\frac{\Delta\rho}{\rho_c}\right)^{-0.24}\left(\frac{D_R^2\rho_c g}{\sigma}\right)^{-0.05}\left(\frac{H}{D_R}\right)^{0.42} \tag{11-45}$$

当 $Re \geqslant 50000$ 时

$$\frac{d_{32}}{D_R}=C_2 Re^{-0.55}\exp(-0.23Fr)\left(\frac{\mu_c}{\sqrt{\sigma\rho_c D_R}}\right)^{-1.30}\left(\frac{\rho_d}{\rho_c}\right)^{0.75}\left(\frac{D_R^2\rho_c g}{\sigma}\right)^{-0.30}\left(\frac{H}{D_R}\right)^{0.28} \tag{11-46}$$

式中，$Re=ND_R^2\rho_c/\mu_c$，$Fr=N^2 D_R/g$；H 为萃取柱有效高度，m。常数 C_1、C_2 的取值如表 11-4 所示。

表 11-4 液滴平均直径关联式中的常数 C_1 和 C_2

传质条件	C_1 值	C_2 值
无传质	0.18	7.01×10^{-3}
传质方向 c→d	0.17	7.00×10^{-3}
传质方向 d→c	0.20	7.92×10^{-3}

从前述关联式可以看出，液滴平均直径 d_{32} 与体系物性（如连续相密度 ρ_c、连续相黏度 μ_c、界面张力 σ 等），结构尺寸（如转盘柱柱径 D_T、转盘直径 D_R、固定环间距 Z_c、板段总数 n）和操作条件（如转盘转速 N 等）相关。不同的关联式有一定的适用范围，需要认真选用。

11.5.2 特性速度和液泛流速计算

对于转盘萃取柱，可以用特性速度的概念关联柱内的液泛数据。在体系存留分数较小时，特性速度 U_0 和两相表观（空柱）流速 U_c、U_d 以及分散相存留分数 ϕ 之间同样存在如下关系：

$$\frac{U_c}{1-\phi}+\frac{U_d}{\phi}=U_0(1-\phi) \tag{11-12}$$

转盘萃取柱特性速度 U_0 可以通过实验测定或利用总结出的计算关系式[45,69~72]。Logsdail 等[45]提出的特性速度的计算关联式可以表示为

$$\frac{U_0\mu_c}{\sigma}=0.012\left(\frac{g}{D_R N^2}\right)\left(\frac{\Delta\rho}{\rho_c}\right)^{0.9}\left(\frac{D_S}{D_R}\right)^{2.3}\left(\frac{Z_c}{D_R}\right)^{0.9}\left(\frac{D_R}{D_T}\right)^{2.7} \tag{11-47}$$

式中，D_T 为转盘柱柱径，m；D_R 为转盘直径，m；D_S 为固定环内径，m；Z_c 为固定环间距，m；N 为转盘转速，s^{-1}；ρ_c 为连续相密度，kg/m^3；$\Delta\rho$ 为两相密度差，kg/m^3；σ 为界面张力，N/m；μ_c 为连续相黏度，Pa・s；g 为重力加速度（$g=9.81m/s^2$）。

Kung 等[69]对式（11-46）的系数取值做了修正，提出的特性速度的计算

关联式可以表示为

$$\frac{U_0\mu_c}{\sigma}=k_1\left(\frac{g}{D_R N^2}\right)\left(\frac{\Delta\rho}{\rho_c}\right)^{0.9}\left(\frac{D_S}{D_R}\right)^{2.3}\left(\frac{Z_c}{D_R}\right)^{0.9}\left(\frac{D_R}{D_T}\right)^{2.7} \tag{11-48}$$

式中，$(D_S-D_R)/D_T<1/24$ 时，k_1的取值为 0.0225；$(D_S-D_R)/D_T\geqslant 1/24$ 时，k_1的取值为 0.012。

在不同的转盘转速范围内，转速对特性速度的影响是不同的。转盘周边速度存在一个临界转速值，转盘周边速度低于临界值时，液滴没有得到明显的粉碎，特性速度与转盘转速几乎无关；转盘周边速度高于临界值后，液滴平均直径随转盘转速增大而迅速变小，特性速度也随之下降。Laddha 等[70]对影响临界转速的因素进行分析，提出了估算临界转速及特性速度的经验关联式。对无传质条件下的转盘萃取柱

$$\frac{U_0}{\left[\left(\frac{\sigma\Delta\rho g}{\rho_c^2}\right)^{1/4}G_f\right]}=C\left(Fr^{-1}\psi_2\right)^n \tag{11-49}$$

式（11-49）中的G_f代表转盘萃取柱的几何结构因素，即

$$G_f=\left(\frac{D_S}{D_R}\right)^{2.1}\left(\frac{Z_c}{D_R}\right)^{0.9}\left(\frac{D_R}{D_T}\right)^{2.4}$$

式（11-49）中的 ψ_2代表体系的物性因素，即

$$\psi_2=\left(\frac{\sigma^3\rho_c}{\mu_c^4 g}\right)^{1/4}\left(\frac{\Delta\rho}{\rho_c}\right)^{0.6}$$

式（11-49）中的 $Fr=N^2D_R/g$。根据实验研究的结果，在临界转速时

$$Fr^{-1}\psi_2=180$$

这样可以得到式（11-49）中 C 和 n 的取值。在低于临界转速的区域，$C=1.08$，$n=0.08$；在高于临界转速的区域，$C=0.01$，$n=1.0$。

对于有传质条件下的转盘萃取柱

$$\frac{U_0}{\left[\left(\frac{\sigma\Delta\rho g}{\rho_c^2}\right)^{1/4}G_f\right]}=\beta\left(Fr^{-1}\psi_2^{1/2}\right)^p \tag{11-50}$$

根据实验研究的结果，在临界转速，传质方向为分散相至连续相时，$Fr^{-1}\psi_2^{1/2}\approx 16$；在临界转速，传质方向为连续相至分散相时，$Fr^{-1}\psi_2^{1/2}\approx 25$。这样可以得到式（11-50）中$\beta$ 和 p 的取值。在低于临界转速条件下，不论传质方向为分散相至连续相或连续相至分散相，$\beta=1.46$，$p=0.08$；在高于临界转速条件下，传质方向为分散相至连续相时，$\beta=0.11$，$p=1.0$；传质方向为连续相至分散相时，$\beta=0.077$，$p=1.0$。

已知两相表观流速 U_c、U_d，在计算出特性速度 U_0后，可以利用式（11-15）～式（11-17）计算两相的液泛流速 U_{cf}，U_{df}和 ϕ_f。

另外，可以利用经验关联式计算转盘萃取柱液泛数据，具有代表性的计算关联式可参阅有关文献手册[14,44]。

11.5.3 转盘萃取柱的操作特性

转盘萃取柱的操作特性与体系物性、设备结构尺寸和操作条件密切相关。

转盘萃取柱的转盘转速是重要的操作条件。转盘萃取柱通过转盘的旋转输入能量，转盘转速高时，输入能量大，分散相液滴分布均匀，体系湍动程度加大，会对相间传质起到积极的作用。通常讨论转速的影响时，使用功率因子（$N^3D_R^5/Z_cD_T^2$）作为参数，功率因子值与单位体积输入能量成正比。实验研究表明[73]，对于糠醛精制润滑油体系，对三种不同柱径的转盘萃取柱（柱径分别为0.082m、0.64m、2.0m)，其液泛总流速与功率因子的变化关系的大体趋势是一致的。随功率因子的增大，两相液泛总流速呈明显下降趋势。这样就可以利用小型试验和中间试验的液泛数据来估算工业转盘萃取柱的处理能力。

值得提及的是，当转盘转速低于临界转速的情况下，转速的增大对液泛总流速的影响，其下降趋势不那么明显。

体系物性对转盘萃取柱的操作特性有重要的影响，尤其是界面张力的影响较大。对于设备结构确定的转盘萃取柱，界面张力较大的体系，分散相液滴较难分散，单位体积需要输入的能量较大，传质效率较低而处理能力较大；界面张力较小的体系，分散相液滴容易分散，单位体积需要输入的能量较小，传质效率较高而处理能力下降。图 11-13[74] 比较了不同界面张力体系正常操作条件下的功率因子值。图 11-13 可供初步设计时参考使用。

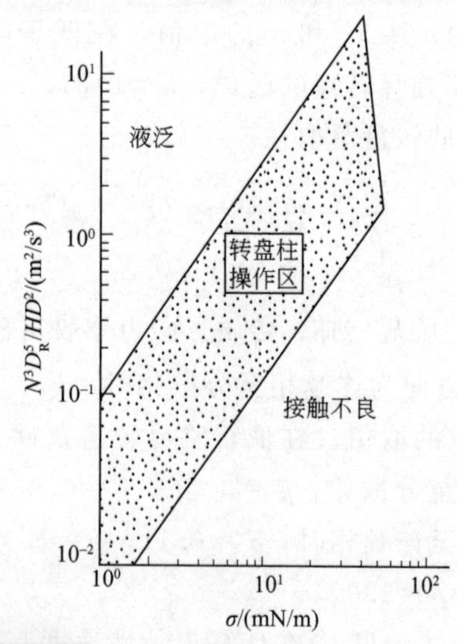

图 11-13 界面张力与功率因子的关系[74]

11.5.4 转盘萃取柱的传质特性计算

影响转盘萃取柱传质特性的因素很多，经过大量的研究工作，获得了许多计算表观传质单元高度和总传质系数的关联式，如 Logsdail 等提出的表观传质单元高度关联式[45]和 Laddha 等提出的总传质系数的关联式[70]。由于转盘萃取柱中轴向混合的影响，利用柱塞流模型，通过表观传质单元高度或总传质系数计算萃取柱的柱高会出现很大的偏差。因此，转盘萃取柱设计中通常利用滴内外传质分系数计算关系式求算 k_d和 k_c，从而获得“真实”总传质系数 K_{od}，然后采用扩散模型或返流模型，考虑轴向混合的影响，进行转盘萃取柱柱高的计算。

例如，Strand 等[62]利用如下滴内外传质分系数计算关系式求算 k_d和 k_c，对于停滞液滴

$$k_d = \frac{2\pi^2 D_d}{3d_p} \tag{11-51}$$

$$k_c = 0.001U_s \tag{11-52}$$

对于内循环液滴

$$k_d = \frac{0.00375U_s}{1+\mu_d/\mu_c} + \frac{2\pi^2 D_d}{3d_p} \tag{11-53}$$

$$k_c = 1.13\sqrt{\frac{D_c U_s}{d_p}} \tag{11-54}$$

文献 [62] 中对计算结果与实验结果进行了比较，对于甲苯（分散相）-丙酮-水体系，当丙酮由分散相向连续相传递时，两个不同柱径的转盘柱的实验数据落在停滞液滴和内循环液滴的计算值之间，转盘柱柱径的影响可以忽略。这样，可以通过小柱径的传质实验结果获得“真实”传质单元高度或“真实”总传质系数。

许多研究者对转盘萃取柱的轴向混合开展了研究工作，获得了一些计算关联式[44,62,75~81]。部分关联式列于表 11-5。计算结果表明，这些关联式的计算结果差别不是很大，可以根据实际体系的具体情况选用。

11.5.5 转盘萃取柱的设计计算步骤

转盘萃取柱的设计计算主要包括柱径计算和柱高计算两大部分。

转盘萃取柱柱径计算的步骤为：

① 根据处理要求，确定两相流比，计算液泛时的存留分数 ϕ_f；

② 利用特性速度关联式求取特性速度 U_0；

③ 计算两相液泛流速 U_{cf}、U_{df}；

④ 根据处理能力要求，按液泛总流速的 70%～80%为实际流速，确定转盘柱柱径尺寸。

转盘萃取柱柱高的设计计算通常采用扩散模型，利用 Miyauchi 提出的近

似解法[49]，按照表观传质单元高度等于“真实”传质单元高度与分散单元高度之和的结论，进行计算。具体的计算步骤为：

① 根据操作条件和转盘萃取柱的结构特征尺寸，利用液滴平均柱径关联式计算液滴平均直径；

② 利用液滴平均直径和存留分数值计算传质比表面积 a；

③ 利用滴内外传质分系数计算关系式求算 k_d 和 k_c，并结合体系平衡关系，获得“真实”总传质系数 K_{ox}，进而求得“真实”传质单元高度；

④ 根据操作条件和流动特性，利用轴向混合系数关联式计算连续相轴向混合系数 E_c，确定分散相轴向混合系数 E_d；

⑤ 利用分离要求、操作条件及平衡关系求取表观传质单元数 N_{oxp}；

⑥ 利用 Miyauchi 提出的近似解法进行转盘萃取柱柱高的计算。

表 11-5 转盘萃取柱轴向混合系数关联式

关联式	文献
$E_c=\frac{U_cZ_c}{1-\phi}\left\{0.5+0.09\ (1-\phi)(\frac{D_RN}{U_c})(\frac{D_R}{D_T})^2\ [(\frac{D_S}{D_T})^2-(\frac{D_R}{D_T})^2]\right\}$ $E_d=\frac{U_dZ_c}{\phi}\left\{0.5+0.09\phi\ (\frac{D_RN}{U_d})(\frac{D_R}{D_T})^2\ [(\frac{D_S}{D_T})^2-(\frac{D_R}{D_T})^2]\right\}$	[62]
$E_c=U_cZ_c\ [0.5+0.0065(\frac{ND_R}{U_c})]$	[75]
$E_c=U_cZ_c\ [0.5+0.012(\frac{ND_R}{U_c})(\frac{D_S}{D_T})^2]\qquad (E_d=1\sim3E_c)$	[76]
$E_c=U_cZ_c\ [0.5+0.045(\frac{D_RN}{U_c})(\frac{U_R}{U_c})^{0.75}\ (\frac{D_T}{Z_c})^{0.5}]\ Re^{-0.2}$ $3\times10^3\leqslant Re<1.2\times10^5$ $E_c=U_cZ_c\ [0.5+0.043(\frac{D_RN}{U_c})(\frac{D_S}{D_T})^{1.75}\ (\frac{D_T}{Z_c})^{0.5}]$ $1.2\times10^5\leqslant Re<10^6$	[77]
$E_c=U_cZ_c\ [0.5+0.18\ (\frac{D_RN}{U_c})^{0.8}(\frac{U_d}{U_c})(\frac{D_S^2-D_R^2}{D_T^2})^{0.6}\ (\frac{Z_c}{D_T})^{-0.4}\ (\frac{D_R}{D_T})^{2.5}]$	[78]
$E_c=U_cZ_c\ [0.5+0.028(\frac{D_RN}{U_c})(\frac{D_S-0.5D_T}{D_T})]$	[79]

11.6 柱式萃取设备的性能比较

反映柱式萃取设备效率的参数主要是设备的处理能力和传质效率。许多研究者实验研究了一些柱式萃取设备通量与分离效率的关系，比较了柱式萃取设备的性能，给出了不同柱式萃取设备的操作区域。例如，Baird 等[82]在以操作通量和单位柱高的理论级数为横、纵坐标的图中（图 11-14）标绘出不同柱式萃取设备的操作区域，讨论了各类柱式萃取设备的性能优劣。Stichlmair[83]给出了中间工厂规模的萃取设备的通量与分离效率关系图（图 11-15），突出表明了具有增强聚结隔栅板的柱式萃取设备具有负荷范围大、分离效率高的特点。

第 9 章已经提出，为了同时比较柱式萃取设备的处理能力和传质效率的大小，可以引用操作强度 J 作为比较柱式萃取设备的综合性能指标。定义操作强度 J 为萃取柱单位截面积的处理能力与萃取柱理论级当量高度 $HETS$ 的比值，如下式

$$操作强度(J)=\frac{萃取柱单位截面积和处理能力(B)}{理论级当量高度(HETS)}$$

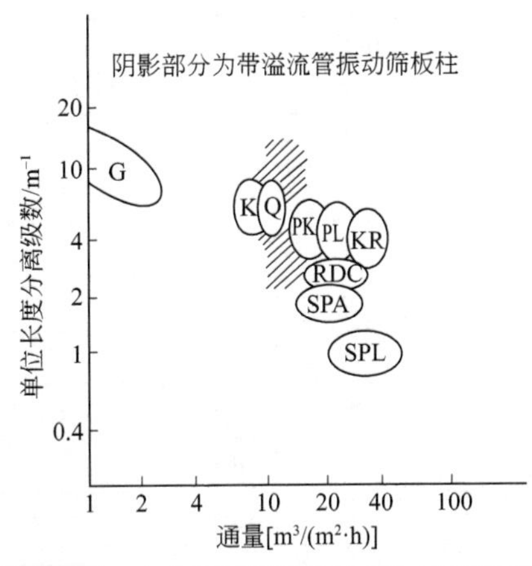

图 11-14　柱式萃取设备的通量与分离效率[82]

G—Graesser 卧式提升搅拌萃取器；K—Kuhni 柱；
KR—Karr 振动筛板柱；PK—脉冲填料柱；PL—脉冲筛板柱；Q—QVF 旋转搅拌柱；
RDC—转盘柱；SPA—填料柱；SPL—静态板式柱

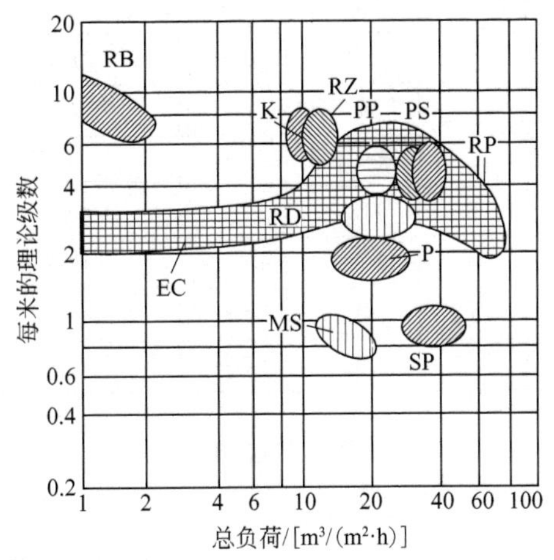

图 11-15　中间工厂规模的萃取设备的通量与分离效率[83]

EC—增强聚结隔栅板柱；RB—喷淋柱；K—Kuhni 柱；RZ—QVF 旋转搅拌柱；RP—振动筛板柱；
PP—脉冲填料柱；PS—脉冲筛板柱；RD—转盘柱；P—填料柱；SP—筛板柱；MS—混合澄清器

范正[84]在研究振动筛板萃取柱的性能时，利用操作强度对多种柱式萃取设备的性能进行了比较（见表 11-6）并指出，在所研究的体系及萃取柱柱径的范围内，振动筛板柱的操作强度比较高。

同样，可以定义分离体积 S，代表在 $1m^3/h$ 的操作总负荷的条件下，达到 1 个理论级所需要的萃取器体积。分离体积 S 可以用理论级当量高度 $HETS$ 除以萃取柱操作负荷容量而求出。一个性能良好的柱式萃取设备，应当在最大可能的负荷范围内，获得最小的分离体积。

表 11-6　多种萃取柱性能的比较[84]

柱型	塔径/cm	分散相(d)	连续相(c)	传质方向	处理量/[m^3/(m^2·h)]	理论级当量高度/m	操作强度 J
转盘柱	7.11	苯	水	c→d	8.1	0.562	14.5
振动丝网柱	7.62	苯	水	c→d	19.8	0.388	52.1
脉冲填料柱	3.17	苯	水	c→d	3.81	0.33	11.6
填料柱	9.00	苯	水	c→d	9.14	2.30	4.0
填料柱	9.00	苯	水	c→d	27.4	2.76	10.0
喷淋柱	9.00	苯	水	c→d	27.4	3.45	8.0
缺口振动筛板柱	5.0	苯	水	d→c	92	0.44	210
缺口振动筛板柱	50	苯	水	d→c	80	1.10	73
振动筛板柱	85.5	水	邻二甲苯	d→c	17.3		
振动筛板柱	7.62	水	邻二甲苯		32.8	0.231	142
透平＋水平挡板	29.2	水	邻二甲苯		15.7	0.152	103
透平＋填料	29.2	水	邻二甲苯		13.5	0.338	40
振动丝网柱	7.62	水	苯	d→c	19.9	0.378	52.3
填料柱	9.00	水	苯	d→c	18.3	0.414	3.7
缺口振动筛板柱	14.0	水	苯或甲苯	d→c	73	0.46	159
缺口振动筛板柱	50	水	苯或甲苯	d→c	60	0.70	85
转盘柱	20.3	水	MIBK		40.0	0.109	366
透平＋水平挡板	29.2	水	MIBK		18.7	0.0763	245
振动筛板柱	7.62	水	MIBK	c→d	69.5	0.198	351
振动筛板柱	7.62	水	MIBK	d→c	47.9	0.127	376

符 号 说 明

a——萃取柱内两相传质比表面积，m^2/m^3

a_P——填料比表面积，m^2/m^3

A——脉冲振幅，m

A_d——降（升）液管截面积，m^2

A_T——筛板萃取柱截面积，m^2

C_o——锐孔系数（一般取 0.60）

d_i——液滴直径，m

d_m——分散相液滴平均直径，m

d_o——脉冲筛板萃取柱中的筛板筛孔直径，m

d_N——筛板萃取柱中的筛板筛孔直径，m

d_P——分散相液滴平均直径，m

d_{32}——Sauter 平均直径，m

D——萃取柱柱径，m

D_c——溶质在连续相中的扩散系数，m^2/s

D_d——溶质在分散相中的扩散系数，m^2/s

D_R——转盘柱转盘直径，m

D_S——转盘柱固定环内径，m

D_T——转盘柱柱径，m

E_c——连续相轴向混合系数，m^2/s

E_d——分散相轴向混合系数，m^2/s

E_M——Murphree 级效率，%

E_o——筛板萃取柱全柱效率，%

f——脉冲频率，s^{-1}

g——重力加速度，$9.81m/s^2$

H——萃取柱有效柱高，m

$HETS$——理论级当量高度，m

h_c——分散相聚合层高度，m

H_t——板间距，m

HTU——传质单元高度，m

M——萃取平衡分配系数

N——筛板萃取柱中的筛板筛孔总数；脉冲筛板萃取柱中的筛板总数；转盘转速，s^{-1}

NTU——传质单元数

N_P——筛板萃取柱实际级数

N_T——理论级数；筛板萃取柱理论级数

n——转盘柱板段总数

k_d——液滴内分传质系数，m/s

k_c——液滴外分传质系数，m/s

K_c——总传质系数，m/s

L——降（升）液管高度，m

$Q_{总}$——萃取柱的两相总负荷，m^3/s

u_N——过孔速度，m/s

U_c——连续相表观（空柱）流速，m/s

U_d——分散相表观（空柱）流速，m/s

U_s——滑动速度，m/s

U_0——特性速度，m/s

Z_c——转盘柱固定环间距，m

希腊字母

$\Delta\rho$——两相密度差，kg/m^3

ε——填料空隙率,%；萃取因子；筛板开孔率,%

μ_c——连续相黏度，Pa·s

μ_d——分散相黏度，Pa·s

ρ_c——连续相密度，kg/m^3

ρ_d——分散相密度，kg/m^3

σ——界面张力，N/m

ϕ——分散相存留分数,%

ψ_f——单位质量液体在萃取柱内获得的最大摩擦功，m/s

下标

c——连续相

d——分散相

f——液泛条件下

参考文献

[1] 蒋维钧，戴猷元，雷良恒，等. 化工原理. 北京：清华大学出版社，2003.

[2] 朱屯，李洲. 溶剂萃取. 北京：化学工业出版社，2008.

[3] Feick G，Anderson H M. Ind Eng Chem，1952，44 (2)：404-409.

[4] Von Berg R L，Wiegandt H F. Chem Eng，1952，59 (6)：189-200.

[5] Treybal R E. Liquid Extraction. 2nd ed，New York：McGraw Hill Book Company Inc，1963.

[6] Sege G，Woodfield F W. Chem Eng Progr，1954，50 (8)：396-402.

[7] Chantry W A，Von Berg R L，Wiegandt H F. Ind Eng Chem，1955，47 (6)：1153-1168.

[8] Thornton J D. Chem Eng Sci，1956，5 (5)：201-208.

[9] Karr A E，Lo T C. AIChE J，1959，5 (4)：446-451.

[10] Reman G H，Olney R B. Chem Eng Progr，1955，51 (3)：141-146.

[11] 吴志泉. 石油化工，1984，13 (6)：429-435.

[12] Oldshue J Y，Rushton J H. Chem Eng Progr，1952，48 (6)：297-306.

[13] Misek T，Marek J. British Chem Eng，1970，15 (2)：202-208.

[14] Lo T C，Baird M H I，Hanson C. Eds. Handbook of Solvent Extraction. New York：John Wiley & Sons Inc，1983.

[15] Scheibel E G. AIChE J，1956，2 (1)：74-78.

[16] Nii S，Suzuki J，Takahashi K. J Chem Eng Jpn，1997，30 (2)：253-259.

[17] Cavers S D. in Handbook of Solvent Extraction. ed by Lo T C，Barid M H I，Hanson C. New York：John Wiley & Sons Inc，Chap 10，1983.

[18] Stevens，G. W. in "Liquid-Liquid Extraction Equipment"，ed by Godfrey，J C，Slater，M J. New York：Wiley，Chap 8，1994.

[19] 尹国玉. 板波填料萃取塔的性能研究 [硕士学位论文]. 北京：清华大学，1988.

[20] 费维扬，张宝清，温晓明，等. 中国发明专利. ZL 89109152-1.

[21] Laddha G S，Degaleesan T E. Transport Phenomena in Liquid Extraction. New Delhi：Tata McGraw-Hill，1978.

[22] Robbins L A. in "Chemical Engineer's Handbook"，ed by Perry R H，Green D W，Maloney J O. 6th ed. New York：McGraw-Hill Book Company，1985.

[23] 陈德宏. QH-1 型填料萃取塔性能和数学模型的研究 [博士学位论文]. 北京：清华大学，1997.

[24] Kronig R，Brink J C. Appl Sci Res，1950，A2 (2)：142-154.

[25] Perrut M，Loutaty R. Chem Eng J，1972，3 (3)：286-293.

[26] Prabhu N，Agarwal A K，Degaleesan T E，et al. India J Tech，1976，14 (2)：55-58.

[27] Ruff K. Chem Ing Tech，1978，50 (6)：441-444.

[28] 朱慎林，刘河洲，张宝清，等. 石油炼制，1989，(10)：7-12.

[29] 朱慎林，叶桂琴，柯家雄，等. 石油学报（石油加工），1992，(1)：78-85.

[30] Mewes D，Philhofer T. Ger Chem Eng，1979，2 (2)：69-76.

[31] Rocha J A，Cardenas J C，Sosa C，et al. Ind Eng Chem Res，1989，28 (12)：1873-1878.

[32] Murty R K，Rao C V. Ind Eng Chem Process Des Res，1968，7 (2)：166-171.

[33] Rocha J A，Cardenas J C，Garcia J A. Ind Eng Chem Res，1989，28 (12)：1879-1883.

[34] Rocha J A，Humphrey J L，Fair J R. Ind Eng Chem Process Des Res，1986，25 (4)：862-871.

[35] Sprow F B. Chem Eng Sci，1967，22 (3)：435-442.

[36] Ziolkowski Z. Inz Chem (Poland), 1974, 4 (1): 163-167.
[37] Misik T. Coll Czech Chem Commun, 1963, 28 (3): 570-577.
[38] Misik T. Coll Czech Chem Commun, 1964, 29 (8): 1755-1766.
[39] Kagan S Z, Aerov M E, Lonik V, et al. Int Chem Eng, 1965, 5 (4): 656-661 .
[40] 朱慎林，沈忠耀，张宝清，等. 化工学报，1982，33 (1): 1-13.
[41] Boyadzhiev L, Spassov M. Chem Eng Sci, 1982, 37 (2): 337-340.
[42] Schmidt H. Sep Sci Technol, 1983, 18 (14): 1595-1616.
[43] Kumar A, Hartland S. Chem Eng Commun, 1986, 44 (1-6): 163-182.
[44] 汪家鼎，陈家镛. 溶剂萃取手册. 北京：化学工业出版社，2001.
[45] Logsdail D H, Thornton J D, Pratt H R C. Trans Inst Chem Eng, 1957, 35 (5): 301-342.
[46] 汪家鼎，沈忠耀，汪承藩. 化工学报，1965，16 (4): 215-220.
[47] 戴猷元，雷夏，朱慎林，等. 化工学报，1988，39 (4): 422-430.
[48] Smoot L D, Mar B W, Babb A L. Ind Eng Chem, 1959, 51 (9): 1005-1010.
[49] Miyauchi T, Vermenlen T. Ind Eng Chem Fund, 1963, 2 (2): 113-126.
[50] Smoot L D, Babb A L. Ind Eng Chem Fund, 1962, 1 (2): 93-103.
[51] 骆广生. 脉冲筛板萃取柱的流动和传质特性研究 [博士学位论文]. 北京：清华大学，1995.
[52] Luo G S, Li H B, Fei W Y, et al. Chinese J Chem Eng, 1998, 6 (3): 233-238.
[53] Luo G S, Li H B, Fei W Y, et al. Chem Eng Technol, 1998, 21 (10): 823-827.
[54] Mar B W, Babb A L. Ind Eng Chem, 1959, 51 (9): 1011-1014.
[55] Miyauchi T, Oya H. AIChE J, 1965, 11 (3): 395-402.
[56] Garg M O, Pratt H R C. Ind Eng Chem Process Des Dev, 20 (3): 492-495.
[57] Tung L S, Luecke R H. Ind Eng Chem Process Des Dev, 25 (3): 664-673.
[58] Kumar A, Hartland S. Ind Eng Chem Res, 1989, 28 (10): 1507-1513.
[59] Godfrey J C, Houlton D A, Marley S T, et al. Chem Eng Res Des, 1988, 66 (5): 445-457.
[60] Prvcic L M,, Pratt H R C, Stevens G W. AIChE J, 1989, 35 (11): 1845-1855.
[61] Misik T. Coll Czech Chem Commun, 1964, 29 (8): 1767-1772.
[62] Strand C P, Olney R B, Ackerman G H. AIChE J, 1962, 8 (2): 252-261.
[63] Marr R, Husung G, Moser F. Chem Ing Tech, 1975, 47 (5): 203-203.
[64] Marr R. Chem Ing Tech, 1978, 50 (5): 337-344.
[65] Magiera J, Zadlo J. Inz Chem (Poland), 1977, 7 (1): 113-126.
[66] Kagan S Z, Aerov M E, Volkova T S, et al. J Appl Chem (USSR), 1964, 37 (1): 67-73.
[67] Chang-Kakoti D K, Fei W Y, Godfrey J C, et al. J Sep Proc Technol, 1985, 6 (1): 40-48.
[68] Kumar A, Hartland S. Can J Chem Eng, 1986, 64 (6): 915-924.
[69] Kung E Y, Beckmann R B. AIChE J, 1961, 7 (2): 319-324.
[70] Laddha G S, Degaleesan T E, Kannappan R. Can J Chem Eng, 1978, 56 (2): 137-150.
[71] Kamath M S, Rau M G S. Can J Chem Eng, 1985, 63 (4): 578-584.
[72] Zhang S H, Yu S C, Zhou Y C, et al. Can J Chem Eng, 1985, 63 (2): 212-226.
[73] Reman G H. Chem Emg Prog, 1966, 62 (9): 56-61.
[74] Reman G H, Vusse J G. Petroleum Refiner, 1955, 34 (9): 129-134.
[75] Westerterp K R, Landsman P. Chem Eng Sci, 1962, 17 (5): 363-372.
[76] Stemerding S, Lumb E C, Lips J. Chem Ing Tech, 1963, 35 (12): 844-850.
[77] Miyauchi T, Oya H. AIChE J, 1965, 11 (3): 395-402.

[78] Murakami A，Misonou A. Int Chem Eng，1978，18 (1)：22-25.
[79] Venkataramana J，Degaleesan T E，Laddha G S. Can J Chem Eng，1980，58 (2)：206-211.
[80] 卢立柱，安震涛，范正，等. 化工学报，1985，36 (4)：407-417.
[81] Misek T，Coll Czech Chem Commun，1975，40 (6)：1686-1693.
[82] Baird M H I，Rao N V R，Vijayan S. Can J Chem Eng，1992，70 (1)：69-76.
[83] Stichlmair J. Chem Ing Tech，1980，52 (3)：253-255.
[84] 范正. 有色金属，1979，31 (2)：23-27.

第12章 离心萃取设备

12.1 离心萃取器及其类型

离心萃取器是利用离心力场的作用使两相充分混合和快速分相的一种萃取装置。它特别适用于处理接触时间短、物料存留量少，两相密度差小、黏度高、易乳化的体系。在重力分相的萃取设备中，一般要求两相密度差大于100kg/m^3，而在离心萃取器中的两相密度差可允许低至10kg/m^3。在离心萃取器中，两相物料的滞留量小，相应的停留时间也很短，一般只有几秒钟。离心萃取器特别适用于要求短接触时间的液液萃取体系。例如，抗菌素生产中，为了保持产品的生物活性，要求很短的相接触时间。在制药工业中，高黏度体系的萃取也常常应用离心萃取器。离心萃取器具有设备体积小、效率高、萃取剂用量小等特点，各种类型的离心萃取器已广泛应用于核化工、制药、香料、染料、湿法冶金、废水处理、石油化工等多种生产领域之中。

12.1.1 离心萃取器的分类

离心萃取器从20世纪30年代问世至今，已经发展出了多种形式。离心萃取器有多种分类方法。按照安装方式可以分为立式离心萃取器和卧式离心萃取器；按照转速可以分为高速（10^4 r/min级）离心萃取器和低速（10^3 r/min级）离心萃取器；按照每台设备包含的级数可分为单台单级离心萃取器和单台多级离心萃取器；按照两相在离心萃取器内的接触方式又可分为逐级接触式离心萃取器和连续接触式离心萃取器。

对于逐级接触的离心萃取器，一台装置即相当于一个萃取级。和混合澄清槽内类似，两相接触方式是逐级进行的，单级的最大分离效果为一个理论级。单台离心萃取器可以单级使用，也可以将若干台萃取器串联起来进行多级操作。对于连续接触的离心萃取器，其两相接触方式与在萃取柱内类似，是连续进行的，一台装置可以给出若干萃取理论级的萃取效果。

12.1.2 连续接触离心萃取器

波式（Podbielniak）离心萃取器[1]是典型的连续接触离心萃取器。波式离心萃取器于1934年由Podbielniak发明，并在20世纪50年代获工业应用。波式离心萃取器的使用历史久，规格型号齐全，处理能力很大，至今仍多有应用。

波式离心萃取器主要由一个水平转轴和一个绕轴高速旋转的圆筒形转鼓以及固定外壳构成，其示意图如图12-1所示。

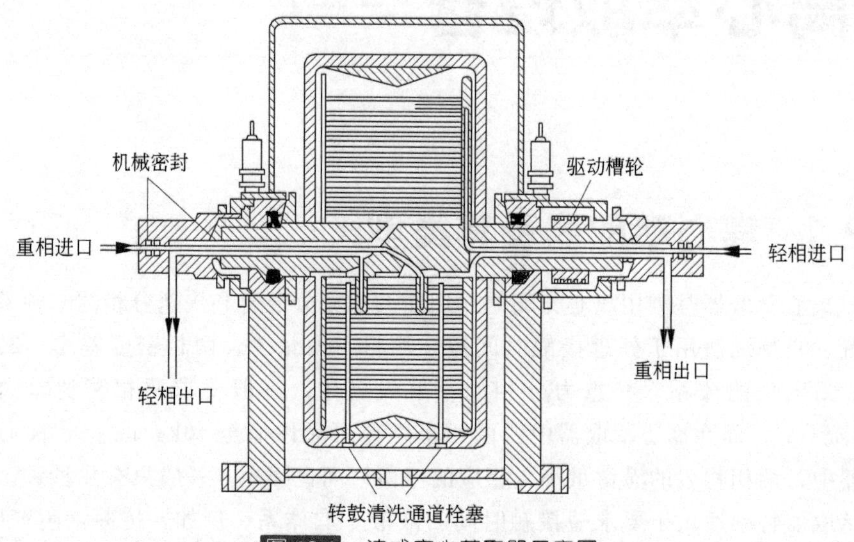

图12-1 波式离心萃取器示意图

在波式离心萃取器的转鼓内，包含有多层带筛孔的同心圆筒，同心圆筒的转速一般为2000～5000r/min。波式离心萃取器操作时，两相在压力下通过具有特殊机械密封装置的轴进入。轻相经过一个穿过筛板圆筒的通道被引到转鼓外缘；重相则进入转鼓的中心部位。借助转鼓转动时产生的离心作用，重相从中心向外缘流动，轻相则从外缘向中心流动，两相沿径向逆流通过筛板筒，进行混合接触和传质。最后，重相从转鼓的最外部进入出口通道流出离心萃取器，轻相则由设备的中心部位进入出口通道流出。由于离心力的作用，大大减少了两相的接触时间，使离心萃取设备紧凑、高效。波式连续离心萃取器的传质效率很高，单个离心萃取器包含的理论级数，随处理体系的性质、通量和流比的不同而各异。通常，一台波式离心萃取器的理论级数可达3～12级。工业用波式离心萃取器的处理通量可以超过170m^3/h。

1964年，为了提高设备的适应性，人们在波式离心萃取器的基础上进一步研制出Quadronic型离心萃取器[2]，其外形与波式离心萃取器相似，内部结构则进行了较大改进。

波式离心萃取器广泛用于制药工业，在石油加工、溶剂精制、酸处理、废

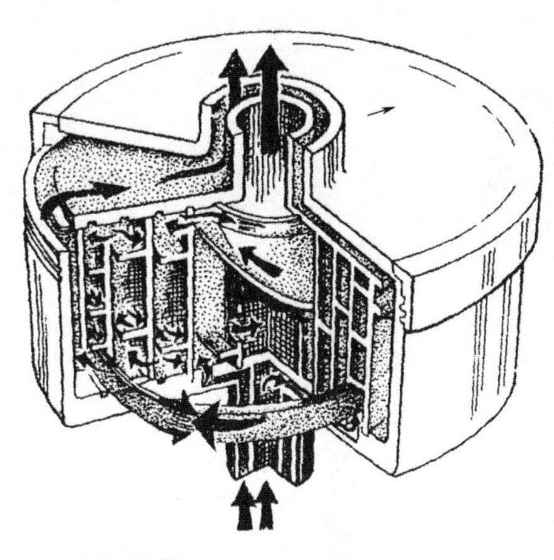

图 12-2 Alfa-Layal ABE-216 型离心萃取器示意图

水脱酚以及从矿物浸出液中萃取金属等其他领域也有应用。

Alfa-Layal 立式离心萃取器[3]与波式离心萃取器的工作原理和设备结构比较相似，如图 12-2 所示。两相在压力下从底部被送进萃取器，通过装在转轴内分开的通道，轻相通到转鼓的外缘，重相送入转轴中心部位。在离心力作用下，重相与轻相在同心圆筒的夹道间逆向流动，通过交错排布在同心圆筒顶部和底部的小孔。最终，两相分别通过内、外通道从顶部排出。由于两相逆流流动的剪切作用以及两相反向通过小孔时的充分混合，为相间传质创造了有利的条件。Alfa-Layal ABE-216 型大尺寸离心萃取器内，两相接触路线可长达 25.5m，传质效率相当于 20 个萃取理论级。标准装置的处理量高达 21.2m^3/h，相应的停留时间为 10s。Alfa-Layal 型离心萃取器的内部结构比较复杂，这一装置主要用于抗生素萃取过程和石油处理加工过程。

12.1.3 逐级接触离心萃取器

Luwesta 式离心萃取器[4]是一种立式的逐级接触离心萃取器。它的主体是固定在壳体上的环形盘，这些环形盘随壳体一起作高速旋转。在壳体中央装有一个固定的空心轴，轴上装有圆形盘，并开有喷嘴或装有分配环和收集环。操作时，两相均由空心轴顶部进入，重相在空心轴内沿管线进到设备下部，轻相进到设备上部，它们分别沿实线和虚线所示路线流动（见图 12-3）。在空心轴内，轻相与来自下一级的重相汇合，经空心轴上的喷嘴（或分配环）沿转盘和上、下固定盘间的通道被甩到外壳的四周。在离心力作用下，两相分离，然后再分别沿不同的通道进入各自的收集环。重相向上进入上一级，轻相向下进入下一级，最后，两相经空心轴内的管线由顶部排出。Luwesta 式离心萃取器主要用于制药工业，其最大型号设备的处理能力达 7.6m^3/h（3 级）到 49m^3/h（单级）。这类离心萃取器的主要优点是轻相不必加压引进，且萃取级效率较高。

转筒式离心萃取器有桨叶式离心萃取器和环隙式离心萃取器两大类。

SRL 型离心萃取器是最早问世的单台单级式离心萃取器，属于桨叶式离心萃取器。桨叶式离心萃取器的混合室内装有桨叶，依靠桨叶的搅拌作用使两相液体混合。图 12-4 是 SRL 型离心萃取器的示意图[5]。

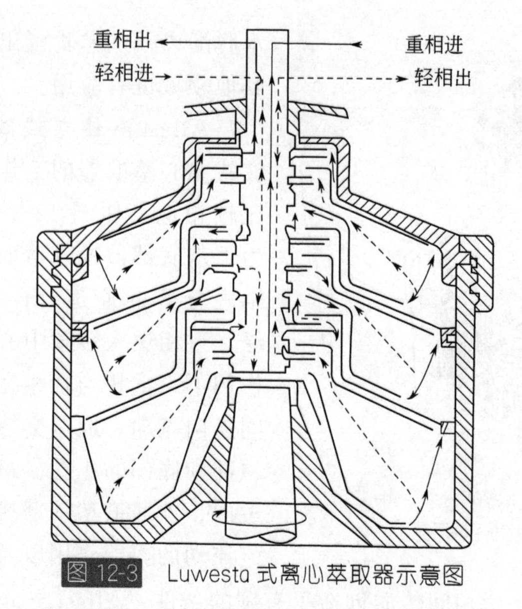

图 12-3 Luwesta 式离心萃取器示意图

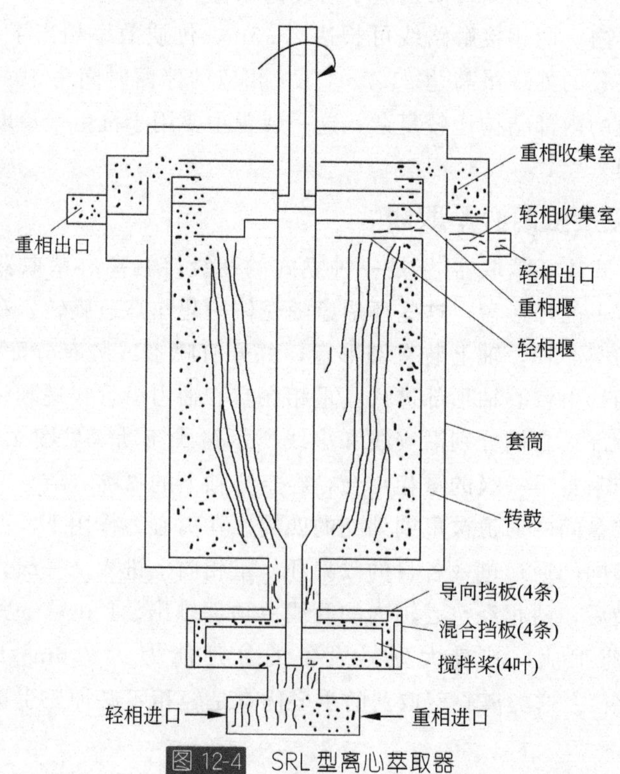

图 12-4 SRL 型离心萃取器

SRL 型离心萃取器的主要组成部分有转筒、外壳、轴和混合室，转筒的上部是堰段。混合室内有搅拌桨叶、混合挡板和导向挡板等。搅拌桨叶和转筒都固定在同一轴上。设在两相底板上的中心孔是混合相口，外壳上有两相液体各自的收集室和出口。SRL 型离心萃取器尺寸不大，转筒直径不超过 300mm，所以通常使用刚性轴。混合室的下面连接着供两相液体进料的“⊥”形管。运行时，两相液体经“⊥”形管进入混合室，迅速实现混合进行相际传质。混合液经中心孔从混合室进入转筒澄清段，在离心力场中分相。重相向转筒壁移动，轻相被挤压向中心轴方向移动。在转筒的堰段，分离后的两相液体分别流经各自的通道和相堰，从转筒甩出，进入外壳上各自的收集室，最后通过出口流出。

环隙式离心萃取器是对 SRL 型离心萃取器进行改进后发展起来的一种新型离心萃取器，图 12-5 是环隙式离心萃取器的总体结构示意图[6]。

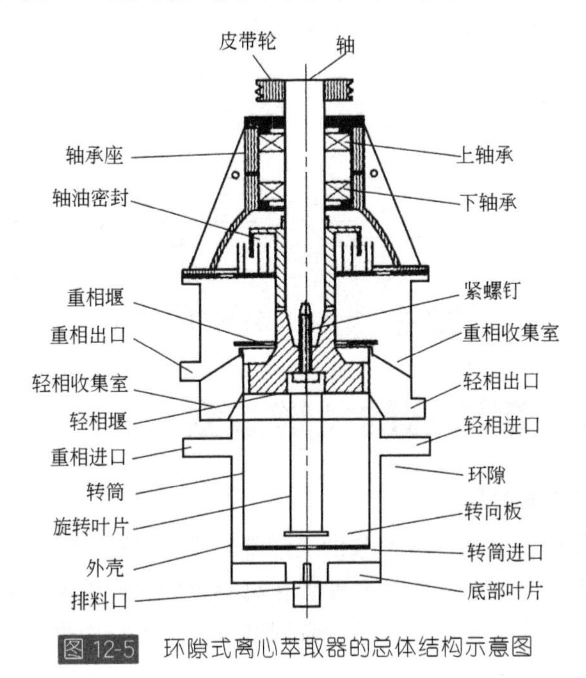

图 12-5　环隙式离心萃取器的总体结构示意图

环隙式离心萃取器由传动、转筒、外壳和机身四部分组成，其主要组成部分是转筒、外壳和转轴。转筒的结构与 SRL 型的相似，并悬挂在轴上。外壳上有两相液体各自的进、出口和收集室。转筒澄清段外壁与外壳内壁之间形成柱形环隙，两相液体的混合和相际传质是在环隙内完成的。与桨叶式离心萃取器相比，环隙式离心萃取器在结构上的一个重要改进是取消了搅拌桨叶。这不仅简化了设备的结构，而且可以从上方直接取出转筒，便于检修，不必如 SRL 型离心萃取器那样去拆卸混合室。

重相和轻相从下部的三通并流进入混合室，在转鼓的高速旋转下，两相在极短的时间内达到充分混合和传质；混合相由外壳底部的折流挡板送入转鼓分离室，混合液在离心力作用下，重相被甩向转鼓外缘，而轻相被挤至转鼓中心。分离的两相分别经过轻相堰和重相堰，流到轻相收集室和重相收集室，并经过轻相或重相出口排出，完成混合与分离两个过程。这种离心萃取器的结构简单，效率高，易于控制，运行可靠。目前已由实验室小型设备放大到工业规模，转筒直径由 2.54cm 放大到 25.4cm，最大处理量可达 300～400L/min。

单台单级离心萃取器可以单台使用，也可多台串级使用。单台单级离心萃取器的串联萃取过程属于多级萃取过程。经常使用的串联方式是级间连接管式，如图 12-6 所示。级间连接管式是除首、末两级之外，中间每一级的轻、重两相出口液分别通过各自的级间连接管流进与其相邻的离心萃取器的轻、重相入口。首、末两级则各有一相液体离开串联系统，且有另一相液体进入系统。这种串联方式的主要优点是外壳的制造较为简单。

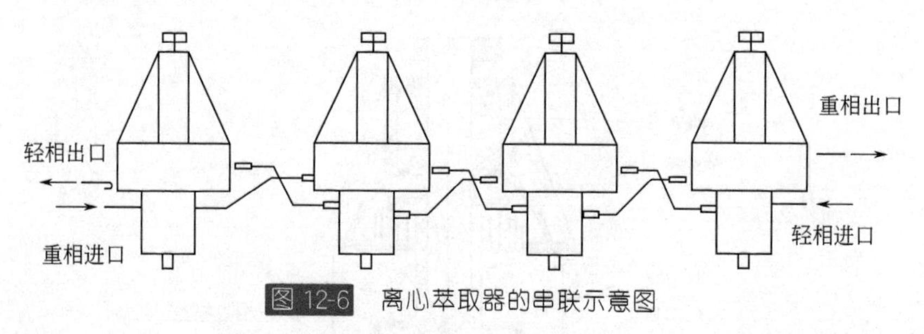

图 12-6　离心萃取器的串联示意图

12.2　离心萃取器的关键参数[7]

12.2.1　离心分离因数α

离心萃取器是一种快速、高效的液液萃取设备。在工作原理上，离心萃取器与混合澄清槽、萃取柱的差别是前者在离心力场中使密度不同又互不混溶的两种液体的混合液实现分相，而后两者则都是在重力场中进行分相。这个差别通常用离心分离因数α来表示：

$$\alpha=\frac{\omega^2 r}{g}=\frac{\pi^2 N^2 D_b}{1800g} \tag{12-1}$$

式中，ω为旋转角速度，1/s；r为旋转半径，m；g为重力加速度（$g=9.81\mathrm{m/s^2}$）；N为转鼓转速，r/min；D_b为转鼓直径，m。α在数值上等于离心加速度与重力加速度的比值。

离心萃取器运行时，α的数值一般为几百到几千，少数达到上万。由于α的数值大，因而分相迅速。分相能力的增强为加强混合、促进传质和缩短传质时间提供了条件。因此，离心萃取器具有级停留时间短、级存留液量少等特点，使其更加适用于某些有特殊要求的体系，如要求两相的接触时间短，设备内的存留液量少的体系、某些密度差较小的体系或黏度较大的体系等。

12.2.2 离心萃取器的压力平衡和界面控制

12.2.2.1 离心力场条件下的流体静力学方程

研究离心萃取器的压力平衡，需要借助离心力场条件下的流体静力学方程。在一个旋转离心装置中，液体跟随转鼓旋转，液体的自由表面成抛物面形。然而，大量的工业旋转离心装置的转速相当高，自由液体表面形成近乎于与转动轴平行的圆柱形表面。假定液体的自由表面呈圆柱形，完全忽略除离心力场作用之外的重力影响。

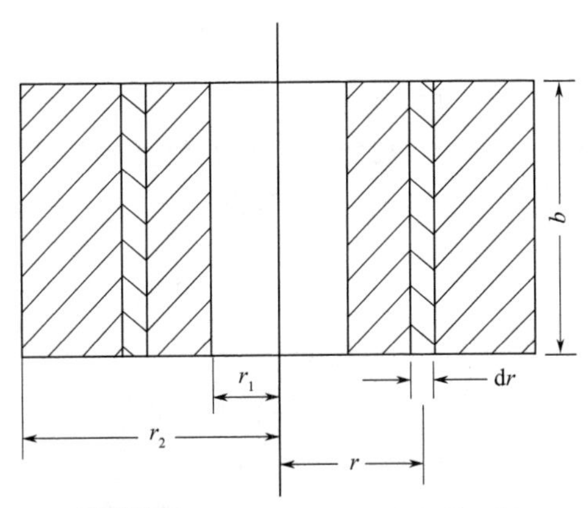

图 12-7 离心力场中的静力学平衡

如图 12-7 所示，在旋转形成的液层中取一环形柱状微元，若旋转角速度为ω，液体的密度为 ρ，液面高度为 b，则这一微元的质量可表示为

$$\mathrm{d}m = 2\pi rb\rho \mathrm{d}r$$

由于液体在离心力场中处于相对静止状态，故这一微元两侧的压力差应等于微元所受的离心力，即

$$\mathrm{d}F = 2\pi rb\,\mathrm{d}p$$

液体微元所受的离心力为

$$\mathrm{d}F = \omega^2 r\,\mathrm{d}m = 2\pi b\rho\,\omega^2 r^2\,\mathrm{d}r$$

合并化简得

$$\frac{\mathrm{d}p}{\rho} = \omega^2 r\,\mathrm{d}r \tag{12-2}$$

对于不可压缩流体，ρ 为常数，积分得

$$\frac{p_2 - p_1}{\rho} = \int_{r_1}^{r_2} \omega^2 r\,\mathrm{d}r = \frac{\omega^2}{2}(r_2^2 - r_1^2) \tag{12-3}$$

式（12-2）和式（12-3）是在离心力场作用下液体静力学平衡关系式。可以看出，不同径向位置的静压力与流体密度和转鼓旋转角速度有关。

12.2.2.2 转筒式离心萃取器的界面控制

借助离心力场条件下的流体静力学方程可以分别讨论重相堰调节界面或空

气堰调节界面时的压力平衡和界面控制。

转筒式离心萃取器操作中，混合液进入转筒澄清段后，在离心力作用下分相，但两相界面并非开始分相时就很清晰，界面层附近存在尚未分相的混合液。这层混合液的液层厚度自澄清层底部向上会逐渐变薄。为了便于研究，以“界面”代替混合液薄层，以“界面”半径表征界面的几何位置。

对于重相堰调节界面（即无空气压力调节）的情况，如图 12-8 所示，澄清室内压力的平衡关系为

$$\frac{1}{2}\rho_o\omega^2(r_i^2-r_o^2)=\frac{1}{2}\rho_a\omega^2(r_i^2-r_a^2) \tag{12-4}$$

式中，r_i、r_o、r_a分别为澄清段内两相界面位置、轻相实际液环半径和重相实际液环半径，m；ρ_o、ρ_a分别为轻相密度和重相密度，kg/m³。若轻相堰半径和重相堰半径分别用r_o^* 和r_a^*，并假设

$$F_o=\left(\frac{r_o}{r_o^*}\right)^2,\qquad F_a=\left(\frac{r_a}{r_a^*}\right)^2 \tag{12-5}$$

将式（12-5）代入式（12-4），并整理得

$$r_i=\sqrt{\frac{r_a^{*2}F_a-r_o^{*2}F_o(\rho_o/\rho_a)}{1-(\rho_o/\rho_a)}} \tag{12-6}$$

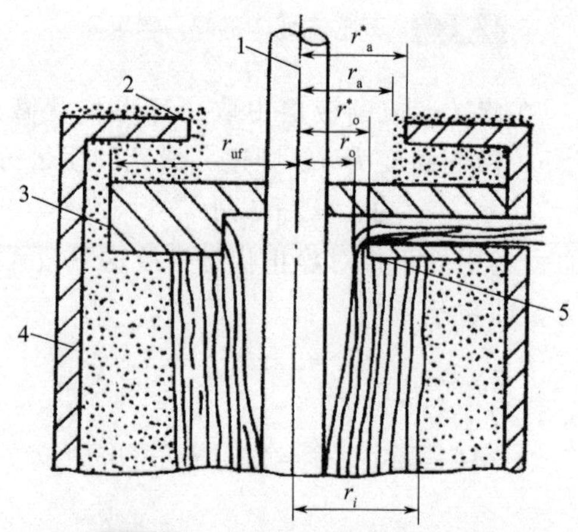

图 12-8 重相堰调节界面示意图

1—轴；2—重相堰；3—重相挡板；4—转鼓；5—轻相堰；

r_a—重相实际液环半径；r_a^*—重相堰半径；r_i—澄清段内两相界面位置；

r_o—轻相实际液环半径；r_o^*—轻相堰半径；r_{uf}—重相挡板半径

十分明显，在一定尺寸的离心萃取器中，若两相密度差大，界面半径r_i就小，容易产生轻相夹带重相的情况；若两相密度差小，界面半径r_i就大，容易产生重相夹带轻相的情况。当两相流量和密度差确定的条件下，根据r_i的关系式可设计合适的相堰尺寸r_o^* 和r_a^*，将界面控制在r_o^* 和重相挡板半径

r_{uf}之间，以防止夹带现象发生。一般情况下，固定轻相堰尺寸，调整重相堰尺寸。

对于空气堰调节界面（即有空气压力调节）的情况，如图 12-9 所示，可以导出

$$r_i=\sqrt{\frac{r_a^{*2}F_a-r_o^{*2}F_o(\rho_o/\rho_a)-2p_a/(\omega^2\rho_a)}{1-(\rho_o/\rho_a)}} \tag{12-7}$$

及

$$p_a=\frac{1}{2}\rho_a\omega^2[r_a^{*2}F_a-r_o^{*2}F_o(\rho_o/\rho_a)-r_i^2(1-\rho_o/\rho_a)] \tag{12-8}$$

调节气压 p_a的大小，即可控制两相界面的位置。

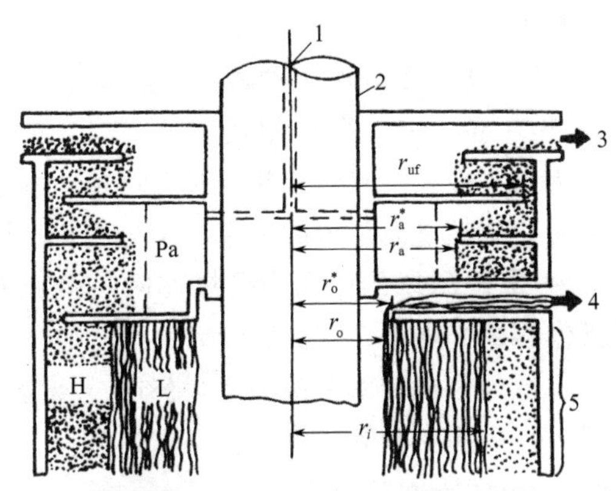

图 12-9 空气堰压力调节界面示意图

1—轴孔；2—轴；3—重相出口；4—轻相出口；5—澄清区；H—重相；L—轻相；Pa—压缩空气；r_a—重相实际液环半径；r_a^*—重相堰半径；r_i—澄清段内两相界面位置；r_o—轻相实际液环半径；r_o^*—轻相堰半径；r_{uf}—重相挡板半径

利用重相堰和空气堰调节两相界面位置各有优缺点。利用重相堰调节界面，离心萃取器的轴和转筒堰段的结构比较简单，但更换相堰时需要拆卸设备；利用空气堰调节界面，可以方便地通过调节气压来控制界面位置，且可实现连续控制，但离心萃取器的轴和转筒堰段的结构比较复杂，还需要稳定的气源。

12.2.3 离心萃取器的分离容量

一般地说，离心萃取器的每相出口液中对另一相的夹带量不得超过一个最大允许值，用以保证萃取过程的产品收率和纯度。离心萃取器的分离容量就是指离心萃取器的两相出口液中的夹带量同时达到允许标准时两相的总流量。分离容量是离心萃取器的重要的水力学特性参数。图 12-10 中表示出离心萃取器分离容量的水力学操作图。

图 12-10 中，横坐标是两相总流量，纵坐标是堰空气压力或重相堰半径。利用重相堰调节两相界面时，A 线为出口重相夹带轻相达到允许值时的临界

线，B 线为出口轻相夹带重相达到允许值时的临界线；利用空气堰调节两相界面时，A 线为出口轻相夹带重相达到允许值时的临界线，B 线为出口重相夹带轻相达到允许值时的临界线。A 线和 B 线之间是离心萃取器的可操作区域，A 线和 B 线的交点 C 的对应横坐标值为分离容量。值得提及的是，图 12-10 中的 A 线和 B 线仅表示一种示意的关系，实际上 A 线和 B 线多为曲线，与设备结构、体系物性和操作条件等有关。

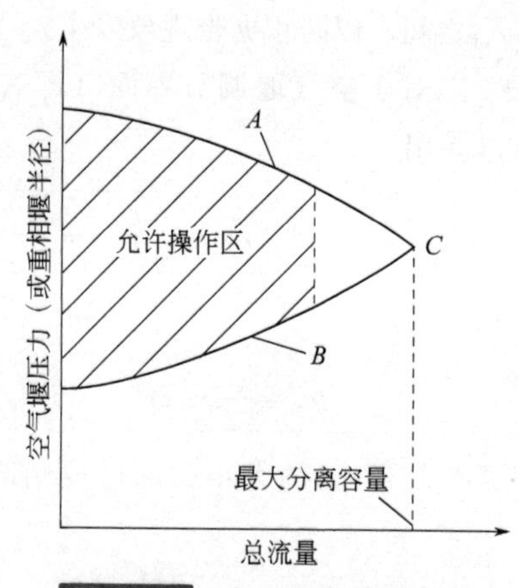

图 12-10 离心萃取器分离容量的水力学操作示意图

在离心萃取器的操作中可能出现三种液泛现象。轻相液泛指出口重相中夹带轻相超过允许值；重相液泛指出口轻相中夹带重相超过允许值；容量液泛指两相流量过大，出口两相中同时产生超过允许值的夹带。十分明显，图 12-10 中的 A 线和 B 线均为液泛线，A 线和 B 线的中间为可操作区，两侧为液泛区；C 点为容量液泛点。实际操作容量必须小于液泛容量，一般为它的 60%～75%。

对于确定的离心萃取器和确定的分离体系，影响分离容量的主要因素包括两相流比、转鼓转速、分散相类型等。

12.2.4 离心萃取器的级效率

逐级接触离心萃取器的传质效率一般以级效率来表示。级效率表示实际萃取效果与萃取理论级的接近程度。级效率一般表示为

$$\eta_a = \frac{c_{w,in} - c_{w,out}}{c_{w,in} - c_{w,eq}} \tag{12-9}$$

式中，η_a 为按水相溶质浓度变化计算的级效率；$c_{w,in}$、$c_{w,out}$、$c_{w,eq}$ 分别为水相入口溶质浓度、水相出口溶质浓度、相同条件下与出口有机相平衡的水相溶质浓度。级效率也可以按有机相溶质浓度变化计算

$$\eta_o = \frac{c_{o,out} - c_{o,in}}{c_{o,eq} - c_{o,in}} \tag{12-10}$$

式中，η_o 为按有机相溶质浓度变化计算的级效率，$c_{o,in}$、$c_{o,out}$、$c_{o,eq}$ 分别为有机相入口溶质浓度、有机相出口溶质浓度、相同条件下与出口水相平衡的有机相溶质浓度。

符 号 说 明

b——液面高度，m

c——溶质浓度，mol/m^3

D_b——转鼓直径，m

F——离心力，N

g——重力加速度（9.81m^2/s）

m——质量，kg

N——转鼓转速，r/min

r——旋转半径，m

r_a——重相实际液环半径，m

r_a^*——重相堰半径，m

r_i——澄清段内两相界面位置，m

r_o——轻相实际液环半径，m

r_o^*——轻相堰半径，m

r_{uf}——重相挡板半径，m

希腊字母

α——离心分离因数

η——级效率

ρ_a——重相密度，kg/m^3

ρ_o——轻相密度，kg/m^3

ω——旋转角速度

下标

eq——平衡

in——进口

o——有机相、轻相

out——出口

w——水相、重相

上标

*——平衡状态

参考文献

[1] Barson N, Beyer G H. Chem Eng Progr, 1953, 49 (5): 243-252.

[2] Doyle C M, Doyle W G P, Rauch E H. Chem Eng Progr, 1968, 64 (12): 68-73.

[3] Zurcher H E. Chem & Ind, 1976, 16: 683-685.

[4] Eisenlohr H. Chem Ing Tech, 1951, 23 (1): 12-14.

[5] Long J T. 核燃料处理工程. 杨云鸿译. 北京：原子能出版社，1980.

[6] 叶春林. 圆筒式离心萃取器. 北京：原子能出版社，1982.

[7] 汪家鼎，陈家镛. 溶剂萃取手册. 北京：化学工业出版社，2001.

第13章 萃取过程的强化

分离科学与技术是化学工程学科的重要分支之一。一大批分离技术在化学工业、石油炼制、矿物资源的综合利用、核燃料的加工和后处理、海洋资源利用和医药工业、食品工业、生物化工以及环境工程中得到了广泛的应用。随着现代工业的发展，人们对分离技术提出了越来越高的要求。高纯物质的制备、各类产品的深加工、资源的综合利用、环境治理严格标准的执行，大大地促进了分离科学和技术的发展。面对新的分离要求，作为“成熟”的单元操作—萃取分离也面临着新的挑战。发展耦合技术，实现萃取过程强化，已经成为分离科学与技术领域研究开发的重要方向。在传统的萃取单元操作的基础上，萃取分离与其他单元操作的耦合、萃取分离与化学反应的耦合、利用化学作用或附加外场强化萃取分离等，开发出一些新的过程，展现出广阔的发展前景。

13.1 单元操作和单元过程[1]

化工生产从原料开始到制成目的产物，要经过一系列物理的和化学的加工处理步骤，这一系列加工处理步骤，总称为化工过程（chemical process)。化工过程虽然各不相同，但大体上都是由容器、储罐、泵、压缩机、鼓风机、加热炉、换热器、反应器、吸收塔、蒸馏塔、萃取塔等若干种化工机械和设备组成，通过管道连接，形成整个的生产装置，以实现某种生产目的。每一个设备，都是化工过程的一部分，除储罐等外，一般当物料经过其中的时候，都会完成某种物理变化或化学变化，或同时完成这两类变化。这些机械或设备称为过程单元（process units)。

在过程单元中进行的物理加工“操作”，可分别归纳为流体流动与输送、搅拌、粉碎、沉降、过滤、传热、蒸发、冷凝、吸收、蒸馏、萃取、结晶、干燥、吸附等多种，统称为单元操作（unit operation)。单元操作就是按照特定要求使物料发生物理变化的基本操作的总称。

生产不同产品的具体化学反应过程虽然千差万别，但就反应的类型或特性而言，往往可以归纳为若干基本的反应过程，如氧化、还原、加氢、脱氢、磺化、卤化、水解等。这些基本的化学反应过程称为单元过程（unit process）。

某个过程单元可能是一个典型的单元操作或单元过程，在更多的情况下，过程单元中同时完成几种单元操作或单元过程。单元操作或单元过程是组成各种化工生产过程，完成一定加工目的的基本单元。只有将各种不同的化工过程分解为单元操作或单元过程来进行研究，掌握单元操作或单元过程的共性本质、原理和相互影响的规律，才可能优化化工过程的设计、合理调控单元操作或单元过程，实现化工过程的强化。

13.2 “场”、“流”分析的一般性概念

单元操作或单元过程的共性本质、原理和相互影响规律的研究工作一直在深入开展。其中，“场”、“流”分析的观点是值得重视的。20 世纪 60 年代后期，Giddings 教授从“场流分级”的分离过程的分析出发，试图以“场”和“流”分析的观点，对丰富多样的分离过程进行同一性归纳，希望能得到一些普遍性的结论[2]。20 世纪 90 年代，袁乃驹教授等[3]拓展了“流”和“场”的概念，并将其应用于描述和分析分离过程及反应过程，提出设计新的过程的“思路”。

13.2.1 “场”、“流”的定义及特征

袁乃驹教授等发展了“流”和“场”的一般性概念，提出了“流”和“场”的定义及其主要特征。

袁乃驹教授等认为[3]，所谓“流”是指在系统中物质的整个体相处于运动（移动）状态。十分明显，对于任何分离过程或反应过程而言，都必须以整体位移的方式，向相应的设备输入物料或从相应的设备中输出物料。这样的物料“传递”方式主要有两类：一类是分批式的直接机械位移，例如，分批进料时将物料以倾注的方式加入到容器中；另一类则是常见的通过流动产生位移。前一类方式用于间歇式操作，后一类方式则多用于连续操作。总之，系统中物质整个体相的运动均称作“流”。

“流”的特征包括：

① 作为“流”的物料体相的成分、组成及物料流的数量；

② 物料体相的移动方式，如连续加入、分批加入、脉冲加入、阶梯式加入等；

③ 物料的相态，如气相、液相、固相或它们的混合物；

④ 物料流动方向，如按各个“流”的相对运动方向不同，可分为并流、逆流、错流、折流等，也可能其中的一相是不运动的，如固定床；

⑤ 物料接触方式，如液液萃取过程中两相的接触方式可以是有机相为分

散相的直接接触式，也可以是水相为分散相的直接接触式，在膜萃取过程中的接触方式则是以微孔滤膜为两相界面的接触方式；

⑥ 物料体相的流速。

袁乃驹教授等[3]认为，所谓“场”是指物质各组分受“场力”的作用发生“迁移”，实现传递，或者发生化学反应。“场”的存在可以产生传递现象或化学反应。

“场”的特征主要包括：

①“场”的类型，例如，电场、磁场、离心力场、浓度场、温度场、化学位差异等；

②“场”的空间分布，例如，可以是一维场、二维场或者三维场，可以是连续的场作用，也可以是间断的、脉冲的场作用；

③“场”的数量，例如，单个场作用或多个场分别作用或协同作用；

④“场”的相对强度，即对于涉及的场力的相对比较，例如，氢键力作用大于范德华力作用。

13.2.2 “场”、“流”分析的基本内容

袁乃驹教授等提出的“场”、“流”分析的基本内容包括[3]：

①“流”和“场”的存在是构成分离过程或反应过程的必要条件；

②“流”和“场”按不同方式组合可以构成不同的过程；

③ 调控“流”和“场”的作用，如利用化学作用或附加外场以增强“场”的作用，或改变“流”和“场”的组合方式，可以实现过程强化；

④ 多种“流”和多种“场”的组合可以产生新的过程。

13.2.2.1 “流”和“场”的存在是构成分离过程或反应过程的必要条件

首先，任何分离过程或反应过程都必须传递进出的物料，为了使物料充分混合、接触，物料还需要在体系中运动。对于分离过程而言，进入体系最少有一个“流”，其中最少含有两个组分，可以含有多个组分，移出体系的产品物流应该包括两个“流”或多个“流”。对于反应过程而言，进入体系可以是一个“流”或多个“流”，其中含有一个组分或多个组分。另外，“流”可以只含有被分离组分或参加反应的组分，也可以包含促进体系传递或反应的分离剂或载体。

根据“流”的定义和特征，可以建立过程的物料衡算、热量衡算和动量衡算的一般性方程，并建立模型进行计算。应该说，“流”的存在，是构成分离过程或反应过程的必要条件之一。

值得提及的是，“流”只是物料主体的运动（位移）。对于一个均一的主体相，“流”的存在并不能使均一的主体相中的各个组分产生相对运动，不能直接产生组分间的分离作用。构成分离过程或反应过程的另一个必要条件就是

"场"的存在。

十分明显，"场"的存在可以产生化学反应或传递现象。例如，均相混合物中的各个组分的分离需要依靠各组分之间的不同的分子扩散速率；以颗粒或液滴等不同体相形式存在于流体中的非均相混合物的分离依靠的是多相流中不同体相的运动速度差异；组分之间的化学反应的发生则依赖于不同组分之间不同的化学亲和力。可以看出，使各个组分产生运动的差异而分离或发生化学反应都需要接受"场"力的作用，即分离体系或反应体系中必须存在"场"。例如，温度场的存在可以产生热传递，浓度场的存在可以产生物质的扩散等。

对于分离过程而言，由于"场"的存在而产生的传递也是一种流，但是，这种流和前面定义的整个体相位移的"流"有本质的差别。这种迁移传递的流可以使体相内各个组分产生不同的位移，是使各个组分实现分离的基础。

对于分离体系而言，在"场"的作用之下，各组分产生不同的运动速度和位移：

① 在相同的"场"力作用下，不同组分"粒子"通过某一介质或界面受到的阻力不同而形成不同的运动速度和位移；

② 在同一体系中，相同的"场"力对不同的组分"粒子"的作用不同，例如，固相吸附对不同组分的吸附力不同，不同组分在液相中的溶解度不同，不同组分与另一物质的络合能力不同等；

③ 相同的"场"力作用下，不同组分"粒子"由于其质量不同而产生不同的运动速度。

13.2.2.2 "流"和"场"按不同方式组合可以构成不同的过程

按照"场"、"流"分析的观点，"流"和"场"按不同方式组合可以构成不同的分离过程或反应过程。换句话说，现有的分离过程或反应过程均可以表示为若干类"流"和"场"的组合，它们都可以用形式类似的数学模型来描述。

例如，对于一般的液液萃取过程，它是依据待分离溶质在两个基本上互不相溶的液相（料液相和萃取相）间分配的差异来实现传质分离的。换句话说，实现液液萃取过程，进行接触的两种液体必须是互不相溶的，或者存在足够范围的两相区域。待分离溶质从一个液相（料液相）转入另一个液相（萃取相），实现传质。按照"场"、"流"分析的观点，液液萃取过程应包括料液相及萃取相两个液相"流"，其移动方式可以是连续的，也可以是分批的；其流动方向可以是逆流、并流或错流。液液萃取过程存在一个"场"，就是化学位，化学位的差异决定待分离溶质在料液相和萃取相间的分配差异，实现分离纯化。

对于反萃取过程，同样是由两个"流"、一个"场"构成的。反萃相及萃取相两个液相"流"，其移动方式同样可以是连续的或分批的，其流动方向可以是逆流、并流或错流。反萃取过程同样存在一个化学位"场"，化学位的差异决定待分离溶质从萃取相向反萃相转移，实现分离富集。

在一般的液液萃取或反萃取过程中，两个液相“流”的流动方式均表现为一个液相为连续相流动，一个液相为分散相流动，两相直接接触。这样，萃取分离过程必然存在一相在另一相中的“分散”接触和“聚并”分相。如果同样是两个“流”（萃取相流动及料液相流动），一个“场”（待分离溶质在两相间的分配差异，即化学位差异），但利用微孔膜作两相的分隔介质，就形成了膜萃取过程。膜萃取过程的传质是在分隔料液相和萃取相的微孔膜表面进行的。例如，由于疏水微孔膜本身的亲油性，萃取剂浸满疏水膜的微孔，渗至微孔膜的另一侧，萃取剂和料液在膜表面接触，发生传质。可以看出，与通常的液液萃取过程相比较，膜萃取过程没有改变“场”的数量，只是增加了“膜”这一分隔介质，从而改变了两个液相“流”的流动方式，变两相的直接接触为两相在膜两侧分别流动。这样的“流”和“场”的组合，使膜萃取过程中不存在通常萃取过程中的液滴的分散和聚并现象，可以减少萃取剂在料液相中的夹带损失，由于两相分别在膜两侧做单相流动，使过程免受“返混”的影响和“液泛”条件的限制。膜萃取过程有着自己的特殊优势[4~7]。

萃取发酵耦合是典型的反应与分离耦合过程，是用于减少产物抑制的有效技术。例如，对于有机酸的萃取发酵过程，采用提取产物-有机酸的方式包括中空纤维膜萃取及反应萃取等。研究结果表明，通过过程耦合的方式用溶剂萃取实现产物的连续移出，缓解产物的抑制作用，维持较高的微生物生长率，对于提高转化率和产率是非常有利的。

按照“场”、“流”分析的观点，发酵过程至少涉及一个“流”，即反应物料的液相流，涉及一个化学位“场”，反映着组分的化学亲和力。萃取过程涉及反应物料的液相和萃取相，共两个“流”，同样涉及一个化学位“场”，决定产物在反应物料的液相和萃取相间的分配。这样，萃取发酵耦合过程就涉及到两个“流”、两个“场”。

作为耦合过程，有机酸萃取发酵过程的实施关键在于，在 $pH>pK_a$ 条件下、极性有机物稀溶液环境中，寻求萃取剂较强的萃取能力、萃取剂再生的经济性和合适的生物相容性的结合，从而提高过程的总体效率。十分明显，利用膜萃取过程与发酵反应过程的耦合，包含着两方面的强化作用：一方面，利用膜作为分隔介质，改变萃取溶剂与菌株的接触方式，削弱萃取剂毒性对发酵过程的影响；另一方面则是可以在萃取分离中引入络合萃取剂，利用化学因素强化萃取过程的推动力。

13.2.2.3 调控“流”和“场”的作用可以实现过程强化

按照“场”、“流”分析的观点，调控“流”和“场”的作用，例如，调控多“流”之间的相对运动、利用化学作用或施加外场等因素调控“场”的相对强度，都可以强化过程。

前已述及，一般的液液萃取过程包括料液相及萃取相两个液相“流”和一个化学位“场”，化学位的差异决定待分离溶质在料液相和萃取相间分配的差异，实现分离纯化。按照“场”、“流”分析的观点，对于一个均一的主体相，“流”的存在并不能使均一的主体相中的各个组分产生相对运动，不能直接产生组分间的分离作用。然而，在液液萃取过程中，两相间必定存在明显的界面，相界面的特性和作用对萃取过程有特别的意义。改变两个“流”之间的相对运动状况，可以促进或抑制相界面的湍动，影响各主体相内的运动及混合，从而调控过程的传质速率。例如，调控两个“流”之间的相对运动，可以使液滴内分传质系数出现相当大的变化。

液液萃取过程可以按照过程中萃取剂和待分离物质之间是否发生化学反应来分类，即萃取分离可以分为物理萃取和化学萃取两大类。

物理萃取是基本上不涉及化学反应的物质传递过程。它利用溶质在两种互不相溶的液相中不同的分配关系将其分离开来。依据“相似相溶”规则，在不形成化合物的条件下，两种物质的分子大小与组成结构越相似，它们之间的相互溶解度就越大。分析物理萃取的机理，其“场”的作用主要是范德华力的作用范围。

许多液液萃取体系，其过程伴有化学反应，即存在溶质与萃取剂之间的化学作用。这类伴有化学反应的传质过程，一般称作化学萃取。化学萃取的“场”的作用是氢键力、离子缔合、离子交换等，作用能的大小比范德华力大很多，其化学键能的范围在 10～60kJ/mol。化学作用的引入，强化了萃取过程。例如，基于可逆络合反应的萃取分离方法（简称络合萃取法）对于极性有机物稀溶液的分离具有高效性和高选择性。在这类工艺过程中，稀溶液中待分离溶质与含有络合剂的萃取溶剂相接触，络合剂与待分离溶质反应形成络合物，并使其转移至萃取相内。第二步则是进行逆向反应使溶质得以回收，萃取溶剂循环使用。络合萃取过程中，溶质与萃取剂之间的化学作用主要包括氢键缔合、离子对缔合和离子交换等。

用施加外场来调控“场”的相对强度，也可以达到强化过程的效果。例如，在液液萃取过程中最早利用的外场是离心力场。离心萃取设备是借助于离心机产生的离心力场实现液液两相的接触传质和相分离的，两相接触传质在很短的时间内完成。这一强化技术已经得到广泛应用。又如，利用外加静电场、交变电场和直流电场可以提高萃取过程中的扩散速率，强化两相分散及澄清过程，达到提高分离效率的目的。再如，将超声场加到萃取或浸取体系中，利用超声场的“超声空化”等特殊性质也可以达到传质强化的效果。

13.2.2.4 多种“流”和多种“场”的组合可以产生新的过程

按照“场”、“流”分析的观点，优化设计多种“场”和多种“流”的迭加和耦合，可以产生新的强化过程。广义地讲，过程耦合是将两个或两个以上的单元操作或单元过程有机结合成一个完整的操作单元，进行联合操作的过程，如反应萃取、加盐萃取精馏、萃取发酵、膜萃取、膜蒸馏、膜吸收、膜生物反应等。过程耦合不是单元操作或单元过程的简单的先后组合，而是有机结合在同一操作中完成的。

同级萃取反萃取耦合过程是多种“场”和多种“流”耦合的一个典型的例子。液液萃取过程包括料液相及萃取相两个“流”，存在一个化学位“场”；反萃取过程则由反萃相及萃取相两个“流”和一个化学位“场”构成。如果把萃取过程和反萃取过程“耦合”成为一个过程，这就是同级萃取反萃取过程。同级萃取反萃取过程是由三个“流”、两个“场”构成的。料液相、萃取相及反萃相分别是三个液相“流”。同级萃取反萃取过程的萃取操作部分存在一个化学位“场”，反萃取操作部分同样存在一个化学位“场”，化学位的差异决定待分离溶质从料液相向萃取相转移，同时由萃取相向反萃相传递，实现分离。待分离溶质不断地从料液水相进入萃取相，又从萃取相进入反萃水相，并不在萃取相中发生积累。因此，萃取相中溶质浓度总是达不到与料液水相平衡的浓度。由于萃取反萃取同时进行、一步完成，同级萃取反萃取过程一般被认为是具有非平衡特征的传递过程。实际上，同级萃取反萃取过程也应该存在相平衡状态。它体现为料液水相、萃取相和反萃水相之间溶质的总的平衡。

需要提及的是，在设计多“流”的耦合过程时，不同体相的流在过程中必须是可以分隔开的。例如，一个萃取过程的萃取相（油相）与料液相（水相）是可以分隔开的。然而，设计萃取/反萃耦合的多“流”多“场”过程时，就必须同时考虑料液相（水相）、萃取相（油相）、反萃相（水相）之间的分隔。这在一般的操作条件下基本上是不可能做到的，即在通常萃取设备中难以实现同级萃取反萃取过程。

膜技术的出现，使萃取/反萃耦合过程的设计成为可能。由于“膜”可以作为分隔“流”的介质，因此，利用膜萃取技术可以实现同级萃取反萃取过程。在同级萃取反萃取的膜过程中，待分离溶质由料液水相首先经膜萃取进入萃取相（油相），在萃取相中经扩散到达萃取相与反萃水相的膜界面，并经膜反萃过程传递到反萃水相中。

乳状液膜分离过程实际上是特殊的萃取反萃耦合过程，其过程中的萃取和反萃取是同时进行、一步完成的。在这一耦合过程中，存在外相、膜相和膜内相三个“流”。一般情况下，外相与膜相呈逆流流动，膜相与膜内相呈并流流动。过程中存在两个“场”，分别决定待分离溶质在外相与膜相之间、膜相与膜内相之间的分配。

亲和膜过程是多种“场”和多种“流”耦合的另一个例子。在亲和膜过程中，生物大分子待分离物与膜上固载的亲和配基产生特异性相互作用，被保留在膜上，其他底物、细胞等杂物透过膜被分离；然后，通过洗脱将保留在膜上的目标产物解离下来，达到分离纯化的目的；亲和膜经再生后重复使用[8,9]。亲和膜技术是亲和色谱与膜分离技术的有机结合，它不仅利用了生物分子的识别功能，可以分离低浓度的生物制品，而且充分发挥了膜渗透通量大、纯化的同时实现浓缩、设备简单、操作方便等特点。从“场”、“流”分析的观点出发，在亲和膜过程中，特异性结合的亲和“场”作用与膜选择性透过的“场”作用有机结合在一起，将生物分子的识别分离、产品富集浓缩集于一体，实现了过程的强化。亲和膜技术是生物工程下游产品回收和纯化的高效方法，它已经用于单抗、多抗、胰蛋白酶抑制剂的分离，以及抗原、抗体、重组蛋白、血清白蛋白、胰蛋白酶、胰凝乳蛋白酶、干扰素等的纯化[10]。

13.2.3 常用分离过程的“场”、“流”分析

在通常的单元操作的分析之中，分离过程主要是按照体系的物相进行分类的，如气液分离过程、气固分离过程、液固分离过程、液液分离过程等。从前面的叙述可以看出，从“场”、“流”分析的观点出发，剖析各个分离过程，有利于认识过程的本质。另外，“场”、“流”分析的观点强调了各体相流动之间、各体相之间相互作用的重要性，对于设计和优化分离过程是十分重要的。

为了方便比较，表 13-1 和表 13-2 列举了一些分离过程中“流”和“场”的特征。需要强调的是，在增加了“膜”分隔介质的操作中，除多了一个固定不动的“流”以外，也可能改变了原来的两个液相“流”的流动方式。如膜萃取中，变两相的直接接触为两相在膜两侧的分别流动。

表 13-1 一些分离过程中“流”的特征

过程	“流”的数量			“流”的物相			移动方式		“流”的运动方向			
	单	双	多	固	液	气	分批	连续	逆流	并流	错流	一相不动
蒸馏		√			√	√	√	√	√			
萃取		√			√		√	√	√	√	√	
膜萃取			√	√	√		√	√	√	√		√
液膜分离			√		√		√	√	√	√		
支撑液膜			√	√	√		√	√	√			√
吸收		√			√	√	√	√	√	√	√	
吸附		√		√	√	√	√	√	√			√
离心分离		√		√	√		√	√		√		
色谱分离		√		√	√	√	√					√
泡沫分离			√	√	√	√	√	√		√		
电泳	√				√		√					
酶膜反应器		√		√	√		√	√				√
亲和膜		√		√	√		√	√				√

表 13-2　一些分离过程中“场”的特征

过程	化学位	电场	重力场	离心力场	温度场	压力场	磁场
蒸馏	√						
萃取	√						
吸收	√						
吸附	√						
电泳		√					
过滤						√	
磁选							√
热扩散					√		
旋风分离				√			
沉降			√				
场流分级		√	√				
絮凝沉降	√		√				

13.3　从基本原理出发强化萃取过程

过程强化，通常是在分析已有过程的特点及弱点的基础上，从基本原理出发开展的。对于一个传质过程，研究探讨平衡关系和过程速率是分析这一单元操作的两个基本方面。平衡关系说明过程进行的方向和可能达到的程度。过程速率则指出过程进行的快慢。一个过程的传质速率与过程的推动力成正比，而与过程的阻力成反比。例如，在柱式萃取设备中，传质速率可以采用如下的数学公式表示：

$$\mathrm{d}N = K\,\mathrm{d}A\,\Delta C \tag{13-1}$$

式中，ΔC 为传质推动力；K 代表相际总传质系数；$\mathrm{d}A$ 代表某一微分柱高度内的相间传质面积。很明显，从基本原理出发，提高过程的传质速率，强化这一萃取过程，就应该增大过程的传质推动力，降低过程的阻力。具体地说，从基本原理出发，强化这一液液萃取过程，就应该通过各种方式和手段，从三个方面入手，即提高过程的传质推动力，增大萃取过程的总传质系数，增加相间传质面积。

13.3.1　提高过程的传质推动力

(1) 选择分配系数 D 值较大的萃取剂　提高萃取过程的传质推动力，选择分配系数 D 值较大的萃取剂是十分重要的。

对于单级萃取过程，原始料液水相（溶质浓度为 x_f）和萃取溶剂相（溶质浓度为 y_0）以一定的流量加入萃取器，经混合接触、澄清分离，获得达到相平衡的萃取相（溶质浓度为 y_1）和萃余相（溶质浓度为 x_1）。若萃取体系为有机相与水相互不相溶体系，料液水相体积流量为 L，有机萃取相体积流量为 V，萃取溶剂为不含被萃取组分的新鲜溶剂，即 $y_0=0$，分配系数 D（$D=y_1/x_1$）为常数，则通过单级萃取过程的物料衡算，可得：

$$x_1=\frac{x_f}{1+D\dfrac{V}{L}} \tag{13-2}$$

式中，V/L 是有机相与水相的流量比，称为萃取相比或流比，通常用 R 表示。则式（13-2）可写为：

$$x_1=\frac{x_f}{1+DR}=\frac{x_f}{1+\varepsilon} \tag{13-3}$$

式中，ε 称为萃取因子，即 $\varepsilon=DR=DV/L$，它表示被萃取组分在两相间达到分配平衡时的总量之比。单级萃取过程的萃取率 ρ 为

$$\rho=1-\frac{x_1}{x_f}=1-\frac{1}{1+\varepsilon} \tag{13-4}$$

在多级错流萃取过程中，对于萃取相与料液水相为互不相溶的体系，设料液水相体积流量为 L，各级有机相体积流量均为 V，假定各级分配系数 D 为常数，则各级的萃取因子 ε 也是常数。若萃取溶剂为无被萃取组分的新鲜溶剂，即 $y_0=0$，则可以获得经 N 级错流萃取过程的萃残液浓度 x_N 的表达式：

$$x_N=\frac{x_f}{(1+\varepsilon)^N} \tag{13-5}$$

经 N 级错流萃取的萃取率 ρ 为

$$\rho=1-\frac{x_N}{x_f}=1-\frac{1}{(1+\varepsilon)^N} \tag{13-6}$$

在多级错流萃取过程中，由于各级均加入新鲜溶剂，萃取的传质推动力大，因而萃取率高，但是溶剂耗用量大，混合萃取液中含有大量溶剂，溶质浓度低，溶剂回收费用高。

在多级逆流萃取过程中对于萃取相与料液水相互不相溶的体系，设料液水相体积流量为 L，萃取相体积流量为 V，假定各级分配系数 D 为常数，则各级的萃取因子 ε 也是常数。萃取溶剂为无被萃取组分的新鲜溶剂，即 $y_0=0$，交替地使用萃取过程的物料衡算关系式和平衡关系，可以导出经 N 级逆流萃取过程的萃残液浓度 x_N 的表达式：

$$x_N=\frac{x_f}{(1+\varepsilon+\varepsilon^2+\cdots+\varepsilon^N)}=\frac{\varepsilon-1}{\varepsilon^{N+1}-1}x_f \tag{13-7}$$

经 N 级逆流萃取的萃取率 ρ 为

$$\rho=1-\frac{x_N}{x_f}=1-\frac{1}{1+\varepsilon+\varepsilon^2+\cdots+\varepsilon^N} \tag{13-8}$$

从式（13-4）、式（13-6）和式（13-8）可以看出，分配系数 D 越大，萃取率就越高。萃取剂的相对用量多，即流比 R 越大，萃取率也越高。为了达到一定的分离效果，一般要求萃取因子$\varepsilon>1$，对于分配系数较小的萃取体系，就需要选择大的流比，这样，对于相同的处理量，大流比操作条件下的设备尺寸就要明显增大。因此，选择分配系数 D 值较大的萃取剂，提高萃取过程的传质推动力，十分重要。

一个明显的例证是石油加工过程的芳烃抽提工艺中的萃取溶剂选择。催化重整产出的生成油通过芳烃抽提工序，用选择性很强的溶剂使芳烃和非芳烃分离。在石油化工的芳烃抽提工艺中，曾先后选用过二乙二醇醚（二甘醇）、三乙二醇醚（三甘醇）、四乙二醇醚（四甘醇）、二甲亚砜、环丁砜等作为萃取剂（见表 13-3）。从表 13-3 中相比（萃取剂/料液）的数据比较分析，相比从大到小，说明选用的萃取剂的萃取能力增强。很明显，这一变化是与萃取剂分子与芳烃苯环的大 π 键的作用能大小密切关联的。相比较而言，环丁砜对芳烃苯环的大 π 键的作用能较大，环丁砜提供的分配系数 D 值较高，传质推动力较大，完成分离任务需要的操作流比就明显减小，过程效率显著提高。具有较大萃取能力的萃取剂只需要较小的两相流比即可完成分离操作，两相流比的大幅度下降不仅减少了使用溶剂的循环量，降低了能耗，而且大大缩小了相同处理量的萃取柱的柱径，减少了设备的投资。有报道称，以环丁砜为基础萃取剂的混合溶剂的使用，可以使芳烃抽提工艺的操作相比（萃取剂/料液）降低到 2 以下。这又表明，合理利用其他添加组分，优化分离剂的组成，同样可以达到过程强化的目的。

表 13-3　芳烃抽提工艺中使用的溶剂和需要的两相流比[1]

溶剂	二乙二醇醚	三乙二醇醚	四乙二醇醚	二甲亚砜	环丁砜
两相流比 R	22∶1	16∶1	10∶1	(7～8)∶1	(2～3)∶1

（2）引入化学作用，实现反应萃取　一般物理萃取过程是按照“相似相溶”原则选择萃取溶剂的。从萃取机理分析，物理萃取是基本上不涉及化学反应的物质传递过程。它利用溶质在两种互不相溶的液相中的不同分配关系将不同组分分离开来。依据“相似相溶”规则，在不形成化合物的条件下，两种物质的分子大小与组成结构越相似，它们之间的相互溶解度就越大。然而，若待分离有机物质具有一定的极性，而溶液中的水组分也具有极性，要求物理溶剂对极性物质具有较高的分配系数，该物理溶剂往往在水相中的溶解度也大。物理溶剂对极性有机物质的高分配系数是以它在水中的溶解损失为代价的。

表 13-4 列出了苯酚在各种物理溶剂和水之间的分配系数及各种物理溶剂在水相中的溶解度。十分明显，物理溶剂对苯酚的分配系数越高，其在水中的

溶解度越大。有机废水的萃取处理过程中，溶剂损失的大小是选择合适物理萃取剂的一个重要参数。为了降低具有高分配系数的极性物理溶剂在水中的溶解度，可以选择极性较小的溶剂作为稀释剂，与选择的物理萃取剂形成混合溶剂，以保持较低的溶解损失。当然，这样的选择会使混合溶剂的分配系数明显下降。

表 13-4　各种溶剂对苯酚的平衡分配系数及其在水中的溶解度[11]（25℃）

溶剂	溶剂在水中溶解度（质量分数）/%	苯酚的分配系数 D	
		摩尔分数比	质量浓度比
二乙酮	3.2	556	94.5
异戊醇	2.4	225	37.2
醋酸丁酯	1.2	525	71.0
甲基环己醇	1.0	353	51.6
二异丙醚	0.9	227	29.0
1,2-二氯乙烷	0.82	19.3	4.38
正己醇	0.56	345	49.6
四氯乙烷	0.32	16.2	2.76
苯	0.178	11.4	2.3
甲苯	0.05	11.8	1.97
三氯乙烯	0.1	5.2	1.03
四氯化碳	0.083	2.6	0.477
正辛醇	0.054	347	39.6
五氯乙烷	0.05	7.7	1.15
正癸醇	0.02	299	27.4
间二甲苯	0.02	10.48	1.53
四氯乙烯	0.015	2.5	0.405
环己烷	0.0055	0.96	0.159
正己烷	0.00095	0.96	0.132

另外，物理溶剂对于极性物质所提供的相平衡分配系数 D 值一般是随溶质浓度的大小而变化的，将平衡时的溶质在有机相的浓度 y 对其在水相的浓度 x 作图，构成的萃取平衡线大多属于下弯线，即水相平衡浓度越高，分配系数 D 值越大，水相平衡浓度越低，分配系数 D 值越小。这一特点对稀溶液体系的分离，如生物制品分离、环境污水治理等，显然是十分不利的。

引入化学作用，实现反应萃取，提高在溶质浓度较低的稀溶液条件下的过程推动力，是十分有效的强化途径。

可逆络合反应萃取分离（简称络合萃取）是一种典型的有机物反应萃取过

程。络合萃取方法对于极性有机物稀溶液的分离具有高效性和高选择性。在这类工艺过程中，溶液中待分离溶质与含有络合剂的萃取溶剂相接触，络合剂与待分离溶质反应形成络合物，并使其转移至萃取相内，完成第一步分离富集过程。然后，需要完成第二步的逆反应，实现反萃取操作，使有价溶质得以回收，萃取溶剂再生后循环使用。

络合萃取剂一般是由络合剂、助溶剂及稀释剂组成的。选择适当的络合剂、助溶剂和稀释剂，优化络合萃取剂的各组分的配比是络合萃取法得以实施的重要环节。

络合萃取的分离对象一般是带有 Lewis 酸或 Lewis 碱官能团的极性有机物，络合剂则应具有相应的官能团，参与和待萃取物质的反应，且与待分离溶质的化学作用键能应具有一定大小，一般在 10～60kJ/mol，便于形成萃合物，实现相转移；但是，络合剂与待萃取物质间的化学作用键能也不能过高，过高的键能虽能使萃合物容易生成，但在完成第二步逆向反应、再生络合萃取剂时就往往会发生困难。中性含磷类萃取剂、叔胺类萃取剂经常选作带有 Lewis 酸性官能团极性有机物的络合剂。酸性含磷类萃取剂则经常选作带有 Lewis 碱性官能团极性有机物的络合剂。

在络合萃取过程中，助溶剂和稀释剂的作用是十分重要的。常用的助溶剂有辛醇、甲基异丁基酮、醋酸丁酯、二异丙醚、氯仿等。常用的稀释剂有脂肪烃类（如正己烷、煤油等）、芳烃类（如苯、甲苯、二甲苯等）。

特别需要指出的是，如果假设络合剂与待萃溶质形成的络合物的萃合比是 1∶1，而且未参与络合反应的溶质在料液水相与萃取溶剂相之间的分配符合线性分配关系，则典型的总的萃取平衡线是上弯线，即水相平衡浓度越低，分配系数 D 值越大。十分明显，利用通常的萃取平衡分配系数为参数进行比较，络合萃取法在低溶质平衡浓度条件下可以提供非常高的分配系数值。当待萃取溶质浓度越高时，络合剂就越接近化学计量饱和。因此，络合萃取法可以实现极性物质在低浓区的完全分离，是十分有效的方法。

(3) 萃取反萃交替过程　为了从物料中提取某种有用组分或去除某种杂质组分，经常采用多级逆流萃取过程。在多级逆流萃取过程中，由于两相逆流流动，在每一平衡级均能保持一定的传质推动力 ΔC，然而，由两相所处的状态所决定，过程的传质推动力通常是有限的。

按照“场”、“流”分析的观点，“流”和“场”按不同方式组合可以构成不同的分离过程，调控多“流”之间的相对运动可能实现过程的强化。对多级萃取过程和多级反萃取过程的多个接触级的连接排列上做出调整，把萃取级和反萃取级交替排列起来，即将萃取相“流”与料液相“流”多级接触完毕后再与反萃取相“流”接触的工况，改变为萃取相“流”交替地与料液相“流”和反萃取相“流”接触。这样，在保持多级逆流萃取的前提下，把萃取级和反萃级交替排列起来（可以隔级交替排列，也可以若干级为一组交替排列），形成萃取反萃取交替过程，可以实现增大传质推动力，强化萃取过程的效果。

从提高萃取过程传质推动力出发，计算逆流萃取逆流反萃取交替过程、逆流萃取并流反萃取交替过程等不同的萃取串级排列的工况，并与一般通用的多级逆流萃取过程比较，可以为选择串级排列方式、优化萃取工艺及设备条件提供根据[12]。

利用逐级接触平衡级模型方法对逆流萃取逆流反萃取交替过程（如图 13-1 所示）和逆流萃取并流反萃取交替过程（如图 13-2 所示），进行排列方式优劣比较。

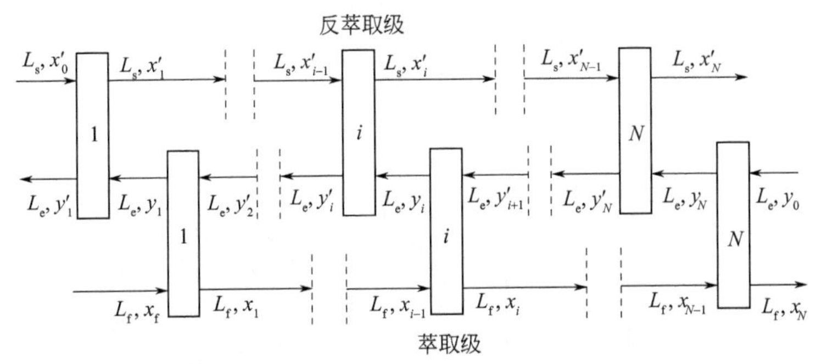

图 13-1　逆流萃取逆流反萃取交替过程示意图

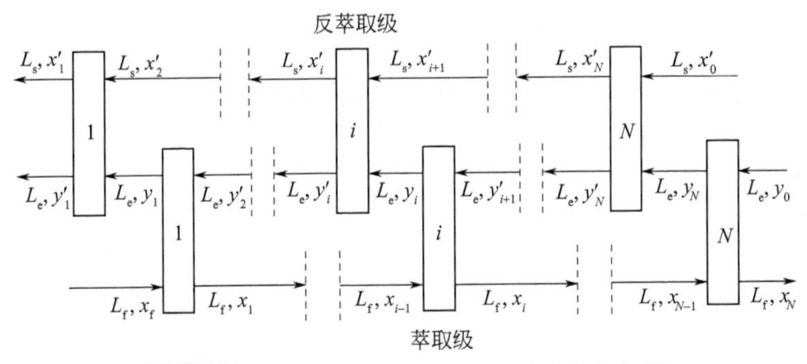

图 13-2　逆流萃取并流反萃取交替过程示意图

为了简便起见，在逐级接触平衡级模型的计算及讨论中做出如下假设：①萃取或反萃体系的两相完全不互溶，在萃取过程或反萃取过程中，各相体积流量的变化可以忽略，料液水相、萃取相和反萃水相的体积流量分别为 L_f、L_e 和 L_s；②萃取或反萃体系的相平衡关系为线性，即 $y_i=D_f x_i$，$x'_i=D_s y_i$，各接触级的分配系数都相等。

定义萃取因子 $\varepsilon_f=L_e D_f/L_f$，定义反萃因子 $\varepsilon_s=L_s D_s/L_e$，且萃取溶剂及反萃液入口处不含待分离溶质（即 $y_0=0$，$x'_0=0$）。那么，对萃取体系和反萃取体系分别使用物料衡关系式和相平衡关系，可以导出其逐级浓度分布的衡算式。

对于逆流萃取逆流反萃取交替过程（如图 13-1 所示），料液水相与萃取溶剂相逆流萃取，萃取富溶剂相与反萃水相逆流反萃取。萃取级与反萃取级交替排列。根据物料衡算关系式和相平衡关系，可以导出其逐级浓度分布的矩阵式。对于萃取级：

$$\begin{pmatrix} -(1+\varepsilon_f) & 0 & & & & & \\ 1 & -(1+\varepsilon_f) & 0 & & & & \\ & \vdots & \vdots & \vdots & & & \\ & & 1 & -(1+\varepsilon_f) & 0 & & \\ & & & \vdots & \vdots & \vdots & \\ & & & & 1 & -(1+\varepsilon_f) & 0 \\ & & & & & 1 & -(1+\varepsilon_f) \end{pmatrix} \begin{pmatrix} x_1 \\ x_2 \\ \vdots \\ x_i \\ \vdots \\ x_{N-1} \\ x_N \end{pmatrix} = \begin{pmatrix} -x_f - L_e x_2'/(L_f D_s) \\ -L_e x_3'/(L_f D_s) \\ \vdots \\ -L_e x_{i+1}'/(L_f D_s) \\ \vdots \\ -L_e x_N'/(L_f D_s) \\ 0 \end{pmatrix} \tag{13-9}$$

对于逆流萃取逆流反萃取交替过程的反萃取级：

$$\begin{pmatrix} -(1+1/\varepsilon_s) & 0 & & & & & \\ 1 & -(1+1/\varepsilon_s) & 0 & & & & \\ & \vdots & \vdots & \vdots & & & \\ & & 1 & -(1+1/\varepsilon_s) & 0 & & \\ & & & \vdots & \vdots & \vdots & \\ & & & & 1 & -(1+1/\varepsilon_s) & 0 \\ & & & & & 1 & -(1+1/\varepsilon_s) \end{pmatrix} \begin{pmatrix} x_1' \\ x_2' \\ \vdots \\ x_i' \\ \vdots \\ x_{N-1}' \\ x_N' \end{pmatrix} = \begin{pmatrix} -L_e D_f x_1/L_s \\ -L_e D_f x_2/L_s \\ \vdots \\ -L_e D_f x_i/L_s \\ \vdots \\ -L_e D_f x_{N-1}/L_s \\ -L_e D_f x_N/L_s \end{pmatrix} \tag{13-10}$$

在逆流萃取并流反萃取交替过程中（图 13-2），料液水相与萃取溶剂相逆流萃取，萃取富溶剂相与反萃取水相并流反萃取，萃取级与反萃取级交替排列。逆流萃取并流反萃取交替过程的萃取级的计算式与逆流萃取逆流反萃取交替过程的萃取级的计算式（13-9）相同，对于逆流萃取并流反萃取交替过程的反萃取级：

$$\begin{pmatrix} -(1+1/\varepsilon_s) & 1 & & & & & \\ 0 & -(1+1/\varepsilon_s) & 1 & & & & \\ & \vdots & \vdots & \vdots & & & \\ & & 0 & -(1+1/\varepsilon_s) & 1 & & \\ & & & \vdots & \vdots & \vdots & \\ & & & & 0 & -(1+1/\varepsilon_s) & 1 \\ & & & & & 0 & -(1+1/\varepsilon_s) \end{pmatrix}$$

$$\begin{pmatrix} x_1' \\ x_2' \\ \vdots \\ x_i' \\ \vdots \\ x_{N-1}' \\ x_N' \end{pmatrix} = \begin{pmatrix} -L_e D_f x_1/L_s \\ -L_e D_f x_2/L_s \\ \vdots \\ -L_e D_f x_i/L_s \\ \vdots \\ -L_e D_f x_{N-1}/L_s \\ -L_e D_f x_N/L_s \end{pmatrix} \tag{13-11}$$

通过比较可以看出，对于逆流萃取逆流反萃取交替过程及逆流萃取并流反萃取交替过程，料液水相、萃取相和反萃取相的逐级浓度需要通过计算机迭代求出。

李洲[13]提出逆流萃取逆流反萃取交替过程，并指出萃反交替能取得增大传质推动力的效果，对于分配系数较小的多级逆流萃取过程，其效果更为显著。为了简化计算，文献［13］中定义了反萃取级的反萃率 $\rho_i'=1-y_i'/y_i$，并假设各反萃取级的反萃率均相等。这样逆流萃取逆流反萃取交替过程的逐级浓度计算就可以直接进行。例如，当 $\rho_i'=100\%$时可以得到第 N 级料液水相的溶质残留浓度的计算式与经 N 级错流萃取过程的萃残液浓度 x_N 的表达式相同。

$$x_N=\frac{1}{(1+\varepsilon_f)^N}x_f \tag{13-12}$$

与式（13-7）相比较可以明显看出，当萃取级数相同时，逆流萃取逆流反萃取交替过程的萃残液浓度（x_N）必然小于一般的多级逆流萃取过程的相应值，当分配系数 D_f较小或萃取因子ε_f较小时，这种差异会更大。这表明，使用逆流萃取逆流反萃取交替过程，其萃取效果要优于一般的多级逆流萃取过程。

值得指出的是，反萃率 ρ_i' 在各反萃取级均相等的假设是有条件的。在反萃取体系的分配系数 D_s 或反萃取因子 ε_s 并不很大的情况下，逆流反萃取的逐级反萃率将会出现下降趋势。这种趋势会使得逆流萃取逆流反萃取交替过程的优势受到很大的影响[12]。

例如，二丁基亚砜（DBSO）萃取磷酸体系[14,15]，其中，$D_f=0.364$，$D_s=1.072$，$y_0=0$，$x_0'=0$，$L_f=1.0L/h$，$L_e=1.5L/h$，$L_s=1.5L/h$，$x_f=240g/L$。利用式（13-9）和式（13-10）迭代计算逆流萃取逆流反萃取交替过程中料液水相、萃取相和反萃取相的逐级浓度，其结果列于表 13-5。十分明显，由于反萃取体系的分配系数仅为 1.072，随着逆流反萃取过程的进行，反萃取相的浓度升高，势必影响反萃取级出口（亦即下一萃取级入口）萃取溶剂相的溶质浓度。从表 13-5 中可以看出，反萃率逐级呈下降趋势，当级数 $N\geqslant 5$ 时，萃取溶剂相经反萃取级后其溶质浓度不仅没有下降，反而上升，这势必影响下一萃取级的萃取效率。

表 13-5 逆流萃取逆流反萃取交替过程的逐级浓度[12]

溶质（P_2O_5）浓度/（g/L）	级数 i					
	1	2	3	4	5	6
x_i	205.9	190.6	183.2	177.3	163.1	105.5
y_i	74.9	69.4	66.7	64.5	59.4	38.4
y_i'	36.2	52.2	59.2	61.8	60.6	49.9
x_i'	38.8	56.0	63.5	66.2	65.0	53.5

为了弥补逆流萃取逆流反萃取交替过程的上述弱点，可以使用逆流萃取并流反萃取交替过程。仍以 DBSO 萃取磷酸为例，表 13-6 列出了逆流萃取并流反萃取交替过程的逐级浓度。比较 y_i 和 y_i' 可以看出，逆流萃取并流反萃取交替过程的反萃率是逐级上升的。这样，逆流萃取并流反萃取交替过程就克服了逆流萃取逆流反萃取交替过程的不足，提高了各级的传质推动力，其萃取效率明显提高。

若以文献［15］中 DBSO 萃取磷酸工艺的分离要求为标准，将浓度（以 P_2O_5 计）为 240g/L 的料液经多级萃取达到萃残液为 110g/L。那么，采用一般的多级逆流萃取过程需要 6 级萃取，采用逆流萃取逆流反萃取交替过程则需要 4 级；而采用逆流萃取并流反萃取交替过程只需 2 级萃取就可以基本满足分离要求（见表 13-7）。显而易见，在这种情况下，逆流萃取并流反萃取过程的优势是十分明显的。

表 13-6　逆流萃取并流反萃取交替过程的逐级浓度[12]

溶质（P_2O_5）浓度/（g/L）	级数 i					
	1	2	3	4	5	6
x_i	203.2	168.6	136.0	105.4	76.6	49.6
y_i	74.0	61.4	49.5	38.4	27.9	18.0
y'_i	61.3	49.4	38.3	27.8	18.0	8.7
x'_i	65.7	53.0	41.0	29.9	19.3	9.3

表 13-7　三种过程的逐级浓度比较[12]（DBSO 萃取磷酸工艺）

过　　程	逐级溶质（P_2O_5）浓度/（g/L）					
	x_1	x_2	x_3	x_4	x_5	x_6
一般的多级逆流萃取过程	237.1	231.7	221.9	203.9	170.9	110.6
逆流萃取逆流反萃取交替过程	205.3	187.2	167.8	108.6		
逆流萃取并流反萃取交替过程	174.3	112.8				

江玉明等[14,15]对萃取法净化磷酸及制取磷酸二氢钾进行了细致的实验研究，提出了采用二丁基亚砜（DBSO）萃取粗磷酸然后用水反萃取制备纯磷酸或用 KOH 反萃取制备磷酸二氢钾的工艺流程。该流程中的萃取过程采用通用的多级逆流萃取。根据前述的分析，在此工艺过程中采用逆流萃取并流反萃取交替过程可能是有优势的。

使用文献［15］中报道的粗磷酸料液浓度、相平衡关系和操作相比，利用原工艺六级萃取后再经三级反萃取，萃残液磷酸浓度（以 P_2O_5 计，余同）为 110.6g/L，萃取后的萃取溶剂相中磷酸含量为 86.3g/L，反萃取相出口浓度为 66.9g/L，过程总收率为 53.9%。如果用四级逆流萃取并流反萃取后，溶剂相再经一级 KOH 反萃取来实现，其总级数仍为九级。经计算，采用这一过程，萃残液磷酸浓度为 70.6g/L，萃取溶剂相出口浓度为 58.4g/L，并几乎完全被 KOH 反萃取成 KH_2PO_4，反萃取相出口浓度为 54.5g/L，过程总收率为 70.6%。通过比较可以看出，采用逆流萃取并流反萃取交替过程，可望获得更大的效益[12]。

13.3.2　增大相际总传质系数

液液萃取过程中，待分离溶质在两相中的化学位不同，发生由一相向另一相的物质传递。萃取过程中，待分离溶质在两相间传递，界面两侧的边界层流动状况对传质产生明显影响。当边界层中流体的流动完全处于层流状态时，只能通过分子扩散传质，传质速率很慢；当边界层中流体的流动处于湍流状态时，在湍流区内主要依靠涡流扩散传质，而在边界层的层流底层仍依靠分子扩散传质。

液液界面的传质是十分复杂的。工程计算中一般利用简化的模型来描述。最典型的模型就是基于双膜理论的模型。双膜理论模型假设传质过程是稳定的。两相接触时存在一个稳定的相界面，在界面两侧存在两个稳定的滞流膜层。在两相界面上传递的组分达到平衡，界面上无传质阻力。传质过程是由待分离溶质在滞流膜层内的分子扩散控制，整个过程的传质阻力存在于两层滞流膜内。

根据这些假设，两相的传质过程独立进行，所以，传质阻力具有加和性。双膜模型是一种简单、直观的传质模型，计算方法简便。因此，双膜模型在工程计算中得到了广泛的应用。

对于待分离溶质从水相主体到有机相主体的总传质速率 N 可以表示为总传质系数、总传质面积和传质推动力的乘积形式，总传质系数则由两相分传质系数求出：

$$N=K_{\mathrm{w}}A(x-x^{*})=K_{\mathrm{w}}aSL(x-x^{*}) \tag{13-13}$$

$$\frac{1}{K_{\mathrm{w}}}=\frac{1}{k_{\mathrm{w}}}+\frac{1}{mk_{\mathrm{o}}} \tag{13-14}$$

或

$$N=K_{\mathrm{o}}A(y^{*}-y)=K_{\mathrm{o}}aSL(y^{*}-y) \tag{13-15}$$

$$\frac{1}{K_{\mathrm{o}}}=\frac{1}{k_{\mathrm{o}}}+\frac{m}{k_{\mathrm{w}}} \tag{13-16}$$

式中，N 为总传质速率，mol/s；A 为两相接触面积，m^2；a 为两相传质比表面积，m^2/m^3；S 为萃取塔横截面面积，m^2；L 为萃取塔的有效高度，m；K_{w}和 K_{o}分别表示用水相溶质浓度和用有机相溶质浓度表示传质推动力时的总传质系数，m/s ；k_{w}和 k_{o}分别为水相和有机相的分传质系数，m/s；x 和 y 分别为水相和有机相的主体浓度，mol/m^3；x^{*} 和 y^{*} 分别为水相和有机相的平衡浓度，mol/m^3；m 为萃取平衡分配系数。

在萃取过程中，为了强化传质，总是使一相分散成液滴和另一相接触。例如，有机相（轻相）在水相（重相）中分散，形成大量液滴，在密度差作用下上升，在萃取塔顶部聚集、分相，澄清后的轻相从塔顶部排出。十分明显，决定萃取传质速率的总传质系数 K 和传质比表面积 a 与液滴群的行为是密切相关的，液滴群的行为又与系统的特性及操作条件有关。提高总传质系数 K 值，降低相际传质阻力可以用适当增加流速或增加外界输入能量等方法提高两相流的湍动程度，从而提高两相的分传质系数。

例如，在本书第 6 章提出了对不同的液滴内分传质系数的计算公式。比较停滞液滴内分传质系数的表达式、滞流内循环液滴分传质系数的表达式和湍流内循环液滴分传质系数的表达式，可以发现，随着液滴直径及液滴运动状况的变化，滞流内循环液滴分传质系数大约是刚性球液滴分传质系数的 2.7 倍；湍流内循环液滴分传质系数约为刚性球液滴分传质系数的 0.00057Pe 倍。

在填料萃取塔、筛板萃取塔、混合澄清槽及离心萃取器等实际萃取设备中，相际传质过程是比较复杂的。两相流体流经萃取器内部构件时会引起两相的分散聚并和强烈的湍动，传质过程和简单的分子扩散差别很大。在工程设计计算中，要将分布器设计及操作流速进行优化，使液滴运动状态处于湍流内循环液滴状态，就可以提高液滴内分传质系数，进而提高总传质系数 K 值。

K 值与体系的物理化学性质、设备结构和操作条件等因素有关。对于给定的体系和设备，提高总传质系数 K 值不仅可以适当增加流速，而且可以用增加外界输入能量等方法提高两相的分传质系数。

外场的介入可以强化传质，提高萃取过程的传质系数。一般而言，外场的介入对液液萃取过程的传质强化有两种途径：一种是通过某种外场的作用，产生较大的传质比表面积；另一种则是利用外场的作用在液滴内部或液滴周围产生高强度的湍动，从而增大滴内分传质系数或滴外分传质系数。研究结果表明，外场的加入对于这两种途径的实现都有着推动作用。需要提及的是，这两种途径的同时实现是相对困难的：一方面形成小的液滴才能提供较大的传质比表面积；另一方面小液滴在连续相中的运动速度较慢，难以在液滴内部或液滴周围产生较大的湍动。

例如，电场强化萃取过程的研究一直吸引着许多研究者的注意力。由于电场的加入，体系的物化性质、体系的传递特性及机理都有可能出现变化。通过对电场中两相流动行为的研究，发现电场强度和交变频率对液滴聚并和分散有着重要影响。电场的强化作用可以成倍地提高萃取设备的效率，其能耗大大降低，并实现无转动部件的液液混合等[16]。用于强化萃取过程的电场主要有静电场、交变电场和直流电场三种，将电能加到液液萃取体系中，能提高扩散速率，强化两相分散及澄清过程，从而达到提高分离效率的目的。

十分明显，作为静电场或交变电场介入的条件，液液萃取体系中的连续相导电能力可以较弱，但分散相液滴则需要具有较好的导电能力。在这类体系中加入高电场强度的电场，分散相的液滴直径、液滴在设备内的运动速度以及液滴的聚并都会发生变化，液滴与连续相之间的界面湍动状况也会受到较大的影响，总体效果是使传质速率得以提高。

电场的介入对液液萃取过程的强化机理大致可以从以下方面加以理解[17]。

① 在高电场强度电场的作用下，分散相液滴进一步破碎，增大了传质比表面积。

② 在电场力的作用下，导电能力较强的液滴在连续相中的运动速度发生变化，从而提高了滴内分传质系数或滴外分传质系数。

③ 在电场强度不够高的电场力作用下，有利于液滴的聚并，特别是小液滴的聚并速度加快，达到利用外加电场加速液滴聚并，缩短分相时间，减少两相夹带的目的。

13.3.3 增加相间传质面积

在萃取操作中，采用搅拌、脉冲等外界输入能量使一相在另一相中分散成微小液滴，可以增加两相接触表面积，对于一般的萃取分离体系，两相接触的比表面积可以达到500m^2/m^3。另外，在高电场强度电场的介入下，分散相液滴进一步破碎，增大了传质比表面积。值得注意的是，过细的液滴又容易造成夹带，使溶剂流失或影响分离效果。

膜萃取又称固定膜界面萃取。它是膜过程和液液萃取过程相结合的新的分离技术。与通常的液液萃取过程不同，膜萃取的传质过程是在分隔料液相和溶剂相的微孔膜表面进行的。例如，由于疏水微孔膜本身的亲油性，萃取剂浸满疏水膜的微孔，渗至微孔膜的另一侧。这样，萃取剂和料液在膜表面接触发生传质。从膜萃取的传质过程可以看出，该过程不存在通常萃取过程中的液滴的分散和聚合现象。过程的传质表面积主要由膜器提供的膜表面积决定。商用的中空纤维膜器可以提供10^3～10^4 m^2/m^3数量级的传质比表面积，大大超过了一般萃取过程的两相接触比表面积值。

液膜分离技术是一种快速、高效和节能的新型分离方法。十分明显，液膜分离技术和溶剂萃取过程具有很多的相似之处。液膜技术与溶剂萃取一样，其传质都是由萃取和反萃取两个步骤构成的。溶剂萃取中的萃取与反萃取是分步进行的，但是，在液膜分离过程中，萃取与反萃取是同时进行、一步完成的。液膜分离技术中经常使用的类型是乳状液膜。乳状液膜体系包括三个部分：膜相、内包相和连续相。乳状液膜是一个高分散体系，提供了很大的传质比表面积。待分离物质由连续相（外相）经膜相向内包相传递。大量细小的乳状液液滴与连续相之间巨大的传质表面积促进了液膜分离过程。更为细小的内相微滴使反萃过程的界面面积比萃取的界面面积高2～3个数量级，这是通常的液液萃取过程无法达到的。

然而，液膜分离过程往往把互相矛盾的条件交织在一起，例如，传质过程中需要的巨大传质表面积与液膜分离体系的泄漏和溶胀的矛盾、液膜分离体系的稳定性与传质过程结束时的静电破乳的矛盾等，因此，实现液膜分离过程的稳定操作比较困难。

针对乳状液膜分离过程的弱点，20世纪90年代初，将乳状液膜技术延伸发展，出现了微乳液膜技术。微乳液膜技术比乳状液膜技术有明显的优点。

微乳液（microemulsions）是由水（或者盐水）、油、表面活性剂和助表面活性剂在适当的比例下自发形成的透明或半透明、低黏度和各向同性的稳定体系。微乳液的粒径更小，表面积更大，具有更快的传质速率。同时，微乳液是热力学稳定体系，因此能形成稳定的微乳液膜，不会因颗粒聚结而导致相分离。微乳液体系的形成和破乳比较容易，例如，只要调节温度就可以使微乳立刻形成或破坏[18,19]。

Wiencek 和 Qutubuddin 比较了用乳状液膜技术和微乳液膜技术从含 Cu^{2+} 的水溶液中分离铜离子的效果[19]。配制的微乳液体系的组成（体积分数）为：65.5%癸烷，26.4%硫酸（30%的水溶液），6.5%DNP-8 以及 1.6%苯甲基丙酮，苯甲基丙酮作为络合剂加入。对比的乳状液膜组成（体积分数）：77%癸烷，18%硫酸（30%的水溶液），3%多元胺表面活性剂 ECA5025（Exxon 公司供应）以及 2%苯甲基丙酮。料液相为 1000mg/kg 的 $CuSO_4$ 水溶液，加入冰醋酸和醋酸钠将其调节成 pH＝6 的缓冲溶液。实验结果表明，使用微乳液膜时，铜的分离在 2min 内基本完成，并在 60min 内不发生泄漏现象；用乳状液膜时，同样的分离要求需要 10min 才能达到。这一结果说明了微乳液体系的微乳液滴的粒径更小，传质表面积更大，确实具有更快的传质速率。分离完成后将微乳液升温到 60℃破乳，测定水相中铜浓度为 6500mg/kg，达到了分离和浓缩的目的。

13.4 耦合技术及过程强化

13.4.1 过程耦合技术

广义地讲，过程耦合技术是将两个或两个以上的单元操作或单元过程有机结合成一个完整的操作单元，进行联合操作的过程。合理设计的耦合过程，对于提高过程的效率和经济性，开发环境友好过程都十分有效，而且可能获得单元操作或单元过程简单加和所无法得到的效果。因此，过程耦合技术的研究成为化工分离工程和化学反应工程的最为活跃的应用技术研究热点之一。

13.4.1.1 同级萃取反萃取耦合过程

分离过程与分离过程的耦合可以形成新的分离过程。新的分离过程可以减少分离能耗，简化分离过程，提高分离效率，降低生产成本。同级萃取反萃取耦合过程是一个典型的例子。

按照“场”、“流”分析的观点，优化设计多种“场”和多种“流”的迭加和耦合，可以产生新的强化过程。同级萃取反萃取耦合过程是多种“场”和多种“流”的耦合过程。液液萃取过程包括料液相及萃取相两个“流”，存在一个化学位“场”；反萃取过程则包括反萃相及萃取相两个“流”，存在一个化学位“场”。如果把萃取过程和反萃取过程“耦合”成为一个过程，这就是同级萃取反萃取过程。同级萃取反萃取过程是由三个“流”、两个“场”构成的。料液相、萃取相及反萃水相分别是三个液相“流”，同级萃取反萃取过程的萃取操作部分存在一个化学位“场”，反萃取过程同样存在一个化学位“场”，化学位的差异决定待分离溶质从料液相向萃取相转移，同时由萃取相向反萃水相传递，实现分离。待分离溶质不断地从料液相进入萃取相，又从萃取相进入反萃水相，并不在萃取相中发生积累。因此，萃取相中溶质浓度总是达不到与料液相平衡的浓度，萃取反萃同时进行、一步完成。同级萃取反萃取过程存在的相平衡状态则体现为料液水相、萃取相和反萃水相之间溶质的总的平衡。

萃取串级排列的比较可以表明[12]，同级萃取反萃取过程的优势是十分明显的。

采用逐级接触平衡级模型，分析同级萃取反萃取过程，料液水相与萃取溶剂相逆流萃取，萃取溶剂相与反萃水相并流反萃，萃取与反萃取在同一接触级内实现，属于同级逆流萃取并流反萃过程（如图 13-3 所示）。计算结果表明，同级萃取反萃取过程大大增加了过程的传质效率。

模型中假设两相在每一级充分接触达到平衡后，分别离开该级进入下一级。为了简便起见，做出如下假设：①萃取体系或反萃体系的两相完全不互溶，在萃取或反萃取过程中，各相体积流量的变化可以忽略，料液水相、萃取相和反萃水相的体积流量分别为 L_f、L_e 和 L_s（L/h）；②萃取体系或反萃体系的相平衡关系为线性，即 $y_i=D_f x_i$，$x'_i=D_s y_i$，x、y、x' 代表料液水相、萃取相、反萃水相中分离物质的出口浓度（mol/L），下标 i 表示第 i 级，D_f、D_s 分别为萃取分配系数和反萃取分配系数，各接触级的分配系数相等。定义萃取因子 $\varepsilon_f=L_e D_f/L_f$ 和反萃因子 $\varepsilon_s=L_s D_s/L_e$，且萃取溶剂入口处及反萃液入口处不含待分离溶质（即 $y_0=0$，$x'_0=0$）。

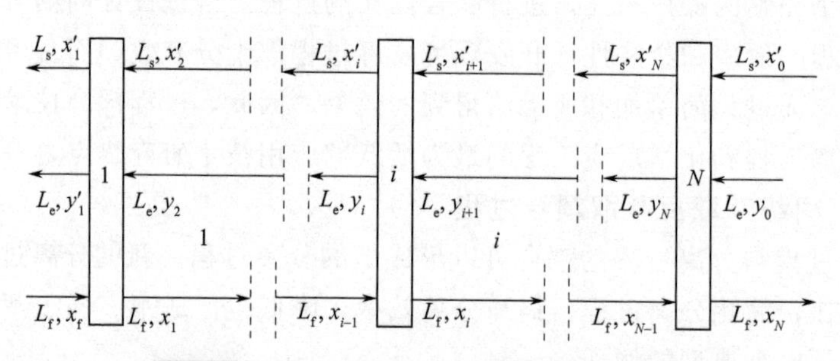

图 13-3 同级逆流萃取并流反萃过程示意图

对于同级逆流萃取并流反萃取过程，根据物料衡算关系式和相平衡关系，可以导出其逐级浓度分布的矩阵式：

$$\begin{pmatrix} -(1+\varepsilon_f+\varepsilon_f\varepsilon_s) & \varepsilon_f\varepsilon_s & & & & & \\ 1 & -(1+\varepsilon_f+\varepsilon_f\varepsilon_s) & \varepsilon_f\varepsilon_s & & & & \\ & \vdots & \vdots & \vdots & & & \\ & & 1 & -(1+\varepsilon_f+\varepsilon_f\varepsilon_s) & \varepsilon_f\varepsilon_s & & \\ & & & \vdots & \vdots & \vdots & \\ & & & & 1 & -(1+\varepsilon_f+\varepsilon_f\varepsilon_s) & \varepsilon_f\varepsilon_s \\ & & & & & 1 & -(1+\varepsilon_f+\varepsilon_f\varepsilon_s) \end{pmatrix}$$

$$\begin{pmatrix} x_1 \\ x_2 \\ \vdots \\ x_i \\ \vdots \\ x_{N-1} \\ x_N \end{pmatrix} = \begin{pmatrix} -x_f \\ 0 \\ \vdots \\ 0 \\ \vdots \\ 0 \\ 0 \end{pmatrix} \tag{13-17}$$

可以看出，式（13-17）逐级浓度分布的方程组系数矩阵是三对角阵，可以使用高斯消去法或序贯求解法计算出同级逆流萃取并流反萃取过程的逐级浓度，其中，料液水相的逐级浓度为：

$$\begin{aligned} x_i &= \frac{E^{N+1-i}-1}{E^{N+1}-1}x_f \\ x_N &= \frac{E-1}{E^{N+1}-1}x_f = \frac{1}{1+E+E^2+\cdots+E^N}x_f \\ E &= \varepsilon_f+\varepsilon_f\varepsilon_s \end{aligned} \tag{13-18}$$

对比式（13-18）和式（13-7），对于通常的多级逆流萃取过程，若ε_f很小，则萃取分离的效果难以实现。但对于同级逆流萃取并流反萃取过程，若ε_f很小而ε_s较大时（如液膜脱酚过程），则$\varepsilon_f+\varepsilon_f\varepsilon_s$可能达到某个相当大的值而使料液浓度逐级下降，实现高效的分离。

同级萃取反萃取过程是一个很有潜力的耦合过程。需要提及的是，设计多“流”的耦合过程时，不同体相的流在过程中必须是可以分隔开的。一个萃取过程的萃取相（油相）与料液相（水相）是可以分隔开的。然而，设计萃取/反萃取耦合的多“流”过程，就必须考虑料液相（水相）与反萃相（水相）的分隔。这在一般的操作条件下是难以做到的。膜技术的出现，使萃取/反萃取耦合过程的设计成为可能。从这一简单事例可以看出，膜及膜技术的研究促进了过程耦合技术的发展。

同级萃取反萃取过程的实现形式主要包括乳状液膜过程、支撑液膜过程和中空纤维封闭液膜过程。

液膜分离过程是特殊的萃取反萃取耦合过程。通常认为，该过程是一类具有非平衡特征的传递过程，很少讨论其达到相平衡时的情况。实际上，同级萃取反萃取过程也应该存在相平衡状态。例如，按一定相比配制油包水（W/O）型乳状液，将其分散到含有待分离溶质的连续水相中，采用间歇操作的方式，可以获得连续水相中待分离溶质浓度随时间的变化曲线。这一浓度曲线随时间的延长呈下降趋势，并趋于一个浓度的恒定值（可能是一个很低的浓度恒定值）。这表明，像液膜分离这样的同级萃取反萃取过程，同样存在平衡性质的讨论问题。

以乳状液膜分离的间歇操作过程为例，可以简化绘出同级萃取反萃取过程的单级接触模型，如图13-4所示。假设左侧相为料液水相，体积为 V_f（L），待分离溶质的初始浓度为 x_f(mol/L)，平衡条件下待分离溶质浓度为 x_1（mol/L）；中间相为膜相，体积为 V_m（L），待分离溶质的初始浓度为 y_0（$y_0=0$mol/L），平衡条件下待分离溶质浓度为 y_1（mol/L）；右侧相为膜内相，体积为 V_s（L），待分离溶质的初始浓度为 x'_0($x'_0=0$ mol/L)，平衡条件下待分离溶质浓度为 x'_1(mol/L)。

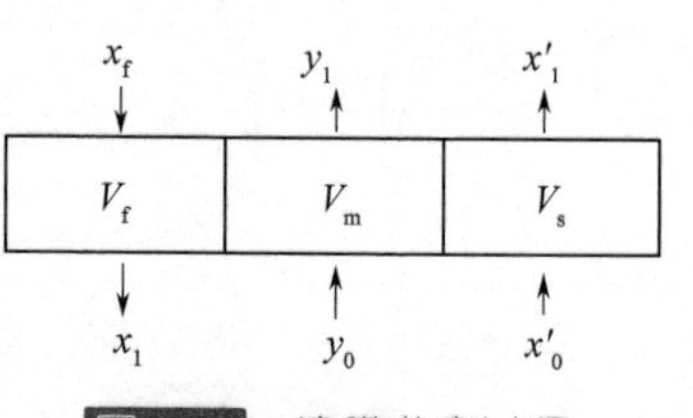

图13-4 液膜分离过程的单级接触模型

以乳状液膜脱除溶液中的苯酚为例，讨论膜相无迁移载体的液膜分离体系的平衡关系。一般而言，这一体系的膜相是由惰性溶剂（如加氢煤油）和表面活性剂构成的。苯酚在加氢煤油和水之间的萃取平衡分配系数值 D' 为0.11[20]。从萃取机理的分析可以知道，加氢煤油仅仅萃取分子形态的苯酚，而对解离后的苯酚负离子没有溶解能力。如果考虑苯酚的解离平衡，苯酚在两相的分配系数 D 表示为

$$D=\frac{[\overline{\mathrm{PhOH}}]}{[\mathrm{PhOH}]+[\mathrm{PhO^-}]}=\frac{D'}{1+10^{\mathrm{pH}-\mathrm{p}K_a}} \tag{13-19}$$

式中，PhOH代表分子型态的苯酚，PhO^-代表解离后的苯酚负离子，pK_a代表苯酚解离平衡常数的负常用对数值，上划线代表有机相中的型态。

从式（13-19）中可以看出，加氢煤油萃取苯酚有明显的pH摆动效应[21]，当pH接近或大于 pK_a时，萃取平衡分配系数 D 值明显下降，这就是利用碱反萃苯酚的依据。

按照上述分析，在乳状液膜脱除苯酚的同级萃取反萃取过程的单级接触模型中，萃取平衡分配系数 D_f可表示为：

$$D_f=\frac{[\overline{\mathrm{PhOH}}]_m}{[\mathrm{PhOH}]_f+[\mathrm{PhO^-}]_f}=\frac{y_1}{x_1}=\frac{D'}{1+10^{\mathrm{pH}_f-\mathrm{p}K_a}} \tag{13-20}$$

式（13-20）中，$[\mathrm{PhOH}]_f$、$[\mathrm{PhO^-}]_f$和$[\overline{\mathrm{PhOH}}]_m$分别代表平衡料液水相中分子形态的苯酚浓度、苯酚负离子浓度和膜相苯酚浓度，pH_f为平衡料液水相中

[H^+] 的负常用对数值。反萃取平衡分配系数为 D_s 可表示为：

$$D_s=\frac{[PhOH]_s+[PhO^-]_s}{[\overline{PhOH}]_m}=\frac{x_1'}{y_1}=\frac{1+10^{pH_s-pK_a}}{D'} \tag{13-21}$$

式（13-21）中，$[PhOH]_s$、$[PhO^-]_s$ 和 $[\overline{PhOH}]_m$ 分别代表平衡条件下膜内相中分子形态的苯酚浓度、苯酚负离子浓度和膜相苯酚浓度，pH_s 为平衡条件下膜内相中 [H^+] 的负常用对数值。

对同级萃取反萃过程的单级接触模型进行物料衡算：

$$V_f x_f=V_f x_1+V_m y_1+V_s x_1' \tag{13-22}$$

或

$$x_f=x_1+\frac{V_m D_f}{V_f}x_1+\frac{V_m D_f}{V_f}\frac{V_s D_s}{V_m}x_1 \tag{13-23}$$

定义萃取因子 $\varepsilon_f=\frac{V_m D_f}{V_f}$，定义反萃因子 $\varepsilon_s=\frac{V_s D_s}{V_m}$，则式（13-23）可改写为：

$$\frac{x_1}{x_f}=\frac{1}{1+\varepsilon_f+\varepsilon_f\varepsilon_s} \tag{13-24}$$

对一个实验研究的实例[22]进行计算，其中，料液水相苯酚初始浓度为 0.00745mol/L（700mg/L），膜相苯酚初始浓度为 0，膜内相苯酚初始浓度亦为 0，膜内相 NaOH 初始浓度为 0.25mol/L，乳水比（V_m+V_s）/V_f 为 0.2，膜内比 V_m/V_s 为 1.5。由于平衡料液水相的 pH<7，明显小于苯酚的 pK_a 值（$pK_a=9.99$），因此根据式（13-20）可以估算，$D_f \approx D'=0.11$。另外，平衡条件下膜内相的 pH_s 可以用下式估算：

$$[OH^-]_s=[OH^-]_s^0-x'_1\approx[OH^-]_s^0-\frac{V_f}{V_s}x_f \tag{13-25}$$

$$pH_s=14+\lg[OH^-]_s \tag{13-26}$$

式（13-25）及式（13-26）中，$[OH^-]_s^0$ 为膜内相中 [OH^-] 的初始浓度，$[OH^-]_s$ 为平衡条件下膜内相中 [OH^-] 的浓度。

按照式（13-25）及式（13-26），可以估算平衡条件下膜内相中 [OH^-] 的浓度为 0.157mol/L，pH 值约为 13.2。根据式（13-21）、式（13-26）可以计算出反萃取平衡分配系数 D_s 为 1.475×10^4、平衡条件下料液水相苯酚浓度 x_1 为 5.69×10^{-5} mol/L（5.35mg/L）。这一结果与实验研究的分离残液苯酚浓度数据（5mg/L）基本相符[22]。十分明显，尽管苯酚在加氢煤油和水之间的萃取平衡分配系数仅为 0.11，但是，以煤油作膜溶剂的液膜分离过程的单级萃取率就可以达到 99.2%以上，反映出作为同级萃取反萃取过程的强化效果。

值得提及的是，保持膜内相中足够量的 NaOH，即维持平衡条件下膜内

相的 $pH_s \gg pK_a$ 是液膜分离达到高效率的必要条件。例如，在其他的操作条件不变的情况下，料液水相苯酚初始浓度升高至 0.0197 mol/L（1850mg/L），则平衡条件下膜内相中［OH^-］的浓度为 0.004mol/L，pH 值约为 11.6，反萃取平衡分配系数为 D_s 为 379.4，平衡条件下料液水相苯酚浓度 x_1 为 4.46×10^{-3} mol/L（418.6mg/L），液膜分离的单级萃取率仅为 77%。若提高单级萃取率，则需要提高膜内相 NaOH 的初始浓度。

13.4.1.2 萃取发酵耦合过程

分离过程与反应过程的耦合可以形成新的过程，这种新过程特别适用于强化各种可逆反应过程及存在产物抑制作用的反应过程等。

分离过程与反应过程耦合的主要特点在于[23,24]：反应产物不断地移出可以消除化学反应平衡对转化率的限制，最大限度地提高反应转化率；若连串反应的中间反应产物为目标产物时，中间产物的连续移出，可避免发生连串反应，提高反应的选择性和目标产物的收率；生物反应和产物分离过程的耦合可以实现高底物浓度的发酵或酶转化，消除或减轻产物对生物催化剂的抑制，提高反应速率，延长生产周期；产物不断地移出可以部分地或全部地省去产物分离过程及减少未反应物的循环，简化工艺流程。

萃取发酵耦合过程是典型的反应与分离的耦合过程，是用于减少产物抑制的有效技术。例如，丁醇可以通过葡萄糖的厌氧发酵制得，但在反应中，产物丁醇本身是一种抑制剂，1%～2%的丁醇就会抑制微生物的发酵反应。如果能在反应过程中不断将反应产物丁醇从料液中移出，减少对过程的抑制作用，就会加快反应速度，提高过程收率。又如，与控制 pH 的一般发酵过程相比较，乳酸萃取发酵过程的转化率可以提高 1.12～1.25 倍，产率可以提高 1.4～5.0 倍[25～28]。对于有副产物的发酵过程，萃取发酵耦合过程还可以提高反应的选择性，增大产物对副产物的比率[29]。对于有机羧酸的萃取发酵过程，采用萃取技术提取产物有机羧酸的方式代替一般发酵过程的钙盐法分离方式，既保持了发酵罐中较为恒定的 pH 值，也减少了化学品的消耗和污染。

按照“场”、“流”分析的观点，萃取发酵耦合过程涉及两个“流”和两个“场”。发酵过程至少涉及一个“流”，即反应物料的液相流，涉及反映着组分化学亲和力的一个化学位“场”。萃取过程则涉及反应物料的液相和萃取溶剂相两个“流”，同样涉及一个化学位“场”，决定产物在反应物料的液相和萃取溶剂相间的分配。萃取发酵耦合过程属于多“流”多“场”的耦合过程，优化和调控“流”和“场”的作用，可以达到过程强化的目的。

萃取发酵耦合过程是生产有机羧酸类、醇类的发酵过程和溶剂萃取过程有机结合的新过程。萃取发酵耦合过程必然反映出原有过程的迭加特征。

(1) 发酵过程 pH 值大于产物酸的 pK_a 值　在许多发酵反应过程中，过程的转化率受到反应产物的抑制。具体地说，微生物的生长率与生成的产物有关，反应产物的浓度越高，微生物的增长速度会越低，即产物的生成对反应过程的进一步进行起到了阻碍作用，抑制了过程转化率的提高。

生产有机羧酸的发酵过程是典型的产物抑制型发酵过程。发酵液中产物的浓度比较低，通常情况下，产物的浓度低于10%（100g/L）。在用乳酸发酵生成醋酸的生物反应过程中，醋酸的生成限制了细胞的生长，并延长了发酵的时间[30]。

进一步探讨生产有机羧酸的发酵过程中的产物抑制机理，可以发现，未解离的有机羧酸产生的抑制作用远大于羧酸根离子的抑制作用。例如，葡萄糖发酵生产乳酸工艺过程的研究表明，在微生物生长过程中，乳酸产物的抑制影响与乳酸的存在形式有密切关系。Yabannavar 和 Wang[31]研究了 *Lactobacillus delbrucckii* 乳酸发酵过程动力学，提出微生物生长率 μ（h^{-1}）可以用如下的关联式来表述：

$$\mu=\frac{0.52S}{0.000056+S}\left(1-\frac{[A^-]}{0.94}\right)\exp\left(-\frac{[HA]}{0.023}\right) \tag{13-27}$$

式中，S 为发酵原料中的葡萄糖浓度；[HA]、$[A^-]$ 分别为乳酸自由分子和乳酸根离子的浓度。十分明显，未解离的乳酸自由分子对微生物生长产生的抑制作用大于乳酸根离子的抑制作用。

由于未解离的有机羧酸产生的抑制作用远大于羧酸根离子的抑制作用，发酵过程一般在 pH 值大于产物酸的 pK_a 值的发酵条件下进行。维持最佳的 pH 值条件是生产乳酸、丁二酸和醋酸的发酵过程中重要的工艺要求。例如，生产乳酸的发酵过程中，pH 值大于 4.00，而生产醋酸的发酵过程中，pH 值为 6.50。

（2）满足 $pH>pK_a$ 的条件下的萃取　一般萃取剂主要萃取未解离的有机羧酸自由分子，为了达到明显的萃取效果，需要相对较低的 pH 值条件。

在 $pH>pK_a$ 的条件下，有机羧酸主要是以盐的形式存在于水溶液中。由于物理萃取过程和大多数的化学萃取过程中萃取的对象是自由酸分子。因此，有机羧酸萃取平衡分配系数在 pK_a 值附近随 pH 值的增大而迅速减小。与一般条件下的萃取分离效率相比较，$pH>pK_a$ 条件下的萃取率比较低。这里，存在着一个矛盾，即有机羧酸萃取过程要求 $pH<pK_a$，生产有机羧酸的发酵过程却需要满足 $pH>pK_a$ 的条件。因此，寻求在较高 pH 条件下具有较好的萃取能力且易于再生的萃取剂是十分重要的。

研究表明，随着络合剂表观碱度的增大，反应萃取平衡常数也随之增大，就可能在 $pH>pK_a$ 条件下对待分离组分提供一定的萃取能力。图 13-5 给出了乳酸初始浓度为 0.1mol/L，络合剂初始浓度为 0.3mol/L，萃取油水相比为 1∶1 的情况下，萃取平衡分配系数 D 与体系平衡 pH 值的关系。十分明显，随 pH 值的增大，D 值呈现下降的趋势，特别是在乳酸的 pK_a（$pK_a=3.86$）

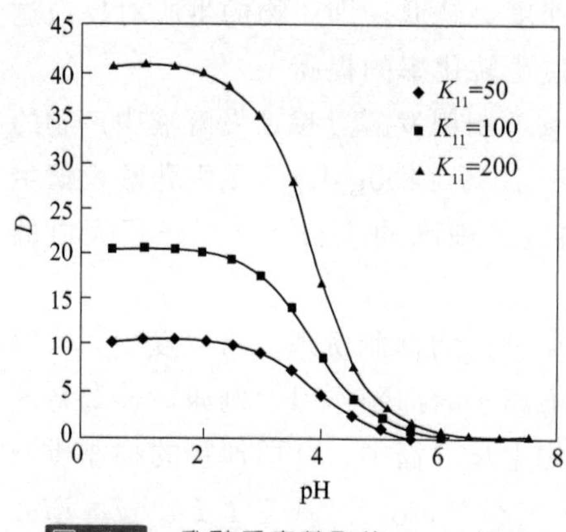

图 13-5 乳酸反应萃取的 D-pH 关系

附近，D 值的下降十分迅速。另外，随反应萃取平衡常数 K_{11} 的增大，D-pH 曲线向图的右上方偏移。例如，如果需要达到的分配系数 D 值为 5，对于反应萃取平衡常数 K_{11} 的取值为 50、100、200 的体系，其水相平衡 pH 值分别为 3.92、4.37 和 4.74。可见，选取一种具有足够强碱性的络合萃取剂，可以保证在 pH>pK_a 的条件下对待分离组分提供一定的萃取分离能力。

显而易见，当有机羧酸被提取后，溶液的 pH 值将会提高。根据有机羧酸的解离平衡关系式，可以得到溶液的 pH 值与提取量的关系。随初始 pH 值的增大，有机羧酸的提取量对 pH 值变化越敏感，即在相同的萃取平衡 pH 值条件下，起始 pH 值高时的提取量较低。由于 pH 值随提取量的增大而增大，故总的提取量与起始的 pH 值有关，采用多级萃取的方法提高萃取量是不可行的。

根据已有的文献报道[32]，在 pH>pK_a 条件下，碱性络合萃取剂萃取有机羧酸的过程可以获得较好的萃取效果。在低的平衡浓度下，碱性萃取剂和吸附剂（如 Alamine 336 或 Adogen 283）可以提供比较合适的自由酸的提取量，获得较大的萃取平衡分配系数，但是，考虑到溶剂的再生，萃取剂或吸附剂的碱性不应太强。另外，利用电萃取或双极性膜分离，可以将水中的盐溶液通过双极性离子交换膜分解还原为形成盐的酸和碱，如有机羧酸的钠盐可转化为有机羧酸和氢氧化钠。目前，这一方法已成功地用于丙酸的萃取发酵实验中[33]。

（3）萃取剂的生物相容性　由于发酵液中通过菌株的代谢产酸，萃取过程不应破坏菌株的生长，必须考虑萃取剂的生物相容性，也可以采用不同的操作方式，如细胞固定化、中空纤维膜萃取、弱碱性树脂或离子交换树脂等，防止发酵菌株与溶剂在相水平上的直接接触，避免萃取剂的毒性对菌株生长的影响。这是萃取发酵过程与一般萃取过程的重要差别所在。

针对萃取发酵体系的特点，萃取剂的选择不但要考虑能否提供较大的萃取能力，而且还必须注意选用萃取剂的生物相容性，即萃取剂的毒性对发酵过程中菌株生长的影响。这是萃取发酵耦合过程中萃取剂选择的重要特点。

采用胺类萃取剂的络合萃取过程，可以有效地分离有机羧酸的稀溶液，获得较好的效果，即使在较高的 pH 值（pH>pK_a）的条件下，仍可满足在线提取发酵产物的要求[32,34]。Solichien 等[35]以丙酸发酵为对象开展了胺类萃取剂、磷氧类萃取剂及稀释溶剂对丙酸发酵菌株生长率影响的实验研究。实验研究结果表明，直接加入萃取剂时，胺类萃取剂或胺类萃取剂/稀释剂均对丙酸菌株生长有较大影响；TOPO/煤油加入后的检测数据表明，对丙酸菌株生长基本上无毒性作用。

萃取剂的生物相容性只反映了溶剂与菌株直接接触对其生长的影响，改变接触方式或操作方式会削弱萃取剂对菌株生长的影响[33,35,36]。Yabannavar等[36]以乳酸发酵过程为对象，开展了溶剂对菌株毒性机理的研究。结果表明，溶剂的毒性对细胞生长的影响有两条途径：①溶剂的夹带部分；②溶剂的溶水部分。固定化细胞床可有效地阻止夹带溶剂与细胞的接触；固定化细胞床层中加入大豆油可以捕捉扩散进入床层的溶剂的溶水部分，以缓解溶剂对菌株的毒性作用。所以，在萃取发酵过程中可以使用毒性较大、萃取效率较高的溶剂，但需要通过细胞固定化等操作方式，削弱萃取剂毒性对细胞生长的影响，实现萃取发酵的过程。Gu等[33]也获得了类似的研究结果。Solichien等[35]认为，在萃取发酵过程中，萃取过程采用中空纤维膜器，不但可以提高传质面积，减小乳化，而且可以减小溶剂的夹带，削弱溶剂毒性对发酵过程的影响[35,37～39]。另外，采用进一步处理萃残液的方法，去除溶解或夹带进入的溶剂，然后再循环回注至发酵罐内，也是一种缓解溶剂毒性作用的较好方法[38]。

总之，萃取发酵过程的实施关键在于，在较高pH条件下、极性有机物稀溶液环境中，寻求萃取剂较强的萃取能力、萃取剂再生的经济性和萃取剂生物相容性的结合，提高过程的总体效率。从20世纪80年代中到现在，萃取发酵过程已经用于有机羧酸、醇类的发酵过程，并先后进行了萃取剂的选择、萃取剂的毒性对细胞生长的影响和操作条件的优化等方面的研究工作。目前，在萃取发酵中使用的分离方法可以分为双水相萃取、中空纤维膜萃取、离子交换树脂吸附和带有可逆络合反应的溶剂萃取等。

13.4.1.3 膜技术与过程耦合

近年来，膜及膜技术的研究进展推动了耦合技术的发展，将膜过程与传统的分离过程或反应过程结合起来，形成新的耦合膜过程，如膜萃取过程、膜蒸馏过程、膜吸收过程、渗透汽化过程、膜生物反应过程。膜耦合过程已经成为过程耦合技术的发展方向之一[40]。

膜过程与反应过程的耦合可以形成膜反应过程。膜反应过程可以分为两种形式。一种形式是膜介质只具备分离功能，例如，亲和-膜过滤过程，或者膜装置作为独立的分离单元与反应器联合操作；另一种形式是膜既具备分离功能，同时又作为反应器壁或催化剂载体具备催化功能，如酶膜反应器、亲和膜色谱等[41]。

过程耦合技术是实现过程强化的有效途径。过程耦合技术的实施可以使设备简化、流程缩短、能耗降低，同时提高转化率和选择性，过程耦合技术是强化过程、提高生产能力和过程效率的重要措施。

13.4.2 化学作用对萃取分离过程的强化

重视化学作用的影响，在分离过程中引入化学作用或利用化学因素调控“场”的相对强度，是分离过程强化的另一个有效途径。引入化学作用或利用化学因素调控“场”的相对强度主要是通过新型分离剂的制备、选择及优化，利用促进剂强化相界面传质两个方面的工作来实现的。

对于萃取分离过程，降低过程的能耗，提高过程的选择性和分离设备的效率，最直接的方法就是设法增大过程的萃取分离因子。引入化学作用或利用化学因素调控“场”的相对强度，是增大过程萃取分离因子的有效手段。这方面工作的关键在于制备、选择合适的萃取剂，并利用影响萃取分离因子的其他添加组分来优化萃取剂的组成。当然，考虑分离过程效率的同时还必须考虑萃取剂的回收及循环使用的问题。若引入的化学作用太强，会使待分离组分与萃取剂生成较为稳定的共价化合物，这样不仅使萃取剂回收的难度加大，而且会使过程的总能耗增加。比较适宜的方法是利用键能较小的可逆络合反应的作用。

许多研究者[42,43]对稀醋酸溶液的络合萃取进行了系统的研究工作，尤其是集中研究了胺类络合剂和中性含磷络合剂对稀醋酸的络合萃取性能。

研究表明，随着磷氧类溶剂分子中烷氧基为烷基取代，其提供的分配系数值增大。三丁基氧膦对醋酸可提供的分配系数达 4.5。三辛基氧膦也可提供相当高的分配系数，且水中溶解度低（小于 1mg/L）、萃水量小。

与磷氧类络合剂相比，胺类络合剂具有价格低和萃取效率高的特点。三辛胺（TOA）是强 Lewis 碱，但是纯 TOA 对乙酸提供的分配系数 D 值并不理想。这主要是由于胺类萃取剂本身并不是它与醋酸形成的萃合物的良好溶剂。极性稀释剂的加入改善了叔胺对醋酸的萃取能力。King 等[42]认为醇作为叔胺的稀释剂能提供最高的分配系数，其次是酮和氯仿。

戴猷元等[43]采用煤油为稀释剂，正辛醇为助溶剂分别对磷酸三丁酯（TBP）、三烷基氧膦（TRPO）、三辛胺（TOA）等络合剂萃取醋酸进行了实验研究，比较了它们的萃取性能。从实验数据可以看出，正辛醇本身对稀醋酸提供的分配系数也很低。然而，以正辛醇为助溶剂，煤油为稀释剂，与 TOA 按一定比例配制的萃取剂可以提供比 100%TOA 大得多的分配系数。TRPO 与 TBP 相比较，与 P 原子相连的烷氧基由烷基完全取代，从而增强了 P═O 上氧原子的氢键缔合能力。因此，三烷基氧化膦（TRPO）可以提供相当大的相平衡分配系数，25%TRPO+煤油仍可以提供 2 左右的分配系数。

磷酰胺类化合物尝试作为有机羧酸的络合萃取剂，是从有机化学电子理论的诱导效应和共轭效应出发推断的。如果对有机胺类实施磷酰基化，通过氮原子对磷氧键的影响，可以改变氧原子的电负性，影响其对有机羧酸的键合能力。杨义燕等[44]以醋酸稀溶液为分离对象，利用合成的 6 种磷酰胺类化合物作络合剂，与正辛醇和煤油组成混合溶剂，研究了混合溶剂对醋酸稀溶液的萃取相平衡，分析了磷酰胺类化合物萃取醋酸的机理，探索强化萃取分离过程的新途径。

实验结果表明，二正丁基磷酰环己胺萃取醋酸的分配系数高于相同物质的量浓度的磷酸三丁酯（TBP）分配系数的相应值，这说明氮原子对磷氧键的影响，可以改变氧原子的电负性，影响萃取剂对醋酸的键合能力。含有不同取代基的磷酰胺萃取醋酸稀溶液的分配系数 D 值随水相平衡醋酸浓度的变化趋势是相似的，但其 D 值的大小不同。依据有机化学电子理论，磷酰胺类化合物的—P—N—结构中，P—N 之间除了一个 σ 键相连外，还有一个由氮原子的 2p 电子与磷原子的 3d 空轨道形成的 π 键，p-π 共轭可以使磷酰基上的氧原子的电子云密度有所提高，从而增强了氧原子的配位能力，提高了磷酰胺对醋酸的萃取能力。很显然，这种相互作用的影响是与被磷酰化的胺类的氮原子上孤对电子的亲核性密切相关的。

对于有机物稀溶液的萃取过程，研究和发展新的络合萃取剂，用高效的、高选择性的“络合萃取”取代以“相似相溶”为基础的“物理萃取”，成为稀溶液分离的重要研究方向。这里，选择适当的络合剂、助溶剂和稀释剂，优化络合萃取剂的各组分的配比是络合萃取过程高效实施的重要环节。

利用促进剂强化相界面传质，是利用化学作用、强化萃取过程的另一方面的工作。促进剂类似于非均相反应中的相转移催化剂，促进剂的引入可以实现相界面的促进迁移过程。

例如，在乳状液膜过程中，膜相可以添加流动载体，实现促进迁移，利用化学作用强化过程的传质效率。以乳状液膜分离苯丙氨酸溶液为例，膜相存在迁移载体——二（2-乙基己基）磷酸（P204），虽然，P204 萃取分离苯丙氨酸体系的萃取平衡分配系数仅为 0.108，但液膜分离的单级萃取率可以达到 58.08%，富集倍数为 13.3 倍，这充分体现出促进迁移可以明显地强化传质效率[7]。由于促进迁移的作用，液膜分离过程的传质速率明显提高，甚至可以实现溶质从低浓度向高浓度的传递。液膜分离技术往往使分离过程所需级数明显减少，而且大大节省萃取剂的消耗量，使之成为分离、纯化与浓缩溶质的重要手段。

又如，用酮肟为萃取剂回收废催化剂中的铂时，若加入醇为促进剂，就可以加快过程的传质速率，提高萃取率。

需要强调的是，调控化学作用的大小，优化萃取剂的组成，弄清促进剂的加入对相界面传质速率的影响，对于萃取分离过程的强化是很有理论意义和实用价值的研究工作，需要做出进一步的努力。

其他有关化学作用对萃取分离过程强化的内容可参阅相关文献 [41]。

13.4.3 附加外场对萃取分离过程的强化

为了提高化工分离过程的分离效率，可以利用外场强化过程，例如，在传统分离过程中使用机械能或热能来强化传质。随着人们对电场、光能、超声场、磁场以及微波等外场性质的深入认识，将这些外场应用到化工分离过程中已经成为可能。将传统的分离技术与外场结合，可以形成一些适应现代分离要求的新型分离技术。

按照“场”、“流”分析的观点，通过施加外场的方式来调控“流”和“场”的作用，可以强化分离过程。一般的液液萃取过程包括料液相及萃取相两个液相“流”和一个化学位“场”，化学位的差异决定待分离溶质在料液相和萃取相间的分配。在液液萃取过程中，两相间必定存在明显的界面，通过外场的加入，改变两个“流”之间的相对运动，促进相界面的湍动，或影响某一主体相在另一主体相内的分散，可以调控过程的传质比表面积和传递过程阻力，达到强化传质的目的。

对萃取过程附加的外场有许多种，如离心力场、电场、超声场、磁场、微波等，其中研究较多是离心力场、电场、超声场及微波[45～47]。

在液液萃取过程中最早利用的外场是离心力场。在生物制品和医药工业中，为了保证产品的生物活性，许多分离过程要求液液两相接触传质在很短的时间内完成，这就要求有特殊的萃取分离设备——离心萃取器。离心萃取设备是借助于离心机产生的离心力场实现液液两相的接触传质和相分离的，这一强化技术已经被广泛应用。

电场强化萃取过程的研究一直吸引着许多研究者的注意力。由于电场的加入，体系的物化性质、体系的传质特性及机理都有可能出现变化。电场的强化作用可以成倍地提高萃取设备的效率，其能耗大大降低，并实现无转动部件的液液混合等[48]。因此，探索电场对萃取过程的强化机理，充分合理地利用电场强化传质分离的优势，是十分重要的。

本章前面的内容已经述及，用于强化萃取过程的电场主要有静电场、交变电场和直流电场三种。将电能加到液液萃取体系中，能提高扩散速率，强化两相分散及澄清过程，从而达到提高分离效率的目的。

超声场强化萃取过程则是将超声场加入到萃取或浸取体系中。超声场的介入不仅像热能、光能、电能那样以一种能量形式发挥作用，降低过程的能垒，而且声能量与物质间存在一种独特的相互作用形式——超声空化。

所谓超声空化是指存在于液体中的微气核（空化核）在超声场的作用下振动、生长和崩溃闭合的过程。超声空化可以看成是聚集声能的作用方式，当气核聚集了足够高的能量崩溃闭合时，在气核周围产生局部高温高压。根据对声场的响应程度，超声空化分为稳态空化和瞬态空化两种类型。稳态空化是一种寿命较长的气泡振动，一般在较低的声强（小于10W/cm）时产生，气泡崩溃闭合时产生的局部高温高压，不如瞬态空化时高，但可以引起声冲流。瞬态空化一般在较高声强（大于10W/cm）时发生，在1～2个周期内完成，空化气泡内气体或蒸汽可被压缩而产生1000℃的高温和50MPa的局部高压，伴随着发光、冲击波，在水溶液中产生自由基OH·等。有关超声空化的研究还表明，靠近液固界面的超声空化，其气泡崩溃时形成微射流，或对固体表面产生损伤（凹蚀），或能使微小的固体颗粒间产生高速碰撞。正是由于超声能量与物质间的特殊作用形式，使得超声在某种程度上可以加快传质速率或化学反应速率，达到过程强化的目的。

对“超声空化”作用的认识，为人们探究超声场强化分离过程的机理提供了基础依据。同时，针对分离过程的实际特征，正确地把握声能量与物质间独特的相互作用形式，从化学工程的角度分析超声场的附加效应，才可能使机理性研究有的放矢、不断深入，发挥出指导性作用。秦炜等[49]进行了国内外有关超声场强化化学化工过程的文献调研，并开展了超声场强化分离过程的实验研究工作。针对液液萃取分离体系及固液浸取分离体系的质量传递特性，分析声能量与物质相互作用的形式。结合液液萃取过程和固液浸取过程的传质特征以及前人关于超声场化学效应的研究基础，秦炜等人重新划分了超声场强化分离过程的四个附加效应，即湍动效应、微扰效应、界面效应和聚能效应。超声空化引起了湍动效应、微扰效应、界面效应和聚能效应，其中湍动效应使边界层减薄，微扰效应强化了微孔扩散，界面效应增大了传质表面积，聚能效应活化了分离物分子，从而整体强化了萃取分离过程的传质速率和分离效果[49～54]。

随着外场强化萃取过程研究工作的发展，超声场的“超声空化”等特殊性质及超声强化萃取（浸取）过程也受到众多研究者的关注。

微波辅助萃取过程是一种很有潜力的萃取技术，它在传统萃取工艺的基础上通过引入微波，达到提高过程的萃取速率和萃取率的目的[55,56]。

微波是一种频率在300MHz～300GHz的电磁波，它具有波动性、高频性、热特性和非热特性。萃取体系中引入微波，其“激活作用”，使分离物中的被萃取物分子“激活”，与分离物基体快速分离；微波对极性分子物质产生的热效应，使体系温度迅速升高，使被萃物分子的扩散系数增大，实现较高的萃取率；微波可以对固液浸取体系中的固体表面的液膜产生一定的微观“扰动”，使其减薄，减小扩散过程中的阻力。另外，微波对细胞能产生效应，使细胞内部温度迅速升高，且压力增大，当压力超过细胞壁的承受限度时细胞壁破裂，使细胞内部的物质从细胞中释放出来，传递转移到溶剂中。用微波辅助萃取，可以强化萃取分离过程。微波辅助萃取过程已经在环境分析、生化分析、食品分析、化工分析、天然产物以及挥发油、醇类物质等的提取过程中获得应用[57]。

其他有关附加外场强化萃取分离过程的内容可参阅相关文献［41］。

总之，认识附加外场的强化作用的相关研究工作，特别是机理性的研究工作还有待深入。随着对附加外场条件下及极端物理条件下的过程特性认识的不断积累，逐渐获得更加清晰的规律性的认识，附加外场的强化作用将会得到更好的应用。

符号说明

a——比表面积，m^2/m^3

A——传质面积，m^2

D——分配系数

D_f——萃取体系分配系数

D_s——反萃取体系分配系数

K_o——基于有机相的总传质系数，m/s

K_w——基于水相的总传质系数，m/s

L——萃取柱高，m

L_f——料液水相体积流量，L/h 或 L/s

L_e——萃取相体积流量，L/h 或 L/s

L_s——反萃取水相体积流量，L/h 或 L/s

N——级数

R——流比

S——萃取柱截面，m^2

V_e——膜外相体积，m^3

V_i——膜内相体积，m^3

V_m——膜相体积，m^3

x——料液水相浓度，mol/L 或 g/L

x_f——料液水相初始浓度，mol/L 或 g/L

x_i——第 i 萃取级料液水相出口浓度，mol/L 或 g/L

y——萃取溶剂相浓度，mol/L 或 g/L

y_i——第 i 萃取级萃取溶剂出口浓度，mol/L 或 g/L

y_i'——第 i 反萃取级萃取溶剂出口浓度，mol/L 或 g/L

x_i'——第 i 反萃取级反萃取水相出口浓度，mol/L 或 g/L

x_N——第 N 萃取级料液水相出口浓度，mol/L 或 g/L

希腊字母

ε_f——萃取因子

ε_s——反萃取因子

ρ——萃取率

ρ_i'——反萃率

参考文献

［1］ 戴猷元. 化工概论. 第二版. 北京：化学工业出版社，2012.

［2］ Giddings J C. Unified separation science. New York：John Wiley & Sons Inc，1991.

［3］ 袁乃驹，丁富新. 分离和反应工程的“场”“流”分析. 北京：中国石化出版社，1996.

［4］ Ho W S，Sirkar K K. Membrane Handbook. New York：Van Nostrad Reinhold，1992，727-808.

［5］ 戴猷元. 化工进展，1989，9 (2)：24-29.

[6] 戴猷元. 膜科学与技术，1992，12 (1)：1-7.
[7] 戴猷元，王运东，王玉军，张瑾. 膜萃取技术基础. 北京：化学工业出版社，2008.
[8] 商振华，周良模. 化学进展，1995，7 (1)：47-59.
[9] 伍艳辉，王世昌. 化工时刊，1997，11 (8)：8-12.
[10] 梅乐和，姚善泾，林东强等. 化学工程，1999，27 (5)：38-41.
[11] Kiezyk P R，Mackay D. Can J Chem Eng，1971，49 (6)：747-756.
[12] 戴猷元，郭荣，杨义燕. 高校化学工程学报，1989，3 (2)：34-41.
[13] 李洲. 化工学报，1985，36 (2)：189-195.
[14] 江玉明，李道纯，苏元复. 化工学报，1982，33 (4)：310-315.
[15] 江玉明，李道纯，苏元复，化肥工业，1982，(1)：2-5.
[16] 胡熙恩，杨惠文，王学军，等. 有色金属，1998，50 (3)：65-70.
[17] Martin L，Vignet P，Fombarlet C，et al. Sep Sci Technol，1983，18 (14)：1455-1471.
[18] Wiencek J M，Qutubuddin S. Sep Sci Technol，1992，27 (10)：1211-1228.
[19] Wiencek J M，Qutubuddin S. Sep Sci Technol，1992，27 (11)：1407-1422.
[20] 杨义燕，郭建华，戴猷元. 化工学报，1997，48 (6)：706-712 .
[21] 张瑾，戴猷元. 现代化工. 1999，19 (3)：8-11.
[22] 郁建涵. 化工进展，1986，6 (5)：2-6.
[23] 刘丽，邓麦村，袁权. 现代化工，2000，20 (1)：17-24.
[24] 周如金，宁正祥，陈山. 现代化工，2001，21 (8)：20-24.
[25] Honda H，Toyama Y，Takahashi H，et al. J Ferment Bioeng，1995，79 (6)：589-593.
[26] Wang J L，Liu P，Zhou D. Biotechnol Techniq，1994，8 (12)：905-908.
[27] Srivastava A，Roychoudhury P K，Sahai V. Biotechnol. Bioeng，1992，39 (6)：607-613.
[28] Yabannavar V M，Wang D I C，Biotechnol Bioeng，1991，37 (11)：1095-1100.
[29] Evans P J，Wang H Y. Appl Microbiol & Biotechnol，1990，32 (4)：393-397.
[30] Tang I C，Okos M R，Yang S T. Biotechnol Bioeng，1989，34 (8)：1063-1074.
[31] Yabannavar V M，Wang D I C. Biotechnol Bioeng，1991，37 (6)：544-550.
[32] Tung L A，King C J. Ind Eng Chem Res，1994，33 (12)：3217-3223.
[33] Gu Z，Glatz B A，Glatz C E. Biotechnol Bioeng 1998，57 (4)：454-461.
[34] Reisinger H，King C J，Ind Eng Chem Res，1995，34 (3)：845-852.
[35] Solichien M S，O'Brien D，Hammond E G，. et al. Enzyme Microb Technol，1995，17 (1)：23-31.
[36] Yabannavar V M，Wang D I C. Biotechnol Bioeng，1991，37 (8)：716-722.
[37] Lewis V P，Yang S T. Biotecnol Prog，1992，8 (2)：104-110.
[38] Weier A J，Glatz B A，Glatz C E. Biotechnol Prog，1992，8 (6)：479-485.
[39] Shah M M，Lee Y Y. Appl Biochem & Biotechnol，1994，45-46：585-597.
[40] 张瑾，戴猷元. 膜科学与技术，2009，29 (2)：1-6.
[41] 戴猷元，秦炜，张瑾. 耦合技术与萃取过程强化. 北京：化学工业出版社，2009.
[42] Ricker N L，Michaels J N，King C J. J Separ Process Technol，1979，1 (1)：36-40.
[43] 嫡丽巴哈，杨义燕，戴猷元. 高校化学工程学报，1993，7 (2)：174-179.
[44] 杨义燕，王陈，王芹珠，等. 应用化学，1998，44 (2)：36-39.
[45] 胡爱军，丘泰球. 安徽化工，2002，115 (1)：26-29.
[46] 杜朝军，杨幼明. 江西有色金属，2003，17 (3)：34-36.

[47] 石竞竞，刘有智. 化学工业与工程技术，2005，26（6）：9-11.
[48] 胡熙恩，杨惠文，王学军，等. 有色金属，1998，50（3）：65-70.
[49] 秦炜，原永辉，戴猷元. 化工进展，1995，15（1）：1-5.
[50] 秦炜，原永辉，戴猷元. 清华大学学报（自然科学版），1998，38（2）：84-87.
[51] 秦炜，郑涛，原永辉，等. 清华大学学报（自然科学版），1998，38（6）：46-48.
[52] 秦炜，王东，戴猷元. 清华大学学报（自然科学版），2001，41（4/5）：28-59.
[53] 秦炜，张英，戴猷元. 清华大学学报（自然科学版），2001，41（6）：41-43.
[54] 秦炜，韩扶军，张英，戴猷元. 清华大学学报（自然科学版），2001，41（6）：38-40.
[55] 潘学军，刘会洲，徐水源. 化学通报，1999，（5）：8-15.
[56] 郭振库，金钦汉. 分析科学学报，2001，17（6）：505-508.
[57] 陈猛，袁东星，许鹏翔. 分析测试学报，1999，18（2）：83-87.

第14章 新型萃取分离技术

14.1 概述

分离科学与技术是化学工程学科的重要分支之一。一大批分离技术在化学工业、石油炼制、矿物资源的综合利用、核燃料的加工和后处理、海洋资源利用、医药工业、食品工业、生物化工以及环境工程中得到了广泛的应用。随着过程工业的发展，人们对分离技术提出了越来越高的要求。高纯物质的制备、各类产品的深加工、资源的综合利用、环境治理严格标准的执行，大大地促进了分离科学和技术的发展。面对新的分离要求，作为“成熟”的单元换作——萃取分离迎来了发展机遇。通过萃取分离与其他单元操作过程的耦合和对萃取分离过程的强化，出现了一些新型萃取分离技术。液膜分离技术、超临界流体萃取技术、双水相萃取技术、膜萃取技术、胶团和反胶团萃取技术等就是这些新型萃取分离技术的代表[1]。

液膜分离技术的重要特点是促进迁移，萃取过程与反萃取过程同时进行。由于促进迁移的作用，液膜分离过程的传质速率明显提高，分离产物需要的级数明显减少，而且大大节省了萃取试剂的消耗量，甚至可以实现溶质从低浓度向高浓度的逆向传递。作为快速、高效和节能的新型分离方法，液膜分离技术在湿法冶金、石油化工、环境保护、气体分离、生物医学等领域中，显示出了广阔的应用前景。

超临界流体萃取技术是以超临界流体为溶剂，从液体或固体中萃取待分离组分的。超临界流体是处于温度高于临界温度、压力高于临界压力的热力学状态下的流体，它具有介于气体与液体之间的独特的物理化学性质。利用超临界流体为萃取剂，不仅对许多物质具有很强的溶解能力，而且传质速率远比液体溶剂萃取快，可以实现高效的分离。几十年来，超临界流体萃取技术的研究范围越来越广，对于超临界流体萃取体系的热力学特性和超临界流体萃取的过程规律的认识不断深入，与此同时，超临界流体萃取技术在炼油工业、医药工业及天然产物加工等领域的应用也日趋成熟。

随着生物工程及生物化工的迅速发展，一些具有生物活性又极具价值的生物物质的分离提纯，显得越来越重要。利用常规的萃取技术来分离生物活性物质，往往会带来流程长、易失活、收率低和成本高等缺陷。双水相萃取技术就是分离生物活性物质的新型萃取分离技术。生物活性物质的生理基础是水溶液。在双水相体系中，两相中的水分含量保持在80%～90%，组成双水相体系的高聚物和无机盐一般也不会造成生物活性物质的失活和变性。双水相萃取技术是一种针对性很强的有前途的分离技术。

膜萃取技术是膜过程和液液萃取过程相结合的新的分离技术。膜萃取的传质过程是在分隔料液相和萃取相的微孔膜表面进行的。膜萃取过程不存在通常萃取过程中的液滴的分散和聚并现象，可以减少萃取剂在料液相中的夹带损失，使过程免受“返混”的影响和“液泛”条件的限制。中空纤维膜器的使用又为膜萃取过程的传质提供了巨大的传质表面积，提高了过程的传质效率。膜萃取技术提供了从过程耦合出发的强化分离过程的新途径。

胶团萃取技术和反胶团萃取技术的研究工作也十分活跃，充分显示了新型萃取分离技术的针对性、高效性和良好的应用前景。

14.2 液膜技术

14.2.1 概述

液膜技术[2～5]是一种快速、高效和节能的新型分离方法。有关液膜的早期报道是与20世纪初生物学家的研究工作相联系的，液膜中的物质传递机理与生物膜的分离机理有相似之处。20世纪30年代，Osterhout等[6]以弱有机酸作载体，提出了利用溶质与“流动载体”之间的可逆化学反应实现“促进迁移”的概念。此后，许多实验研究进一步证实了“促进迁移”现象。一个典型的实验结果表明[7]，钾离子通过膜相中仅含有10^{-6}mol/L氨霉素（valinomycin）的液膜时，其传质通量可以提高5个数量级。

液膜作为一项分离技术是从20世纪60年代发展起来的[8～10]。Bloch[8]采用支撑液膜（supported liquid membrane，SLM）研究了金属提取过程。Ward和Robb[9]利用支撑液膜研究了CO_2和O_2的分离。Li在测定含表面活性剂水溶液与有机溶液之间的界面张力时，观察到了相当稳定的界面膜，同时提出了乳状液膜（emulsion liquid membrane，ELM）分离技术，从而推动了利用表面活性剂及乳状液膜进行分离的研究进程[10]。

液膜分离技术具有明显的特色，由于促进迁移的作用，液膜分离技术的传质速率明显提高，甚至可以实现溶质从低浓度向高浓度的逆向传递。液膜分离技术往往使分离过程级数明显减少，且大大节省萃取剂的消耗量，使之成为分离、纯化与浓缩溶质的有效手段。

液膜实际上是用来分隔与其互不相溶的液体的一个中间介质相，它是被分隔的两相液体之间的“传递桥梁”。由于这个中介相是与被分隔的两相互不相溶的液体，故称作液膜。通常情况下，不同溶质在液膜中具有不同的溶解度（包括物理溶解和化学络合）及扩散速率，液膜对不同溶质的选择性渗透，实现了溶质之间的分离。

液膜技术与溶剂萃取一样，都是由萃取和反萃取两个步骤构成的。溶剂萃取中的萃取与反萃取是分步进行的；在液膜分离过程中，萃取与反萃取则是同时进行、一步完成的。一般认为，液膜传质的同级萃取反萃取耦合，打破了溶剂萃取固有的平衡条件，是一类具有非平衡特征的传递过程。与传统的溶剂萃取过程相比，液膜技术具有如下三个方面的特征：

（1）传质推动力大，所需分离级数少　在液膜分离过程中，萃取与反萃取是同时进行、一步完成的。因此，同级萃取反萃取的平衡条件并非是萃取一侧的固有的平衡条件，而是“液膜界面两侧各相中物质相同形态的化学位相等”的平衡条件。从理论上讲，同级萃取反萃取的一个平衡级所实现的分离效果是极为可观的。Cussler 和 Evans[11]利用液膜分离技术提取 Cr（Ⅵ），采用胺类络合剂作液膜中的载体，料液水相中的 Cr（Ⅵ）在 4min 内从 100mg/L 降至未检出，接收相中 Cr（Ⅵ）的浓度从 0 上升至 900mg/L。同级萃取反萃取的优势对于萃取平衡分配系数较低的体系则更为明显。

（2）试剂消耗量少　流动载体（络合萃取剂）在膜的一侧与溶质络合，在膜的另一侧将溶质释放，自身再生并可循环使用，因此，膜相的络合萃取剂浓度并不需要很高，还可以使用一些较为昂贵的高效萃取剂。实验证明，膜相流动载体的浓度与表现出的溶质渗透速率不成比例。Frankenfeld 等[12]用 LIX64N 为载体研究 Cu（Ⅱ）的液膜分离时证明，大幅度改变载体浓度对提取率的影响甚小。载体在膜内流动，在传递过程中不断负载、再生，不仅使膜载体的浓度大大降低，而且使液膜体系中膜相与料液相的体积比亦可降低。液膜体系中载体浓度和相体积比的降低，使液膜过程中的试剂夹带损失减少，试剂消耗量比溶剂萃取过程低得多。

（3）溶质可以“逆浓度梯度迁移”　液膜技术可以实现溶质从低浓度侧通过液膜向高浓度侧传递，使溶质的迁移分离和浓缩富集同时完成。在液膜技术的实现过程中，溶质可以从低浓度侧通过液膜向高浓度侧传递的原因是，在膜两侧界面上分别存在着有利于溶质传递的化学平衡关系，这两个平衡关系使溶质（或含溶质的络合物）在膜相内顺浓度梯度扩散，界面两侧化学位的差异则导致溶质透过液膜界面逆向传递。

应当指出的是，溶剂萃取可以通过复合萃取操作等实现多组分之间的完全分离，液膜对溶质之间的分离，则主要求助于萃取剂的选择性。

高渗透性、高选择性和高稳定性是液膜分离过程应该具备的基本性能。然而，迄今为止开发的大多数液膜分离过程很难同时具备这三种性能，这增加了液膜技术实用化进程的难度。例如，乳状液膜体系因表面活性剂的引入，使得过程必须由制乳、提取、破乳等工序组成；过程中液膜的泄漏降低了溶质的提取率；由于夹带和渗透压差引起的液膜溶胀，导致了内相中已浓缩溶质的稀释、传质推动力的减小及膜稳定性的下降等。又如，支撑液膜的稳定性问题一直受到关注，膜液在料液相与接收相中的溶解、具有表面活性的载体分子提高了油/水两相间的互溶性、膜两侧压差超过膜孔吸附膜液的毛细管力等，都会造成支撑液膜的膜液流失。

14.2.2 液膜技术的构型和操作方式

研究者们一直在努力探索各种具有潜在工业应用意义的液膜技术，除开展提高液膜稳定性的研究外，还不断探索新的液膜构型。液膜技术按其构型和操作方式的不同，主要可以分为厚体液膜（bulk liquid membrane）、乳状液膜（emulsion liquid membrane，ELM）、支撑液膜（supported liquid membrane，SLM）和封闭式液膜（contained liquid membrane，CLM）。

厚体液膜一般采用U形管式传质池。传质池分为两部分，下部为液膜相，上部分别为料液相和接收相，对三相均以适当强度进行搅拌，以利于传质并避免料液相与接收相的混合。厚体液膜具有恒定的界面面积和流动条件，操作方便，一般仅限于实验室研究使用，本书不再做详细叙述。

14.2.2.1 乳状液膜过程

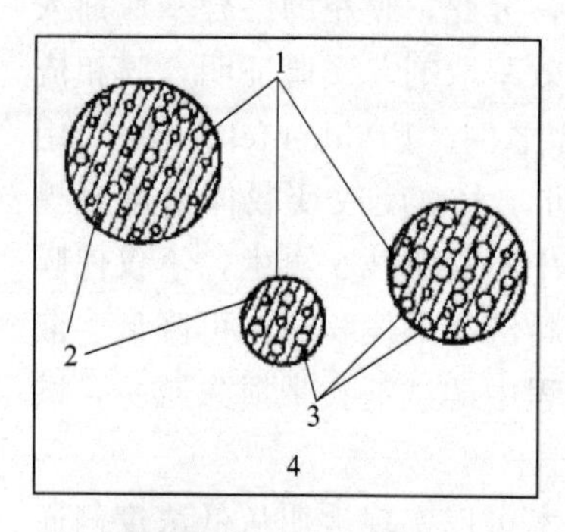

图 14-1 乳状液膜示意图

1—乳液滴；2—膜相；3—内包相；4—连续相

乳状液膜实际上可以看成一种“水-油-水”型（W/O/W）或“油-水-油”型（O/W/O）的双重乳状液高分散体系。将两个互不相溶的液相通过高速搅拌或超声波处理制成乳状液，然后将其分散到第三种液相（连续相）中，就形成了乳状液膜体系。图14-1给出了乳状液膜的示意图。介于乳状液球中被包裹的内相与连续外相之间的一相叫做液膜（膜相）。

可以看出，乳状液膜体系包括三个部分：膜相、内包相和连续相。通常内包相和连续相是互溶的，而它们与膜相则互不相溶。乳状液既可以是水包油的，也可以是油包水的。根据定义，前者构成的乳状液膜体系中的液膜为水膜，适用于从有机溶液中提取分离溶质；后者构成的乳状液膜体系中的液膜为油膜，适用于从水溶液中提取分离溶质。

膜相以膜溶剂为基本成分。为了维持乳状液一定的稳定性及选择性，往往在膜相中加入表面活性剂和添加剂（载体）。液膜的具体配伍要根据分离体系和分离要求来确定。

实际上，当两种互不相溶的液相通过高速搅拌或超声波处理制成稳定的乳状液时，乳状液中的内相微滴的直径一般在 1～5μm 左右。将乳状液分散到连续相中时，形成了许多包含若干个内包相微滴的乳状液液滴（如图 14-1 所示）。乳状液液滴的大小取决于膜相表面活性剂的种类和浓度、乳状液分散于连续相时的能量输入的方式和大小。一般而言，乳状液液滴的直径一般控制在 0.1～2mm 左右。乳状液膜是一个高分散体系，提供了很大的传质比表面积。待分离物质由连续相（外相）经膜相向内包相传递。大量细小的乳状液液滴与连续相之间巨大的传质表面积，促进了液膜分离过程。更为细小的内相微滴使反萃过程的界面面积比萃取的界面面积高 2～3 个数量级，这是通常的液液萃取过程无法达到的。

传质过程结束后，经澄清，乳状液小球迅速聚结，形成一乳状液层与连续相分离。分离出的乳状液通常采用静电方法破乳，膜相可以反复使用，内包相经进一步处理后回收浓缩的溶质。

乳状液膜体系中溶质通过的介质膜为液膜，与固体膜相比，液膜的优势如下。

① 传质速率高。溶质在液体中的分子扩散系数（$10^{-6}\sim10^{-5}cm^2/s$）比在固体中高几个数量级，而且液膜中还可能存在对流扩散，其传质速率比在固体膜中的高。

② 选择性好。固体膜往往对某种特定离子或分子的分离选择性比较差。例如，对于 O_2/N_2 分离，目前的商用聚合物膜，其分离系数为 7.5 左右，采用液膜所获得的分离系数可高达 79 以上[13]。

与固体膜相比，乳状液膜分离过程及设备匹配相对复杂，整个过程包括制乳、提取与破乳等工序。另外，液膜分离过程往往把互相矛盾的条件交织在一起，例如，传质过程中需要的巨大传质表面积与液膜分离体系的泄漏和溶胀的矛盾、液膜分离体系的稳定性与传质过程结束后静电破乳的矛盾等，因此，实现乳状液膜分离过程的稳定操作比较困难。

14.2.2.2 支撑液膜过程

支撑液膜，亦称浸渍式支撑液膜，见图 14-2。浸渍式支撑液膜是将膜相牢固地吸附在多孔支撑体的微孔之中，在膜的两侧是与膜相互不相溶的料液相和反萃相。待分离的溶质自料液相经多孔支撑体中的膜相向反萃相传递。浸渍支撑液膜所需的膜液量极小，例如，对于厚度为 20μm、孔隙率为 50%的

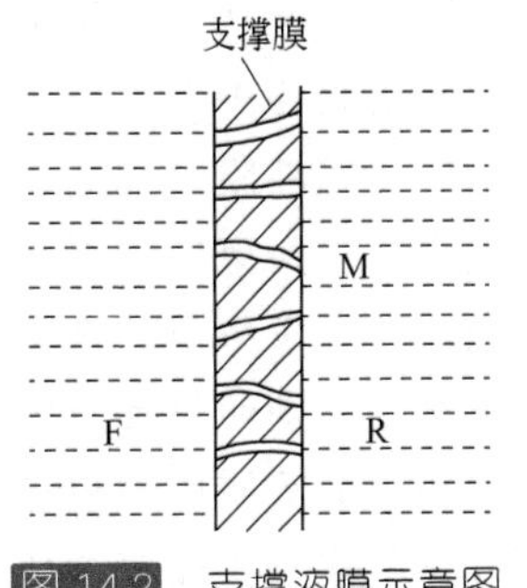

图 14-2 支撑液膜示意图
F—料液相；M—膜相；R—接受相

支撑膜，浸渍 $1m^2$ 支撑膜所需的液相的量仅为10mL。由于支撑液膜中充当膜相的溶剂量较少，故可以选用促进迁移载体含量高的溶剂或价格昂贵，但性能优越的萃取剂。浸渍式支撑液膜的操作方式比乳状液膜简单，它无需使用表面活性剂，也没有制乳和破乳过程。

支撑液膜的膜相是依据表面张力和毛细管作用吸附于支撑体微孔之中的，为了减少扩散传质阻力，要求支撑体很薄，并且要有一定的机械强度和疏水性。在使用过程中，支撑体上的膜相会由于流动着的料液相和反萃液相对于它的溶解性、膜两侧的压差及膜内渗流等原因出现流失而使支撑液膜的功能逐渐下降。在支撑液膜工艺过程中，一般需要定期向支撑体微孔中补充膜相溶液，采用的方法通常是在反萃相（接受相）一侧隔一定时间加入膜相溶液，以达到补充的目的。

支撑体材料的性能和结构对于支撑液膜的稳定性和传质速率有重要的影响。一般要求支撑体具有化学稳定性（如耐酸、耐碱和耐油）、合适的厚度、孔径、孔隙率以及良好的机械强度。目前使用的疏水性微孔膜，膜厚为25～50μm，微孔直径为0.2～1μm。一般认为聚乙烯和聚四氟乙烯制成的疏水微孔膜效果较好，聚丙烯膜次之，聚砜膜做支撑的液膜的稳定性较差。

为了提高传质比表面积，可以将用液膜浸渍后的支撑膜制成卷包式组件或采用中空纤维膜等做支撑体。按照支撑体的构型，浸渍式支撑液膜主要可以分为三种类型，即平板型支撑液膜、卷包型支撑液膜和中空纤维管型支撑液膜。

14.2.2.3 封闭液膜过程

封闭式液膜，又叫做隔膜式液膜，见图14-3。利用封闭式液膜实现的同级萃取反萃取膜过程的特点是，溶质（被萃组分）首先从料液相经过膜界面，萃取进入有机膜相，在有机膜相中依据浓度梯度扩散到有机膜相与反萃液的膜界面，并被反萃液再萃取。溶质不断地从料液水相进入有机膜相，又从有机膜相进入反萃液接受相中，不在有机膜相中发生积累。

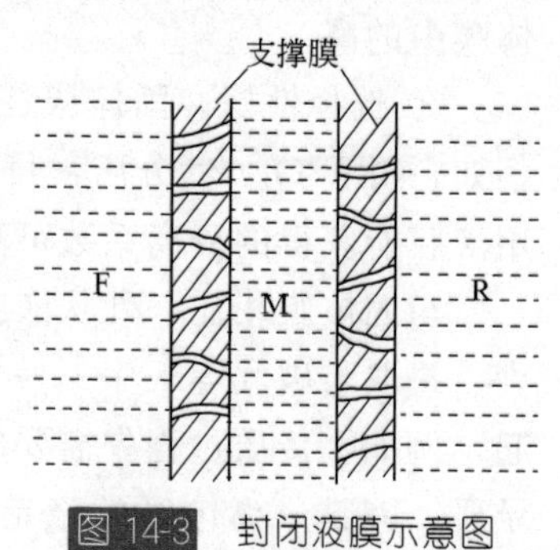

图14-3 封闭液膜示意图

F—料液相；M—膜相；R—接受相

封闭液膜过程通常由中空纤维封闭液膜来实现。中空纤维封闭液膜加工过程中，将两束中空纤维同时组装在一个膜器中，一束中空纤维作为料液相的流道，另一束中空纤维则作为反萃相流道。在膜器的壳程充入萃取剂。料液相和反萃相分别通过各自的膜表面与萃取剂相接触，增大了过程的传质推动力。反萃相中的溶质可以再进行其他形式的分离和提纯。这一技术的优点是使同级萃取反萃取过程在较高传质比表面积的条件下进行，又避免了支撑液膜的溶剂流失问题，因而具有良好的应用前景。中空纤维封闭液膜（hollow fiber contained liquid membrane，HFCLM）技术已经成为膜萃取技术研究中的一个热点。

14.2.3 液膜分离过程的传质机理及促进传递

14.2.3.1 液膜分离过程的传质机理

液膜分离过程的传质机理是很有特色的，这也是液膜分离过程在传质速率、分离效率和选择性上出现明显提高的原因。液膜分离过程的传质机理主要可以归纳为下述几种类型（见图 14-4）[4]。

（1）选择性渗透　指不同的物质依据它们在膜相的溶解度和渗透速率的不同来进行分离。如图 14-4（a）所示，混合物中溶质 B 的渗透速率小，故溶质 A 将更多地渗透并传递至膜外相而得以分离，而溶质 B 则主要停留在膜内相。由于大多数溶质的扩散系数是彼此接近的，因此，这一分离过程往往是依据两种溶质的分配系数的差别，即溶质在膜相及料液相的溶解度的比值的差别来完成的。十分明显，当膜两侧被迁移物质 A 的浓度相等时，输送便自行停止。这类过程不可能产生浓缩效应。O/W 液膜从甲苯-正庚烷中分离出甲苯，即利用这一原理。将甲苯-正庚烷混合物（料液相）与表面活性剂水溶液（膜相）接触，并用一种溶剂作为接收相。由于甲苯在水膜中的溶解度远大于正庚烷的溶解度，所以，甲苯更容易透过水膜传递进入接收相。用普通方法将甲苯与接收相分离，可获得比较纯净的甲苯。

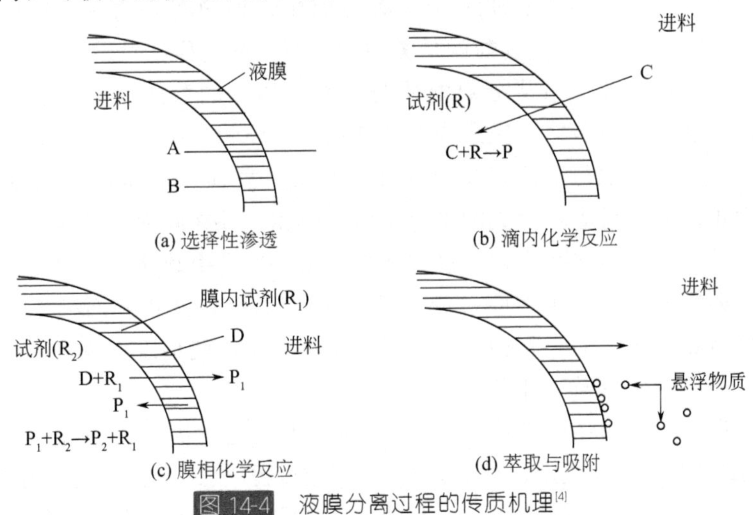

图 14-4　液膜分离过程的传质机理[4]

（2）渗透伴有化学反应　此过程依据发生的反应类型不同，可以分为滴内反应和膜相反应两种。如图 14-4（b）所示，料液中待分离溶质 C 渗透至膜相，在膜相内侧与内包相试剂（R）发生滴内化学反应生成不溶于膜相的物质（P），从而达到从料液相中分离 C 组分的目的。如废液脱酚、除氨等工艺属这类机理。滴内反应的发生可以保证液膜两侧有最大的浓度梯度，以促进传输。这类机理通常称为Ⅰ型促进迁移。

如图 14-4（c）所示，料液中的 D 组分与膜相载体试剂 R_1 反应生成中间产物 P_1，P_1 扩散到膜相另一侧与内包相试剂 R_2 反应生成不溶于液膜的 P_2，并使 R_1 重新还原释放。R_1 在传递过程中起载体作用。通过流动载体和被迁移物质之间的选择性可逆反应，极大地提高了渗透溶质在液膜中的有效溶解度，增大了膜内浓度梯度，提高了传质效率。这种机理称为Ⅱ型促进迁移。

（3）萃取和吸附　机理是指料液中悬浮物为膜相吸附或料液中有机物为膜相萃取，从而达到分离的目的，如图 14-4（d）所示。工业废水中有机物悬浮液滴或固体微粒的液膜分离属于这类机理。

14.2.3.2　液膜分离过程的促进迁移

伴有化学反应的液膜分离过程，可以明显地提高过程的传质推动力和传质效率。按照其反应类别的不同，可以把这些强化传质过程分为促进迁移Ⅰ和促进迁移Ⅱ。

（1）促进迁移Ⅰ　指待分离溶质从料液相溶解于膜相，并渗透扩散至膜相与接受相界面，与接受相内的化学试剂发生反应，生成不溶于膜相的新的物质形态，无法透过膜相作逆向扩散。这一反应的发生有效地降低了接受相中传递溶质的浓度，保证了膜相两侧的最大的浓度梯度，促进了溶质的迁移过程，其结果是使待分离溶质从料液相逆其浓度梯度迁移到接收相，并在接收相获得浓缩富集。Ⅰ型促进迁移的实质在于使渗透到接收相的溶质的有效浓度维持为0。利用乳状液膜进行废液脱酚就是类型的Ⅰ型促进迁移过程。

（2）促进迁移Ⅱ　指待分离溶质与膜相中的流动载体反应生成中间化合物，由流动载体“负载”并完成膜相的迁移。在膜相中引入的载体，即络合剂或萃取剂，选择性地与溶质发生可逆化学反应。载体与溶质在膜相-料液相界面处发生正向络合反应，生成的络合物溶于膜相，并在膜内扩散至膜相与接收相的界面处，溶质被解络而进入接收相。解络后的自由载体在其自身浓度梯度的驱动下向膜相与料液相界面一侧扩散，并在膜相-料液相界面处继续与料液中的溶质络合。实际上，膜相中只需引入少量载体，就足以完成从稀溶液中传递和提取分离所需溶质的任务。

载体促进迁移的过程速率由溶质-载体的界面化学反应速率和络合物、载体在膜内的扩散速率所决定。对于快速化学反应过程，总传质速率受膜内扩散速率的控制；对于慢速化学反应过程，总传质速率受界面化学反应速率控制；对于中等速率化学反应过程，则界面化学反应速率与膜扩散速率对总传质速率均有影响。

应该指出，含有流动载体的液膜分离的实质是通过化学反应给流动载体不断提供能量，使之甚至可能从低浓区向高浓区定向输送溶质。在载体促进迁移过程中，“供能溶质”顺其浓度梯度传递，使待分离溶质逆其浓度梯度传递。根据待分离溶质与“供能溶质”的传递方向，给流动载体提供化学能的方式可以分为两种，即反向迁移和同向迁移。

反向迁移是指载体与待分离溶质反应的络合物与供能溶质迁移方向相反的液膜过程，如图 14-5 所示。在料液相 F 与膜相 M 的界面上，供能溶质 B 脱离载体 C 进入料液相 F，料液相 F 中待分离溶质 A 与载体 C 结合，生成的络合物 AC 在膜内扩散；在膜相 M 与接受相 R 的界面上，溶质 A 解络释放至接收相 R 中，供能溶质 B 与载体 C 络合，进入膜相。很明显，供能溶质 B 与待分离溶质 A 传递方向相反。反向迁移中引入的流动载体包括酸性磷类萃取剂、羧酸类萃取剂、季铵盐等。反向迁移的供能溶质大多为氢离子，膜两侧的氢离子浓度梯度是液膜过程的推动力。

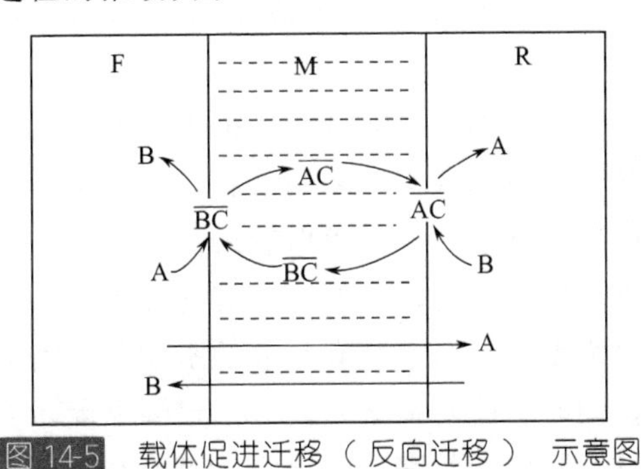

图 14-5　载体促进迁移（反向迁移）示意图

A—待分离溶质；B—供能溶质；C—流动载体；F—料液相；M—膜相；R—接受相

同向迁移是指载体与待分离溶质反应的络合物与供能溶质迁移方向相同的液膜过程，如图 14-6 所示。在料液相 F 与膜相 M 的界面上，溶质 A、供能溶质 B 与载体 C 反应，生成的络合物 ACB 进入膜相 M 并在膜内扩散；在膜相 M 与接受相 R 的界面上，溶质 A 解络释放至接收相 R 中，供能溶质 B 也释放到接收相 R，并为溶质 A 向接收相的释放供应能量。很明显，供能溶质 B 与待分离溶质 A 传递方向是相同的。同向迁移中引入的流动载体为中性磷类萃取剂与大环化合物（如冠醚及其衍生物）、碱性胺类萃取剂等。同向迁移中所采用的供能溶质一般为酸或碱，也可以在接收相中引入比载体络合能力更强的络合剂。

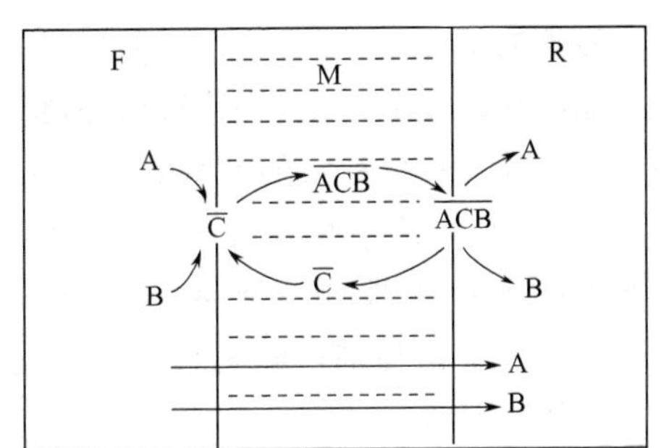

图 14-6　载体促进迁移（同向迁移）示意图

A—待分离溶质；B—供能溶质；C—流动载体；F—料液相；M—膜相；R—接受相

需要提及的是，实际过程中液膜分离的机理往往是十分复杂的，有时则呈现出前述的分机理的联合作用。因此，分析过程的特点，选用恰当的工艺十分重要。

14.2.4 乳状液膜

14.2.4.1 乳状液膜体系的组成

乳状液膜体系的组成主要包括膜溶剂、表面活性剂、添加剂（萃取剂）、膜内相等。通常对于组成液膜的主要成分，都必须认真地加以选择，确定其相应的配比。膜相溶液的组成通常为表面活性剂 1%～5%，添加剂 1%～5%，而膜溶剂则占 90%以上。

（1）膜溶剂　构成液膜的主要成分。根据不同的分离体系及工艺要求，必须选择适当的膜溶剂。如分离烃类应采用水膜，常以水作为膜溶剂；分离水溶液中的重金属离子则用中性油、烃类等做膜溶剂。

从实际应用考虑，制备液膜所用的溶剂首先应具备一般溶剂的特点，如化学稳定性好、水中溶解度低、与水相有足够的密度差、闪点高、毒性低、价格低廉、来源充足等。同时，膜溶剂必须具有一定的黏度才能维持液膜的机械强度，以免破裂，而且，膜溶剂与表面活性剂、萃取剂（流动载体）以及萃取剂与溶质形成的萃合物的相溶性能要好，不形成第三相。

膜溶剂的黏度是物性选择中的重要参数。黏度的大小直接影响膜的稳定性、膜的厚度和膜相传质系数，从而直接影响分离效果。由于膜溶剂占据膜相溶液组成的绝大部分，所以它的黏度基本上就是膜相黏度。分析表明，低黏度虽然使膜厚减小，但乳状液膜不稳定，往往使分离效果下降；黏度过高使膜厚增大，乳状液是稳定的，但由于扩散距离的增大，不利于溶质的迁移。

为了增加膜的稳定性，可以在膜溶剂中加入适当的其他溶剂。如水包油乳状液膜可添加甘油，油包水乳状液膜可添加石蜡油和其他矿物油。

（2）表面活性剂　液膜内的表面活性剂是乳化液膜体系的关键组分之一。它不仅直接影响着液膜的稳定性、溶胀性能、液膜的破乳等，而且对渗透物通过液膜的扩散速率也有显著的影响。

表面活性剂的加入能明显改变液体的表面张力和两相的界面张力。液膜体系中表面活性剂的加入能否促其形成稳定的乳状液，首先取决于表面活性剂的 *HLB* 值。所谓 *HLB* 值即亲水亲油平衡值。*HLB* 值大，表面活性剂亲水性强；*HLB* 值小，表面活性剂亲水性弱。通常，配制油包水型乳状液选用 *HLB* 值为 3.5～6 的油溶性表面活性剂，配制水包油型乳状液则宜选用 *HLB* 值为 8～18 的水溶性表面活性剂。

表面活性剂的浓度对液膜的稳定性影响很大。随表面活性剂浓度的提高，乳状液膜的稳定性增大，使分离效果提高。然而必须指出的是，超过一定浓度值后，表面活性剂浓度增加对液膜稳定性和分离效果的提高影响不大。而且，过高的表面活性剂浓度反而使液膜厚度和黏度增大，影响膜相传质系数，同时也不利于破乳，使回收困难。

制备液膜用的理想的表面活性剂应具有的特点是：①制成的液膜具有稳定性，耐酸碱且溶胀小，同时又容易破乳，使膜相反复使用；②不与膜相中的流动载体反应或使流动载体分解，可以与多种流动载体配伍；③价格低廉，无毒或低毒，能长期保存。

（3）流动载体（萃取剂）　为特定的分离目的，选用适当的萃取剂作为流动载体是提高液膜分离效率的重要措施。萃取剂应该易溶于膜相而不溶于相邻的料液相或接受相，在膜的一侧与待分离的物质络合，传递通过膜相，在另一侧解络。萃取剂的加入不仅可能增加膜的稳定性，而且在选择性和溶质渗透速度方面起到十分关键的作用。较为理想的液膜用萃取剂应满足以下的基本条件。

① 选择性高。对几种待分离物质的分离因子要大。

② 萃取容量大。萃取剂具有功能基团和适当的分子量，分子量过大，萃取容量就会减少，单耗就会增加。

③ 化学稳定性强。萃取剂不易水解、不易分解，能耐酸、碱、盐、氧化剂或还原剂的作用，对设备腐蚀性小。

④ 溶解性好。萃取剂及其萃合物易溶于膜相，而不溶于内相和外相。

⑤ 适当的结合能。膜相萃取剂能与溶质形成适当稳定的萃合物。如果络合物的结合能过大，那么，它扩散到膜的另一侧就较难解络。另外，对于一般溶剂萃取过程，为达到较高的萃取能力，要求萃取剂应该提供很高的萃取分配系数。对于液膜过程，由于其非平衡萃取的特点，即使萃取剂的萃取分配系数较低仍能取得满意的效果。

⑥ 较快的萃取速率及反萃速率。从动力学角度出发，所选萃取剂及反萃剂要有较快的萃取速率及反萃速率。另外，由于液膜体系中反萃比表面积要比萃取比表面积大得多，因此，对于某些萃取速度快，反萃速度很慢的萃取剂，在液膜体系中也能取得满意效果。

萃取剂按其组成和结构特征主要可分为酸性萃取剂、碱性萃取剂和中性萃取剂三大类。

（4）膜内相（反萃剂）　酸性萃取剂液膜萃取及反萃取中，氢离子是传质推动力，可以将金属离子逆浓度梯度由外水相“泵”入内水相，因此，通常利用酸来反萃膜相溶质。在选择合适的反萃酸时，必须考虑不同的酸对液膜分离效率的影响。

以胺类萃取剂为载体迁移金属络阴离子时，根据内水相反萃剂的不同，存在两种迁移机理。当用碱作内水相反萃剂时，金属络阴离子按同向迁移机理进行，即金属络阴离子与供能 H^+ 的迁移方向相同。当用酸作内相反萃剂时，金属络阴离子的迁移按反向迁移机理进行，即金属络阴离子的迁移方向与耦合阴离子的迁移方向相反。

对于含中性载体的液膜体系，必须采用 pH 梯度以外的其他方法提供传质推动力。通常在内水相加入与被络合的金属离子具有更强络合能力的试剂，反萃时形成的金属络合物的稳定常数远高于萃取时形成的金属络合物的稳定常数。中性萃取剂是传输金属离子的载体，内水相阴离子络合剂则通过络合不断接受金属阳离子进入内水相，这样便大大降低了内水相中自由金属阳离子的浓度，保证足够高的传质推动力。

14.2.4.2 乳状液膜分离工艺

乳状液膜分离技术的工艺流程比较复杂，其主要工序为乳状液膜制备、接触分离、沉降澄清、破乳等，一般性工艺流程示意见图 14-7。

图 14-8 是一连续式乳化液膜工艺的流程图。它主要是由超声波制乳器、转盘塔和静电破乳等几部分组成。

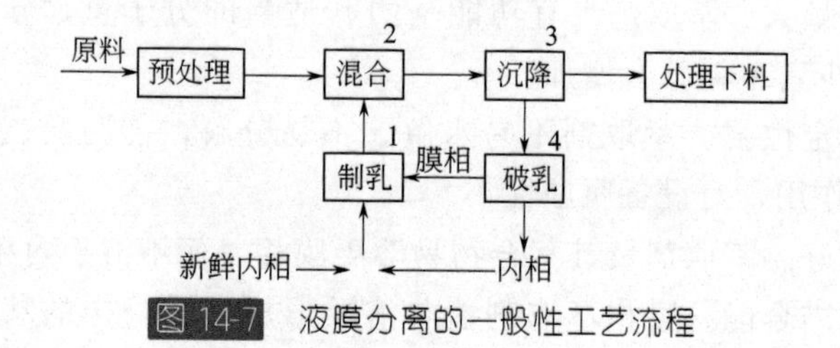

图 14-7 液膜分离的一般性工艺流程

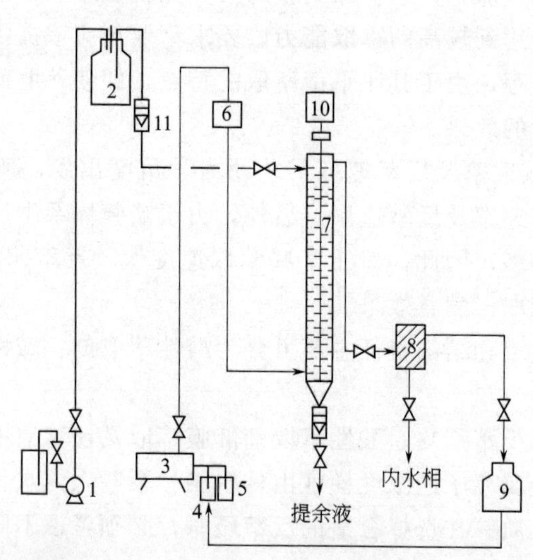

图 14-8 液膜废水脱酚转盘塔连续小试设备流程[3]

1—废水输送泵；2—废水高位槽；3—超声波制乳器；4—油膜溶液贮槽；5—NaOH 水溶液贮槽；6—乳状液膜高位槽；7—转盘塔；8—静电破乳器；9—油膜溶液贮槽；10—转盘马达；11—流量计

（1）乳状液膜的制备　将含有膜溶剂、表面活性剂、流动载体以及其他添加剂的液膜溶液同内相试剂溶液混合，可以制得所需的水包油（O/W）型或油包水（W/O）型乳状液。在制乳过程中，主要应注意表面活性剂加入方式，制乳的加料顺序，搅拌方式和乳化器材质的浸润性能等。

为制得稳定的乳状液，内包相液滴的大小需保持在1～3μm，这就要求有很高的能量输入，通常可通过高速搅拌机、超声波乳化器在实验室制备稳定的乳状液。对于大规模乳状液的制备，一般采用胶体磨、动态均质器或静态均质器。

传统的制乳方法在一定程度上都存有能耗大、效率低、能量输入不均、制得的乳液滴粒径较大、分布广、容易发生聚并、不稳定等问题。微孔膜对于低界面张力体系及中等界面张力体系，可以制得粒径小、分布窄、较为稳定的乳状液，而且能耗小、操作简单。

（2）接触分离　在接触分离阶段，乳状液膜与料液相进行混合接触，实现传质分离。在间隙式混合设备中，适当的搅拌速度是极其关键的工艺条件之一。当搅拌速度较慢时，无法使乳状液和料液相充分接触，影响传质；若搅拌速度过快，又往往会影响乳状液的稳定性。

液膜分离过程中，乳状液和外水相混合接触是传质分离的基础。乳状液与水相混合分散过程中生成大量细小的乳状液滴，提供了巨大的传质比表面积，是使液膜技术具有高效和快速等特点的重要原因之一。另外，液膜的溶胀和破损也与乳状液的分散程度及乳状液滴的大小密切相关，因此，有关乳状液膜的分散研究受到广泛关注。

（3）沉降澄清　沉降澄清步骤是使富集了迁移物质的乳状液与残液之间沉降澄清分层，以减少两相的相互夹带。液膜工艺中的澄清操作与常规溶剂萃取类似，不做详细讨论。

（4）破乳　使用过的乳状液需要回收并重新使用，富集了溶质的内相也需要汇集，这就需要破乳。在这一步骤中，希望减少膜相物质的损失，并降低能量消耗、药品消耗和投资费用。破乳效果的好坏直接影响到整个乳状液膜分离工艺的经济性。

破乳方法有两种类型：一种是化学法，另一种是物理法。加破乳剂属于化学法破乳。离心、加热、施加静电场等属于物理法破乳。几种破乳方法中，静电破乳比较成熟，特别是高压静电破乳。

14.2.4.3　乳状液膜体系的渗漏及溶胀

乳状液膜的稳定性是一个较为复杂的问题，受到多种因素的影响，其表现主要包括液膜的渗漏（leakage）和液膜的溶胀（swelling）两个方面。

乳状液膜体系的渗漏（leakage）包括乳状液滴破裂导致的内包相与外相的混合以及内包相的反萃剂及溶质通过膜相向外相的渗漏。渗漏程度是衡量乳状液膜体系稳定性的重要参数。渗漏造成传质推动力下降、萃残液浓度升高，从而降低过程的分离效率，甚至可能导致乳状液膜分离过程失败。

乳状液膜的溶胀（swelling）是由于水从外相向内包相的传递造成的。水的传递稀释了在内包相浓缩的溶质浓度，减小了过程的传质推动力，使液膜厚度减薄，降低了膜相的稳定性；甚至改变乳状液膜的流变特性，给相分离带来困难。

一般认为，溶胀包括渗透溶胀和夹带溶胀。乳状液膜的溶胀主要是由于外相与内包相之间的渗透压差造成的。表面活性剂的水合机理认为，水与表面活性剂分子发生络合，形成的水合分子由膜相与外相界面通过膜相迁移到膜相与内包相的界面，水合分子解络，进入内包相。作为流动载体的添加剂也可能与水发生上述过程，造成溶胀。另一种渗透溶胀的机理则认为，表面活性剂对水有增溶作用，使水在油相的溶解度剧增，是渗透溶胀的重要原因。夹带溶胀则是产生于分散过程中乳液的反复聚并和再分散。夹带溶胀较渗透溶胀严重得多。

14.2.5 支撑液膜体系

支撑液膜（SLM）是将多孔惰性基膜（支撑体）浸在溶解有载体的膜溶剂中，在表面张力的作用下，膜溶剂即充满微孔而形成支撑液膜。多孔惰性基膜是液膜的支撑体，目前常用的多孔支撑体材料有聚砜、聚四氟乙烯、聚丙烯和醋酸纤维素等。支撑液膜的液膜相（包括载体和膜溶剂）存在于支撑体的微孔中，可以承受较大的压力，而且由于载体的存在，可以实现选择性的促进传递过程。与传统的液液萃取过程相比，支撑液膜技术集萃取、反萃取、溶剂再生为一体，具有分离因数和浓缩系数高、萃取剂用量少等优点。通过载体和待分离组分的可逆络合反应，促进待分离溶质在液膜中的传递，具有高效、快速和选择性高等优势，是有发展前途的分离方法之一。

从支撑液膜的组成结构上看，支撑液膜与生物膜有许多相似之处。生物膜是由类脂双分子层基质中镶嵌了α-螺旋结构的球蛋白构成的。类脂分子的极性亲水端向外形成类脂双层，非极性亲油尾端相互聚集，并在一定程度上能自由移动。膜中央近似液体，膜表面则近似晶体。蛋白质分子以各种方式联结在膜上，或结合在膜表面，或嵌入膜内部，或从一个表面伸展到另一个表面。这些蛋白质有“识别”、“输送”物质的功能，能选择性地将某种分子或离子，从膜的一侧输送到膜的另一侧。不难看出，支撑液膜的膜溶剂相当于生物膜的类脂体，而支撑液膜中的载体则相当于生物膜中的蛋白质载体。

经典的支撑液膜的实验室制备工艺是将多孔支撑体放入含载体的膜溶剂（或称载体溶液）中浸泡一定时间，使用前从溶液中取出支撑膜，用纤维拭去黏附于膜表面的多余溶液。由于支撑膜表面有一层很薄的有机溶液，整张膜均匀透明，这样制得的膜称作"湿膜"。将"湿膜"进行再处理，在空气中干燥一段时间，蒸发移去膜表面的有机液体，使之成为"干膜"。"干膜"的有机相表面存在于膜孔的边缘内。实验证明，"干膜"和"湿膜"的初始传质通量几乎一致，运行一定时间后，"干膜"的通量要大于"湿膜"的通量。

选择合适的载体是支撑液膜分离技术的实施关键。载体常常是某种萃取剂，它必须具备如下条件。

① 溶解性。流动载体及其与待分离溶质所形成的络合物必须溶解于膜溶剂中，而不溶于相邻的水相。

② 络合性。作为有效载体，它所形成的络合物应该有适中的稳定性，载体必须在膜的一侧络合待分离物质，而在膜的另一侧释放待分离物质，实现选择性的输运迁移。

③ 选择性。载体在原料液体系中只输送指定的物质。支撑液膜体系选择的载体种类繁多，而载体的选择和新型载体的开发，仍然是支撑液膜研究工作中的关键。

与乳状液膜的工艺流程相比较，支撑液膜分离体系的操作流程比较简单。然而，支撑液膜体系中至少有四个相共存，包括两个水相、一个有机液膜相和一个支撑体固相。在支撑液膜体系中存在油-水界面、油-固界面和水-固界面。

支撑液膜尚未实现大规模工业应用的重要原因是支撑液膜体系的稳定性问题。它表现为两个方面的问题：一是待分离溶质的渗透通量随着时间的延长而下降；二是若被支撑液膜隔开的两相（料液相和反萃取相）直接接触，就会丧失其分离效果。这些现象主要是由于液膜相（包括溶剂和载体）的损失及支撑体微孔的堵塞引起的。现有的支撑液膜的稳定性均不能满足工业化应用的要求，其使用寿命短的仅数小时，长的也不过几个月。支撑液膜稳定性研究结果表明，影响支撑液膜稳定性的原因是多方面的，且机理也很复杂。进一步研究支撑液膜的稳定性及其改善的方法十分重要。

14.2.6 封闭液膜体系

1988 年，Sengupta 和 Sirkar 等用疏水膜和亲水膜对五个不同体系，进行了中空纤维封闭液膜（HFCLM）的同级萃取-反萃取连续逆流实验[14]。1989 年，戴猷元等又使用槽式封闭液膜萃取器，探究了同级萃取-反萃取过程的优势[15]。封闭液膜过程示意图如图 14-9 所示。溶质（被萃组分）首先通过膜被萃取进入封闭的有机相，在有机相中依据浓度梯度扩散进入有机相与反萃液的膜界面，并被反萃至反萃水相。有机相只相当于一层对溶质进行选择性透过的封闭的"介质膜"。

利用中空纤维膜器实现同级萃取反萃取的中空纤维封闭液膜（HFCLM）技术，已经成为液膜萃取技术研究中的热点[16~20]。

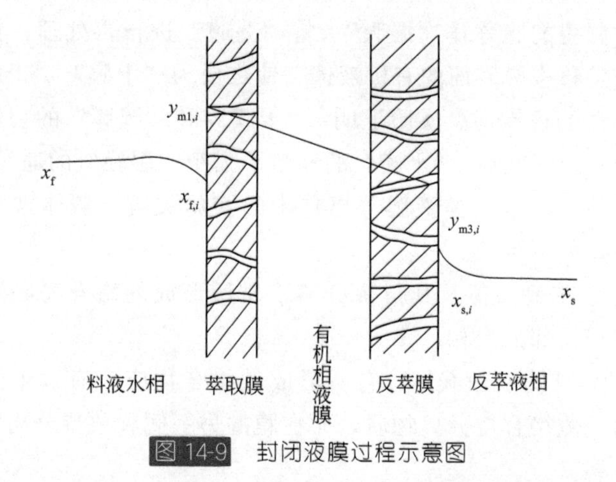

图 14-9 封闭液膜过程示意图

根据传质阻力加和的原则，封闭液膜过程的传质阻力应由料液相边界层阻力、萃取膜阻、有机相液膜膜阻、反萃取膜阻和反萃取相边界层阻力迭加组成。若萃取及反萃取的相平衡关系为线性，分配系数为 m 和 m'，则使用疏水膜器时，基于水相的总传质系数 K_w 的表达式为[19]：

$$\frac{1}{K_w}=\frac{1}{k_w}+\frac{1}{mk_{m1}}+\frac{1}{mk_{m2}}+\frac{1}{mk_{m3}}+\frac{1}{mm'k_s} \tag{14-1}$$

式中，k_w、k_{m1}、k_{m2}、k_{m3}、k_s 分别表示料液水相、萃取膜、有机相液膜、反萃取膜和反萃取液相的分传质系数。十分明显，当反萃取液为清水时，$m'=1/m$，式（14-1）右边最后一项化为 $1/k_s$；而当反萃为不可逆化学反应时，右边第五项可以忽略不计。

文献［19］认为，和一般的膜萃取过程相比，封闭液膜过程的总传质系数并不能增大，甚至由于增加反萃取膜阻一项而使总传质系数有所下降。封闭液膜过程的优势在于在该膜过程内同时完成萃取和反萃取操作。而且，由于反萃取的存在，使萃取传质始终保持有较大的传质推动力，使整个传质过程得以强化。在这一过程中，强化传质的原因恰恰在于增大了萃取过程的两相浓差推动力。

采用中空纤维封闭液膜（HFCLM）实现的同级萃取反萃取膜过程中，壳程有机相液膜膜阻是影响过程传质的重要因素。实验研究表明[20]，与通常的中空纤维封闭液膜过程相比，鼓泡过程确实对中空纤维封闭液膜的传质起到了强化作用。将壳程流体循环起来，以减小膜器壳程径向浓度梯度是另一种强化途径。当壳程流体的循环流速较大时，湍动作用会使径向浓度差别大大减小，但这种情况下，壳程流体的轴向混合程度也是可以想见的，有可能会比鼓泡过程更为严重。

14.3 超临界流体萃取技术[1]

14.3.1 概述

超临界流体萃取是一种迅速发展的新型萃取分离技术。这类技术利用超临界流体（温度高于临界温度、压力高于临界压力的热力学状态下的流体）作为萃取溶剂，从液体或者固体中提取待分离组分。超临界流体具有介于气体和液体之间的特殊性质，对许多物质均具有很强的溶解能力，分离速率远比溶剂萃取快，可以实现高效分离过程。

难挥发物质可溶于超临界流体的现象早在一个世纪前就已经被人发现，但是真正认识到超临界流体可以作为具有较强溶解能力的萃取剂来分离物质，却仅是最近三十年多的事情。1978 年在当时的西德召开了世界上第一次“超临界流体萃取”的专题讨论会。此后，人们的研究范围越来越广。研究工作主要包括新分离技术的开发和过程原理、测试手段、基础数据以及高压设备的结构和设计方法等。目前，超临界流体萃取体系的特性研究、超临界流体萃取的应用研究已经深入开展，超临界流体萃取过程的数学模型和设计方法也日趋完善。

迄今为止，丙烷脱沥青、啤酒花萃取、咖啡脱咖啡因等大规模的超临界流体萃取工业过程已经成功运行，超临界流体萃取技术在医药、天然产物、食品、香料、特种化学品加工、环境保护及聚合物加工等方面也展示出宽阔的应用前景。

14.3.2 超临界流体及其性质

众所周知，稳定的纯物质具有固有的临界点（临界压力 p_c，临界温度 T_c，临界密度 ρ_c）。在纯物质中，一旦超过它的临界温度，那么无论施加多大的压力也不可能使其液化。如果其温度和压力都高于其临界值，那么，它就处于超临界状态（图 14-10 中的阴影区域）。若干种物质的临界参数见表 14-1。

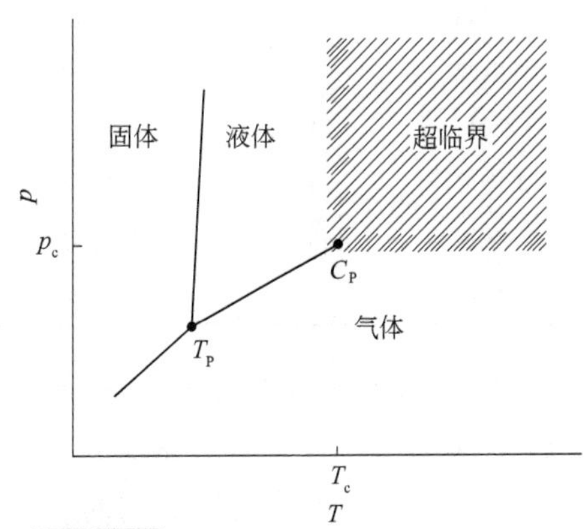

图 14-10　纯物质超临界状态的定义

C_P—临界点；T_P—三相点；T_c—临界温度；p_c—临界压力

对于混合物，只有当其状态条件（温度、压力）超过体系的临界点时，才处于超临界状态。混合物的临界温度和临界压力与其组成相关。临界温度或临界压力与组成的关系曲线，就是所谓的临界曲线. 对于二元混合物，其临界压力通常要比两种纯物质的临界压力高，最大临界压力随两个组分的临界温度的比值的增大而增大。如果溶剂和溶质的临界温度相差较大，临界压力会随溶质含量的增加而迅速增大。二元混合物的临界温度通常介于两种纯物质的临界温度之间。

表 14-1　纯物质的临界参数[21]

物质	临界温度 T_c /K	临界压力 p_c /MPa	物质	临界温度 T_c /K	临界压力 p_c /MPa
氮	126.2	3.39	一氧化碳	132.9	3.50
氧	154.6	5.04	一氧化氮	180.15	6.48
甲烷	190.4	4.60	四氟化碳	227.6	3.74
四氟化硅	227.6	3.74	硅烷	269.69	4.84
六氟乙烷	293.0	3.06	三氟甲烷	299.3	4.86
一氯三氟甲烷	301.95	3.87	1,1-二氟乙烯	302.85	4.46
二氧化碳	304.15	7.38	乙烷	305.4	4.88
一氯三氟化硅	307.65	3.47	乙炔	308.3	6.14
一氧化二氮	309.65	7.24	一氟甲烷	315.0	5.60
六氟化硫	318.75	3.76	氯化氢	324.7	8.31
三氟溴甲烷	340.2	3.97	1,1,1-三氟乙烷	346.25	3.76
一氟五溴乙烷	353.15	3.23	溴化氢	363.15	3.23
丙烯	364.95	4.60	一氯二氟甲烷	369.3	4.97
丙烷	369.8	4.25	硫化氢	373.3	8.94
二氯二氟甲烷	385.0	4.14	环丙烷	397.85	5.47
二甲醚	400.0	5.24	氨	405.55	11.35
异丁烷	408.2	3.65	正丁烷	425.2	3.80
甲胺	430.8	7.88	二乙醚	466.7	3.64
正戊烷	469.7	3.37	丙酮	508.1	4.70
异丙醇	508.3	4.76	甲醇	512.6	8.09
乙醇	513.9	6.14	乙酸乙酯	523.25	3.83
正庚烷	540.3	2.74	乙腈	545.5	4.83
环己烷	553.5	4.07	苯	562.2	4.89
甲苯	591.8	4.10	水	647.3	22.12

从表 14-1 的数据中可以发现，CO_2的临界温度比较接近于常温，加之CO_2安全易得，且能用于分离多种物质，故CO_2是超临界流体萃取中最常用的载体。图 14-11 中绘出了CO_2的 p-ρ 等温线。其中的阴影部分是超临界流体萃取最适宜选用的操作区域。

可以看出，在稍高于临界点温度的区域内，压力稍有变化就会引起密度的很大变化，且超临界流体的密度接近于液体的密度。可想而知，超临界流体对液体、固体物质的溶解度应与液体溶剂的溶解度比较接近。利用超临界流体的特性，在高密度（低温、高压）条件下，萃取分离所需物质，然后稍微提高温度或降低压力，可以将萃取剂与待分离物质分离。

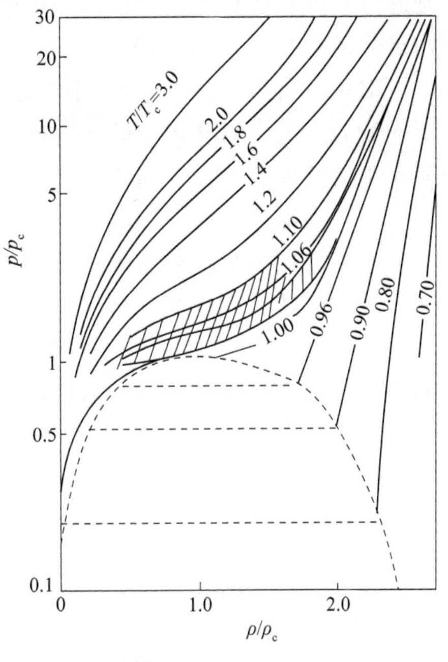

图 14-11　CO_2的 p-ρ 等温线

相对于液体和气体，超临界流体具有许多独特的物理化学性质。

超临界流体的性质与其热力学状态（T，p）密切相关，这些性质与热力学状态的关系（即 pVT 关系）是许多超临界流体应用过程的基础。需要特别指出的是，超临界流体的密度对超临界流体萃取过程具有十分重要的意义。

超临界流体的密度受温度和压力的影响很大。在临界点附近，微小的压力变化或温度变化都会引起很大的密度变化。如图 14-11 所示，压力升高或温度降低会使密度增大。而且，超临界流体的密度通常接近液体的密度，而远大于一般气体的密度。

溶质在超临界流体中的溶解度可以比其在气体中的溶解度高出若干数量级。在临界点附近，溶解度和其他性质一样，对温度和压力的变化十分敏感。微小的温度或压力变化都会引起溶解度的很大变化。

物质在超临界流体中的溶解度主要受两个方面的影响：一方面，溶剂的溶解能力随超临界流体密度的增大而增强；另一方面，溶质的蒸气压随温度的升高而呈指数关系上升。在临界温度以上的区域，即相对较高的压力下，密度随温度的变化相对缓和，因此，温度升高导致蒸气压的增大成为了主要影响因素。然而，在相对较低的压力下，温度升高时，溶剂密度随温度上升而迅速减小，由密度降低而引起的溶解能力的下降就成为主要影响因素。对于低挥发性物质，在超临界流体中的溶解度就会出现高压下溶解度随温度升高而增大，低压下溶解度随温度升高而降低。

图 14-12（a）绘出了萘在 CO_2 中的溶解度随压力的变化。可以看出，当压力小于 7MPa 时，萘在 CO_2 中的溶解度非常小。当压力上升到 CO_2 的临界压力附近时，溶解度迅速增大。当压力上升到 25MPa 时，其溶解度可达 70g/L，即质量分数为 10%。图 14-12（b）反映了不同物质在超临界 CO_2 中的溶解度。实验研究证明，超临界流体对一些物质的溶解度与由其蒸气压数据，按照

理想气体处理所得到的计算值相比较，两者相去甚远。一些体系的实测溶解度与计算值之比竟达 10^{10} 倍。

对一种特定的溶质，不同的超临界流体具有不同的溶解度。在一定条件下，物质在超临界流体中的溶解度，随溶剂的临界温度与系统温度之差的减小而增加。溶质在非极性超临界流体中的溶解度随其分子量、极性和极性官能团数的增大而减小。另外，溶质的化学结构也影响其在超临界流体中的溶解度。正确选择合适的超临界流体作萃取剂，为多组分体系的分离提供较强的选择能力，就可以达到预期的分离目的。

表 14-2 列出了超临界流体的物理性质，并与气体、液体做出了比较。很明显，超临界流体的密度与液体的密度比较接近，而黏度却接近于普通气体，自扩散能力比液体大得多。

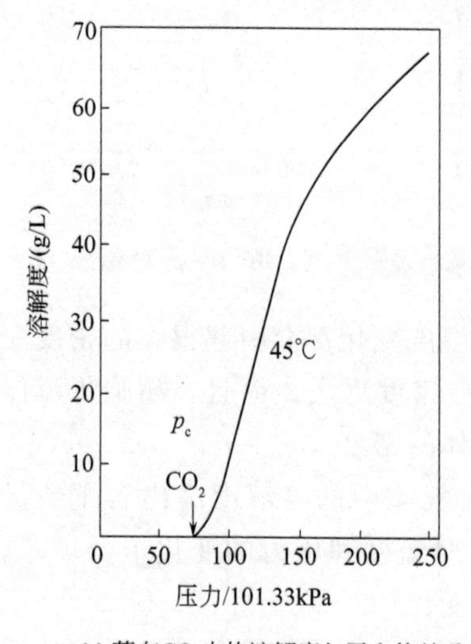

(a) 萘在CO_2中的溶解度与压力的关系

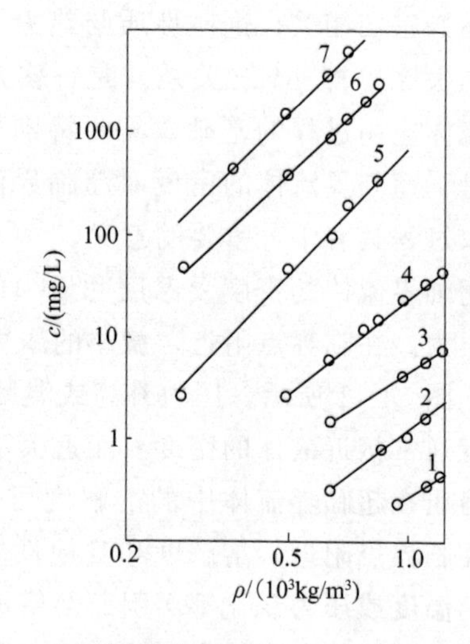

(b) 不同物质在超临界CO_2中的溶解度（40℃）

图 14-12 超临界 CO_2的溶解能力

1—甘氨酸；2—弗朗鼠李苷（frangu lin）；3—大黄素 $C_{15}H_7O_2(OH)_3$；4—对羟基苯甲酸；5—1,8-二羟基蒽醌；6—水杨酸；7—苯甲酸

表 14-2 气体、超临界流体和液体的若干性质对比[22]

类别	条件	ρ/（kg/m³）	η/mPa·s	D/（m²/s）
气体	0.1MPa，20℃	0.6～2.0	0.01～0.03	（1～4）$\times10^{-5}$
超临界流体	T_c，p_c	200～500	0.01～0.03	7×10^{-7}
超临界流体	T_c，$4p_c$	400～900	0.03～0.09	2×10^{-7}
液体	20℃	600～1600	0.2～3.0	（0.2～2）$\times10^{-7}$

图 14-13（a）绘出了 40℃时 CO_2的密度 ρ、黏度 μ 和自扩散系数 D_{11} 值。图 14-13（b）同时绘出了 CO_2的自扩散系数 D_{11} 值（图中用实线表示）和苯在

CO_2中的扩散系数 D_{12}值（图中用×表示）与密度 ρ 或压力 p 之间的关系。为了比较方便，图 14-13（b）中还绘出了气相扩散系数和液相扩散系数的一般取值范围（阴影部分）。十分明显，苯在超临界 CO_2 中的 D_{12} 值较在常压气相中的扩散系数值小 2～3 数量级，但比在正常液体中的相应数值要大得多。

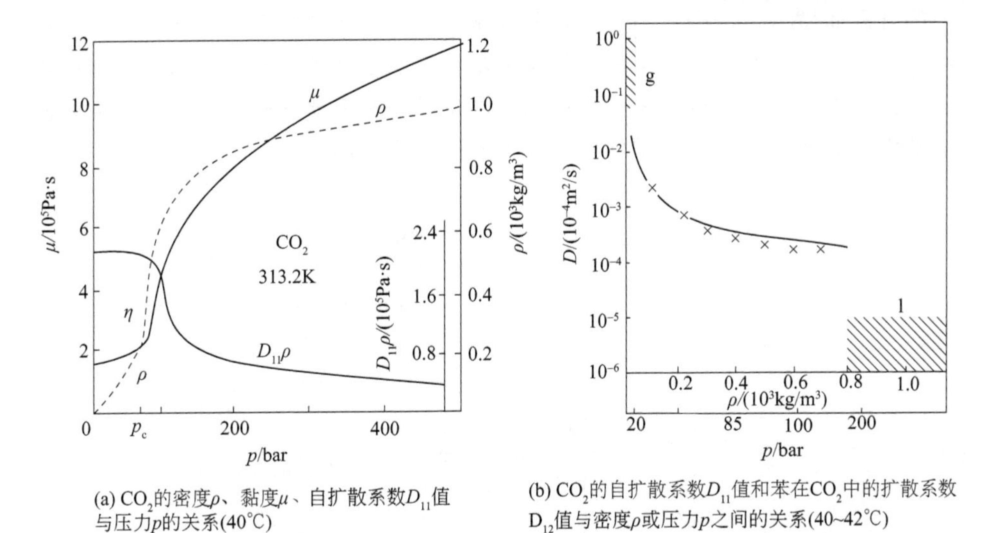

(a) CO_2的密度ρ、黏度μ、自扩散系数D_{11}值与压力p的关系(40℃)

(b) CO_2的自扩散系数D_{11}值和苯在CO_2中的扩散系数D_{12}值与密度ρ或压力p之间的关系(40~42℃)

图 14-13　超临界 CO_2的传递性质（1bar= 1×10^5 Pa）

由于超临界流体黏度小，物质在其中的扩散系数大、渗透性好，与液体溶剂萃取相比，可以更快地完成传质，保证高效分离过程的实现。

值得提及的是，为了改进溶剂性能，有时在超临界流体中加入改性成分，即夹带剂。夹带剂的作用可以归纳为：①改变溶剂的临界温度，从而改变工艺温度，使其最适合于混合物进料；②显著增强溶剂的溶解能力，若夹带剂的临界温度远低于超临界溶剂的临界温度，则溶剂的溶解能力会减弱；③适当选择夹带剂，可调节溶剂的选择性；④增强溶剂的溶解能力对温度和压力的敏感性。夹带剂的浓度也是一个有显著影响的因素。在合适的温度和压力条件下，有可能出现溶质的溶解度随夹带剂浓度单调上升的情况。

14.3.3　超临界流体萃取工艺

14.3.3.1　超临界流体-固体萃取工艺

固体物料的超临界流体萃取过程由萃取、萃取物与溶剂的分离两个工艺步骤构成，其一般工艺流程如图 14-14 所示。在萃取步骤中，超临界流体作为溶剂进入萃取器，在固体颗粒固定床的入口均匀分布，然后流经固体颗粒床层并溶解固体中的待萃取物质。超临界流体通过固定床的流动方向可以由下而上，也可以由上而下。萃取物和溶剂的分离步骤是在分离器中完成的。含有溶质的超临界流体离开萃取器后进入分离器，与溶质分离后的超临界流体溶剂返回萃取器，循环使用。

影响固体超临界流体萃取的工艺参数主要有温度、压力、溶剂比及固体形态等。

在超临界流体萃取的工艺条件下，若温度不变，溶剂的溶解能力一般随压力的升高而增大，即随压力升高，萃取率增大。在压力相对较低的条件下，温度的升高会引起萃取率的下降；在压力足够高的条件下，温度越高，萃取率则越高。超临界流体萃取过程中的传质速率也是一个重要的影响因素，温度升高会增大传质速率，因此，即使溶剂密度相同，不同温度的萃取率也不同。

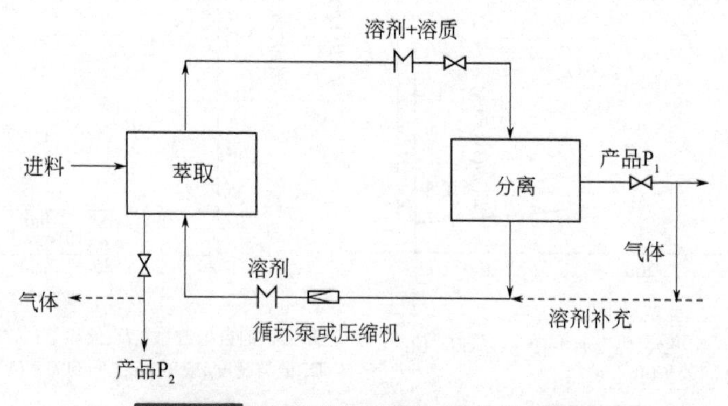

图 14-14 固体的超临界流体萃取流程图

一旦温度和压力等工艺条件选定，溶剂比，即溶剂量和被萃物质的量之比，就是超临界流体萃取过程最重要的工艺参数。讨论溶剂比的影响，必须考虑经济因素。使用高溶剂比，萃取达到一定分离程度所需的时间短，单位时间的产量和处理量大；但是，溶剂中溶质的含量低，溶剂的循环量大，溶剂循环设备费用增大。如果单位产品量的溶剂循环成本是生产成本的主要构成，就必须根据最小溶剂用量来确定溶剂比，否则应根据可达到的最大萃取速率来确定溶剂比。

颗粒粒度的减小能增大固体与流体接触的表面积，从而增大固体相的传质速率；然而，固体颗粒过细会阻碍流体在固定床中的流动，减小流体相一侧的传质速率，对萃取产生不利的影响。

14.3.3.2 液体的超临界流体逆流萃取工艺

“多级逆流超临界流体萃取”是指采用超临界流体作为溶剂，多级逆流萃取分离液体混合物的过程，其工艺流程如图 14-15 所示。液体混合物在萃取塔中与作为溶剂的超临界流体逆流接触后，分离成顶部产品和底部产品。塔顶分离器将萃取物与溶剂分离，其中的一部分萃取物作为回流返回塔顶，其余的萃取物就是塔顶产品。溶剂经处理（过滤或液化并再蒸发除去痕量物质、调节温度和压力等），然后由循环泵或压缩机将其以超临界状态循环进入塔底。混合物进料则是通过进料泵将其引入塔的中间部位。

二元混合物的分离是最基本的情况。对于两个以上组分分离的体系或复杂混合物分离成多个馏分的情况，每增加一个分离组分（馏分），就需要增加一个萃取分离塔。

影响多级逆流超临界流体萃取过程的工艺参数也是温度、压力和溶剂比，其影响行为与固体的超临界流体萃取过程相类似。

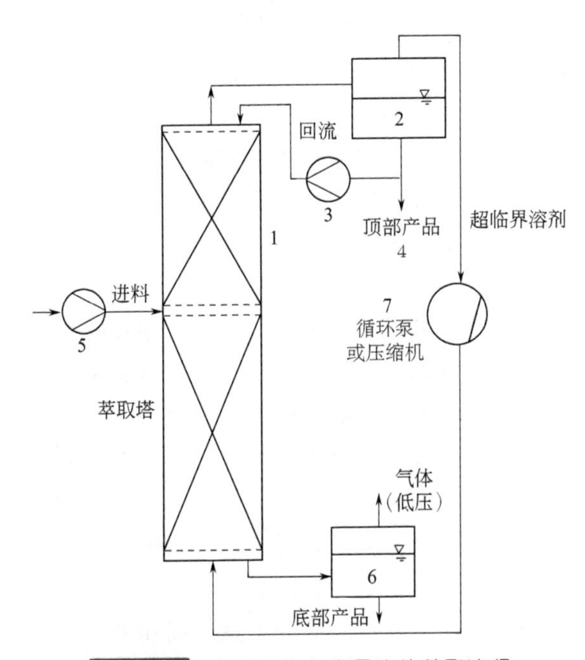

图 14-15 多级逆流超临界流体萃取流程

1—萃取塔；2—顶部分离器；3—回流装置；4—塔顶产品回收；5—进料装置；6—底部产品回收装置；7—溶剂循环装置

14.3.3.3 溶剂循环

溶剂循环是超临界流体萃取过程的必需步骤，其方式取决于所涉及物质的性质、过程的规模和操作条件。不同循环方式的主要差别在于，溶剂是以超临界态循环还是以亚临界态循环，相应存在压缩机循环和泵循环两种循环方式。

在压缩机循环方式中，溶剂在超临界状态下萃取溶质后，通过改变其状态与溶质分离，然后调节温度和压力成为气体状态，由压缩机压缩至萃取的压力条件，经调节温度至萃取温度后，再进入萃取器。压缩机循环的优点在于只需一个换热器，热能消耗低。压缩机循环的缺点是流量控制比泵循环过程难，电能消耗较高，压缩机的投资较高，在操作压力高于 30MPa 时能耗较大。

在泵循环方式中，超临界溶剂萃取溶质后，通过改变其状态与溶质分离。调节温度和压力成为液体状态，然后 由泵加压至萃取压力，再调节温度至萃取温度，返回萃取器。与压缩机循环相比，泵循环方式的投资低、溶剂流量易控制，在压力高于 30MPa 时能耗比压缩机循环过程小。泵循环方式的缺点是必须有换热器和冷凝器，在低萃取压力时需要额外的热能。

14.3.3.4 溶质和溶剂的分离

溶解在超临界流体溶剂中的物质可以通过降低溶剂的溶解能力或使用质量分离剂将其分离。

由于溶质在溶剂中的溶解度取决于溶剂的状态条件，所以，可以通过改变溶剂的热力学状态，将溶质与溶剂分离。根据溶质在超临界流体中的溶解度与温度和压力的关系，确定温度和压力等状态变量的变动。一般降低压力或升高温度（或两者同时进行）可以导致溶剂密度的降低，从而使溶解度下降，实现溶质和溶剂的分离。如果在分离器中质量流量不太高，停留时间足够长，那么物质在分离器中就能接近于相平衡状态。对于实验装置中的分离器，停留时间在 80～200s 的范围内。

某些情况下，在超临界流体萃取单元的下游，用吸收来分离溶质和溶剂更为有利。这时，溶剂几乎可以恒压循环操作。吸收液必须溶解萃取溶质且不溶于超临界溶剂中，吸收液也不能影响萃取产品的质量。

吸附也是一种从超临界流体中分离溶质并再生溶剂的有效方法。与吸收一样，吸附方法也可以使超临界溶剂在恒压下循环。由于吸附具有较高的选择性，因此，在超临界溶剂中溶质浓度较低时，吸附方法更具优势。需要考虑的是，从吸附剂中移走萃取溶质相对比较困难。

超临界溶剂的分子量和萃取物质的分子量之间相差较大，典型溶剂的分子量大约为 50，而溶质的分子量在 200～800 的范围内。因此，可以用膜分离方法分离溶剂和溶质。膜分离方法可以使得溶剂在较低的压差下循环。

添加一种低溶解能力的物质可以降低超临界流体的溶解能力。但是，在溶剂重新进入工艺过程前，添加物质必须除去。如果在过程中使用了夹带剂，那么，去除夹带剂也会产生相同的分离效果。例如，通过吸附将夹带剂除去，使萃取物与溶剂分离。这种方法的使用也可以使溶剂实现恒压循环。

14.3.4 超临界流体萃取设备

对于固体的超临界流体萃取，由于过程的规模相差很大，其设备规模也有很大的差异。对于大规模的工业化过程，如茶叶脱咖啡因、咖啡豆脱咖啡因和啤酒花萃取等，其设备相当庞大，萃取器的尺寸最大可达 21m 高、直径 2.1m[23]，而且一般配置 2～3 个萃取器和 1～2 个分离器。相应地，附属设备，如换热器、循环设备也相当庞大。1985 年，美国 Pfizer 公司建成投产了世界上最大的超临界二氧化碳萃取啤酒花的工厂，其萃取器有效体积达 $70m^3$[23]。Kraft General Foods 公司的超临界二氧化碳脱咖啡豆中咖啡因的工厂，其生产能力达23000t/a[23]。在德国有一个茶叶脱咖啡因的工厂，Lipton（立顿）牌脱咖啡因茶就是在这个超临界萃取工厂生产的，产量达6800t/a[23]。20世纪80年代末，用超临界二氧化碳从烟草中萃取尼古丁的过程也在美国实现了规模化生产[23]。用于香精、香料提取的超临界萃取设备，一般萃取器容积为100～300L。再小规模的设备（几升至几十升萃取器）一般是用于实验室和中试研究的。

与固体萃取过程设备相比较，多级逆流萃取过程设备的最主要部分是分离塔。分离塔内一般填充某种高效填料，使液体和超临界流体能够逆流充分接触，其他部分与固体超临界萃取相类似。多级逆流超临界流体萃取过程的有关设备都是实验室规模的，尚未实现工业化。

14.4 双水相萃取技术[1]

14.4.1 概述

随着生物化工等新型学科的发展，一些含量微小具有生理活性又极有价值的生物物质的分离提纯，成了十分关键的技术课题。生物工程产品的分离问题，即生物工程的下游技术的开发是极为重要的。众所周知，生物物质多是有生理活性的。常规的分离技术往往会带来处理量小、易失活、收率低和成本高等缺点。例如，使用通常的溶剂萃取方法在生物大分子分离提取领域中应用是有困难的。这是因为蛋白质、核酸、各种细胞器和细胞在有机溶剂中容易失活变性，而且，大部分蛋白质分子有很强的亲水性，不能溶于有机溶剂中。开发新型的生物物质分离技术，使其适应于一定的生产规模，且经济简便、快速高效，是十分迫切的要求。双水相萃取就是针对生物活性物质的提取而开发的一种新型液液萃取分离技术。

1896年，Beijerinek在把明胶和琼脂或可溶性淀粉混合时发现，两种亲水性的高分子聚合物并非混为一相，而是出现两个水相的成相现象。20世纪80年代，研究者们开始提出了双水相萃取技术，利用这类双水相成相现象及待分离物质在此两相间所具有的分配系数，来实现生物物质分离提纯的目的。双水相萃取的应用性研究则是从发酵液中提取各种酶的实验工作开始的。多年来，双水相萃取技术得到了较大的发展，它的研究及应用领域也逐步拓宽。研究成果表明，双水相萃取技术是一种具有独特性质、针对性很强的有前途的分离技术[24～26]。

14.4.2 双水相体系的形成

当两种聚合物溶液互相混合时，分层还是混合成一相，决定于混合时熵的增加和分子间作用力两个因素。两种物质混合时熵的增加与分子数有关，而与分子的大小无关。但分子间作用力可以看作是分子中各基团相互作用力之和，分子越大，作用力也越大。对聚合物分子来说，如果以摩尔为单位，则分子间作用与分子间混合的熵相比起主要作用。两种聚合物分子间如有斥力存在，即某种分子希望在它周围的分子是同种分子而非异种分子，则在达到平衡后就有可能分成两相，两种聚合物分别富集于不同的两相中，这种现象称为聚合物的不相容性（incompatibility）。两个聚合物双水相体系的形成就是依据这一特性。聚合物和一些高价的无机盐也能形成双水相体系，如聚乙二醇与磷酸盐、硫酸铵或硫酸镁等。一般认为，高价无机盐的盐析作用，使聚合物和无机盐富集于两相中。

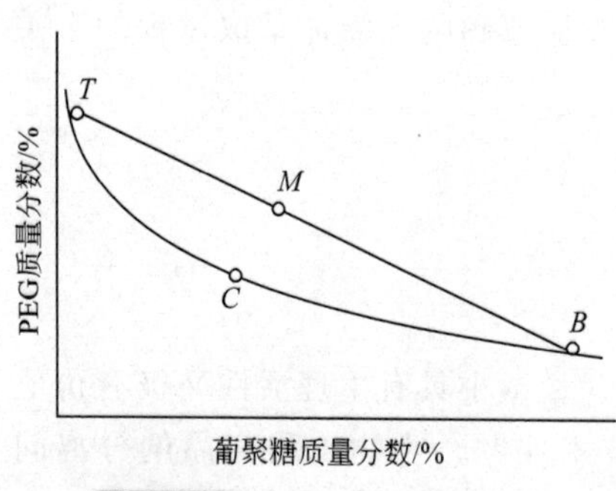

图 14-16 双水相体系相图[27]

双水相体系形成的条件和定量关系可以用相图来表示，图 14-16 是两种聚合物——聚乙二醇（PEG）与葡聚糖（Dextran）和水形成的双水相体系的相图。图中以葡聚糖质量分数（%）为横坐标，以聚乙二醇质量分数（%）为纵坐标。图中把均相区与两相区分开的曲线 TCB，称为双节线（bimodal）。如果体系总组成配比取在双节线下方的区域，两聚合物均匀溶于水中而不分相。如果体系总组成配比取在双节线上方的区域（如 M 点所示），体系就会形成两相。上相（或称轻相）组成用 T 点表示，主要组成是 PEG；下相（或称重相）组成用 B 点表示，主要组成为 Dextran。T 和 B 点称为节点。T、M、B 三点在一条线上，称为系线（tie line）。同一系线上的不同点，总组成不同，而上、下两相组成相同，只是两相体积 V_T、V_B 不同，但均服从杠杆原理［式（14-2）］。由于聚合物溶液的密度通常和水相密度相近，两相的密度差很小，所以若 M 向双节线移动，系线变短，T、B 两点接近，即两相组成差别减小，M 点在双节线 C 点时，体系变成一相，C 点称为临界点（critical point）。双水相体系的相图及其系线和临界点均可由实验测得。

$$\frac{V_T}{V_B}=\frac{MB}{MT} \tag{14-2}$$

聚合物的类型和分子量对双水相体系的形成影响极大。通常聚合物的分子量越大，发生相分离、形成双水相所需的浓度越低。随着聚合物分子量的增加，双节线向原点接近，并且两种聚合物的分子量相差越大，节线越不对称。支链的聚合物比直链的聚合物易于形成双水相体系。

温度对双水相影响也较大。温度越高，发生相分离所需的聚合物浓度越高。在临界点附近温度对双水相体系的形成更为敏感。

许多聚合物都能形成双水相体系，如非离子型聚合物聚乙二醇（PEG）、葡聚糖（Dextran，又称右旋糖苷）、聚丙二醇、聚乙烯醇、甲氧基聚乙二醇、聚乙烯吡咯烷酮、羟丙基葡聚糖、乙基羟乙基纤维素和甲基纤维素，聚电解质葡聚糖硫酸钠、羧甲基葡聚糖钠、羧甲基纤维素钠和 DEAE 葡聚糖盐酸盐。其中，在生物技术中最常使用的是聚乙二醇和葡聚糖。某些聚合物和无机盐也能形成双水相体系，常用的无机盐有磷酸钾、硫酸铵、氯化钠等。

14.4.3 双水相体系的主要参数

（1）黏度 双水相体系的黏度不仅影响相分离速度和流动特性，而且也影响物质的传递和颗粒，特别是细胞、细胞碎片和生物大分子在两相的分配。一般而言，由双聚合物组成的体系的黏度比由无机盐和聚合物组成的体系的黏度高。在分子量和浓度相同的条件下，支链聚合物溶液的黏度比直链聚合物溶液的黏度低。聚合物的分子量越大，或聚合物的浓度越高，体系黏度也越高。但是，如前所述，聚合物的分子量增大，该聚合物形成双水相的浓度可以降低。因此，适当调整成相聚合物的分子量和浓度，可以降低相的黏度。研究表明，由 Dextran 和 PEG 组成的双水相体系中，富含 Dextran 的下相的黏度比富含 PEG 的上相的黏度大得多，并且会随体系系线长度的增加而迅速增加。对于体系中有蛋白质分配于两相中时，上、下相的黏度会明显增大。

（2）密度和密度差 双水相体系的含水量高达 90%左右，两相密度几乎接近于 $1000kg/m^3$，两相的密度差非常小，为 $10\sim50kg/m^3$。所以，仅仅依靠重力差，体系的相分离速度很慢，必须借助离心力场才能进行有效的相分离。

（3）界面张力 双水相萃取是一种受粒子表面特性影响的分离方法。因此，双水相体系中两相之间的界面张力是一个非常重要的物性参数。研究表明，界面张力主要决定于体系的组成和两相间组成的差别。从相图上看，与系线长度密切相关。

PEG/磷酸盐体系的界面张力高于 PEG/Dextran 体系。温度降低，界面张力会增加。聚合物的分子量增大，界面张力也会增大。在 PEG/Dextran 体系中，Dextran 的分子量从 40000 增加到 500000，界面张力增加 59%。但是必须指出，双水相体系的界面张力非常小，为 $0.1\sim100\mu N/m$，所以，双水相体系非常容易混合，但相分离则比较困难。

（4）相间电位差 如果盐的阴离子和阳离子在双水相体系中有不同的分配系数，为保持每一相的电中性，必然会在两相间形成电位差，大小约为毫伏量级。显然，盐的分配平衡是决定相间电位差的重要因素。对由卤族阴离子和碱金属阳离子组成的盐，分配系数接近于 1；碱金属阳离子的分配系数小于 1，且 $K^+ < Na^+ < Li^+$；而卤族阴离子的分配系数大于 1，而且 $I^- > Br^- > Cl^- > F^-$。硫酸盐和磷酸盐的分配系数小于 1，而对应的酸的分配系数都大于 1，柠檬酸和草酸的分配系数也都大于 1。磷酸盐的分配系数随对应酸根所带电荷的增加而减小，而且相差较大。为了控制相间电位差，常向体系中同时加入不同比例的磷酸盐和氯化钠。

(5) 相分离时间　如前所述，通常情况下双水相体系的相间密度差和界面张力很小，因此，相分离较慢，一般需要1h，甚至数小时。在远离临界点时，聚合物浓度较高，黏度亦高，因而，相分离会很慢。PEG/盐体系相分离较快。另外，相分离快慢也与体系的相比有关，通常相比越接近于1，分相越快。

14.4.4 双水相萃取的特点及两相分配

14.4.4.1 双水相萃取的特点

在双水相体系中，生物大分子和细胞粒子若在两个水相之间存在分配的差异，就可能实现分离提纯，这就是双水相萃取。它是一种由粒子或大分子的表面特性所决定的生物分离方法。

在常用的双水相萃取体系中，各种细胞、噬菌体等的分配系数或大于100，或小于0.01；蛋白质（如各类酶）的分配系数为0.1～10；无机盐的分配系数则一般在1.0左右。这些不同物质分配系数的差异，构成了双水相萃取分离的基础。双水相萃取技术有其自己的特征，这主要表现在如下几点。

① 双水相萃取的主要分离对象一般是具有生理活性的生物物质。这类物质的生理基础是水溶液。采用一般溶剂萃取的方法可能会造成失活而使收率大幅度的下降。双水相体系中水的含量高达85%～90%，组成双水相体系的聚合物PEG、Dextran和无机盐等对于生物活性物质如酶、核酸等无毒害，不会造成生理活性物质的失活和变性。有时，有的物质还可能起到稳定和保护生物活性的作用。

② 根据不同物质在双水相体系中分配系数的差异，双水相萃取可以直接从含菌体的发酵液或培养液中直接提取所需要的蛋白质，甚至可以在不经破碎的条件下操作，直接提取胞内酶。采用双水相萃取分离纯化酶，纯化系数（两相中的组分浓度比值之比）为1～8，收率在90%以上，优点十分明显。

③ 双水相萃取的操作与通常的溶剂萃取相似，所用设备可以选用柱式萃取设备、混合澄清槽和离心萃取器等，便于连续进行、处理量可以较大。

14.4.4.2 影响双水相萃取分配的因素

生物活性物质在双水相萃取体系中的平衡分配系数是双水相萃取工艺研究的重要内容。近年来的研究工作主要针对直接应用对象，研究生物活性物质在双水相体系中分配的影响因素。这类研究为确定双水相萃取的工艺条件，开发新的过程打下了基础。

影响双水相体系中物质的相平衡分配的因素很多，主要包括聚合物的种类、平均分子量及分子量分布、浓度；成相盐的种类及浓度；体系pH值及其他非成相盐的种类及浓度；体系所含菌体或细胞的种类及含量；体系的温度等。

（1）聚合物分子量　在聚合物浓度保持不变的前提下，降低聚合物的分子量，被分配的可溶性生物大分子如蛋白质或核酸，或被分配的颗粒如细胞或细胞碎片和细胞器，将更多地分配于该相，即对 PEG/Dextran 体系而言，Dextran 的分子量减小，分配系数会减小，PEG 的分子量减小，物质的分配系数会增大。

（2）聚合物浓度　双水相体系的组成越接近临界点，可溶性生物大分子如蛋白质的分配系数越接近于 1。在 PEG/Dextran 体系中，成相聚合物浓度越高，两相体系距离临界点越远，分配系数越偏离 1。

对于细胞等颗粒，在临界点附近，细胞大多分配于一相中，而不吸附在界面上。随着聚合物浓度的增加，细胞会越来越多地吸附在界面上。当聚合物浓度增加时，体系组成偏离临界点，系线长度增加，界面张力也随着增大。在 PEG/Dextran 体系中膜囊泡的分配系数（上相的物质量比下相和界面上物质量的总和）与界面张力成指数关系。

（3）盐类　如前所述，由于盐的正、负离子在两相间的分配系数不同，两相间形成电位差，从而影响带电生物大分子的分配。加入适当的盐类，可以促进带相反电荷的两种蛋白质的分离。当盐类浓度增加到一定程度时，由于盐析作用，蛋白质易分配于上相，分配系数几乎随盐浓度成指数增加，且不同的蛋白质增大程度各异。利用这一特性可以使蛋白质相互分离。

在双水相体系的萃取分离中，磷酸盐的作用非常特殊，它既可作为成相盐形成 PEG/盐双水相体系，又可作为缓冲剂调节体系的 pH。由于磷酸不同价态的酸根在双水相体系中有不同的分配系数，因而可通过控制不同磷酸盐的比例和浓度来调节相间电位差，从而影响物质的分配。

（4）pH 值　pH 值对分配的影响有两个方面的原因：第一，pH 值会影响蛋白质分子中可解离基团的解离程度，改变蛋白质所带的电荷的性质和大小，这是与蛋白质的等电点有关的；第二，pH 值影响磷酸盐的解离程度，从而改变 $H_2PO_4^-$ 和 HPO_4^{2-} 之间的比例，进而影响相间电位差。pH 的微小变化可能使蛋白质的分配系数改变 2～3 个数量级。加入不同的非成相盐，pH 值的影响也是不同的。在等电点处，蛋白质不带电荷，不同的盐对分配系数的影响应该是相同的。

（5）温度　温度首先影响相图，在临界点附近尤为明显。但当离临界点较远时，温度影响较小。由于聚合物对生物活性物质有稳定作用，在大规模生产中多采用常温操作，从而节省冷冻费用。采用较高的操作温度，体系黏度较低，则有利于相分离。

（6）细胞浓度　细胞浓度是影响双水相萃取的重要参数，它会影响蛋白质等可溶性生物活性大分子的分配，体系细胞浓度增加，蛋白质会更多地转移到下相。

影响萃取分配的因素很多，而且这些因素之间还存在相互作用，这些因素直接影响分配物质在两相的界面特性和电位差，并间接影响物质在两相的分配。适宜的工艺条件主要通过实验方法获得。新的萃取体系、最佳的工艺条件、体系的分相技术以及相应的设备研究等有待于进一步加以解决。可以相信，在生物工程的下游工程中，双水相萃取技术将不断地展示出它的应用前景。

14.4.5 亲和双水相萃取技术[24]

为了提高萃取分配系数和萃取效率，可以将生物亲和技术与双水相萃取技术相结合，称之为亲和双水相萃取技术。把一种配基与一种成相聚合物以共价键相结合，这种配基与要提取的目的产物如蛋白质等有很强的亲和力，因而可以使蛋白质等生物大分子的分配系数增大10～10000倍。配基可以反复使用，而且传质速度快。研究表明，无论在处理量上还是收率上，亲和双水相萃取都比亲和层析的效果好。

根据配基的不同，亲和双水相萃取技术可以分为三类。

① 基团亲和配基型。在PEG或Dextran上接—NH_2，—COOH，—PO_4^{3-}，—SO_4^{2-}等基团，这类亲和配基主要利用基团的电荷性质和疏水性（如PEG-棕榈酸这样的憎水性酯）。

② 染料亲和配基型。在PEG或Dextran上接染料配基，特别是三嗪染料。利用三嗪类染料与蛋白质之间的特殊亲和力制备的PEG与染料的衍生物，易于合成，价格也不高，对几十种生物物质有亲和作用。

③ 生物亲和配基型。常用的有底物、抑制剂、抗体或受体等生物配基。与生物亲和层析一样，其分离专一性非常高，但成本也较高。

亲和双水相萃取技术发展迅速，仅在PEG上可接配基就有十多种，分离纯化的物质有几十种。亲和双水相萃取技术在蛋白质提取中，在细胞、细胞器和细胞膜的分离中已有应用。

14.5 膜萃取技术[1]

14.5.1 概述

膜萃取又称固定膜界面萃取。膜萃取是膜技术和液液萃取技术有机结合的耦合过程。与通常的液液萃取过程不同，膜萃取的传质过程是在分隔料液相和溶剂相的微孔膜表面进行的。例如，由于疏水微孔膜本身的亲油性，萃取剂浸满疏水膜的微孔，渗至微孔膜的另一侧，萃取剂和料液在膜表面接触发生传质。从膜萃取的传质过程可以看出，该过程不存在通常萃取过程中的液滴的分散和聚并现象。

作为一种新的分离技术，膜萃取有其特殊的优势，主要表现为[28～30]如下几点。

① 通常的萃取过程往往是一相在另一相内分散为液滴，实现分散相和连续相间的传质，然后分散相液滴重新聚并分相。细小液滴的形成创造了较大的传质比表面积，有利于传质的进行。但是，过细的液滴又容易造成夹带，使溶剂流失或影响分离效果。膜萃取由于没有相的分散和聚并过程，可以减少萃取剂在料液相中的夹带损失。

② 连续逆流萃取是一般萃取过程中常采用的流程。为了完成液液直接接触中的两相逆流流动，在选择萃取剂时，除了考虑其对分离物质的溶解度和选择性外，还必须注意其他物性（如密度、黏度、界面张力等）。在膜萃取中，料液相和萃取相各自在膜两侧流动，并不形成直接接触的液液两相流动，料液的流动不受溶剂流动的影响。因此，在选择萃取剂时可以对其物性要求大大放宽，使一些高浓度的高效萃取剂可以付诸使用。

③ 一般柱式萃取设备中，由于连续相与分散相液滴群的逆流流动，柱内轴向混合的影响是十分严重的。据报道，一些柱式设备中60%～70%的柱高是为了克服轴向混合影响的。同时，萃取设备的生产能力也将受到液泛总流速等条件的限制。在膜萃取中，两相分别在膜两侧做单相流动，使过程免受“返混”的影响和“液泛”条件的限制。

④ 利用膜萃取可以实现同级萃取反萃取过程，可以采用流动载体促进迁移等措施，提高过程的传质效率。

⑤ 料液相与萃取溶剂相在膜两侧同时存在可以避免与其相似的支撑液膜操作中膜内溶剂的流失问题。

14.5.2 膜萃取的研究方法及数学模型

14.5.2.1 膜萃取的研究方法

膜萃取的实验研究工作一般是在槽式膜萃取器和中空纤维膜萃取器中进行的。为了防止在实验中两相相互渗透的发生，在两相间应维持一定的压差。例如，对于疏水膜器，水相一侧的静压力应高于有机相一侧的静压力。中空纤维膜萃取器的实验又分为连续逆流膜萃取实验和逆流（或并流）膜萃取循环实验。实验中，按照膜萃取的特点，选择有针对性的体系，测取在不同条件下料液经膜器后浓度的变化，以便研究讨论。有时，为了研究膜材料的结构性能以及浸润性能对传质过程的影响，实验研究可在单丝中空纤维膜器中进行[31]。

14.5.2.2 膜萃取过程的传质模型

以双膜理论为基本出发点，可以建立包括膜阻在内的膜萃取过程传质模型。图 14-17（a）和（b）分别绘出了以疏水膜或亲水膜为固定膜界面的萃取过程传质模型图。假设膜的微孔被有机相（或水相）完全浸满，把微孔膜视为由有一定弯曲度、等直径的均匀孔道构成，并且忽略微孔端面液膜的曲率对于传质的影响。十分明显，膜萃取过程的传质阻力由三部分组成，即有机相边界层阻力、水相边界层阻力和膜阻。

如果溶质在两相间的分配平衡关系呈直线，$y^*=mx+b$，那么，依照一般传质过程的阻力迭加法则可以获得基于水相的总传质系数 K_w 与水相分传质系数 k_w，膜内分传质系数 k_m 和有机相分传质系数 k_o 的关系。

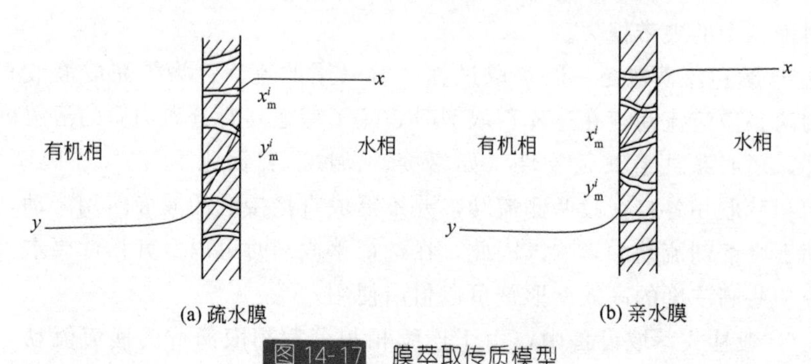

图 14-17 膜萃取传质模型

对于疏水膜

$$\frac{1}{K_w}=\frac{1}{k_w}+\frac{1}{k_m m}+\frac{1}{k_o m} \tag{14-3}$$

其中膜阻一项可表示为

$$\frac{1}{k_m}=\frac{\tau_m t_m}{D_o \varepsilon_m}$$

对于亲水膜

$$\frac{1}{K_w}=\frac{1}{k_w}+\frac{1}{k_m}+\frac{1}{k_o m} \tag{14-4}$$

其中膜阻一项可表示为

$$\frac{1}{k_m}=\frac{\tau_m t_m}{D_w \varepsilon_m}$$

上述各式中，ε_m 为微孔膜孔隙率，t_m 为膜厚，$\tau_m>1$ 称为弯曲因子，D_o、D_w 分别代表溶质在有机相或水相中的扩散系数。

根据实验的测试数据，可以求取基于水相的总传质系数。对于槽式间歇操作的膜萃取器，若两相平衡关系为 $y^*=mx+b$，水相及有机相中溶质初始浓度为 x_0 和 y_0，水相和有机相的体积分别为 V_w 和 V_o，膜面积为 A，则

$$N=K_w(x-x^*)=-\frac{V_w}{A}\cdot\frac{dx}{dt} \tag{14-5}$$

分离变量并积分可得

$$K_w=\frac{V_w}{A\cdot\Delta t}\cdot\frac{1}{1+\frac{V_w}{mV_o}}\ln\frac{x_0-x_0^*}{x_t-x_t^*} \tag{14-6}$$

式中，x_t为时间为t时刻的水相组成；x_t^*为t时刻与有机相呈平衡的水相组成。若使用新鲜溶剂进行实验，则$y_0=0$，$x_0^*=0$。

同样，对于中空纤维膜器中的连续逆流萃取实验，若平衡关系仍为$y^*=mx+b$，水相进出口浓度为x_0、x_1，有机相进出口浓度为y_1、y_0，水相和有机相的流量分别为L_w、L_o，膜器传质表面积为A，则有

$$K_w=\frac{L_w}{A}\cdot\frac{1}{1-\frac{L_w}{mL_o}}\ln\frac{x_0-x_0^*}{x_1-x_1^*} \tag{14-7}$$

当使用新鲜溶剂时，$y_1=0$，$x_1^*=0$。

对于逆流膜萃取循环实验，若两相平衡关系为$y^*=mx+b$，萃取剂初始溶质浓度为零，并假设膜器内两相流动为活塞流、两相的料罐内溶液处于全混状态。依据膜器内及两相料罐内的物料衡算关系，可以导出

$$\frac{1-B\frac{L_w}{mL_o}}{1+\frac{V_w}{mV_o}}\ln\frac{(1+\frac{V_w}{mV_o})x_t-\frac{V_w}{mV_o}x_{0,t=0}}{x_{0,t=0}}=\frac{L_wt}{V_w}(B-1) \tag{14-8}$$

其中

$$B=\exp[-\frac{K_wA}{L_w}(1-\frac{L_w}{mL_o})]$$

式中V_w、V_o分别代表料罐内料液和溶剂的体积；A为膜器的膜表面积；t为循环操作时间。$x_{0,t=0}$代表初始时刻（$t=0$时）料液进口浓度，x_t则代表t时刻下水相料罐内的浓度。

以同样的方法可以导出并流膜萃取循环实验中求取K_w值的关系式：

$$\frac{1+B\frac{L_w}{mL_o}}{1+\frac{V_w}{mV_o}}\ln\frac{(1+\frac{V_w}{mV_o})x_t-\frac{V_w}{mV_o}x_{0,t=0}}{x_{0,t=0}}=\frac{L_wt}{V_w}(B-1) \tag{14-9}$$

其中

$$B=\exp[-\frac{K_wA}{L_w}(1+\frac{L_w}{mL_o})]$$

依据上述的数学模型和关系式可以求取基于水相或基于有机相的总传质系数，讨论膜萃取过程的特性。一般单元操作中，传质单元高度HTU值是用以衡量柱式设备的传质效率的表观参数。以同样的方法亦可求取膜萃取器的HTU值：

$$HTU=\frac{L_w}{K_w aS} \tag{14-10}$$

利用实验数据值计算出中空纤维膜萃取器的 HTU 值，可以与通常的柱式萃取设备的 HTU 进行比较。尽管膜萃取与通常萃取过程相比，两相流动一般呈滞流状态，且增加了膜阻一项，总传质系数的数值变小。但是，中空纤维膜萃取器可能提供很大的传质表面积，使总体积传质系数的量级可观。在相应的处理条件下，中空纤维膜萃取器的 HTU 值一般小于通常的萃取塔（如填料塔）的相应值。

14.5.3 膜萃取的影响因素

14.5.3.1 两相压差 Δp 的影响

膜萃取实验的研究结果表明，保持一定的压差条件，可以避免膜萃取两相之间的相的夹带。当然，两相压差的作用仅在于防止两相间的渗透，对传质系数没有直接影响[29,32]。这主要因为，在膜萃取过程中，其传质推动力是化学位，而并不是两相压差。压差的作用只能通过对相间化学位差的改变而产生。在实验范围内，两相压差的变化尚不足以产生对化学位差的影响。因此，膜萃取过程的传质系数受两相压差的影响较小。

14.5.3.2 两相流量的影响

两相流量对总传质系数值的影响主要取决于分离体系传质过程中水相边界层阻力或有机相边界层阻力在总传质阻力中所占比例。对于一些体系，在操作范围内，当有机相流量维持不变时，总传质系数值基本上不随水相流量的改变而发生变化，而当水相流量不变时，总传质系数值则随有机相流量的增大而呈上升趋势。这是由于在这些体系中有机相边界层阻力为主的缘故。随有机相流量的加大，有机相边界层阻力减小，使总传质阻力减小。对另外一些体系则相反，体系传质阻力以水相边界层阻力为主，水相流量的变化将带来总传质系数的变化，而有机相流量的变化却并不产生明显的影响。对于水相边界层阻力、膜阻及有机相边界层阻力在总传质阻力中所占比例相当的体系，两相流量的变化都会对总传质系数值产生影响。

14.5.3.3 相平衡分配系数与膜材料的浸润性能的影响

值得注意的是，与通常的液液萃取过程相比，膜萃取中由于微孔膜的存在，势必使传质阻力有所增大。因此，针对具体的分离体系，研究膜萃取过程的传质阻力，采用不同类型的微孔膜，提高膜萃取过程的传质效率，是十分重要的。

通过对膜萃取传质阻力迭加公式的分析及实验研究[29,33,34]，一些提供很大的萃取相平衡分配系数 m 值（即 $m\gg1$）的体系，若采用疏水膜器，膜萃取过程中的外加膜阻项 $1/(mk_m)$ 将得到有效的控制，过程的总传质系数 K_w 值亦相对较大。对于 $m \ll 1$ 的体系，则更宜选用亲水膜器，这样，过程的膜阻一项（$1/k_m$）可能控制在较小的范围内，从而提供尽可能大的总传质系数 K_w 值。对于另外一些体系，其 m 值接近于 1，膜萃取过程中膜阻一项在传质总阻力中所占比例是相当大的。而且，随体系两相流速的增大，水相及有机相边界层阻力减小，膜阻会成为影响过程传质速率的决定因素。在这种过程中，只利用 m 值的大小作为选择膜器材质浸润性的判据，已不可能出现前述讨论的体系中产生的明显效果了。此时，在膜材料的各类结构尺寸（t_m，ε_m，τ_m）可比的条件下，还应该考虑溶质在水相或有机相中的扩散系数的大小[31]。

采用单束中空纤维膜器进行膜萃取研究，方法简便易行，且消耗的试剂和材料少[31]。况且，由于单束中空纤维膜器的管程及壳程的流道截面很小，在两相流量很小的操作条件下即可获得较高的两相流速。采用这样的实验方法，可以尽量排除两相边界层阻力的影响，集中研究体系相平衡分配系数与膜本身浸润特性对过程传质特性的影响。

14.5.3.4　体系界面张力和穿透压

在通常的液液萃取过程中往往是一相在另一相内分散为液滴，实现两相之间的传质，体系界面张力是影响传质特性的重要参数。在相同的操作条件下，低界面张力体系中的分散相液滴较小，传质比表面积大，可能获得更大的体积总传质系数；高界面张力体系中的分散相液滴较大，传质比表面积相对较小，体积总传质系数可能较小。然而，在膜萃取中不存在通常萃取过程中的液滴分散及聚并现象，体系界面张力对于体积总传质系数不产生直接的影响。

前已述及，为了防止膜萃取中相间的渗透，两相间需要保持一定的压差，未浸润膜微孔的一相的压力应高于浸润膜微孔的一相的压力。然而，这一压差存在一个临界值 ΔP_{cr}，若压差超过这一临界值，未浸润膜微孔的一相会穿透进入浸润膜微孔的另一相内，导致膜萃取的非正常状态。这一压差的临界值，称为穿透压。

穿透压一般与体系界面张力γ、膜微孔半径 r_p 和相接触角 θ_c 有直接关系。相接触角 θ_c 指膜微孔道壁面与以液-液-固三相接触点为起点的微孔端两相界面的切线之间的夹角。如果假设膜微孔道为平行的均匀圆柱形孔道，则微孔膜的穿透压可以表示为

$$\Delta P_{cr}=\frac{2\gamma\cos\theta_c}{r_p} \tag{14-11}$$

十分明显，对于一定的接触角 θ_c，穿透压的大小与体系的界面张力成正比，而与微孔膜的孔径成反比。对于非圆柱形孔道的实际情况，可以用有效接触角 θ_{eff} 代替 θ_c，关联膜萃取过程的穿透压[35]。值得注意的是，低界面张力体系中分离溶质的存在、具有表面活性剂性质的物质的混入可能使体系的穿透压降至更小，使膜萃取操作出现困难。在这样的情况下适当地调整萃取剂的组

成，使体系的界面张力有所上升或选用孔径略小的微孔膜等是有效的解决办法。

14.5.4 中空纤维膜萃取的过程设计

膜萃取可以在板式膜器和中空纤维膜器中实现。由于中空纤维膜器可以提供非常大的传质比表面积，故中空纤维膜器经常被选用。

14.5.4.1 分传质系数关联式

设计和选用中空纤维膜萃取器时，建立管程分传质系数关联式、壳程分传质系数关联式和膜内分传质系数关联式，从而计算出中空纤维膜萃取器的总传质系数是必要的。根据以往对滞流状态下流体在管内及管外传质过程的研究结果，管内外各分传质系数的求算可以采用无因次数群的关联式，其一般形式为[36]：

$$\frac{kd}{D}=C\left(\frac{du}{\nu}\right)^{\alpha}\left(\frac{\nu}{D}\right)^{\beta}\left(\frac{d}{L}\right)^{\gamma} \tag{14-12}$$

式中，k 为分传质系数，m/s；d 为管径，m；D 为扩散系数，m^2/s；L 为管长，m；u 为流速，m/s；ν 为运动黏度，m^2/s；C、α、β、γ 为拟合参数。

中空纤维膜器中的膜萃取过程研究表明，一般的操作条件下，两相的流动属滞流状态。利用式（14-12），对疏水膜器或亲水膜器的膜萃取实验数据进行关联，可以获得在各种操作范围内的各分传质系数的关联式，其典型的关联式汇于表 14-3。研究表明，在较小装填密度的中空纤维膜器中的总传质系数 K_w 的实测值和按关联式求取的计算值进行比较，关联式的计算精度是满意的。

表 14-3 中空纤维膜器中分传质系数关联式

系数	文献［37］	文献［34］	文献［38］
管内侧分传质系数	$\frac{kd}{D}=1.5\left(\frac{d^2u}{LD}\right)^{1/3}$	$\frac{kd}{D}=1.64\left(\frac{d^2u}{LD}\right)^{1/3}$	$\frac{kd}{D}=1.62\left(\frac{d^2u}{LD}\right)^{1/3}$
管外侧分传质系数	$\frac{kd_e}{D}=8.0\left(\frac{d_e^2u}{L\nu}\right)\left(\frac{\nu}{D}\right)^{1/2}$	$\frac{kd_e}{D}=5.85\left(\frac{d_e}{L}\right)\left(\frac{d_eu}{\nu}\right)^{0.6}\left(\frac{\nu}{D}\right)^{1/2}$	$\frac{kd_e}{D}=8.58\left(\frac{d_e^2u}{L\nu}\right)\left(\frac{\nu}{D}\right)^{1/2}$
膜传质系数	$k_m=\frac{D\varepsilon_m}{\tau_m t_m}$	$k_m=\frac{D\varepsilon_m}{\tau_m t_m}$	$k_m=\frac{D\varepsilon_m}{\tau_m t_m}$，$\tau_m=2.0$

注：d 为中空纤维内径，m；d_e为中空纤维膜器壳程当量直径 $\left(=\frac{D_i^2-nd_o v}{nd_o}\right)$，m；$D_i$ 为中空纤维膜器外壳内径，m；d_o为中空纤维外径，m；n 为纤维根数；k 为分传质系数，m/s；k_m为膜传质系数，m/s；t_m为膜厚，m；ε_m为膜孔隙率；τ_m为膜弯曲因子。

从表 14-3 中的分传质系数关联式可以看出，管内的分传质系数的关联式均较为相似，而壳程流体的分传质系数关联式则无论在常数项上还是在指数上都存在差异，这一差异产生的主要原因是由于不同研究者采用的膜器结构、装填因子（中空纤维膜占膜器外壳内总体积的体积分数）有所不同。

14.5.4.2 中空纤维膜器中流动的非理想性

王玉军[39]通过测量聚丙烯中空纤维膜器和聚砜中空纤维膜器的管程和壳

程的停留时间分布（RTD）曲线，定量地研究讨论了中空纤维膜器中流动的非理想性。

结果表明，中空纤维膜器的管程流动既不属于理想全混流，也不属于理想平推流，而介于二者之间。当流体在中空纤维膜器的管程流动时，由于中空纤维壁面的拖曳作用，造成了同一截面上的速度分布；同时，膜器管程进出口的影响，也会使管程流动产生一定的返混。实验结果也表明，大多数情况下膜器管程的流动非理想性很小，轴向扩散系数 Pe 均大于 200，膜器中的流动状况接近于理想平推流。

不同装填因子的膜器在相近流速下的壳程流动停留时间分布曲线测定结果表明[39]，装填因子对壳程 RTD 曲线的影响很大。对于装填密度小的膜器，其流动与理想平推流相差较小；随着装填因子的增加，与理想平推流的偏差逐渐增大，其 RTD 曲线有较大的提前和较严重的拖尾；当装填因子很高时，RTD 曲线与理想平推流的偏差又减小。

Costello 和 Fane 等对不同装填因子的中空纤维膜器进行了壳程流动状态的研究[40]，通过实验及分析，证明随膜器装填因子的增大，同一流速下膜器的壳程压降呈增大趋势；以黏性流为主时，随装填因子的增大，压降与流速趋于正比关系。Costello 和 Fane 的研究证明了中空纤维膜器的传质系数受中空纤维膜器的装填因子 ϕ 的影响很大[40]，并在实验范围内得出经验式：

$$Sh=(0.53-0.58\phi)Re^{0.53}Sc^{0.33} \tag{14-13}$$

张卫东等在中空纤维膜萃取器的传质性能研究中发现[41,42]，利用表 14-3 中所推荐的公式，总传质系数的实验值较公式预测值存在典型的负偏差，即实验值小于公式预测值。并且，随着膜器装填因子的增大，这种偏差也随之加剧。针对这一情况，张卫东等人提出子通道模型对流道的非均匀性进行分析及修正。研究结果表明，子通道模型的预测结果与实验结果是相一致的。

14.5.4.3 中空纤维膜萃取过程强化的途径

通过示踪实验的结果，证明了中空纤维膜器的壳程存在严重的流动非理想性和很大的传质表面积损失。这些不利因素的起因是与膜器的结构和装填情况密切联系的。膜器的结构或装填因素造成了壳程“传质死区”和“非传质沟流区”。Cussler 等[43]设计了中空纤维网以及螺旋柱式中空纤维膜器，并试图在膜器内部加入折流板等构件，以增大中空纤维膜器的传质效率。实验结果表明，采用手工单束装填的方法，其传质结果要远远高于一般装填条件下的结果。中空纤维网式膜器的传质效率高于商品膜器的结果，但略低于手工装填膜器的结果。

采用折流板的方式，必将引起壳程流体的流道折转。由于壳程流体的流动状态改变，以及因折流板存在而引起的径向流动，使得密封纤维群中的“传质区”流体得以与“非传质沟流区”流体发生因主体流动而产生的质量交换，从而降低了传质区的浓度，增大了过程的传质推动力，传质效率也会因此上升。但加入折流板，会给膜器的设计加工带来很大难度。

以现有膜器结构为基础，在不增大两相操作负荷的条件下，加大中空纤维膜萃取器壳程的径向混合，减小壳程流动的非理想性，是最为可行的传质强化方式。

在壳程流体的流动过程加入气体，由于气体鼓泡对膜萃取过程强化的实验结果表明[44]，鼓泡过程简单易行、设备投资增加很小，也不增大操作难度。选择鼓泡搅拌作为强化方式，在实际应用中是可能的。

14.5.4.4 中空纤维膜萃取器的串联和并联

一般认为，中空纤维膜器采用传统的管壳式换热器形式较好，中空纤维膜器不宜直接放大，而宜采用逐级串并联的方式。通过逐级并联增大流动通量，通过逐级串联提高分离效率。

李云峰等在三种不同装填因子的中空纤维膜器中研究了中空纤维膜萃取器串联操作的传质特性[45]，实验证明了利用中空纤维膜萃取器的串联组合将会提供更大的分离优势。结果表明，串联膜器组件中，相同结构尺寸的子膜器的总传质系数 K_{wi} 基本相同，且与串联膜器组件的表观总传质系数相同；串联膜器组件的总传质单元数为各子膜器的传质单元数的加和。实验结果证明了中空纤维膜萃取串联操作的可行性。一般情况下使用中空纤维膜萃取串联操作又是必要的。由于中空纤维膜丝内径较细，其单位长度上的压降较大。如果不采用几根膜器的串联组合，管程进口压力就会很大。这样会一方面增大操作费用，另一方面，太高的压力也给膜丝的机械强度提出了更高的要求。而且，当膜器太长时，很容易产生返混等不利影响，使传质推动力下降，总传质系数减小。

采用多个装填因子较小的中空纤维膜器进行并联操作，可以增大两相传质表面积，而且不会造成壳称流量的分布不均问题。Sirkar 等[46]实验研究了中空纤维膜器并联操作的优势。

14.6 胶团萃取技术和反胶团萃取技术

14.6.1 概述

表面活性剂在很多工业过程中作为生产、加工过程的辅助工具起着重要的作用[47,48]。表面活性剂是由非极性疏水尾（通常是表面活性剂的一端的直链或支链烷烃）和极性亲水头（它可以是离子型、非离子型或两性离子型的）组成的两亲分子[49,50]。表面活性剂通常以分散的单体存在于极稀的溶液中（浓度一般小于 10^{-4} mol/L）。如果增大溶液中表面活性剂的浓度，当浓度达到一定值时，就形成了一定数量的聚集体，并且使溶液主体的很多物理性质发生变化。表面活性剂分子能够形成各种各样的有组织的结构，如胶团、反胶团、微乳和油珠。开始形成胶团或反胶团的浓度被称为临界胶团浓度（*CMC*）。

胶团的应用主要表现在通过水相胶团可以实现溶质的缔合和增溶，增加许多难溶于水的化合物的溶解度。与液液萃取相类似，胶团萃取是一种萃取分离技术，溶质在胶团溶液及有机相间实现传递。如果需要将待分离溶质从水溶液中分离出来，则传质过程只能通过以疏水膜为介质的固定膜界面萃取的方式来实现。因为这个原因，胶团萃取在传质分离方面的应用存在局限。以胶团萃取为基础的浊点萃取方法的出现，拓宽了胶团萃取的应用领域。浊点萃取主要利用表面活性剂溶液的增溶和分相，实现溶质的富集和分离。与传统的液液萃取过程相比，浊点萃取无需使用大量的有机溶剂，且易于操作，对环境的影响较小，能够保护被萃物质的原有特性，同时能提供很高的富集率和提取率，是一种环境友好的分离技术。

随着生物工程及生物化工的迅速发展，一些具有生物活性又极具价值的生物物质的分离提纯，是十分关键的。利用常规的萃取技术来分离生物活性物质，往往会带来流程长、易失活、收率低和成本高等缺陷。反胶团萃取技术就是分离生物活性物质的新型萃取分离技术。一般而言，生物活性物质的生理基础是水溶液。在反胶团体系中，“水池”内核的特有性质一般不会造成生物活性物质的失活和变性。研究结果表明，在表面活性剂存在时，蛋白质等生物分子在反胶团有机主体相中增溶的同时，保持了它的功能特性，并能在水溶液和反胶团有机主体相之间迁移。将反胶团用于蛋白质和其他生物分子的分离、提纯和浓缩是一项很有潜力的生物工程技术，有望实现大规模操作。

14.6.2 胶团的结构及性质

胶团是由连续水相中表面活性剂的聚集体组成的[51]。水相胶团的结构有很多种。图14-18是经典胶团结构示意图[52]。经典胶团结构模型认为，胶团近似于球形，表面活性剂的极性头向外，疏水尾向内，胶团核心几乎没有水存在。必须指出的是，胶团模型就其本质而言都是对真实体系的简化。

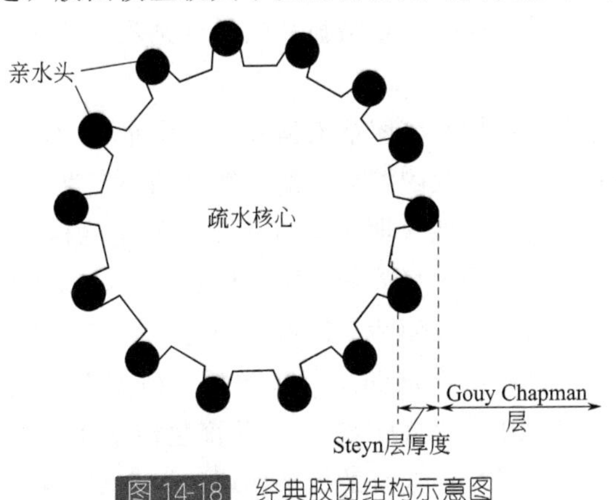

图 14-18 经典胶团结构示意图

代表胶团性质的参数有 *CMC* 值、Krafft 点、聚集数和电荷分数。聚集数是每个胶团上单个表面活性剂分子的平均数。Krafft 点是表面活性剂的溶解度等于其 *CMC* 值时的温度。对于由离子型表面活性剂形成的胶团，电荷分数是胶团的 Stern 层上的反荷离子数量与聚集数之比减 1。这些性质大多数与体系的绝对温度有关并受有机杂质和无机杂质存在的影响。例如，溶液离子强度的略微增加会使 *CMC* 值增加，并使大多数离子型胶团的聚集数增加[53]。有些有机杂质似乎能够在低表面活性剂浓度下诱发胶团的形成，而其他的有机类杂质，如甲醇、乙醇会破坏胶团的形成[54]。

胶团的应用主要表现在通过水相胶团可以实现溶质的缔和和增溶。溶质与胶团的缔和（或增溶）可以增加许多难溶于水的化合物的溶解度。人们最初认为疏水溶质会以溶解于有机溶剂中的同样方式溶解在胶团的疏水核心内。对于 O/W 微乳液，这种类比可能很充分，然而，许多疏水溶质与胶团之间的相互作用很可能类似于表面吸附。在这种情况下，疏水相互作用与静电相互作用同样重要。至少有两种类型的相互作用区域：一种是处于“疏水溶解状态”的胶团核心；另一种是“表面吸附状态”的胶团界面区域。

事实上，胶团和增溶的溶质与它们周围的环境处于一种动态平衡之中。胶团中的表面活性剂单体可以自由地与溶液主体中的单体、其他胶团中的单体在微秒级的时间内实现动态平衡。一个胶团的完全崩解或再形成也只需毫秒级的时间。增溶的溶质也可以自由地与主体水相的溶质以及其他的胶团中的溶质发生交换。

14.6.3 胶团萃取

与液液萃取一样，胶团萃取是一种常用的萃取技术。溶质在胶团溶液及有机相间实现传递，有机相一般为溶质的正辛醇溶液或呈固相的溶质。

含 SDS 的胶团溶液体系与含有溶质的正辛醇相接触，可以测定溶质的疏水性[55]。在水相中加入胶团后，整个体系可以看作由水相、聚集体相和主体有机相组成的三相体系。这一体系最显著的特点是疏水性非常强的溶质可以溶解在聚集体相内。

如果将固相溶质直接加到胶团溶液体系的主体水相中，利用胶团的增溶特性，可以提高疏水性溶质在胶团溶液中的溶解度和稳定性。例如，两亲聚合物溶液对疏水化合物的增溶特性表明了在许多工业及生物医学上应用的可能性。两亲嵌段共聚物是合适的药物释放剂。两亲嵌段共聚物对生物系统的毒性要比阳离子表面活性剂或阴离子表面活性剂低。同时，它们的低临界胶团浓度意味着体系所需的非离子表面活性剂的量可以很低。研究消炎痛在聚氧乙烯-聚氧丙烯-聚氧乙烯（PEO-PPO-PEO）三嵌段共聚物溶液中的溶解度时发现[56]，增溶能力随着聚合物分子量和温度的增加而增加。在聚合物胶团溶液中，每摩尔表面活性剂可溶解约 0.5mol 的消炎痛。

十分明显，胶团萃取在溶质的传质分离方面存在局限。如果需要将待分离溶质从水溶液中分离出来，由于胶团溶液不可能与被分离水相直接接触，传质过程只能通过以疏水膜为介质的膜萃取方式来实现。

14.6.4 聚合物胶团萃取

共聚物是由一种以上单体的同步聚合而成的。如果在聚合物分子中单体以不同长度段出现，则合成的产物称之为嵌段共聚物。通常，共聚物中不同种类的嵌段相互之间是不兼容的。因此，共聚物在熔融液或溶液中能进行自组合。在水溶液中的两亲聚合物能在微观结构上进行自组合，进而形成胶团，它类似于由小分子量表面活性剂所形成的胶团。在合成聚合物的过程中，有目的地在聚合物中嵌入较亲水的链段，如—CH_2—CH_2—O—(EO)，或较疏水的链段，如—CH_2—$CH(CH_3)$—O—(PO)，交替地进行共聚合，形成嵌段式高分子表面活性剂。这些聚合物分散到水中后，可以得到不同结构和不同性质的聚合物胶团。高分子表面活性剂与小分子表面活性剂的共同特点是胶团溶液的增溶作用。但是，它又有区别于小分子表面活性剂的一面，如在水溶液中能形成较大尺寸的胶团，临界胶团浓度（*CMC*）低，增溶量较大，比小分子表面活性剂易于回收等。

聚氧乙烯-聚氧丙烯-聚氧乙烯（PEO-PPO-PEO）三嵌段共聚物已实现商品化，其产品具有不同的分子量和组成。三嵌段共聚物（PEO-PPO-PEO）胶团形成的研究已相当广泛。光散射和荧光实验已经证实，具有合适组成和分子量的 PEO-PPO-PEO 嵌段共聚物确实可以在溶液中形成聚合物分子的聚集体，即聚合物胶团。

增溶现象是聚合物胶团的实际应用的基础。讨论聚合物结构对增溶行为的影响，讨论溶质的亲油性、溶质的分子大小以及负载溶质对胶团结构的影响，讨论溶液的环境，如温度、pH 值、离子强度对胶团特性（胶团大小、胶团核心的亲油性）的影响，是人们对两亲聚合物及形成胶团的研究的主要内容。

14.6.5 浊点萃取

浊点萃取（cloud point extraction，CPE）是近年发展起来的一种分离技术。这种分离技术是利用表面活性剂水溶液的特殊相行为对溶质进行分离的。表面活性剂分子在水溶液中能够形成亲水基团向外、憎水基团向内的胶团。表面活性剂胶团溶液可以使微溶于水或不溶于水的有机物的溶解度大大增加，称作表面活性剂溶液的增溶。同时，某些表面活性剂水溶液在加热到一定温度（浊点温度）以上后变浑浊并出现分相。浊点萃取主要利用表面活性剂溶液的增溶（solubilization）和分相（phase separation）实现溶质的富集和分离。与传统的液液萃取过程相比，浊点萃取无需使用大量的有机溶剂，易于操作，对环境的影响较小，能够保护被萃物质的原有特性（如生物大分子的活性），同时能够提供很高的富集率和提取率，是一种新型的环境友好的分离技术。

在浊点萃取法使用的各种类型的表面活性剂中，开发最早、应用最广泛的是非离子表面活性剂。具有代表性的非离子表面活性剂是聚氧乙烯烷基醚（polyoxyethylene alkyl ether，POEAE）。它是在浊点萃取中最常应用的非离子表面活性剂。非离子表面活性剂溶液在加热到浊点温度以上时出现分相，分为表面活性剂富集的凝聚相和表面活性剂含量很低的主体水相[57]。浊点温度与表面活性剂分子的烷基链长和聚氧乙烯链长有密切关系。当烷基链长相同时，浊点温度随聚氧乙烯链长的增加而升高；相反，聚氧乙烯链长相同时，浊点温度随烷基链长的增加而降低。

Gu 等对于直脂肪链聚氧乙烯烷基醚类的表面活性剂进行研究，给出了浊点温度与表面活性剂结构之间的经验关系[58]。Huibers 等研究了支链、环链以及含有苯环的聚氧乙烯烷基醚类表面活性剂，给出了浊点温度和表面活性剂结构之间的关系[59]。

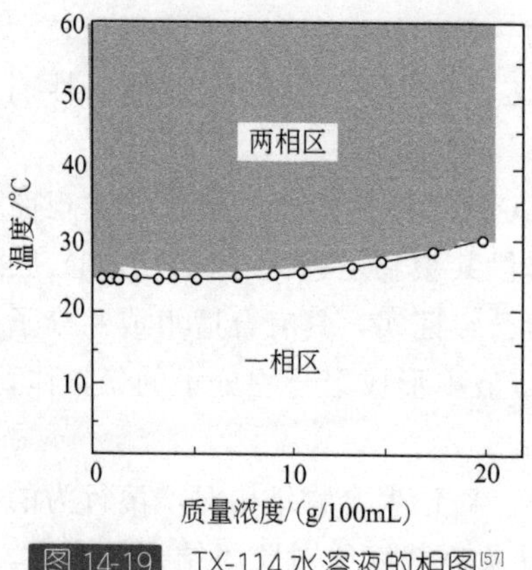

图 14-19 TX-114 水溶液的相图[57]

TX-114（辛基酚聚氧乙烯醚）是浊度萃取中经常使用的表面活性剂。它的增溶能力很强，而且浊点温度又仅为 22℃。图 14-19 绘出了 TX-114 水溶液的相图，曲线的上方为两相区。

必须指出的是，图 14-19 中的相图是表面活性剂浓度较低的条件下的情况。对于非离子表面活性剂-水体系，当表面活性剂的浓度（质量分数）更高时（>30%），会出现六角晶、层状晶等各向异性的液晶相区，相图会更加复杂[57]。

非离子表面活性剂溶液的温度升高时，表面活性剂中聚氧乙烯基的氧原子与水形成氢键的能力减弱，表面活性剂在水中的溶解度降低，进而使表面活性剂的临界胶团浓度变小，胶团的聚集数（aggregate number）增大，胶团体积增大。当溶液温度到达浊点温度时，溶液由于胶团体积过大而浑浊分相。

值得注意的是，在水相中，表面活性剂的浓度并不为零，而是等于或者大于表面活性剂的临界胶团浓度，因此，在主体水相中，表面活性剂分子形成的各种结构的胶团仍然存在，并且这些胶团对于溶质仍然具有增溶作用。温度变化导致的表面活性剂溶液分层现象是一个可逆的过程，降温之后体系会恢复成澄清的一相。两相分层需要借助两相之间的密度差完成，一般需要对体系进行离心分离或者重力沉降。

除聚氧乙烯烷基醚类非离子表面活性剂外，近年来，在浊点萃取法的研究和应用中采用了 PEO-PPO-PEO 嵌段共聚物作为表面活性剂。PEO-PPO-PEO 嵌段共聚物中的 PEO（聚氧乙烯）段和 PPO（聚氧丙烯）段分别为表面活性剂的亲水“头”和疏水“尾”。

浊点萃取过程的实现是十分简单的。首先，向待处理溶液中直接加入选定的表面活性剂或表面活性剂的浓溶液，经过混合、增溶后，改变温度使表面活性剂溶液体系分相，再经过离心分离或重力沉降，完成待分离溶质的萃取和富集。由于浊点萃取主要利用表面活性剂溶液的增溶特性和热致分相特性，因此，影响这两个特性的因素都能对浊点萃取产生影响，可以通过改变条件来实现浊点萃取过程的优化。

研究结果表明[57]，平衡后主体水相与凝聚相的体积比随着非离子表面活性剂分子中脂肪链的链长减小而增大，随氧乙烯链单元数目增加而增大，随溶液中表面活性剂浓度减小而增大。同时，选择表面活性剂及其浓度还需要考虑该表面活性剂的浊点温度，过高的浊点温度会造成溶质的分解以及操作的复杂化。向非离子表面活性剂溶液中加入电解质可以改变浊点温度，并改变主体水相的密度而影响分相行为。

影响浊点萃取的操作参数还有离心分离时间或重力沉降时间。另外，对于可以解离的溶质，改变溶液的 pH 值也能够影响过程的萃取率[57]。

传统的液液萃取过程中，可能使用大量的有机溶剂，浊点萃取则采用少量表面活性剂溶液对溶质进行富集和分离，浊点萃取对环境的影响较小；在浊点萃取过程中，被萃物质特别是生物大分子的结构和活性不会被有机溶剂破坏；浊点萃取过程能够提供非常大的富集率，其溶质富集相与水相的相比在 0.007～0.04 之间[57]。此外，浊点萃取作为一种样品的前处理方法，可以与高效液相色谱、流动注射分析、二维凝胶电泳、荧光标记、原子吸收光谱、感应耦合等离子体发射光谱和感应耦合等离子质谱等分析手段联用。总之，浊点萃取是基于表面活性剂溶液的增溶特性和热致分相特性的分离方法，是一种安全、高效、易于放大、适用面广的分离方法。

14.6.6 反胶团的结构及性质

在非极性溶剂中，由于偶极-偶极或离子对之间的相互作用，表面活性剂具有自缔合的能力，从而形成各向同性、光学上透明并且热力学上稳定的聚集体，通常称这种聚集体为反胶团。在这种聚集体内，表面活性剂分子的极性头向内排列而非极性疏水尾与有机相接触（图 14-20）。研究结果表明，水对表面活性剂在非极性溶剂中的聚集行为产生影响。水分子在聚集体的内核形成一个水池（water pool）。这些聚集体有能力增溶更多的水形成更大的聚集体，增溶了的反胶团即是 W/O 微乳液。

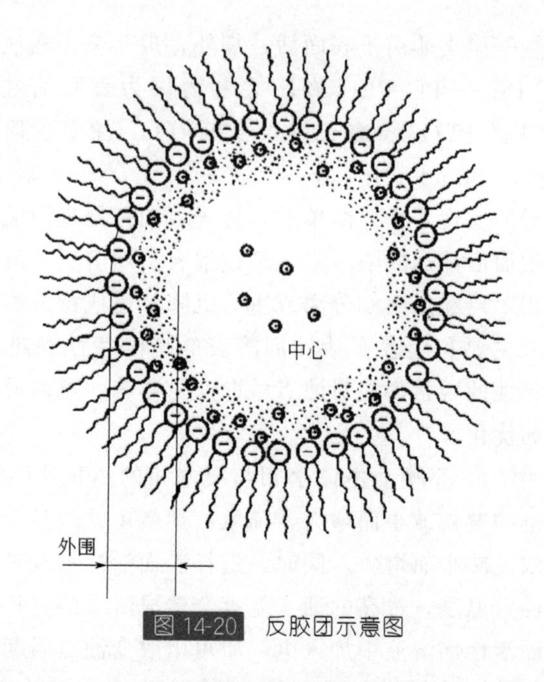

图 14-20 反胶团示意图

研究反胶团的结构和性质对更好地利用反胶团体系所特有的增溶优势和传质特性是非常重要的。有许多资料表明，反胶团的结构和性质随表面活性剂/溶剂体系不同而改变，并且受盐的类型和浓度、体系温度和压力、助表面活性剂和表面活性剂浓度的影响。一些实验方法，如动态光散射、超离心、X 射线小角度中子散射等与理论模型一起，已经用来确定反胶团的大小和形状[60]。

临界胶团浓度（CMC）是能够形成反胶团的表面活性剂最小浓度。低于 CMC，则不能形成反胶团。CMC 在水或溶剂中的数值为 0.1～1.0mmol/L。

每一个胶团所具有的表面活性剂分子的数目称为聚集数。聚集数随烷基链长度的增加而增加，同时也随温度的升高而增加。这就表明聚集数随着溶解度参数的增加（或溶剂的极性减小）而增加。盐的种类和浓度也影响胶团的聚集数。如琥珀酸二异辛酯磺酸钠（AOT）在癸烷中的聚集数，在 NaCl 浓度为 0.07mol/L 时为 504，在 NaCl 浓度为 0.14mol/L 时为 478[61]。聚集数也随 W_o（反胶团溶液的增溶水量）的增加而增加。利用小角度光散射研究 AOT 反胶团的聚集数及半径随 W_o 的变化，发现两者都随 W_o 的增加而增加[62]。AOT 的聚集数 n 与 W_o 的关系可以用二阶多项式表示：

$$n = 32.1 - 1.25W_o + 0.873W_o^2 \tag{14-14}$$

通常使用 W_o 代表 W/O 微乳液体系中增溶水的量。W_o 为增溶水与表面活性剂的摩尔比。它是一个非常重要的参数，因为它决定了每个胶团所含表面活性剂分子的数量，是影响反胶团大小的主要因素。溶剂影响 W/O 微乳液体系的最大增溶量，进而影响反胶团的大小[63]。对于低分子量溶剂，增溶量随摩尔体积增加而增加，用庚烷作溶剂，增溶量最大，$W_{o,max}$值为 62。摩尔体积大于庚烷的溶剂将会导致增溶量的降低。另外，温度、盐的种类和浓度都对 W/O 微乳液体系的水的增溶量具有明显的影响。

反胶团一般小于 10nm，比胶团要小。它们依据表面活性剂的类型以单层分散或多层分散的形式存在。反胶团的形状可以是球形或柱形等不同的形式。反胶团的形状随增溶水量的增加，从非对称形向球形转变。反胶团的大小取决于盐的种类和浓度、溶剂、表面活性剂的种类和浓度以及温度等。但是，表征反胶团大小较好的参数是水与表面活性剂的摩尔比 W_o。反胶团的半径随 W_o增加而增大。对于球形反胶团，半径 R 可由下式表示：

$$R=\frac{3W_oV_w}{A_s} \tag{14-15}$$

式中，R 为胶团半径；V_w为水的分子体积；A_s为每个表面活性剂分子所占有的面积。

反胶团内水的物理化学性质与主体水相不同[64]。对 AOT/异辛烷/水体系，W_o在某一数值以下（在 6～10 之间），所有的水都紧紧地与表面活性剂极性头通过氢键相连接，并与界面附近的钠离子配位。对于 AOT/异辛烷/水体系，对不同的 W_o而言，水层的厚度为（3～5）$\times10^{-10}$m，而每个表面活性剂分子带有的水合数为 6。当 W_o增加时，截留水（entrapped water）的流动性不断增加，它的性质趋近于主体水的性质。观察低 W_o情况下的相图发现，增溶到反胶团内的水的黏度是主体水的 200 倍[65]，其极性与氯仿相似。这种与主体水性质上的差异在高 W_o情况下消失。截留水与主体水相之间的差异沿极性水核方向减弱，这是由于表面活性剂层影响的削弱造成的[66]。

14.6.7 反胶团体系的增溶及溶质传递

Leodidis 和 Hatton 等[67,68]以氨基酸系列化合物为模型溶质，系统研究了以琥珀酸二异辛酯磺酸钠（AOT）为表面活性剂的反胶团体系与氨基酸水溶液的相平衡规律。研究指出，溶质的增溶受亲油作用和氢键作用两个因素的影响。这两种作用是溶质增溶的推动力，也是实现传质分离的关键。不同的氨基酸从水相进入反胶团界面相的自由能变化的测算表明，溶质在反胶团界面相溶解中，亲油作用十分重要。溶质同系物从水相向胶团的油内相迁移，随同系物每增添一个亚甲基（—CH_2），其自由能变化 ΔG 值增大 400～1000cal/mol（1cal=4.186J）。增添亚甲基会使溶质的亲油性提高，ΔG 的明显增加，直接反映了作为传递推动力的亲油性的作用。

Leodidis 和 Hatton 还讨论了氨基酸的—OH 取代基和—NH_2 对增溶的影响。氨基酸从水相进入表面活性剂界面相的自由能变化的实验数据表明，这些基团的存在，增大了氨基酸与水的氢键缔合作用，削弱了亲油作用的影响。

Chapter 14

Leodidis 和 Hatton 提出，一般而言，溶质在反胶团界面相的增溶，亲油作用起主要作用。如果存在溶质与表面活性剂的界面相的更明显的氢键缔合，则可能增大溶质从水相到界面相的分配，氢键作用的影响则可能成为主要的影响因素。

14.6.8 蛋白质的反胶团萃取研究

对于传统的溶剂萃取法而言，将蛋白质等生物分子萃取到有机溶剂中的过程常导致不可逆转的蛋白质变性和丧失生物功能。溶剂对生物产品的低选择性和低溶解能力也是溶剂萃取法的主要局限。利用反胶团萃取法回收生物分子已经越来越受到重视。研究表明，在表面活性剂存在时，蛋白质在有机溶剂中增溶的同时，保持了它的功能特性，并能在水溶液和反胶团有机主体相之间转移。从水溶液中回收生物分子需要分两步进行。首先，生物分子转移到有机胶团相，然后再反萃到新的水相中去。调节体系的参数就可以实现选择性萃取。目前，将反胶团用于蛋白质和其他生物分子的分离、提纯和浓缩是一项很有潜力的生物工程技术，有望实现大规模操作。

大多数利用反胶团进行蛋白质的分离研究，都采用阴离子表面活性剂 AOT [二（2-乙基己基）磺基琥珀酸钠]。它在烃类溶剂中自发聚集，形成半径大于 17nm 的“水池”（water pools）。在最理想条件下，反胶团能够自发地从水溶液中提取蛋白质，在某些情况下这种转移则是定量的。两相之间的传递速率取决于蛋白质的种类，而且通常反胶团萃取要比其反萃快得多。例如，在有搅拌的情况下，只需几秒钟 AOT-异辛烷的反胶团体系就可以完成对细胞色素 C 的全部萃取，而同样条件下的反萃则需用分钟来计算。

在指定的反胶团体系中，蛋白质分子在水相和反胶团相之间的分配取决于体系的重要参数，如 pH 值、离子强度和盐的种类、温度等，这些参数影响着蛋白质的物理化学状态、蛋白质与表面活性剂极性头之间的相互作用和反胶团内核的水池性质。对于一般性反胶团体系，除了上述影响因素外，溶剂的结构和种类、表面活性剂浓度、助表面活性剂对决定表面活性剂在溶剂中的聚集性质，起着显著的作用，并影响蛋白质的分配行为以及蛋白质/胶团络合物的形成。另外，蛋白质的大小和疏水性对蛋白质在反胶团相中的分配行为也很重要。

符 号 说 明

A——膜面积，m^2

A_s——每个表面活性剂分子所占有的面积，m^2

a——传质比表面积，m^2/m^3

CMC——以质量分数表示的临界胶团浓度，%

D——扩散系数，m^2/s

D_i——膜器内径，m

d——中空纤维内径，m

d_o——中空纤维外径，m

d_e——中空纤维膜器壳程当量直径，m

EO—— —CH_2—CH_2—O—

HTU——传质单元高度，m

K——萃取平衡常数

K_w——基于水相的总传质系数，m/s

k_m——膜内分传质系数，m/s

k_{m1}——萃取侧膜分传质系数，m/s

k_{m2}——有机相液膜分传质系数，m/s

k_{m3}——反萃取侧膜分传质系数，m/s

k_o——有机相分传质系数，m/s

k_s——反萃液相分传质系数，m/s

k_w——水相分传质系数，m/s

L——流量，m^3/s

m——分配系数

N——中空纤维根数

p_c——临界压力，MPa

ΔP_{cp}——微孔膜穿透压，Pa

PO—— —CH_2—CH_2(CH_3)—O—

R——胶团半径，m

Re——雷诺数

r_p——膜微孔半径，m

S——柱式设备截面积，m^2

T_c——临界温度，K

t——循环操作时间，s

t_m——膜厚，m

W_o——每摩尔聚合物增溶的水的摩尔数

V——体积，m^3

V_w——水分子体积，m^3

x——水相溶质浓度，mol/L

$x_{o,t=0}$——初始时刻水相溶质浓度，mol/L

x_t——t 时刻水相溶质浓度，mol/L

y——有机相溶质浓度 mol/L

希腊字母

γ——体系界面张力，N/m

ε_m——微孔膜孔隙率

ϕ——中空纤维膜器的装填因子

η——黏度，Pa·s

θ_c——相接触角

ρ——密度，kg/m^3

v——运动黏度，m^2/s

τ_m——弯曲因子

下标

o——有机相

w——水相

上标

*——平衡状态

参考文献

[1] 戴猷元．新型萃取分离技术的发展及应用，北京：化学工业出版社，2007.

[2] Winston Ho W S，Sirkar K K，Membrane Handbook，New York：Van Nostrad Reinhold，1992，727-808.

[3] 张瑞华．液膜分离技术．南昌：江西人民出版社，1984.

[4] 《化学工程手册》编辑委员会．化学工程手册，第 18 篇，薄膜过程．北京：化学工业出版社，1987.

[5] 时钧，袁权，高从堦．膜技术手册．北京：化学工业出版社，2001.

[6] Osterhout W J V，Stanley W M. J Gen Physionl，1932，15（6）：677-689.
[7] Stark G，Benz R. J Membr Biol，1971，5（2）：133-142.
[8] Bloch R. Ind Eng Chem Process Des Dev，1967，6（2）：231-237.
[9] Ward W J，Robb W L. Science，1967，156（3781）：1481-1486.
[10] Li N N. Separating hydrocarbons with liquid membranes. U. S. Patent 3，410，794，1968.
[11] Cussler E L，Evans D F. J Membr Sci，1980，6（1）：113-121.
[12] Frenkenfeld J W，Cahn R P，Li N N. Sep Sci Technol，1981，16（4）：385-402.
[13] Pez G P，Carlin R T. U. S. Patent 4，617，029. 1986.
[14] Sengupta A，Basu R，Sirkar K K. AIChE J，1988，34（10）：1698-1708.
[15] 戴猷元，朱慎林，路慧玲. 清华大学学报（自然科学版），1989，29（3）：70-77.
[16] Sengupta A，Basu R，Prasad R，et al. Sep Sci Tech，1988，23（12-13）：1735-1751.
[17] Basu R，Prasad R，Sirkar K K. AIChE J，1990，36（3）：450-460.
[18] Papadopoulos T，Sirkar K K. Ind Eng Chem Res，1993，32（4）：663-673.
[19] 戴猷元，朱慎林，王秀丽，等，膜科学与技术，1993，13（1）：13-18.
[20] 张卫东，朱慎林，骆广生，等. 膜科学与技术，1998，18（3）：53-57.
[21] Reid R C，Prausnitz J M，Poling B E. The properties of gases and liquids. 4th ed，New York：McGraw-Hill，1989.
[22] Stahl E，Qurin K W，Gerard D. Verdichtete gase zur extraction and raffinatior. Berlin：Springer-Verlag，1987.
[23] McHugh M A，Krukonis V J. Supercritical fluid extraction：principles and practice. 2nd ed，Sronehaml：Butterworth-Heinemann，1994.
[24] Albertsson A. Partition of cell particles and macromolecules. 3rd ed，New York：John Wiley & Sons，1986.
[25] 杨基础，沈忠耀. 化工进展，1988，39（4）：30-34.
[26] 朱自强，关怡新，李勉. 化工学报，2001，52（12）：1039-1048.
[27] Walter H，Brooks D E，Fisher D. Partitioning in aqueous two phase system：theory，methods，uses and applications in biotechnology. Orlando：Academic Press，1985.
[28] W S Winston Ho & K K Sirkar，"Membrane Handbook"，Van Nostrad Reinhold，New York，1992，727-808.
[29] 戴猷元. 膜科学与技术，1992，12（1）：1-7.
[30] 戴猷元，王运东，王玉军，张瑾. 膜萃取技术基础. 北京：化学工业出版社，2008.
[31] 戴猷元，王秀丽，朱慎林. 膜科学与技术，1990，10（3）：32-37.
[32] Prasad R，Kiani A，Bhave R R，et al. J of Membr Sci，1986，26（1）：79-97.
[33] Prasad R，Sirkar K K，et al. AIChE J，1987，33（7）：1057-1066.
[34] Prasad R，Sirkar K K. AIChE J，1988，34（2）：177-188.
[35] Kim B S，Harriott P. J Colloid Interface Sci，1987，115（1）：1-8.
[36] Yang M C，Cussler E L. AIChE J，1986，32（11）：1910-1916.
[37] Dahuron Lise，Cussler E L. AIChE J，1988，34（1）：130-136.
[38] 戴猷元，王秀丽，汪家鼎. 高校化学工程学报，1991，5（2）：87-93.
[39] 王玉军. 中空纤维膜萃取器的流动与传质［学位论文］，北京：清华大学，1999.
[40] Costello M J，Fane A G，Hogan P A，et al. J of Membr Sci，1993，80（1-3）：1-11.
[41] 张卫东，李云峰，戴猷元. 膜科学与技术，1996，16（1）：56-61.

[42] 张卫东，朱慎林，骆广生，等. 膜科学与技术，1998，18（1）：31-35.
[43] Wickramasinghe S R，Semmens M J，Cussler E L. J of Membr Sci，1993，84（1-2）：1-14.
[44] 张卫东，中空纤维膜萃取过程的研究［学位论文］，北京：清华大学，1996.
[45] 李云峰，张卫东，戴猷元. 膜科学与技术，1994，14（1）：34-41.
[46] Prasad R，Sirkar K K. J Membr Sci，1990，50（2）：153-175.
[47] Kouloheris A P. Chemical Engineering，1989，96（10）：130-136.
[48] Samdani G，Shanley A. Chemical Eng，1991，98（3）：37-40.
[49] Rosen M J. Surfactants and interfacial phenimena. New York：John Wiley & Sons，1978.
[50] Davidson A，Milwidsky B M. Synthetic detergents，6th ed. New York：John Wiley & Sons，1978.
[51] Fendler J H. Membrane mimetric chemistry. New York：Wiley，1982.
[52] Amstrong D W. Sep Purif Method，1985，14（2）：213-304.
[53] Cordes E H，Gitler C. Progr Bioorg Chem，1973，2：1-53.
[54] Bunton C A. Progr Solid State Chem，1973，8：239-281.
[55] Leo A，Hansch C，Elkins D. Chem Rev，1971，71（6）：525-616.
[56] Lin S Y，Kawashima Y. Pharm. Acta Helv，1985，60（12）：339-344.
[57] Tani H，Kamidate T，Watanabe H. Anal Sci，1998，14（5）：875-888.
[58] Gu T，Sjoblom J. Colloids Surf，1992，64（1）：39-46.
[59] Huibers P D T，Shah D O，Katvitzky A R. J Colloid Interface Sci，1997，193（1）：132-136.
[60] Peck D G，Schechter R S，Johnson K P. J Phys Chem，1991，95（23）：9541-9549.
[61] Lang J，Jada A，Malliaris R. J Phys Chem，1988，92（7）：1946-1953.
[62] Matzke S F，Creagh A L，Haynes C A，et al. Biotechnol Bioeng，1992，40（1）：91-102.
[63] Hou M J，Shah D O. Langmuir，1987，3（6）：1086-1096.
[64] Maitra A. J Phys Chem，1984，88（21）：5122-5125.
[65] Khmelnitsky Y L，Levashov A V，Klyachko N L，et al. Russ Chem Rev，1984，53（4）：545-565.
[66] Zinsh P E. J Phys Chem，1979，83（25）：3223-3231.
[67] Leodidis E B，Hatton T A. J Phys Chem，1990，94（16）：6400-6411.
[68] Leodidis E B，Hatton T A. J Phys Chem，1990，94（16）：6411-6420.